EXERCICES

DE

MATHÉMATIQUES,

PAR M. AUGUSTIN-LOUIS CAUCHY,

INGÉNIEUR EN CHEF DES PONTS ET CHAUSSÉES, PROFESSEUR A L'ÉCOLE ROYALE POLYTECHNIQUE, PROFESSEUR ADJOINT A LA FACULTÉ DES SCIENCES, MEMBRE DE L'ACADÉMIE DES SCIENCES, CHEVALIER DE LA LÉGION D'HONNEUR.

TROISIÈME ANNÉE.

A PARIS,

CHEZ DE BURE FRÈRES, LIBRAIRES DU ROI ET DE LA BIBLIOTHÈQUE DU ROI,

RUE SERPENTE, N.° 7.

1828.

IMPRIMERIE DE BÉTHUNE, HOTEL PALATIN, PRÈS SAINT-SULPICE.

SUR LES CENTRES, LES PLANS PRINCIPAUX ET LES AXES PRINCIPAUX

DES SURFACES DU SECOND DEGRÉ.

Parmi les méthodes employées par les géomètres pour discuter les surfaces représentées par des équations du second degré, l'une des plus simples est celle qui consiste à couper ces surfaces par des droites parallèles. En suivant cette méthode, on peut facilement déterminer la nature des surfaces dont il s'agit, leurs centres, s'il en existe, leurs axes principaux, etc...; et l'on reconnaît en particulier que, pour fixer la direction de ces axes, il suffit de résoudre une équation du troisième degré. Cette équation, qui se représente dans diverses questions de géométrie ou de mécanique, et en particulier dans la théorie des moments d'inertie, a cela de remarquable que ses trois racines sont toujours réelles. Mais jusqu'à présent on n'avait prouvé cette réalité qu'à l'aide de moyens indirects, par exemple, en ayant recours à la transformation des coordonnées, ou en faisant voir que l'on parviendrait à des conclusions absurdes, si l'on supposait deux racines imaginaires. Je me propose, dans cet article; 1.º de montrer combien il est facile de fixer, par la méthode ci-dessus mentionnée, la position du centre, des plans principaux et des axes principaux d'une surface du second degré, lorsque, pour simplifier les calculs et les rendre plus symétriques, on écrit les équations de chaque droite sous la forme indiquée dans les Leçons sur les *Applications du calcul infinitésimal à la géométrie;* 2.º d'établir directement la réalité des trois racines de l'équation qui sert à la détermination des axes principaux.

Soient x, y, z les coordonnées d'un point, rapportées à trois axes rectangulaires. L'équation générale du second degré en x, y, z sera de la forme

$$(1) \qquad A x^2 + B y^2 + C z^2 + 2 D y z + 2 E z x + 2 F x y + 2 G x + 2 H y + 2 I z = K :$$

et les équations d'une droite menée par le point (ξ, η, ζ), de manière qu'elle fasse avec les demi-axes des coordonnées positives, les angles α, β, γ, seront comprises dans la formule

$$(2) \qquad \frac{x - \xi}{\cos \alpha} = \frac{y - \eta}{\cos \beta} = \frac{z - \zeta}{\cos \gamma}.$$

De plus, si l'on fait, pour abréger,

$$(3) \qquad r = \sqrt{[(x - \xi)^2 + (y - \eta)^2 + (z - \zeta)^2]},$$

c'est-à-dire, si l'on désigne par r la distance des deux points (ξ, η, ζ), (x, y, z), on tirera de la formule (2)

$$(4) \qquad \frac{x - \xi}{\cos \alpha} = \frac{y - \eta}{\cos \beta} = \frac{z - \zeta}{\cos \gamma} = \pm r,$$

le double signe devant être réduit au signe $+$ ou au signe $-$, suivant que les angles α, β, γ se rapporteront à la longueur r comptée à partir du point (ξ, η, ζ), ou à partir du point (x, y, z). On aura donc, dans le premier cas,

$$(5) \qquad x = \xi + r \cos \alpha, \qquad y = \eta + r \cos \beta, \qquad z = \zeta + r \cos \gamma,$$

et dans le second

$$(6) \qquad x = \xi - r \cos \alpha, \qquad y = \eta - r \cos \beta, \qquad z = \zeta - r \cos \gamma.$$

Concevons à présent que la droite, étant prolongée à partir du point (ξ, η, ζ), de manière à former avec les demi-axes des coordonnées positives les angles α, β, γ, rencontre précisément la surface (1) au point (x, y, z). Les valeurs de x, y, z, données par les équations (5), vérifieront la formule (1). Donc, si l'on pose

$$(7) \quad \left\{ \begin{aligned} s &= A \cos^2 \alpha + B \cos^2 \beta + C \cos^2 \gamma + 2 D \cos \beta \cos \gamma + 2 E \cos \gamma \cos \alpha + 2 F \cos \alpha \cos \beta, \\ t &= (A\xi + F\eta + E\zeta + G)\cos \alpha + (F\xi + B\eta + D\zeta + H)\cos \beta + (E\xi + D\eta + C\zeta + I)\cos \gamma, \\ u &= A\xi^2 + B\eta^2 + C\zeta^2 + 2 D\eta\zeta + 2 E\zeta\xi + 2 F\xi\eta + 2 G\xi + 2 H\eta + 2 I\zeta, \end{aligned} \right.$$

la distance r sera déterminée en fonction des angles α, β, γ et des coordonnées ξ, η, ζ par l'équation du second degré

$$(8) \qquad s r^2 + 2 t r + u = K.$$

Or, cette équation, devant fournir, par hypothèse, une valeur réelle et positive de r, on peut affirmer qu'elle admettra deux racines réelles, à moins que les angles α, β, γ ne vérifient la condition $s = 0$, ou

$$(9) \qquad A \cos^2 \alpha + B \cos^2 \beta + C \cos^2 \gamma + 2 D \cos \beta \cos \gamma + 2 E \cos \gamma \cos \alpha + 2 F \cos \alpha \cos \beta = 0.$$

(3)

Si cette condition n'est pas remplie, une seconde valeur réelle de r, positive ou négative, satisfera encore à l'équation (8). En d'autres termes, une seconde valeur positive de r vérifiera l'équation (8) ou la suivante

$$(10) \qquad sr^2 - 2tr + u = K,$$

Par conséquent, la droite que nous avons déjà considérée, et qui se trouve représentée par les équations (5) ou par les équations (6), suivant qu'on la suppose prolongée dans un certain sens ou en sens contraire, rencontrera de nouveau la surface (1). Si maintenant on fait coïncider le point (ξ, n, ζ) avec le milieu de la distance comprise entre les points d'intersection de la droite et de la surface, r sera la moitié de cette distance; et, comme les formules (8), (10) devront subsister simultanément, on en conclura

$$(11) \qquad sr^2 + u = K,$$

et

$$(12) \qquad t = 0.$$

Il est bon d'observer que l'équation (12) peut s'écrire sous l'une ou l'autre des deux formes suivantes

$$(13) \qquad (A\xi + Fn + E\zeta + G)\cos\alpha + (F\xi + Bn + D\zeta + H)\cos\beta + (E\xi + Dn + C\zeta + I)\cos\gamma = 0,$$

$$(14) \qquad \begin{cases} (A\cos\alpha + F\cos\beta + E\cos\gamma)\xi + (F\cos\alpha + B\cos\beta + D\cos\gamma)n + (E\cos\alpha + D\cos\beta + C\cos\gamma)\zeta \\ \qquad + G\cos\alpha + H\cos\beta + I\cos\gamma = 0. \end{cases}$$

Cette équation étant du premier degré par rapport aux coordonnées ξ, n, ζ, il en résulte que le point (ξ, n, ζ) décrira une surface plane, si la sécante de la surface (1) devient mobile, mais de telle sorte que les angles α, β, γ demeurent constants. Ainsi, des cordes parallèles de la surface (1) ont toujours leurs milieux situés dans un seul plan que l'on peut appeler *diamétral*, et qui se trouve représenté par l'équation (13) ou (14). Soient λ, μ, ν les angles que forme la perpendiculaire à ce plan, prolongé dans un sens ou dans un autre, avec les demi-axes des coordonnées positives. Les cosinus de ces angles étant nécessairement proportionnels aux coefficients de ξ, n, ζ dans l'équation (14), on aura

$$(15) \qquad \frac{A\cos\alpha + F\cos\beta + E\cos\gamma}{\cos\lambda} = \frac{F\cos\alpha + B\cos\beta + D\cos\gamma}{\cos\mu} = \frac{E\cos\alpha + D\cos\beta + C\cos\gamma}{\cos\nu},$$

De plus, les trois fractions, que renferme la formule (15), étant égales entre elles, seront égales au rapport

$$\frac{(A\cos\alpha+F\cos\beta+E\cos\gamma)\cos\alpha+(F\cos\alpha+B\cos\beta+D\cos\gamma)\cos\beta+(E\cos\alpha+D\cos\beta+C\cos\gamma)\cos\gamma}{\cos\lambda\cos\alpha+\cos\mu\cos\beta+\cos\nu\cos\gamma},$$

et par conséquent à

$$\frac{s}{\cos\delta},$$

si l'on pose

$$(16) \qquad \cos\delta = \cos\lambda\cos\alpha + \cos\mu\cos\beta + \cos\nu\cos\gamma,$$

c'est-à-dire, si l'on désigne par δ l'un des deux angles que forme une des cordes parallèles avec la perpendiculaire au plan diamétral qui passe par leurs milieux. On aura donc encore

$$(17) \qquad \frac{A\cos\alpha+F\cos\beta+E\cos\gamma}{\cos\lambda} = \frac{F\cos\alpha+B\cos\beta+D\cos\gamma}{\cos\mu} = \frac{E\cos\alpha+D\cos\beta+C\cos\gamma}{\cos\nu} = \frac{s}{\cos\delta},$$

et par suite l'équation du plan diamétral ou l'équation (14) pourra être réduite à

$$(18) \qquad s(\xi\cos\lambda + \eta\cos\mu + \zeta\cos\nu) + (G\cos\alpha + H\cos\beta + I\cos\gamma)\cos\delta = 0.$$

Lorsque les cordes de la surface (1) deviennent parallèles à l'un des axes coordonnés, l'une des trois quantités $\cos\alpha$, $\cos\beta$, $\cos\gamma$, se réduit à ± 1, les deux autres s'évanouissent, et l'équation (13) du plan diamétral prend une des trois formes

$$(19) \qquad A\xi + F\eta + E\zeta + G = 0,$$

$$(20) \qquad F\xi + B\eta + D\zeta + H = 0,$$

$$(21) \qquad E\xi + D\eta + C\zeta + I = 0.$$

Ces trois dernières équations représentent donc les trois plans diamétraux qui passent par les milieux des cordes parallèles aux axes des x, y et z. Lorsque ces trois plans se coupent en un même point, ou suivant une même droite, les coordonnées de ce point ou de cette droite vérifient évidemment la formule (13), quelles que soient d'ailleurs les valeurs attribuées aux angles α, β, γ. Donc tous les plans diamétraux passent alors par ce point ou cette droite, qui est le *centre* ou le lieu des *centres* de la surface (1).

Pour qu'un plan diamétral coupe à angles droits les cordes parallèles dont il renferme les milieux, ou, en d'autres termes, pour qu'un plan diamétral divise la surface (1) en deux parties symétriques, et devienne ce qu'on nomme un plan *principal* de cette surface, il est nécessaire, et il suffit que les cosinus des angles λ, μ, ν soient pro-proportionnels aux cosinus des angles α, β, γ, c'est-à-dire, que l'on ait

$$(22) \qquad \frac{\cos\lambda}{\cos\alpha} = \frac{\cos\mu}{\cos\beta} = \frac{\cos\nu}{\cos\gamma}.$$

D'ailleurs, si l'on combine la formule (15) avec la première des équations (7), et avec la suivante

$$(23) \qquad \cos^2\alpha + \cos^2\beta + \cos^2\gamma = 1 ,$$

on en conclura

$$(24) \qquad \frac{A\cos\alpha + F\cos\beta + E\cos\gamma}{\cos\alpha} = \frac{F\cos\alpha + B\cos\beta + D\cos\gamma}{\cos\beta} = \frac{E\cos\alpha + D\cos\beta + C\cos\gamma}{\cos\gamma} = s ,$$

ou, ce qui revient au même,

$$(25) \qquad \begin{cases} (A - s)\cos\alpha + F\cos\beta + E\cos\gamma = 0 , \\ F\cos\alpha + (B - s)\cos\beta + D\cos\gamma = 0 , \\ E\cos\alpha + D\cos\beta + (C - s)\cos\gamma = 0 . \end{cases}$$

De plus, si l'on élimine $\cos\alpha$, $\cos\beta$, $\cos\gamma$ entre les formules (25), on obtiendra une équation en s du 3.ᵉ degré, savoir,

$$(26) \qquad (A - s)(B - s)(C - s) - D^2(A - s) - E^2(B - s) - F^2(C - s) + 2DEF = 0.$$

Enfin, si l'on pose, dans les formules (25),

$$(27) \qquad \cos\alpha = p\cos\gamma , \qquad \cos\beta = q\cos\gamma .$$

elles deviendront

$$(28) \qquad (A - s)p + Fq + E = 0 , \quad Fp + (B - s)q + D = 0 , \quad Ep + Dq + C - s = 0 ;$$

et il est clair qu'à chaque racine réelle de l'équation (26) correspondront 1.º des valeurs réelles finies ou infinies des variables p, q, déterminées par les formules (28), 2.º des valeurs réelles de $\cos\alpha$, $\cos\beta$, $\cos\gamma$, déterminées par les équations (23) et (27), ou ce qui revient au même, par l'une des deux formules

(6)

$$(29) \qquad \frac{\cos\alpha}{p} = \frac{\cos\beta}{q} = \frac{\cos\gamma}{1} = \frac{1}{\sqrt{1+p^2+q^2}},$$

$$(30) \qquad \frac{\cos\alpha}{p} = \frac{\cos\beta}{q} = \frac{\cos\gamma}{1} = -\frac{1}{\sqrt{1+p^2+q^2}}.$$

Par suite, si l'on nomme *directions principales* celles que prennent des droites menées par l'origine, ou par un point quelconque de l'espace, de manière à former avec les demi-axes des coordonnées positives des angles α, β, γ^*, déterminés par le système des équations (26), (28), (29), chaque racine réelle de l'équation (26) fournira généralement une direction principale. Donc il sera démontré qu'une droite menée par l'origine, ou par un point quelconque de l'espace, peut toujours prendre, relativement à la surface (1), trois directions principales, s'il est prouvé que l'équation (26) a ses trois racines réelles. Or la réalité de ces trois racines est évidente, dans le cas particulier où les quantités E, F s'évanouissent. Alors en effet, l'équation (26) se partage en deux autres, savoir,

$$(31) \qquad A - s = 0,$$

et

$$(32) \qquad (B - s)(C - s) - D^2 = 0,$$

que l'on vérifie en prenant

$$(33) \qquad s = A,$$

et

$$(34) \qquad s = \frac{B+C}{2} \pm \sqrt{\left\{\left(\frac{B-C}{2}\right)^2 + D^2\right\}}.$$

Donc, si l'on fait

$$(35) \quad s' = \frac{B+C}{2} - \sqrt{\left\{\left(\frac{B-C}{2}\right)^2 + D^2\right\}}, \quad s'' = \frac{B+C}{2} + \sqrt{\left\{\left(\frac{B-C}{2}\right)^2 + D^2\right\}},$$

l'équation (26), dans le cas particulier dont il est question, aura pour racines les trois quantités réelles A, s', s''. D'autre part, si l'on nomme

---

* Nous supposons ici, conformément aux conventions généralement adoptées, que chacun des angles α, β, γ est positif et inférieur à 200 degrés.

$$S_{-\infty}\,,\qquad S'\,,\qquad S''\,,\qquad S_{\infty}$$

les valeurs réelles qu'acquiert la fonction

$$(36)\qquad S=(A-s)(B-s)(C-s)-D^2(A-s)-E^2(B-s)-F^2(C-s)+2DEF,$$

quand on attribue successivement à la variable s les quatre valeurs

$$(37)\qquad s=-\infty\,,\qquad s=s'\,,\qquad s=s''\,,\qquad s=\infty\,,$$

rangées, comme on le voit ici, par ordre de grandeur, on aura

$$S_{-\infty}=\infty\,,$$

$$S'=-E^2(B-s')-F^2(C-s')+2DEF$$

$$=2DEF-\frac{1}{2}(B-C)(E^2-F^2)-(E^2+F^2)\sqrt{\left\{\left(\frac{B-C}{2}\right)^2+D^2\right\}}\,,$$

$$S''=-E^2(B-s'')-F^2(C-s'')+2DEF$$

$$=2DEF-\frac{1}{2}(B-C)(E^2-F^2)+(E^2+F^2)\sqrt{\left\{\left(\frac{B-C}{2}\right)^2+D^2\right\}}\,,$$

$$S_{\infty}=-\infty\,;$$

puis en faisant, pour abréger,

$$(38)\qquad 2DEF-\frac{1}{2}(B-C)(E^2-F^2)=P\,,\quad (B-C)EF+D(E^2-F^2)=Q\,,$$

et ayant égard à la formule

$$(39)\qquad (E^2+F^2)^2\left\{\left(\frac{B-C}{2}\right)^2+D^2\right\}=P^2+Q^2\,,^{\ast}$$

---

* Pour obtenir l'équation (39), il suffit de combiner entre elles, par voie de multiplication, les deux formules imaginaires

$$(E+F\sqrt{-1})^2\left(D+\frac{B-C}{2}\sqrt{-1}\right)=2DEF-\tfrac{1}{2}(B-C)(E^2-F^2)+[(B-C)EF+D(E^2-F^2)\sqrt{-1}]=P+Q\sqrt{-1}\,,$$

$$(E-F\sqrt{-1})^2\left(D-\frac{B-C}{2}\sqrt{-1}\right)=P-Q\sqrt{-1}.$$

on trouvera définitivement

$$(40) \quad \begin{cases} S_{-\infty} = \infty > 0 , \\ S' = P - \sqrt{P^2 + Q^2} < 0 , \quad S'' = P + \sqrt{P^2 + Q^2} > 0 , \\ S_{\infty} = - \infty < 0 . \end{cases}$$

Donc, si, dans le premier membre de l'équation (26), on attribue successivement à la variable s les quatre valeurs $-\infty$, s', $s'' > s'$ et $+\infty$, on obtiendra quatre résultats alternativement positifs et négatifs. Il est permis d'en conclure que l'équation (26) aura toujours trois racines réelles, la première inférieure à la limite s', la seconde comprise entre s' et s'', la troisième supérieure à la limite s''. Dans le cas particulier que nous avons d'abord considéré, les quantités P, Q, et par suite S', S'' s'évanouissent en même temps que les quantités E, F; ainsi qu'on devait s'y attendre, puisque s', s'' sont alors deux racines de l'équation (26). Ajoutons que la conclusion générale à laquelle nous sommes parvenus subsisterait encore, si l'on désignait par s', s'', non plus les racines de l'équation (28), mais les valeurs réelles de s qui vérifient l'une des deux équations

$$(41) \quad (C - s)(A - s) - E^2 = 0 ,$$

ou

$$(42) \quad (A - s)(B - s) - F^2 = 0 ;$$

c'est-à-dire, en d'autres termes, si l'on prenait

$$(43) \quad s' = \frac{C+A}{2} - \sqrt{\left\{ \left(\frac{C-A}{2} \right)^2 + E^2 \right\}} , \quad s'' = \frac{C+A}{2} + \sqrt{\left\{ \left(\frac{C-A}{2} \right)^2 + E^2 \right\}} ,$$

ou bien

$$(44) \quad s' = \frac{A+B}{2} - \sqrt{\left\{ \left(\frac{A-B}{2} \right)^2 + F^2 \right\}} , \quad s'' = \frac{A+B}{2} + \sqrt{\left\{ \left(\frac{A-B}{2} \right)^2 + F^2 \right\}} .$$

Cela posé, admettons que l'on ait calculé les trois valeurs de s' et les trois valeurs de s'' fournies par les équations (35), (43) et (44). On sera en droit d'affirmer que des trois racines réelles de l'équation (26) la première est inférieure à la plus petite des valeurs de s', la seconde supérieure à la plus grande des valeurs de s', mais inférieure à la plus petite des valeurs de s'', et la troisième supérieure à la plus grande des valeurs de s''.

Concevons maintenant que l'on désigne par

$$(45) \qquad s_1 , \quad s_2 , \quad s_3$$

les trois racines réelles de l'équation (26), et par

(46) $\qquad \alpha_1, \beta_1, \gamma_1; \qquad \alpha_2, \beta_2, \gamma_2; \qquad \alpha_3, \beta_3, \gamma_3,$

les valeurs correspondantes des angles α, β, γ, tirées des formules (28) et (29). Chacune des équations (25) sera vérifiée lorsqu'on attribuera aux variables s, α, β, γ, un quelconque des trois systèmes de valeurs dont il s'agit. Par conséquent la première de ces équations donnera

$$(A - s_1)\cos\alpha_1 + F\cos\beta_1 + E\cos\gamma_1 = 0,$$

et

$$(A - s_2)\cos\alpha_2 + F\cos\beta_2 + E\cos\gamma_2 = 0;$$

puis l'on en conclura, en éliminant la quantité A,

(47) $\quad (s_2 - s_1)\cos\alpha_1\cos\alpha_2 + F(\cos\beta_1\cos\alpha_2 - \cos\alpha_1\cos\beta_2) + E(\cos\gamma_1\cos\alpha_2 - \cos\alpha_1\cos\gamma_2) = 0.$

En raisonnant de même, on tirera de la seconde des équations (25)

(48) $\quad (s_2 - s_1)\cos\beta_1\cos\beta_2 + D(\cos\gamma_1\cos\beta_2 - \cos\beta_1\cos\gamma_2) + F(\cos\alpha_1\cos\beta_2 - \cos\beta_1\cos\alpha_2) = 0,$

et de la troisième

(49) $\quad (s_2 - s_1)\cos\gamma_1\cos\gamma_2 + E(\cos\alpha_1\cos\gamma_2 - \cos\gamma_1\cos\alpha_2) + D(\cos\beta_1\cos\gamma_2 - \cos\gamma_1\cos\beta_2) = 0.$

Enfin, si l'on ajoute, membre à membre, les formules (47), (48), (49), on trouvera

$$(s_2 - s_1)(\cos\alpha_1\cos\alpha_2 + \cos\beta_1\cos\beta_2 + \cos\gamma_1\cos\gamma_2) = 0:$$

et par suite

(50) $\qquad \cos\alpha_1\cos\alpha_2 + \cos\beta_1\cos\beta_2 + \cos\gamma_1\cos\gamma_2 = 0,$

pourvu que les racines s_1, s_2 ne deviennent point égales entre elles. On trouvera de même, en supposant inégales les racines s_1, s_3,

(51) $\qquad \cos\alpha_1\cos\alpha_3 + \cos\beta_1\cos\beta_3 + \cos\gamma_1\cos\gamma_3 = 0,$

et, en supposant inégales les racines s_2, s_3,

III.ᵉ ANNÉE.

$$(52) \qquad \cos\alpha_2\cos\alpha_3 + \cos\beta_2\cos\beta_3 + \cos\gamma_2\cos\gamma_3 = 0.$$

D'ailleurs les premiers membres des formules (50), (51), (52) exprimeront évidemment les cosinus des angles compris entre les trois directions principales. Donc, puisque ces cosinus se réduiront à zéro, les directions principales seront celles de trois droites perpendiculaires l'une à l'autre. Ajoutons que chacune de ces droites, si elle passe par l'origine, sera représentée par les équations comprises dans la formule

$$(53) \qquad \frac{x}{\cos\alpha} = \frac{y}{\cos\beta} = \frac{z}{\cos\gamma} \,,$$

les valeurs de α, β, γ étant tirées des formules (25) et (26); ou, ce qui revient au même, par les trois équations

$$(54) \quad (A-s)x+Fy+Ez=0, \quad Fx+(B-s)y+Dz=0, \quad Ex+Dy+(C-s)z=0,$$

la valeur de s étant l'une de celles que nous avons désignées par s_1, s_2, s_3.

Dans ce qui précède, nous avons admis que les trois racines s_1, s_2, s_3 étaient inégales. Si deux de ces racines, par exemple les deux plus petites, devenaient égales entre elles, elles coïncideraient nécessairement avec les valeurs de s' tirées des formules (35), (43) et (44). Au contraire, si les deux racines égales surpassaient la troisième, elles coïncideraient avec les valeurs de s'' tirées des mêmes formules. Donc chacune des racines égales sera toujours une valeur de s propre à vérifier simultanément les équations (26), (32), (41), (42), et par conséquent la formule

$$(55) \qquad (A-s)(B-s)(C-s)=D^2(A-s)=E^2(B-s)=F^2(C-s)=DEF.$$

On aura donc, pour cette valeur de s,

$$(56) \qquad A-s=\frac{EF}{D}\,, \qquad B-s=\frac{FD}{E}\,, \qquad C-s=\frac{DE}{F}\,;$$

d'où l'on peut conclure que les trois équations (28) seront réduites à la seule équation

$$(57) \qquad EFp + FDq + DE = 0\,,$$

et les trois équations (54) à la seule équation

$$(58) \qquad EFx + FDy + DEz = 0\,.$$

Il sera donc permis d'attribuer aux variables p, q l'un quelconque des systèmes de valeurs propres à vérifier la formule (57). Par suite, les valeurs de $\cos\alpha$, $\cos\beta$, $\cos\gamma$, données par la formule (29), ne seront pas complètement déterminées; et les deux directions principales, correspondantes aux deux racines égales de l'équation (26), seront celles de deux droites menées arbitrairement par l'origine dans le plan que représente l'équation (58). Or il est évident qu'on pourra choisir encore ces directions de manière qu'elles soient perpendiculaires entre elles. Quant à la troisième racine de l'équation (26), elle continuera de fournir une direction principale perpendiculaire aux deux autres, et par conséquent au plan représenté par l'équation (58).

Si, dans le cas que nous venons d'examiner, on désigne par ς la valeur commune des deux racines égales de l'équation (26), on aura, en vertu des formules (56),

$$(59) \qquad \varsigma = A - \frac{EF}{D} = B - \frac{FD}{E} = C - \frac{DE}{F}.$$

Par conséquent les coefficients A, B, C, D, E, F vérifieront les deux équations de condition comprises dans la formule

$$(60) \qquad A - \frac{EF}{D} = B - \frac{FD}{E} = C - \frac{DE}{F}.$$

Réciproquement, lorsque ces deux équations sont vérifiées, on peut affirmer que l'équation (26) a au moins deux racines égales entre elles. En effet, si l'on désigne alors par ς la valeur commune des trois membres de la formule (60), on trouvera

$$(61) \qquad A = \varsigma + \frac{EF}{D}, \qquad B = \varsigma + \frac{FD}{E}, \qquad C = \varsigma + \frac{DE}{F},$$

et la substitution des valeurs précédentes de A, B, C dans l'équation (26) réduira cette équation à la forme

$$(62) \qquad (\varsigma - s)^2 \left(\varsigma - s + \frac{EF}{D} + \frac{FD}{E} + \frac{DE}{F} \right) = 0.$$

S'il y avait égalité entre les trois racines de l'équation (26), chacune d'elles coïnciderait nécessairement avec les trois valeurs de s' et les trois valeurs de s'', déterminées par les formules (35), (45) et (44). Donc alors les radicaux renfermés dans ces formules s'évanouiraient, et les coefficients A, B, C, D, E, F vérifieraient les trois conditions

$$(63) \qquad \left(\frac{B-C}{2} \right)^2 + D^2 = 0, \qquad \left(\frac{C-A}{2} \right)^2 + E^2 = 0, \qquad \left(\frac{A-B}{2} \right)^2 + F^2 = 0,$$

ou, ce qui revient au même, les cinq équations de condition comprises dans les deux formules

$$(64) \qquad A = B = C, \qquad D = E = F = 0.$$

De plus, en désignant par ς la valeur unique de s à laquelle se réduiraient les trois racines égales de l'équation (26), on trouverait

$$(65) \qquad \varsigma = A = B = C.$$

Enfin, il est clair qu'en vertu de cette valeur et des conditions (64), les équations (28) et (54) deviendraient identiques. Donc les valeurs de p, q, propres à vérifier les équations (28), deviendraient complètement indéterminées; et les trois directions principales, correspondantes aux trois racines égales de l'équation (26), seraient celles de trois droites menées arbitrairement par l'origine, ou par un point quelconque de l'espace. On pourrait d'ailleurs choisir encore ces directions de manière qu'elles fussent perpendiculaires entre elles. Ajoutons que, dans le cas où les conditions (64) sont remplies, les trois racines de l'équation (26) sont toujours égales, puisque cette équation se réduit alors à la forme

$$(66) \qquad (s - A)^3 = 0.$$

Les deux cas que nous venons d'examiner, c'est-à-dire, ceux qui se rapportent à l'égalité de deux ou trois racines de l'équation (26), sont évidemment les seuls qui fournissent, pour les quantités p et q, des valeurs indéterminées. En effet, pour que cette circonstance arrive, il est nécessaire que les trois équations (28), qui s'accordent toujours entre elles en vertu de la formule (26), se réduisent à une seule et même équation, ou deviennent toutes identiques. Or les trois équations (28) ne peuvent se réduire à une seule, à moins que les six quantités

$$(67) \qquad A - s, \qquad B - s, \qquad C - s, \qquad D, \qquad E, \qquad F$$

ne vérifient la condition

$$(68) \qquad A - s : F : E :: F : B - s : D :: E : D : C - s,$$

et par conséquent les deux formules

$$\frac{A-s}{F} = \frac{F}{B-s} = \frac{E}{D}, \qquad \frac{F}{E} = \frac{B-s}{D} = \frac{D}{C-s},$$

qui peuvent être remplacées par les équations (56), et qui entraînent la formule (60) avec l'égalité de deux des racines s_1, s_2, s_3. De plus les trois équations (28) ne peuvent devenir identiques que dans le cas où les quantités (67) s'évanouissent, et par conséquent dans le cas où les conditions (64), étant vérifiées, entraînent l'égalité des trois racines dont il s'agit.

Il résulte des considérations précédentes que par l'origine, ou par un point quelconque de l'espace, on peut toujours mener trois droites perpendiculaires entre elles, et dont les directions soient principales relativement à la surface (1). On voit en outre que ces trois droites seront complètement déterminées, ou l'une déterminée et les deux autres indéterminées, mais comprises dans un plan donné, ou toutes les trois indéterminées, suivant que l'équation (26) offrira trois racines inégales, ou une racine simple et deux racines égales, ou enfin trois racines égales.

Supposons maintenant que l'on coupe la surface (1) par une droite dont la direction coïncide avec l'une des directions principales, et soient ξ, η, ζ les coordonnées d'un point situé sur la même droite. Les coordonnées variables x, y, z de cette droite vérifieront la formule (2), pourvu que l'on attribue aux angles α, β, γ les valeurs correspondantes à la direction principale dont il s'agit. Soit d'ailleurs r la distance comprise entre les points (ξ,η,ζ) et (x,y,z). Comme les coordonnées x, y, z du point où la droite rencontrera la surface satisferont en même temps à l'équation (1) et aux formules (5) ou (6); la valeur de r, correspondante à ce point, sera fixée par l'une des équations (8), (10), les valeurs de s, t, u étant déterminées, à l'ordinaire, par les formules (7), dont la seconde, combinée avec la formule (24), donnera

$$(69) \qquad t = s(\xi\cos\alpha + \eta\cos\beta + \zeta\cos\gamma) + G\cos\alpha + H\cos\beta + I\cos\gamma.$$

Donc, puisque les racines de l'équation (10) sont égales, abstraction faite des signes, aux racines de l'équation (8), chacune de ces équations fournira toujours, dans l'hypothèse admise, une valeur réelle de la variable r. On est en droit d'en conclure que les deux équations réunies offriront quatre racines réelles, savoir deux racines positives, et deux racines négatives, à moins que les valeurs attribuées aux angles α, β, γ ne vérifient la condition

$$(70) \qquad s = 0,$$

c'est-à-dire, la formule (9). Donc, si l'on excepte le cas particulier où cette condition serait satisfaite, la droite que l'on considère, prolongée dans un seul sens, ou d'abord dans un sens et ensuite en sens contraire, rencontrera la surface (1) en deux points déterminés de position sur cette droite. On doit toutefois observer que ces deux points cesseraient d'être distincts, si les deux racines positives appartenaient à une seule des équations (8), (10), et devenaient égales entre elles. Or, c'est ce qui arriverait effectivement, si la droite et la surface devenaient tangentes l'une à l'autre.

Lorsque les angles α, β, γ, correspondants à une direction principale, ne vérifient pas la condition (9) ou (70), et que l'on fait coïncider le point (ξ, η, ζ) avec le milieu d'une corde ou sécante parallèle à cette direction, les équations (8) et (10) sont nécessairement vérifiées par une même valeur positive de r qui représente la moitié de la corde dont il s'agit. Par suite cette valeur de r satisfait encore à la formule (11), et les coordonnées ξ, η, ζ du milieu de la corde vérifient l'équation (12), qui, en vertu de la formule (69), peut être réduite à

$$(71) \qquad s(\xi \cos\alpha + \eta \cos\beta + \zeta \cos\gamma) + G \cos\alpha + H \cos\beta + I \cos\gamma = 0.$$

Si la sécante se changeait en une tangente à la surface (1), les deux extrémités de la corde et son milieu coïncideraient avec le point de contact; tandis que la distance r, réduite à zéro, représenterait la valeur commune des racines devenues égales de l'équation (8) ou de l'équation (10). Donc alors les coordonnées (ξ, η, ζ) du point de contact vérifieraient, non-seulement la formule (71), mais encore la formule (11) réduite à

$$(72) \qquad u = K.$$

Remarquons d'ailleurs que l'équation (72), qu'on peut écrire comme il suit

$$(73) \qquad A\xi^2 + B\eta^2 + C\zeta^2 + 2D\eta\zeta + 2E\zeta\xi + 2F\xi\eta + 2G\xi + 2H\eta + 2I\zeta = K,$$

exprime simplement que le point (ξ, η, ζ) est situé sur la surface (1). Quant à l'équation (71), elle est évidemment celle d'un plan perpendiculaire à la direction principale que l'on considère; et, d'après ce qu'on vient de dire, ce plan devra renfermer les milieux ou les points de contact des cordes et des tangentes parallèles à cette direction. Donc ce plan divisera la surface en deux parties symétriques, et sera toujours ce qu'on nomme un plan principal.

Lorsque les angles α, β, γ, correspondants à une direction principale, satisfont à la formule (9) ou (70), la valeur nulle de s est une racine de l'équation (26), et par conséquent les coefficients A, B, C, D, E, F vérifient la condition

$$(74) \qquad ABC - AD^2 - BE^2 - CF^2 + 2DEF = 0.$$

En même temps, la valeur de t, donnée par la formule (69), se réduit à

$$(75) \qquad t = G \cos\alpha + H \cos\beta + I \cos\gamma,$$

$$(\,15\,)$$

et les équations (8), (10) deviennent respectivement

$$(76) \qquad\qquad 2\,t\,r + u = K ,$$

$$(77) \qquad\qquad -2\,t\,r + u = K .$$

Alors, si la valeur de t ne s'évanouit pas, une droite menée par un point quelconque (ξ, η, ζ), parallèlement à la direction principale que l'on considère, coupera la surface (1) à une distance r du point (ξ, η, ζ), représentée par la racine positive de l'équation (76) ou de l'équation (77). Mais il n'y aura qu'un seul point commun à la droite et à la surface; et, comme on ne pourra plus choisir ξ, η, ζ de manière à vérifier l'équation (71), dont le premier membre sera précisément égal à t, on verra disparaître le plan principal que représentait cette même équation. Au contraire, si t s'évanouit, c'est-à-dire, si les valeurs de α, β, γ vérifient la condition

$$(78) \qquad\qquad G\cos\alpha + H\cos\beta + I\cos\gamma = 0 ,$$

les équations (76) et (77) se réduiront à la formule (72) ou (73); et, comme cette formule se trouvera satisfaite, quel que soit r, ou ne pourra l'être, suivant que le point (ξ, η, ζ) sera ou ne sera pas compris dans la surface (1), il est clair que chaque droite, menée parallèlement à la direction principale, sera située toute entière sur cette surface, ou n'aura aucun point de commun avec elle. Donc alors l'équation (1) représentera une surface cylindrique, dont les génératrices, prolongées dans un certain sens, formeront avec les demi-axes des coordonnées positives les angles α, β, γ. Or, dans ce cas, tout plan perpendiculaire à la direction principale divisera évidemment la surface cylindrique en deux parties symétriques, et pourra en conséquence être considéré comme un plan principal. Il est d'ailleurs aisé de voir que les coordonnées d'un semblable plan satisferont à la formule (71), attendu que cette formule deviendra identique, et sera vérifiée indépendamment des valeurs attribuées aux variables ξ, η, ζ.

Faisons maintenant, pour abréger,

$$(79) \qquad\qquad \omega = G\cos\alpha + H\cos\beta + I\cos\gamma .$$

s et 2ω désigneront ce que deviennent les deux polynomes du premier et du second degré, dont la somme forme le premier membre de l'équation (1), savoir,

$$(80) \qquad A\,x^2 + B\,y^2 + C\,z^2 + 2D\,yz + 2E\,zx + 2F\,xy \qquad \text{et} \qquad 2(G\,x + H\,y + I\,z),$$

quand on y remplace x, y, z par $\cos\alpha$, $\cos\beta$, $\cos\gamma$. Cela posé, il résulte des

observations précédentes que toute droite, qui offrira une direction principale relativement à la surface (1), sera perpendiculaire à un plan principal, si la valeur correspondante de la quantité s vérifie la condition

$$(81) \qquad\qquad s^2 > 0,$$

et à une infinité de plans principaux, si les valeurs correspondantes de s et ω vérifient
les deux formules

$$(82) \qquad\qquad s = 0, \qquad \omega = 0.$$

Le cas où l'on aurait à la fois

$$(83) \qquad\qquad s = 0, \qquad \omega^2 > 0$$

est le seul dans lequel le plan principal disparaisse. D'ailleurs nous avons prouvé ci-dessus qu'il existe, par rapport à la surface (1), trois directions principales et perpendiculaires entre elles, lorsque l'équation (26) n'a pas de racines égales, et dans le cas contraire une infinité de systèmes de directions principales qui, étant prises trois à trois,
sont encore perpendiculaires l'une à l'autre. Donc, à moins que l'équation (26) n'offre
une racine nulle ou des racines nulles, correspondantes à une valeur positive ou négative
de ω, et par conséquent propres à vérifier les conditions (83), il existera, pour la
surface du second degré, trois plans principaux et perpendiculaires entre eux, ou une
infinité de systèmes de plans principaux, qui, étant pris trois à trois, se couperont à
angles droits. Les systèmes de plans rectangulaires, dont il est ici question, se réduiront
effectivement à un seul, si l'équation (26) n'a pas de racines égales ni de racines nulles.
Alors les trois plans principaux se couperont suivant trois droites perpendiculaires
entre elles, et que l'on nomme *axes principaux*. Mais si l'équation (26) admet ou des
racines égales qui diffèrent de zéro, ou quelque racine nulle correspondante à une valeur
nulle de ω, le nombre des systèmes de plans principaux et perpendiculaires entre
eux étant alors infini, les droites, suivant lesquelles ils se couperont mutuellement, offriront une infinité de systèmes d'axes principaux.

Une remarque importante à faire, c'est que tout point, suivant lequel se coupent trois
plans principaux rectangulaires entre eux, et par conséquent trois axes principaux, est
toujours un centre de la surface (1). En effet, trois plans de cette espèce étant donnés,
construisons un parallélipipède rectangle qui ait pour centre leur point d'intersection,
pour sommets huit points dont l'un au moins soit situé sur la surface (1), et pour arêtes
des droites perpendiculaires aux plans dont il s'agit. Comme les huit sommets, considérés
deux à deux, seront placés symétriquement par rapport à l'un de ces mêmes plans, ils
appartiendront tous à la surface (1); et les deux sommets opposés, qui formeront les

extrémités d'une diagonale, coïncideront sur la surface avec les deux extrémités d'une corde dont le milieu sera précisément le centre du parallélipipède. Donc, puisque l'un de ces points pourra être un point quelconque de la surface (1), celle-ci aura pour centre le point d'intersection des trois plans principaux.

Réciproquement on peut affirmer que tout point qui sert de centre à la surface (1) est en même temps le point d'intersection d'un système ou d'une infinité de systèmes d'axes principaux de la surface. C'est ce que l'on démontrera sans peine à l'aide des considérations suivantes.

Les plans diamétraux représentés par les équations (19), (20) et (21) se couperont en un point unique, si les plans parallèles menés par l'origine, et représentés par les formules

$$(84)\quad Ax + Fy + Ez = 0, \qquad (85)\quad Fx + By + Dz = 0, \qquad (86)\quad Ex + Dy + Cz = 0,$$

n'ont d'autres points communs que cette origine même; ou, en d'autres termes, si l'on ne peut satisfaire aux formules (84), (85), (86) que par des valeurs nulles des coordonnées x, y, z. Alors la surface (1) aura un centre unique, et aucune des racines de l'équation (26) ne s'évanouira. Car, si une ou plusieurs de ces racines se réduisaient à zéro, on pourrait trouver un système de valeurs ou une infinité de systèmes de valeurs de α, β, γ, propres à vérifier la formule (24), et par conséquent les trois équations

$$(87)\quad \begin{cases} A\cos\alpha + F\cos\beta + E\cos\gamma = 0, \qquad F\cos\alpha + B\cos\beta + D\cos\gamma = 0, \\ E\cos\alpha + D\cos\beta + C\cos\gamma = 0; \end{cases}$$

puis, en déterminant x, y, z par la formule

$$(88)\qquad \frac{x}{\cos\alpha} = \frac{y}{\cos\beta} = \frac{z}{\cos\gamma},$$

c'est-à-dire, en prenant pour x, y, z des quantités proportionnelles à $\cos\alpha$, $\cos\beta$, $\cos\gamma$, on obtiendrait une infinité de systèmes de valeurs de x, y, z, propres à vérifier les équations (84), (85), (86). D'ailleurs, quand l'équation (26) n'offre pas de racines nulles, il existe un système ou une infinité de systèmes de plans principaux et rectangulaires, dont chacun passe nécessairement par le centre unique de la surface. Donc par suite il existe, dans l'hypothèse admise, un système ou une infinité de systèmes d'axes principaux qui ont pour point d'intersection le centre dont il s'agit.

Si les plans (19), (20) et (21) se coupent suivant une même droite, tous les points de cette droite seront autant de centres de la surface (1). De plus, la droite parallèle menée par l'origine sera représentée par les équations (84), (85), (86); et les angles α, β, γ, formés par cette droite avec les demi-axes des coordonnées positives, vérifieront les équations (25). Donc ces angles et une valeur nulle de la variable s vérifieront la formule (24). Par conséquent l'une au moins des racines de l'équation (26) deviendra égale à zéro. D'autre part, comme les équations (19), (20), (21) devront subsister simultanément, et que de ces équations, respectivement multipliées par $\cos\alpha$, $\cos\beta$, $\cos\gamma$, on déduit, par voie d'addition, la formule (78); il est clair que, dans l'hypothèse admise, les angles α, β, γ devront satisfaire encore à cette formule, c'est-à-dire, à la condition $\omega = 0$. D'ailleurs, quand une racine de l'équation (26) s'évanouit avec la valeur correspondante de ω, la surface (1) devient une surface cylindrique, et il existe une infinité de systèmes de plans principaux perpendiculaires entre eux, dont l'un coupe toujours à angles droits les génératrices de la surface; d'où il suit que les deux autres plans ont pour commune intersection une droite parallèle à ces mêmes génératrices. Enfin il est évident 1.° que la droite dont il s'agit devra coïncider avec celle qui sera le lieu des centres de la surface cylindrique, 2.° que le plan principal, perpendiculaire aux génératrices et par conséquent à cette droite, pourra la couper en un point quelconque. Donc, dans le cas que l'on considère, chacun des centres de la surface sera encore le point d'intersection d'un système ou d'une infinité de systèmes de plans principaux rectangulaires, et par suite d'un système ou d'une infinité de systèmes d'axes principaux.

Si les plans (19), (20), (21) se réduisaient à un seul, tous les points de celui-ci pourraient encore être considérés comme des centres de la surface (1). Dans la même hypothèse, les équations (87), réduites à une seule, seraient vérifiées par tous les systèmes de valeurs de α, β, γ qui exprimeraient des angles compris entre les demi-axes des coordonnées positives, et l'une quelconque des droites parallèles au plan dont il s'agit. Donc alors la surface (1) pourrait être engendrée d'une infinité de manières, par des droites parallèles à ce plan; et par conséquent l'équation (1) ne pourrait représenter qu'un plan ou un système de plans parallèles. On arriverait aux mêmes conclusions en observant que, dans l'hypothèse admise, on aura nécessairement

$$(89) \qquad A : F : E : G :: F : B : D : H :: E : D : C : I,$$

ou, ce qui revient au même,

$$(90) \qquad \frac{A}{F} = \frac{F}{B} = \frac{E}{D} = \frac{G}{H}, \qquad \frac{F}{E} = \frac{B}{D} = \frac{D}{C} = \frac{H}{I},$$

et par suite

$$(91) \qquad A = \frac{EF}{D}, \qquad B = \frac{FD}{E}, \qquad C = \frac{DE}{F},$$

$$(92) \qquad DG = EH = FI.$$

Si l'on a égard à ces dernières formules, et que l'on désigne par L la valeur commune des trois produits DG, EH, FI, on trouvera

$$(93) \qquad G = \frac{L}{D}, \qquad H = \frac{L}{D}, \qquad I = \frac{L}{F},$$

et l'équation (1), divisée par DEF, donnera

$$(94) \qquad \left(\frac{x}{D} + \frac{y}{E} + \frac{z}{F}\right)^2 + \frac{2L}{DEF}\left(\frac{x}{D} + \frac{y}{E} + \frac{z}{F}\right) = \frac{K}{DEF};$$

puis l'on en tirera

$$(95) \qquad \frac{x}{D} + \frac{y}{E} + \frac{z}{F} = -\frac{L}{DEF} \pm \frac{1}{DEF}\sqrt{(L^2 + KDEF)}.$$

Or cette dernière ne représentera jamais qu'un système de plans parallèles, qui se confondront, si l'on a

$$(96) \qquad L^2 + KDEF = 0.$$

D'ailleurs, puisque les équations (19), (20), (21) devront subsister simultanément, les valeurs de α, β, γ, propres à vérifier les formules (87), feront évanouir non-seulement la quantité s, mais encore la quantité ω. Donc il existera une infinité de systèmes de plans principaux dont l'un coïncidera nécessairement avec le plan mené à égale distance des plans parallèles représentés par l'équation (1), c'est-à-dire, en d'autres termes, avec le lieu des centres de la surface (1). Quant aux deux autres plans principaux, on pourra les faire coïncider avec deux plans quelconques perpendiculaires l'un à l'autre, ainsi qu'au premier; d'où il résulte qu'un point quelconque de celui-ci, c'est-à-dire, un quelconque des centres de la surface (1), pourra être regardé comme le point d'intersection d'un système ou d'une infinité de systèmes d'axes principaux.

Considérons maintenant en particulier les cas où l'équation (26) a des racines égales. Si l'on suppose d'abord que deux racines soient égales et différentes de zéro, à la valeur commune s de ces deux racines correspondront une infinité de directions principales, qui formeront, avec les demi-axes des coordonnées positives, des angles α, β, γ propres à vérifier les formules (29) et (57), et par conséquent la suivante

$$(97) \qquad EF\cos\alpha + FD\cos\beta + DE\cos\gamma = 0.$$

De plus, chacune de ces directions sera perpendiculaire à un plan principal représenté par l'équation (71), ou

$$(98) \qquad (\varsigma\xi + G)\cos\alpha + (\varsigma\eta + H)\cos\beta + (\varsigma\zeta + I)\cos\gamma = 0.$$

Or il est clair que cette dernière sera satisfaite, pour toutes les valeurs de α, β, γ propres à vérifier la formule (97), si l'on suppose

$$(99) \qquad \frac{\varsigma\xi + G}{EF} = \frac{\varsigma\eta + H}{FD} = \frac{\varsigma\zeta + I}{DE},$$

ou, ce qui revient au même,

$$(100) \qquad D(\varsigma\xi + G) = E(\varsigma\eta + H) = F(\varsigma\zeta + I).$$

Donc les plans principaux relatifs aux directions principales dont il s'agit passeront tous par la droite dont les coordonnées ξ, η, ζ seront liées entre elles par les deux équations comprises dans la formule (100). D'ailleurs, si par le point (ξ, η, ζ) on mène à cette droite une perpendiculaire qui forme avec les demi-axes des coordonnées positives les angles α, β, γ, la perpendiculaire en question rencontrera ou ne rencontrera pas la surface (1), suivant que la valeur de r, tirée de la formule (11), sera réelle ou imaginaire ; et, dans le premier cas, la distance du point de rencontre au point (ξ, η, ζ) aura pour valeur

$$(101) \qquad r = \sqrt{\left(\frac{K - u}{s}\right)}.$$

Or cette valeur restant la même, pour toutes les valeurs de α, β, γ qui vérifient l'équation (97), il en résulte que, dans l'hypothèse admise, la surface (1) sera une surface de révolution, engendrée par un cercle mobile dont le plan sera toujours perpendiculaire à la droite (100), et dont le centre parcourra cette même droite.

On arriverait à la même conclusion en observant que, dans le cas où deux racines de l'équation (26) deviennent égales, leur valeur commune ς vérifie les formules (61), et qu'en conséquence l'équation (1) peut être présentée sous la forme

$$(102) \qquad \varsigma(x^2 + y^2 + z^2) + DEF\left(\frac{x}{D} + \frac{y}{E} + \frac{z}{F}\right)^2 + 2Gx + 2Hy + 2Iz = K.$$

Or, si l'on coupe la surface que l'équation (102) représente par un plan parallèle à celui dont les coordonnées x, y, z vérifient la formule (58), la courbe d'intersection sera évidemment située sur la sphère dont le centre a pour coordonnées les trois quanlités $-\dfrac{G}{\varsigma}$, $-\dfrac{H}{\varsigma}$, $-\dfrac{I}{\varsigma}$; et par conséquent elle sera un cercle dont le centre se trouvera placé sur le diamètre de la sphère perpendiculaire au plan (58), c'est-à-dire, sur la droite que représente la formule (100).

Lorsque deux racines de l'équation (26) sont égales à zéro, la formule (102) devient

$$(103) \qquad DEF\left(\frac{x}{D} + \frac{y}{E} + \frac{z}{F}\right)^2 + 2Gx + 2Hy + 2Iz = K ;$$

et la surface que cette formule représente, étant coupée par des plans parallèles au plan (58), donne évidemment pour sections des droites parallèles à celles que déterminent les deux équations

$$(104) \qquad \frac{x}{D} + \frac{y}{E} + \frac{z}{F} = 0 , \qquad Gx + Hy + Iz = 0 .$$

Enfin, lorsque l'équation (26) a ses trois racines égales, les conditions (64) étant remplies, l'équation (1) se réduit à

$$(105) \qquad A(x^2 + y^2 + z^2) + 2Gx + 2Hy + 2Iz = K ,$$

et représente une sphère dont le centre a pour coordonnées les quantités $-\dfrac{G}{A}$, $-\dfrac{H}{A}$, $-\dfrac{I}{A}$. Concevons à présent que, la surface (1) ayant un ou plusieurs centres, on désigne par ξ, η, ζ les coordonnées de l'un d'entre eux, et que l'on fasse passer par le centre dont il s'agit un système d'axes principaux. Les valeurs de α, β, γ et s relatives à l'un de ces axes vérifieront la formule (24); et, si l'axe coupe la surface, le rayon vecteur r, mené du centre à chacun des points d'intersection, sera déterminé par la formule (11) ou (101). Alors la valeur de s, c'est-à-dire, celle des racines de l'équation (26) qui correspond à l'axe que l'on considère, sera nécessairement une quantité affectée du même signe que la différence $K - u$; et la distance $2r$, comprise entre les deux points d'intersection de l'axe principal et de la surface, sera ce qu'on nomme un *axe réel* de cette même surface. Réciproquement, si l'une des racines de l'équation (26) est de même signe que la différence $K - u$, la formule (101) fournira une valeur réelle de r; par conséquent l'axe principal, mené par le centre et correspondant à cette racine, coupera la surface (1) en deux points, situés des deux côtés du centre et à la distance r. Cela posé, admettons d'abord que les racines de l'équation (26) soient inégales. Dans ce cas, la surface (1) aura un axe réel, ou deux axes réels, ou trois axes réels, suivant que l'équation (1) offrira une, deux, ou trois racines affectées du même signe que la différence $K - u$. S'il arrive, au contraire, que deux racines de l'équation (1) deviennent égales, et si l'on suppose en outre que leur valeur commune soit une quantité affectée du même signe que la différence $K - u$, alors la surface (1) sera de révolution autour de l'axe principal que fournira la troisième racine, et le plan mené par le centre perpendiculairement à cet axe coupera la surface suivant un cercle dont chaque diamètre pourra être considéré comme un axe réel. Enfin, si les trois racines de l'équation (26) sont égales et affectées du même signe que la différence $K - u$, la surface (1) deviendra une sphère dont chaque diamètre sera un axe réel.

Si l'une des racines de l'équation (26) était nulle, la surface (1) n'aurait plus de centre que dans le cas où l'on aurait en même temps $\omega = 0$; et, dans ce dernier cas, elle se réduirait à une surface cylindrique [voyez la page 15]. Alors aussi, en posant $s = 0$ dans l'équation (101), on en tirerait $r = \infty$; ce qu'il était facile de prévoir.

En terminant cet article, nous remarquerons que, dans l'équation (1), les coefficients D, E, F s'évanouissent, toutes les fois que les axes coordonnés sont parallèles à trois directions principales, et les coefficients G, H, I toutes les fois que l'origine est un centre de la surface. En effet, si l'axe des x est parallèle à une direction principale, on vérifiera nécessairement les équations (25) en prenant pour s une certaine racine de l'équation (26), et posant de plus

$$\cos \alpha = \pm 1, \qquad \cos \beta = 0, \qquad \cos \gamma = 0.$$

Par suite les deux dernières des équations (25) donneront

$$(106) \qquad E = 0, \qquad F = 0.$$

On trouvera de même, en supposant l'axe des y parallèle à une direction principale,

$$(107) \qquad F = 0, \qquad D = 0;$$

et, en supposant l'axe des z parallèle à une direction principale,

$$(108) \qquad D = 0, \qquad E = 0.$$

Donc, si les trois axes coordonnés sont parallèles à trois directions principales, on aura en même temps

$$(109) \qquad D = 0, \qquad E = 0, \qquad F = 0.$$

Enfin, si l'origine est un centre de la surface que l'on considère, les équations (19), (20), (21) devront être satisfaites, quand on y réduira les coordonnées ξ, η, ζ à zéro; et l'on aura en conséquence

$$(110) \qquad G = 0, \qquad H = 0, \qquad I = 0.$$

DES SURFACES QUE PEUVENT ENGENDRER,

EN SE MOUVANT DANS L'ESPACE,

DES LIGNES DROITES OU COURBES

DE FORME CONSTANTE OU VARIABLE.

Comme les méthodes que j'ai employées dans les applications du calcul infinitésimal à la géométrie fournissent le moyen de simplifier en plusieurs points les calculs relatifs à la génération des surfaces par le mouvement des lignes, j'ai pensé qu'il ne serait pas inutile de reproduire ici de nouveau la théorie de ces surfaces. Tel est l'objet que je me propose dans les paragraphes suivants.

§ 1.er *Equations finies des surfaces engendrées par le mouvement des lignes.*

Considérons une ligne droite ou courbe représentée par deux équations qui renferment, avec les coordonnées rectangulaires x, y, z, deux paramètres ou constantes arbitraires C et C_1. Si l'on résout ces équations par rapport aux constantes dont il s'agit, on en tirera

$$(1) \qquad v = C, \qquad w = C_1,$$

v et w désignant deux fonctions des variables x, y, z. De plus, si l'on attribue successivement aux constantes C, C_1 une infinité de valeurs arbitrairement choisies, la ligne représentée par les équations (1) changera de position, souvent même de forme, sans décrire aucune surface déterminée. Mais, si l'on établit entre C et C_1 une relation quelconque, si l'on suppose, pour fixer les idées,

$$(2) \qquad C_1 = \varphi(C),$$

$\varphi(C)$ désignant une fonction de la constante C, les équations (1), réduites aux deux suivantes

IIIe ANNÉE.   4

$$(3) \qquad v = \mathfrak{C}, \qquad w = \varphi(\mathfrak{C}),$$

représenteront une ligne dont la forme et la position seront complètement déterminées pour chaque valeur particulière de la constante $\mathfrak{C}$. Donc, si l'on attribue successivement à cette constante une infinité de valeurs, la ligne en question se mouvra de manière à engendrer une certaine surface. Ajoutons que l'équation de cette surface sera évidemment celle que produit l'élimination de $\mathfrak{C}$ entre les formules (2), savoir,

$$(4) \qquad w = \varphi(v).$$

1.er *Exemple.* Concevons que l'on demande l'équation générale en termes finis d'une surface *cylindrique*, c'est-à-dire, d'une surface engendrée par le mouvement d'une droite qui reste constamment parallèle à elle-même. Si l'on nomme α, β, γ les angles que doit former cette droite prolongée dans un certain sens avec les demi-axes des coordonnées positives, et x_0, y_0, z_0 les coordonnées d'un point qu'elle renferme, elle pourra être représentée par les deux équations comprises dans la formule

$$(5) \qquad \frac{x - x_0}{\cos\alpha} = \frac{y - y_0}{\cos\beta} = \frac{z - z_0}{\cos\gamma}.$$

D'ailleurs on tire de cette formule

$$x\cos\beta - y\cos\alpha = x_0\cos\beta - y_0\cos\alpha, \qquad x\cos\gamma - z\cos\alpha = x_0\cos\gamma - z_0\cos\alpha,$$

ou, ce qui revient au même,

$$(6) \qquad x\cos\beta - y\cos\alpha = \mathfrak{C}, \qquad x\cos\gamma - z\cos\alpha = \mathfrak{C}_1,$$

$\mathfrak{C}$, $\mathfrak{C}_1$ désignant, pour abréger, les deux quantités constantes $x_0\cos\beta - y_0\cos\alpha$, $x_0\cos\gamma - z_0\cos\alpha$. Cela posé, si l'on attribue aux constantes $\mathfrak{C}$, $\mathfrak{C}_1$ une infinité de valeurs, sans établir entre $\mathfrak{C}$ et $\mathfrak{C}_1$ aucune relation, la droite représentée par les équations (6) pourra se mouvoir de manière à remplir successivement tout l'espace. Mais, si l'on suppose $\mathfrak{C}_1 = \varphi(\mathfrak{C})$, les équations (6), réduites à

$$(7) \qquad x\cos\beta - y\cos\alpha = \mathfrak{C}, \qquad x\cos\gamma - z\cos\alpha = \varphi(\mathfrak{C}),$$

représenteront la génératrice d'une surface cylindrique, et cette surface, représentée elle-même par l'équation

$$(8) \qquad x\cos\gamma - z\cos\alpha = \varphi(x\cos\beta - y\cos\alpha),$$

aura une forme et une position dépendantes de la fonction φ.

On pourrait encore présenter l'équation finie d'une surface cylindrique sous une autre forme que nous allons indiquer.

Pour qu'une droite mobile reste parallèle à elle-même, il suffit qu'elle soit la ligne d'intersection de deux plans mobiles qui demeurent respectivement parallèles à deux plans donnés. Or les équations de ces plans mobiles seront de la forme

$$(9) \qquad ax + by + cz = \mathfrak{C}, \qquad Ax + By + Cz = \mathfrak{C}_1,$$

a, b, c, A, B, C désignant des constantes déterminées, et $\mathfrak{C}$, $\mathfrak{C}_1$ des constantes arbitraires. Donc les équations de la génératrice d'une surface cylindrique pourront s'écrire comme il suit :

$$(10) \qquad ax + by + cz = \mathfrak{C}, \qquad Ax + By + Cz = \varphi(\mathfrak{C}).$$

Si l'on élimine $\mathfrak{C}$ entre ces dernières, on en tirera

$$(11) \qquad Ax + By + Cz = \varphi(ax + by + cz).$$

Il est aisé d'en conclure que, pour obtenir l'équation finie d'une surface cylindrique, il suffit d'établir une relation quelconque entre deux fonctions linéaires des variables x, y, z. Dans le cas où l'on réduit ces fonctions linéaires aux premiers membres des formules (7), la formule (11) se trouve remplacée par l'équation (8).

2.ᵉ *Exemple.* Concevons que l'on demande l'équation générale en termes finis d'une surface *conique*, c'est-à-dire, d'une surface engendrée par une droite mobile qui passe constamment par un point donné. Si l'on nomme x_0, y_0, z_0 les coordonnées de ce point, ou, en d'autres termes, les coordonnées du sommet de la surface conique, et α, β, γ les angles formés par la génératrice avec les demi-axes des coordonnées positives, cette génératrice sera représentée par les équations (5), desquelles on tirera

$$\frac{y - y_0}{x - x_0} = \frac{\cos\beta}{\cos\alpha} , \qquad \frac{z - z_0}{x - x_0} = \frac{\cos\gamma}{\cos\alpha} ,$$

ou, ce qui revient au même,

$$(12) \qquad \frac{y - y_0}{x - x_0} = \mathfrak{C} , \qquad \frac{z - z_0}{x - x_0} = \varphi(\mathfrak{C}) ,$$

$\mathfrak{C}$ et $\varphi(\mathfrak{C})$ désignant les valeurs arbitraires des rapports $\dfrac{\cos\beta}{\cos\alpha}$, $\dfrac{\cos\gamma}{\cos\alpha}$, que l'on suppose liées entre elles de telle sorte que l'une se déduise de l'autre. Si maintenant on élimine $\mathcal{C}$ entre les équations (12), celle qu'on obtiendra, savoir,

$$(13) \qquad \frac{z-z_0}{x-x_0} = \varphi\left(\frac{y-y_0}{x-x_0}\right),$$

ou

$$(14) \qquad z - z_0 = (x - x_0)\,\varphi\left(\frac{y-y_0}{x-x_0}\right)$$

représentera une surface conique dont la forme et la position varieront avec la nature de la fonction φ. Il est bon d'observer que la valeur de $z - z_0$, fournie par l'équation (14), est précisément celle qu'on détermine en égalant à zéro une fonction homogène quelconque des trois différences

$$x - x_0, \qquad y - y_0, \qquad z - z_0.$$

D'ailleurs, si on prend pour sommet de la surface conique l'origine des coordonnées, ces trois différences se réduiront aux variables x, y, z. Donc, pour obtenir l'équation d'une surface conique dont le sommet coïncide avec l'origine, il suffit d'égaler à zéro une fonction homogène quelconque de x, y et z.

3.ᵉ *Exemple.* Concevons que l'on demande l'équation finie d'une surface *conoïde*, engendrée par une droite mobile qui passe constamment par un axe donné, en demeurant perpendiculaire à cet axe. Si l'axe dont il s'agit coïncide avec l'axe des z, les deux équations de la génératrice seront évidemment de la forme

$$(15) \qquad \frac{y}{x} = \mathcal{C}, \qquad z = \varphi(\mathcal{C});$$

et par suite l'équation finie de la surface conoïde sera

$$(16) \qquad z = \varphi\left(\frac{y}{x}\right)$$

en sorte que l'ordonnée z de la surface se trouvera exprimée par une fonction homogène de x et y, d'un degré nul.

Supposons maintenant que l'axe de la surface conoïde coïncide avec une droite menée par un point donné (x_0, y_0, z_0), de manière à former, avec les demi-axes des coordonnées positives, des angles donnés α, β, γ. La génératrice de la surface pourra être considérée comme produite par l'intersection de deux plans mobiles dont l'un passerait constamment par l'axe de la surface, tandis que l'autre serait perpendiculaire à cet axe. Or, si l'on nomme λ, μ, ν les angles compris entre la perpendiculaire au premier plan et les demi-axes des coordonnées positives, ces angles vérifieront évidemment la condition

$$(17) \qquad \cos\alpha \cos L + \cos\beta \cos M + \cos\gamma \cos N = 0,$$

et l'équation du premier plan sera de la forme

$$(18) \qquad (x - x_0)\cos L + (y - y_0)\cos M + (z - z_0)\cos N = 0.$$

On trouvera par suite

$$(19) \qquad \frac{\cos L}{(y-y_0)\cos\gamma - (z-z_0)\cos\beta} = \frac{\cos M}{(z-z_0)\cos\alpha - (x-x_0)\cos\gamma} = \frac{\cos N}{(x-x_0)\cos\beta - (y-y_0)\cos\alpha},$$

et l'on en conclura

$$(20) \qquad \frac{(y-y_0)\cos\gamma - (z-z_0)\cos\beta}{(x-x_0)\cos\gamma - (z-z_0)\cos\alpha} = -\frac{\cos\lambda}{\cos\mu} = \mathcal{C},$$

$\mathcal{C}$ désignant une constante arbitraire. Quant à l'équation du second plan, elle sera évidemment de la forme

$$(21) \qquad x\cos\alpha + y\cos\beta + z\cos\gamma = \mathcal{C}_1 = \varphi(\mathcal{C}).$$

Cela posé, les équations de la génératrice pourront s'écrire comme il suit :

$$(22) \qquad \frac{(y-y_0)\cos\gamma - (z-z_0)\cos\beta}{(x-x_0)\cos\gamma - (z-z_0)\cos\alpha} = \mathcal{C}, \qquad x\cos\alpha + y\cos\beta + z\cos\gamma = \varphi(\mathcal{C}),$$

et l'équation finie de la surface conoïde sera

$$(23) \qquad x\cos\alpha + y\cos\beta + z\cos\gamma = \varphi\left\{ \frac{(y-y_0)\cos\gamma - (z-z_0)\cos\beta}{(x-x_0)\cos\gamma - (z-z_0)\cos\alpha} \right\}.$$

Si, dans cette dernière formule, on pose $\alpha = \dfrac{\pi}{2}$, $\beta = \dfrac{\pi}{2}$, $\gamma = 0$, $x_0 = 0$, $y_0 = 0$, $z_0 = 0$, on retrouvera précisément l'équation (16).

4.ᵉ *Exemple.* Concevons que l'on demande l'équation finie d'une surface de *révolution*. On pourra prendre pour génératrice de cette surface ou une courbe plane tournant autour d'un axe, nommé axe de révolution, et situé dans le plan de la courbe, ou, ce qui revient au même, un cercle dont le rayon serait variable, mais dont le plan resterait toujours perpendiculaire à l'axe dont il s'agit, et dont le centre serait situé sur ce même axe. Cela posé, admettons d'abord que l'axe de révolution coïncide avec l'axe des z. Les deux équations du cercle générateur seront évidemment de la forme

$$(24) \qquad x^2 + y^2 = c, \qquad z = \varphi(c),$$

et par suite l'équation finie de la surface de révolution sera

$$(25) \qquad z = \varphi(x^2 + y^2).$$

Supposons maintenant que l'axe de révolution coïncide avec une droite menée par un point donné (x_0, y_0, z_0), de manière à former, avec les demi-axes des coordonnées positives, des angles donnés α, β, γ. Le cercle générateur sera évidemment la courbe d'intersection d'une sphère qui aura pour centre le point (x_0, y_0, z_0) et d'un plan perpendiculaire à l'axe de révolution. Donc les équations du cercle générateur seront de la forme

$$(26) \qquad x\cos\alpha + y\cos\beta + z\cos\gamma = c, \qquad (x - x_0)^2 + (y - y_0)^2 + (z - z_0)^2 = \varphi(c),$$

et l'équation finie de la surface de révolution sera

$$(27) \qquad (x - x_0)^2 + (y - y_0)^2 + (z - z_0)^2 = \varphi(x\cos\alpha + y\cos\beta + z\cos\gamma).$$

Si l'on suppose, dans cette dernière, $\alpha = \dfrac{\pi}{2}$, $\beta = \dfrac{\pi}{2}$, $\gamma = 0$, $x_0 = 0$, $y_0 = 0$, $z_0 = 0$, on obtiendra la suivante

$$x^2 + y^2 + z^2 = \varphi(z),$$

de laquelle on tirera une valeur de z semblable à celle que présente la formule (25).

On pourrait généraliser encore les principes établis au commencement de ce paragraphe, et faire mouvoir dans l'espace des lignes tellement choisies, que la construction des surfaces engendrées par le mouvement de ces lignes dépendît de plusieurs fonctions arbitraires. Considérons en effet une ligne droite ou courbe dont les équations soient

$$(28) \qquad f(x, y, z, c, c_1, c_2, c_3 \ldots) = 0, \qquad F(x, y, z, c, c_1, c_2, c_3 \ldots) = 0,$$

et renferment, avec les variables x, y, z, plusieurs paramètres ou constantes arbitraires c, c_1, c_2, c_3, etc... Si l'on attribue successivement à ces constantes une infinité de valeurs arbitrairement choisies, la ligne en question changera de position, souvent même de forme, sans décrire aucune surface déterminée. Mais, si l'on établit, entre les constantes c, c_1, c_2, c_3, etc..., des relations telles que, la valeur de l'une étant donnée, les valeurs de toutes les autres s'en déduisent, si l'on suppose, par exemple,

$$(29) \qquad c_1 = \varphi(c), \qquad c_2 = \chi(c), \qquad c_3 = \psi(c), \qquad \text{etc...,}$$

$\varphi(c)$, $\chi(c)$, $\psi(c)$ désignant des fonctions de la constante c; les équations (1), réduites aux deux suivantes

$$(30) \quad f[x,y,z,c,\varphi(c),\chi(c),\psi(c),\ldots] = 0, \quad F[x,y,z,c,\varphi(c),\chi(c),\psi(c),\ldots] = 0.$$

représenteront une ligne dont la forme et la position seront complètement déterminées pour chaque valeur particulière de la constante c. Donc, si l'on attribue successivement à cette constante une infinité de valeurs, la ligne en question se mouvra de manière à engendrer une certaine surface. Or la forme et la position de cette surface dépendront évidemment de la nature des fonctions $\varphi(c)$, $\chi(c)$, $\psi(c)\ldots$, que l'on peut choisir arbitrairement. Ajoutons que, pour obtenir l'équation de la surface, il suffira d'éliminer c entre les équations (30), mais qu'on ne pourra en général effectuer cette élimination qu'après avoir remplacé les fonctions arbitraires $\varphi(c)$, $\chi(c)$, $\psi(c)\ldots\ldots$ par des fonctions déterminées de la constante c.

Il est bon d'observer que, dans les équations (30), on pourrait faire dépendre les unes des autres plusieurs des fonctions $\varphi(c)$, $\chi(c)$, $\psi(c)$, ..., et prendre, par exemple, pour $\varphi(c)$, $\chi(c)$, $\psi(c)$, ..., des dérivées de la fonction $\varphi(c)$. Ainsi, pour fixer les idées, on pourrait supposer

$$\chi(c) = \varphi'(c), \qquad \psi(c) = \varphi''(c), \qquad \text{etc.....}$$

---

§ 2. *Equations aux différences partielles des surfaces engendrées par le mouvement des lignes.*

Considérons d'abord la surface engendrée par le mouvement de la ligne droite ou courbe que représentent les équations (3) du § 1. Si l'on nomme p et q les valeurs des dérivées partielles

$$\frac{dz}{dx} \qquad \text{et} \qquad \frac{dz}{dy},$$

que fournit l'équation de la surface, dans le cas où l'on regarde x, y comme variables indépendantes, et z comme une fonction de ces deux variables, on aura

$$(1) \qquad dz = p\,dx + q\,dy\,;$$

et cette dernière équation sera toujours satisfaite, quand les coordonnées x, y, z varieront de manière que le point (x, y, z) décrive une courbe comprise dans la surface dont il s'agit. Or, si la courbe en question se confond avec la génératrice de la surface, elle aura pour équations finies les formules (3) du § 1. Par suite, les différentielles des coordonnées de la courbe vérifieront les formules

$$(2) \qquad \frac{dv}{dx}\,dx + \frac{dv}{dy}\,dy + \frac{dv}{dz}\,dz = 0, \qquad \frac{dw}{dx}\,dx + \frac{dw}{dy}\,dy + \frac{dw}{dz}\,dz = 0\,;$$

et, comme, en faisant pour abréger

$$(3) \qquad P = \frac{dv}{dy}\,\frac{dw}{dz} - \frac{dv}{dz}\,\frac{dw}{dy}, \qquad Q = \frac{dv}{dz}\,\frac{dw}{dx} - \frac{dv}{dx}\,\frac{dw}{dz}, \qquad R = \frac{dv}{dx}\,\frac{dw}{dy} - \frac{dv}{dy}\,\frac{dw}{dx},$$

on tirera des équations (2)

$$(4) \qquad \frac{dx}{P} = \frac{dy}{Q} = \frac{dz}{R}\,,$$

on conclura définitivement de l'équation (1) combinée avec la formule (4)

$$(5) \qquad Pp + Qq = R\,.$$

Telle est l'équation aux différences partielles de toutes les surfaces que peut représenter l'équation (4) du § 1. Cette équation aux différences partielles ne renferme plus la fonction arbitraire indiquée par la lettre φ, mais seulement les dérivées partielles de z, savoir, p et q, avec les quantités P, Q, R, qui sont des fonctions déterminées des variables x, y, z. Au reste, on pourrait déduire directement l'équation (5) de la formule (4) du § 1. En effet, pour y parvenir, il suffirait de différencier cette dernière formule, 1.° en regardant x et z comme seules variables, 2.° en regardant y et z comme seules variables, puis d'éliminer la fonction dérivée $\varphi'(v)$ entre les nouvelles équations ainsi obtenues. Ajoutons que l'on pourrait encore établir l'équation (5), en considérant un point quelconque (x, y, z) de la surface dont il s'agit, et observant que, si l'on mène par ce point une normale à la surface et une normale à la génératrice, ces deux droites seront perpendiculaires l'une à l'autre. En effet, les cosinus des angles formés avec les demi-axes des coordonnées positives par la normale et la tangente en question seront proportionnels d'une part aux quantités

(6) $$p, \quad q, \quad -1,$$

de l'autre aux valeurs de dx, dy, dz tirées des équations (4), et par conséquent aux quantités

(7) $$P, \quad Q, \quad R.$$

Donc, puisque le cosinus de l'angle compris entre les deux droites devra s'évanouir, la somme des produits qu'on obtient en multipliant deux à deux les quantités (6) par les quantités (7), savoir,

$$Pp + Qq - R$$

devra se réduire à zéro. En d'autres termes, la formule (5) devra être vérifiée.

1.er *Exemple.* Concevons que l'on demande l'équation aux différences partielles d'une surface cylindrique. Si l'on nomme α, β, γ les angles formés par la génératrice avec les demi-axes des coordonnées positives, cette génératrice pourra être représentée par la formule (5) du § 1, de laquelle on tirera

(8) $$\frac{dx}{\cos\alpha} = \frac{dy}{\cos\beta} = \frac{dz}{\cos\gamma}.$$

Or on conclura de la formule (8), substituée à la formule (4), et combinée avec l'équation (1),

(9) $$\cos\gamma = p\cos\alpha + q\cos\beta.$$

Telle est l'équation aux différences partielles des surfaces cylindriques. Pour l'établir directement, il suffirait d'exprimer que la normale menée par un point quelconque d'une surface cylindrique forme un angle droit avec l'une quelconque des génératrices de la surface.

2.e *Exemple.* Concevons que l'on demande l'équation aux différences partielles d'une surface conique. Si l'on nomme x_0, y_0, z_0 les coordonnées du sommet, la génératrice pourra être représentée par la formule (5) du § 1, de laquelle on déduira encore la formule (8), et par conséquent la suivante

(10) $$\frac{dx}{x-x_0} = \frac{dy}{y-y_0} = \frac{dz}{z-z_0}.$$

Or on conclura de la formule (10), substituée à la formule (4), et combinée avec l'équation (1),

IIIe ANNÉE. 5

$$(11) \qquad z - z_0 = p(x - x_0) + q(y - y_0).$$

Telle est l'équation aux différences partielles des surfaces coniques. Pour l'établir directement, il suffit d'exprimer que le plan tangent à une surface conique passe toujours par le sommet. En effet, si l'on nomme ξ, η, ζ les coordonnées courantes du plan tangent mené à la surface par le point (x, y, z), on aura

$$(12) \qquad z - \zeta = p(x - \xi) + q(y - \eta);$$

et, si ce plan doit renfermer constamment le point (x_0, y_0, z_0), l'équation (12) entraînera évidemment la formule (11).

Dans le cas particulier où le sommet de la surface conique coïncide avec l'origine des coordonnées, la formule (11) se réduit à

$$(13) \qquad z = px + qy.$$

Cette dernière équation est celle que fournit le théorême des fonctions homogènes dans le cas où l'on suppose que la fonction des variables x, y, désignée par z, est homogène et du premier degré.

3.ᵉ *Exemple.* Concevons que l'on demande l'équation aux différences partielles d'une surface conoïde. Si cette surface a pour axe l'axe des z, la génératrice sera représentée par les équations (15) du § 1, desquelles on tirera

$$(14) \qquad \frac{dx}{x} = \frac{dy}{y}, \qquad dz = 0.$$

Or on conclura de ces dernières, substituées à la formule (4), et combinées avec l'équation (1),

$$(15) \qquad px + qy = 0.$$

Cette équation aux différences partielles de la surface conoïde est précisément celle que fournit le théorême des fonctions homogènes, quand on suppose l'ordonnée z équivalente à une fonction des variables x, y, homogène et d'un degré nul. On pourrait encore établir cette même équation en observant que, si par le point (x, y, z) on mène un plan tangent à la surface conoïde, il renfermera la génératrice toute entière, et par conséquent le point d'intersection de la génératrice avec l'axe, c'est-à-dire, le point qui, sur cet axe, correspond à l'ordonnée z. En effet, si, dans l'équation (12), on pose

$$\xi = 0, \qquad \eta = 0, \qquad \zeta = z,$$

on se trouvera précisément ramené à la formule (15).

Supposons maintenant que l'axe de la surface conoïde coïncide avec une droite menée par le point (x_0, y_0, z_0), de manière à former, avec les demi-axes des coordonnées positives, les angles α, β, γ. La génératrice pourra être représentée par les formules (21) et (18) du § 1, desquelles on tirera

$$(16) \qquad \cos\alpha\, dx + \cos\beta\, dy + \cos\gamma\, dz = 0,$$

et

$$(17) \qquad \cos L\, dx + \cos M\, dy + \cos N\, dz = 0.$$

Si d'ailleurs on combine l'équation (17) avec la formule (19) du § 1, on trouvera

$$(18)\ [(y-y_0)\cos\gamma - (z-z_0)\cos\beta]\,dx + [(z-z_0)\cos\alpha - (x-x_0)\cos\gamma]\,dy + [(x-x_0)\cos\beta - (y-y_0)\cos\alpha]\,dz = 0.$$

Or on conclura des équations (16) et (18), substituées à la formule (4), et combinées avec l'équation (1), 1.º en éliminant la différentielle dz,

$$(19) \qquad (\cos\alpha + p\cos\gamma)\,dx + (\cos\beta + q\cos\gamma)\,dy = 0,$$

et

$$(20) \quad \begin{cases} \{(y - y_0)\cos\gamma - (z - z_0)\cos\beta + p[(x - x_0)\cos\beta - (y - y_0)\cos\alpha]\}\,dx \\ + \{(z - z_0)\cos\alpha - (x - x_0)\cos\gamma + q[(x - x_0)\cos\beta - (y - y_0)\cos\alpha]\}\,dy = 0; \end{cases}$$

2.º en éliminant les différentielles dx et dy,

$$(21) \quad \begin{cases} \dfrac{(y-y_0)\cos\gamma - (z-z_0)\cos\beta + p[(x-x_0)\cos\beta - (y-y_0)\cos\alpha]}{\cos\alpha + p\cos\gamma} \\[2ex] = \dfrac{(z-z_0)\cos\alpha - (x-x_0)\cos\gamma + q[(x-x_0)\cos\beta - (y-y_0)\cos\alpha]}{\cos\beta + q\cos\gamma}. \end{cases}$$

Telle est l'équation aux différences partielles de la surface conoïde. Au reste, cette même équation peut être présentée sous une forme plus simple que nous allons faire connaître.

Si l'on élimine dz, 1.º entre les équations (16) et (17), 2.º entre les équations (1) et (17), on trouvera

$$(\cos\alpha\cos N - \cos\gamma\cos L)\,dx + (\cos\beta\cos N - \cos\gamma\cos M)\,dy = 0,$$

et

$$(\cos L + p \cos N)\, dx + (\cos M + q \cos N)\, dy = 0\,;$$

puis on en conclura

$$(22) \qquad \frac{\cos\alpha\cos N - \cos\gamma\cos L}{\cos L + p\cos N} = \frac{\cos\beta\cos N - \cos\gamma\cos M}{\cos M + q\cos N}\,.$$

D'ailleurs, les fractions que renferment les deux membres de la formule (22) étant
égales, on obtiendra encore une fraction équivalente à chacune d'elles, si l'on divise la
somme de leurs numérateurs par la somme de leurs dénominateurs, après avoir multiplié les deux termes de la première par $\cos\alpha$, et les deux termes de la seconde par
$\cos\beta$, ou bien les deux termes de la première par $x - x_0$, et les deux termes de
la seconde par $y - y_0$. Cela posé, on tirera de la formule (22), en ayant égard aux
équations (17) et (18) du § 1,

$$(23) \qquad \frac{\cos^2\alpha + \cos^2\beta + \cos^2\gamma}{p\cos\alpha + q\cos\beta - \cos\gamma} = \frac{(x-x_0)\cos\alpha + (y-y_0)\cos\beta + (z-z_0)\cos\gamma}{p(x-x_0) + q(y-y_0) - (z-z_0)}\,,$$

ou, ce qui revient au même,

$$(24) \quad p(x-x_0) + q(y-y_0) - (z-z_0) = (p\cos\alpha + q\cos\beta - \cos\gamma)[(x-x_0)\cos\alpha + (y-y_0)\cos\beta + (z-z_0)\cos\gamma].$$

Telle est, sous la forme la plus simple, l'équation aux différences partielles de la surface conoïde. J'ajouterai que, pour établir directement cette équation, il suffirait de
projeter la distance du point (x_0, y_0, z_0) au point (x, y, z), 1.º sur l'axe de la
surface conoïde, 2.º sur la normale menée à la surface par le point (x, y, z), et d'observer que la seconde projection, devant être égale en longueur à la perpendiculaire
abaissée du point (x_0, y_0, z_0) sur le plan tangent, a nécessairement pour mesure le
produit de la première projection par le cosinus de l'angle aigu compris entre la normale
et l'axe.

Dans le cas particulier où l'on suppose $\alpha = \dfrac{\pi}{2}$, $\beta = \dfrac{\pi}{2}$, $\gamma = 0$, $x_0 = 0$, $y_0 = 0$,
$z_0 = 0$, la formule (24) se réduit, comme on devait s'y attendre, à l'équation (15).

4.º *Exemple.* Concevons que l'on demande l'équation aux différences partielles d'une
surface de révolution. Si cette surface a pour axe l'axe de z, le cercle générateur
sera représenté par les équations (24) du § 1, desquelles on tirera

$$(25) \qquad x\,dx + y\,dy = 0\,, \qquad dz = 0\,.$$

Or on conclura de ces dernières, substituées à la formule (4), et combinées avec l'équation (1),

$$(26) \qquad \frac{p}{x} = \frac{q}{y}.$$

On arriverait à la même conclusion, en observant que, dans l'hypothèse admise la normale menée à la surface par un point quelconque (x, y, z) doit toujours rencontrer l'axe des z, et qu'en conséquence la projection de la normale sur le plan des x, y doit passer par l'origine. En effet, si l'on nomme ξ, η, ζ les coordonnées courantes de la normale, cette droite sera représentée par la formule

$$(27) \qquad \frac{x - \xi}{p} = \frac{y - \eta}{q} = \zeta - z;$$

et, pour que sa projection sur le plan des x, y passe par l'origine, il suffira que l'équation

$$(28) \qquad \frac{\xi - x}{p} = \frac{\eta - y}{q}$$

soit vérifiée par des valeurs nulles de ξ et de η. En d'autres termes, il suffira que l'on ait $\dfrac{x}{p} = \dfrac{y}{q}$, ou, ce qui revient au même, $\dfrac{p}{x} = \dfrac{q}{y}$.

Supposons maintenant que l'axe de révolution coïncide avec une droite menée par le point (x_0, y_0, z_0), de manière à former, avec les demi-axes des coordonnées positives, les angles α, β, γ. Le cercle générateur pourra être représenté par les formules (26) du § 1, desquelles on tirera

$$(29) \qquad (x - x_0)\, dx + (y - y_0)\, dy + (z - z_0)\, dz = 0, \qquad \cos\alpha\, dx + \cos\beta\, dy + \cos\gamma\, dz = 0,$$

et par suite

$$(30) \qquad \frac{dx}{(y - y_0)\cos\gamma - (z - z_0)\cos\beta} = \frac{dy}{(z - z_0)\cos\alpha - (x - x_0)\cos\gamma} = \frac{dz}{(x - x_0)\cos\beta - (y - y_0)\cos\alpha}.$$

Or on conclura de la formule (30), substituée à la formule (4), et combinée avec l'équation (1),

$$(31) \qquad p\left[(y - y_0)\cos\gamma - (z - z_0)\cos\beta\right] + q\left[(z - z_0)\cos\alpha - (x - x_0)\cos\gamma\right] = (x - x_0)\cos\beta - (y - y_0)\cos\alpha.$$

Telle est l'équation aux différences partielles des surfaces de révolution. On pourrait

encore établir cette équation, en exprimant que la normale menée à une semblable surface par un point quelconque (x, y, z) rencontre toujours l'axe de révolution. En
effet, si l'on nomme ξ, η, ζ les coordonnées courantes de cet axe, on aura

$$(32) \qquad \frac{\xi - x_0}{\cos \alpha} = \frac{\eta - y_0}{\cos \beta} = \frac{\zeta - z_0}{\cos \gamma}.$$

D'ailleurs, pour que la normale rencontre l'axe, il suffit que les formules (27), (32)
puissent être vérifiées simultanément par un système particulier de valeurs de ξ, η, ζ.
Or, si l'on substitue, dans la dernière formule, les valeurs de ξ, η, tirées de la
première, on trouvera

$$\frac{x - x_0 - p(\zeta - z)}{\cos \alpha} = \frac{y - y_0 - q(\zeta - z)}{\cos \beta} = \frac{z - z_0 + \zeta - z}{\cos \gamma}$$

$$= \frac{(x - x_0)(\cos \beta + q \cos \gamma) - (y - y_0)(\cos \alpha + p \cos \gamma) + (z - z_0)(p \cos \beta - q \cos \alpha)}{0},$$

et par suite on obtiendra l'équation

$$(33) \qquad (x - x_0)(\cos \beta + q \cos \gamma) - (y - y_0)(\cos \alpha + p \cos \gamma) + (z - z_0)(p \cos \beta - q \cos \alpha) = 0,$$

qui coïncide évidemment avec la formule (31).

Dans le cas particulier où l'on suppose $\alpha = \dfrac{\pi}{2}$, $\beta = \dfrac{\pi}{2}$, $\gamma = 0$, $x_0 = 0$,
$y_0 = 0$, $z_0 = 0$, la formule (31) ou (33) se réduit, comme on devait s'y attendre,
à l'équation (26).

Si l'on faisait mouvoir dans l'espace non plus la ligne que déterminent les équations (3)
du § 1, mais celle que déterminent les formules (30) du même paragraphe, la surface
engendrée par le mouvement de cette ligne pourrait encore être représentée par une ou
plusieurs équations aux différences partielles, qui ne renfermeraient pas les fonctions
arbitraires φ, χ, ψ, etc..... Seulement ces équations aux différences partielles seraient en général d'un ordre supérieur au premier. Ajoutons que, pour les obtenir, il
suffirait de considérer, dans les équations (30) du § 1, z et $\odot$ comme des fonctions
des variables indépendantes x, y, puis d'éliminer les quantités

$$(34) \qquad \odot, \quad \frac{d\odot}{dx}, \quad \frac{d\odot}{dy}, \quad \frac{d^2\odot}{dx^2}, \quad \frac{d^2\odot}{dx\,dy}, \quad \frac{d^2\odot}{dy^2}, \qquad \text{etc....},$$

(39)

$$(35) \quad \begin{cases} \varphi(\mathcal{C}), & \varphi'(\mathcal{C}), & \varphi''(\mathcal{C}), & \text{etc...}, \\ \chi(\mathcal{C}), & \chi'(\mathcal{C}), & \chi''(\mathcal{C}), & \text{etc...}, \\ \text{etc.....} \end{cases}$$

entre les équations (3o) et celles qu'on en déduit par des différenciations relatives soit à la variable x, soit à la variable y. Supposons, pour fixer les idées, que l'on désigne par m le nombre des fonctions arbitraires

$$(36) \qquad \varphi(\mathcal{C}), \qquad \chi(\mathcal{C}), \qquad \psi(\mathcal{C}), \qquad \text{etc...},$$

et par n un nombre entier quelconque. Si des séries (34) et (35) on exclut celles des dérivées partielles de $\mathcal{C}$, et celles des dérivées de $\varphi(\mathcal{C})$, $\chi(\mathcal{C})$, $\psi(\mathcal{C})$, ... dont l'ordre est supérieur à n, le nombre de termes de la série (34) se réduira simplement au produit

$$\frac{(n+1)(n+2)}{2},$$

et le nombre des termes compris dans les séries (35), à

$$(n+1)m.$$

D'autre part, si l'on joint aux équations (3o) du § 1, leurs dérivées d'un ordre inférieur ou égal à n, on obtiendra en tout

$$(n+1)(n+2)$$

équations; et l'on pourra, entre ces dernières, éliminer les différents termes compris dans les séries (34) et (35), dès que le produit $(n+1)(n+2)$ surpassera la somme $\frac{(n+1)(n+2)}{2} + (n+1)m$, ou, ce qui revient au même, dès que le nombre $\frac{n}{2}+1$ surpassera le nombre m. Or, cette condition sera remplie, si l'on prend $n = 2m-1$, et alors l'élimination produira m équations aux différences partielles qui appartiendront toutes à la surface ci-dessus mentionnée.

Lorsque les équations (3o) du § 1 renferment une seule fonction arbitraire $\varphi(\mathcal{C})$, et se réduisent à

$$(37) \qquad f[x,y,z,\mathcal{C},\varphi(\mathcal{C})] = 0, \qquad F[x,y,z,\mathcal{C},\varphi(\mathcal{C})] = 0,$$

en joignant à chacune de ces équations ses deux dérivées partielles du premier ordre, on obtient en tout six équations entre les quantités

$$ x, \quad y, \quad z, \quad p = \frac{dz}{dx}, \quad q = \frac{dz}{dy}, \quad \odot, \quad \frac{d\odot}{dx}, \quad \frac{d\odot}{dy}, \quad \varphi(\odot), \quad \varphi'(\odot), $$

et l'élimination des cinq dernières de ces quantités, entre les six équations dont il s'agit, produit, comme on devait s'y attendre, une équation aux différences partielles du premier ordre entre les variables indépendantes x, y et l'ordonnée z considérée comme fonction de ces variables.

Lorsque les équations (3o) du § 1 renferment deux fonctions arbitraires $\varphi(\odot)$, $\chi(\odot)$, et se réduisent à

$$ (38) \qquad f[x,y,z,\odot,\varphi(\odot),\chi(\odot)] = 0, \qquad F[x,y,z,\odot,\varphi(\odot),\chi(\odot)] = 0, $$

en joignant à chacune de ces équations ses dérivées partielles du premier et même du second ordre, on n'obtient en tout que douze équations entre lesquelles il n'est pas possible d'éliminer, du moins en général, les douze quantités

$$ (3\text{g}) \quad \odot, \quad \frac{d\odot}{dx}, \quad \frac{d\odot}{dy}, \quad \frac{d^2\odot}{dx^2}, \quad \frac{d^2\odot}{dx\,dy}, \quad \frac{d^2\odot}{dy^2}, \quad \varphi(\odot), \varphi'(\odot), \varphi''(\odot), \chi(\odot), \chi'(\odot), \chi''(\odot). $$

Mais, en s'élevant jusqu'aux dérivées du troisième ordre, on obtiendra en tout vingt équations entre lesquelles on pourra éliminer les quantités (3g) avec les suivantes

$$ (4\text{o}) \quad \frac{d^3\odot}{dx^3}, \quad \frac{d^3\odot}{dx^2\,dy}, \quad \frac{d^3\odot}{dx\,dy^2}, \quad \frac{d^3\odot}{dy^3}, \quad \varphi'''(\odot), \quad \chi'''(\odot), $$

et l'élimination produira deux équations aux différences partielles du troisième ordre entre les variables indépendantes x, y et la variable principale z.

Il est bon d'observer que, dans certains cas, l'ordre des équations aux différences partielles produites par l'élimination des quantités (34) et (35) entre les formules (3o) du § 1 et leurs dérivées successives, peut s'abaisser considérablement. Supposons, par exemple, que ces formules renferment trois fonctions arbitraires $\varphi(\odot)$, $\chi(\odot)$, $\psi(\odot)$. Comme on aura, dans cette hypothèse, $m = 3$, $2m - 1 = 5$, il faudra généralement, pour effectuer l'élimination des quantités (34), (35), s'élever jusqu'aux dérivées du cinquième ordre, et cette élimination produira trois équations aux différences partielles du cinquième ordre entre x, y et z. Mais, si l'on établit entre les fonctions $\varphi(\odot)$, $\chi(\odot)$, $\psi(\odot)$ les relations

$$\chi(c) = \varphi'(c), \qquad \psi(c) = \varphi''(c),$$

ou, en d'autres termes, si les formules (3o) du § 1 se réduisent à

$$(41) \qquad f[x,y,z,\varphi(c),\varphi'(c),\varphi''(c)] = 0, \qquad F[x,y,z,\varphi(c),\varphi'(c),\varphi''(c)] = 0,$$

alors, en joignant à ces formules leurs dérivées du premier et du second ordre, on obtiendra en tout douze équations entre lesquelles on pourra éliminer les onze quantités

$$(42) \qquad c, \ \frac{dc}{dx}, \ \frac{dc}{dy}, \ \frac{d^2 c}{dx^2}, \ \frac{d^2 c}{dx\,dy}, \ \frac{d^2 c}{dy^2}, \ \varphi(c), \ \varphi'(c), \ \varphi''(c), \ \varphi'''(c), \ \varphi''''(c),$$

et l'élimination produira une seule équation aux différences partielles du second ordre entre les variables indépendantes x, y et la variable principale z. Donc la surface engendrée par la ligne que représentent les formules (41), sera représentée elle-même par une équation aux différences partielles du second ordre, qui ne renfermera plus la fonction φ, ni ses dérivées. Parmi les surfaces de cette nature, on peut remarquer celle qui aurait pour génératrice la normale principale d'une courbe à double courbure, dont les équations seraient de la forme

$$(43) \qquad y = f(x), \qquad z = \varphi(x),$$

$f(x)$ désignant une fonction donnée, et $\varphi(x)$ une fonction arbitraire.

Considérons encore la surface développable qui aurait pour génératrices les diverses tangentes que l'on peut mener à une courbe à double courbure. Si l'on représente par

$$(44) \qquad x = \varphi(z), \qquad y = \chi(z)$$

la courbe dont il s'agit; la droite qui touchera cette courbe au point dont les coordonnées seront

$$(45) \qquad z = c, \qquad x = \varphi(c), \qquad y = \chi(c),$$

pourra être représentée par la formule

$$(46) \qquad \frac{x - \varphi(c)}{\varphi'(c)} = \frac{y - \chi(c)}{\chi'(c)} = z - c.$$

Donc, pour obtenir l'équation finie de la surface développable engendrée par cette droite, il suffira d'éliminer la constante arbitraire c entre les deux équations comprises dans la formule (46). Au reste, cette élimination ne peut être effectuée qu'après la détermination des fonctions arbitraires $\varphi(\Theta)$, $\chi(\Theta)$, desquelles dépend la construction de la surface.

Soient maintenant p, q, r, s, t les valeurs des dérivées partielles

$$\frac{dz}{dx}, \quad \frac{dz}{dy}, \quad \frac{d^2z}{dx^2}, \quad \frac{d^2z}{dx\,dy}, \quad \frac{d^2z}{dy^2},$$

que fournit l'équation de la surface développable, après une ou deux différenciations relatives aux variables indépendantes x, y. La formule (1) devra être vérifiée par les valeurs de dx, dy, dz tirées de la formule (46); et, comme celle-ci donnera

$$(47) \qquad \frac{dx}{\varphi'(\Theta)} = \frac{dy}{\chi'(\Theta)} = dz,$$

ou, ce qui revient au même,

$$(48) \qquad \frac{dx}{x-\varphi(\Theta)} = \frac{dy}{y-\chi(\Theta)} = \frac{dz}{z-\Theta},$$

on trouvera définitivement

$$(49) \qquad 1 = p\varphi'(\Theta) + q\chi'(\Theta),$$

et

$$(50) \qquad z - \Theta = p[x - \varphi(\Theta)] + q[y - \chi(\Theta)].$$

Donc l'équation (50) appartiendra encore à la surface développable, si l'on y regarde Θ comme une quantité variable déterminée par l'équation (49). Or, dans ce cas, si l'on différencie l'équation (50), 1.° par rapport à x, 2.° par rapport à y, les coefficients de $\frac{d\Theta}{dx}$ ou de $\frac{d\Theta}{dy}$ seront égaux dans les deux membres, et l'on aura par suite

$$(51) \qquad \begin{cases} 0 = r[x - \varphi(\Theta)] + s[y - \chi(\Theta)], \\ 0 = s[x - \varphi(\Theta)] + t[y - \chi(\Theta)]; \end{cases}$$

puis l'on en conclura, en éliminant la quantité Θ,

$$(52) \qquad rt = s^2.$$

Ainsi, quoique les équations de la génératrice d'une surface développable renferment deux fonctions arbitraires et leurs dérivées du premier ordre, cette surface peut être représentée par une équation aux différences partielles qui ne contienne plus de fonctions arbitraires, et qui soit du second ordre seulement.

---

§ 3. *Sur les directrices des surfaces engendrées par le mouvement des lignes.*

Lorsqu'une surface est engendrée par le mouvement d'une ligne droite ou courbe, dont les équations renferment une fonction arbitraire, on peut déterminer cette fonction de manière que la surface passe par une ligne donnée qui s'appelle alors *directrice*. On y parvient en effet de la manière suivante.

Supposons toujours la génératrice représentée par les équations (3) du § 1, c'est-à-dire, par les formules

$$(1) \qquad v = \mathcal{C} , \qquad w = \varphi(\mathcal{C}) ,$$

dans lesquelles v, w désignent deux fonctions déterminées de x, y, z, et $\varphi(\mathcal{C})$ une fonction arbitraire du paramètre $\mathcal{C}$. Soient d'ailleurs

$$(2) \qquad \mathbf{f}(x,y,z) = 0 , \qquad \mathbf{F}(x,y,z) = 0 ,$$

les équations de la directrice, ou, ce qui revient au même, les équations de deux surfaces qui la renferment. Pour déterminer la nature de la fonction φ, il suffira d'assujettir chaque génératrice à passer par un point de la courbe (2). Donc la fonction φ devra être choisie de manière que les formules (1) et (2) soient vérifiées simultanément par un système unique de valeurs de x, y, z. Par conséquent, la valeur de $\varphi(\mathcal{C})$ se déduira de l'équation produite par l'élimination des coordonnées x, y, z entre les formules dont il s'agit. La nature de la fonction $\varphi(\mathcal{C})$ étant ainsi déterminée, l'équation (4) du § 1, savoir,

$$(3) \qquad w = \varphi(v)$$

ne renfermera plus rien d'arbitraire, et l'on pourra construire la surface que cette équation représente.

Si l'on voulait déterminer la fonction φ comprise dans les formules (1), de manière que la surface (3) fût circonscrite à une surface donnée, il faudrait chercher d'abord les équations de la ligne de contact des deux surfaces, et l'on pourrait ensuite opérer, comme on vient de le dire, en prenant pour directrice la ligne dont il s'agit. Or soit

$$(4) \qquad u = 0$$

l'équation de la surface donnée, u désignant une fonction connue de x, y, z. La normale, menée à cette surface par un point quelconque (x, y, z) de la ligne de contact, formera, avec les demi-axes des coordonnées positives, des angles dont les cosinus seront proportionnels aux dérivées partielles

$$(5) \qquad \frac{du}{dx}, \qquad \frac{du}{dy}, \qquad \frac{du}{dz},$$

tandis que la tangente, menée par le même point à la génératrice de la surface (3), formera, avec les mêmes demi-axes, des angles dont les cosinus seront proportionnels aux valeurs de

$$(6) \qquad P, \qquad Q, \qquad R,$$

que fournissent les équations (3) du § 2. D'ailleurs, comme la tangente et la normale dont il est ici question sont toujours perpendiculaires l'une à l'autre, le cosinus de l'angle compris entre ces deux droites se réduira nécessairement à zéro. Donc, si l'on multiplie deux à deux les quantités (5) par les quantités (6), la somme des produits sera nulle, et l'on trouvera

$$(7) \qquad P\frac{du}{dx} + Q\frac{du}{dy} + R\frac{du}{dz} = 0.$$

On arriverait à la même conclusion en observant que, pour chaque point de la courbe de contact de la surface donnée et de la surface (3), les normales à ces deux surfaces doivent se confondre, et qu'en conséquence les quantités (5) doivent être proportionnelles aux cosinus des angles formés par la normale à la surface (3) avec les demi-axes des coordonnées positives, ou, ce qui revient au même, aux quantités

$$(8) \qquad p, \qquad q, \qquad -1,$$

p et q désignant les valeurs de $\dfrac{dz}{dx}$ et $\dfrac{dz}{dy}$ tirées de l'équation (3). En effet, si, après avoir posé la formule

$$(9) \qquad \frac{p}{\left(\dfrac{du}{dx}\right)} = \frac{q}{\left(\dfrac{du}{dy}\right)} = \frac{-1}{\left(\dfrac{du}{dz}\right)},$$

on substitue les valeurs de p, q déterminées par cette formule dans l'équation aux différences partielles de la surface (3), c'est-à-dire, dans l'équation (5) du § 2, on retrouvera l'équation (7).

L'équation (7) devant être vérifiée, en même temps que l'équation (4), pour tous les points de la ligne de contact, les deux équations réunies suffiront pour représenter cette même ligne, qui, dans l'hypothèse admise, deviendra la directrice de la surface (3).

Quoique les méthodes ci-dessus indiquées conduisent à des solutions fort simples des questions que nous nous étions proposées, on peut simplifier encore les calculs qu'exige l'emploi de ces méthodes. On y parviendra effectivement à l'aide des considérations suivantes.

Concevons que l'on demande l'équation de la surface qui a pour génératrice la ligne représentée par les formules (1), et pour directrice la ligne représentée par les formules (2). On pourra continuer à se servir des lettres x, y, z pour désigner les coordonnées courantes de la directrice, et employer de nouvelles lettres ξ, η, ζ pour désigner les coordonnées courantes de la génératrice menée par le point (x, y, z). Cela posé, si l'on nomme V et W ce que deviennent les quantités v et w quand on y remplace x, y, z par ξ, η, ζ, les équations de la génératrice deviendront

$$(10) \qquad V = v, \qquad W = w,$$

tandis que la directrice sera toujours représentée par les formules (2). Or, si l'on élimine x, y et z entre les formules (2) et (10), on obtiendra une équation qui renfermera les seules coordonnées ξ, η, ζ, et qui sera vérifiée pour un point quelconque de l'une quelconque des génératrices. Donc cette équation sera précisément celle de la surface ci-dessus mentionnée.

De même, si l'on nomme ξ, η, ζ les coordonnées courantes d'une surface, engendrée par la ligne que représentent les formules (1), et circonscrite à une autre surface qui serait représentée par la formule (4), il suffira, pour trouver l'équation à laquelle doivent satisfaire les coordonnées ξ, η, ζ, d'éliminer x, y, z entre les formules (4), (7) et (10).

Il est bon d'observer qu'aux équations (10) on pourrait substituer un système quelconque de deux équations qui seraient propres à représenter la génératrice menée par le point (x, y, z) de la directrice, les coordonnées courantes de la génératrice étant toujours désignées par les trois lettres ξ, η, ζ.

Appliquons maintenant les principes que nous venons d'établir à quelques exemples.

1.er *Exemple.* Proposons-nous d'abord de faire passer par une directrice donnée une surface cylindrique dont la génératrice forme, avec les demi-axes des x, y et z positives, les angles α, β, γ. Les coordonnées ξ, η, ζ de la génératrice menée par le point (x, y, z) de la directrice vérifieront les deux équations comprises dans la formule

$$(11) \qquad \frac{\xi - x}{\cos \alpha} = \frac{\eta - y}{\cos \beta} = \frac{\zeta - z}{\cos \gamma}.$$

Donc, si, entre cette formule et les équations de la directrice, on élimine x, y, z, l'équation résultante, qui renfermera seulement ξ, η, ζ, sera précisément celle de la surface cylindrique.

Concevons à présent que la directrice soit une courbe plane. Désignons par k la longueur de la perpendiculaire abaissée de l'origine sur le plan de cette même courbe, et par λ, μ, ν les angles que forme cette perpendiculaire avec les demi-axes des coordonnées positives. Enfin nommons δ l'angle compris entre la perpendiculaire en question et la génératrice de la surface cylindrique, en sorte qu'on ait

$$(12) \qquad \cos \delta = \cos \alpha \cos \lambda + \cos \beta \cos \mu + \cos \gamma \cos \nu.$$

Les équations de la directrice seront de la forme

$$(13) \qquad x \cos \lambda + y \cos \mu + z \cos \nu = k, \qquad F(x, y, z) = 0.$$

Cela posé, on tirera de la formule (11) combinée avec la première des formules (13)

$$(14) \quad \frac{\xi - x}{\cos \alpha} = \frac{\eta - y}{\cos \beta} = \frac{\zeta - z}{\cos \gamma} = \frac{(\xi - x)\cos \lambda + (\eta - y)\cos \mu + (\zeta - z)\cos \nu}{\cos \alpha \cos \lambda + \cos \beta \cos \mu + \cos \gamma \cos \nu} = \frac{\xi \cos \lambda + \eta \cos \mu + \zeta \cos \nu - k}{\cos \delta},$$

et par suite

$$(15) \quad \left\{ \begin{aligned} x &= \xi - \frac{\cos \alpha}{\cos \delta}(\xi \cos \lambda + \eta \cos \mu + \zeta \cos \nu - k), \\[1ex] y &= \eta - \frac{\cos \beta}{\cos \delta}(\xi \cos \lambda + \eta \cos \mu + \zeta \cos \nu - k), \\[1ex] z &= \zeta - \frac{\cos \gamma}{\cos \delta}(\xi \cos \lambda + \eta \cos \mu + \zeta \cos \nu - k); \end{aligned} \right.$$

puis, en substituant les valeurs précédentes de x, y, z dans la seconde des formules (13), on obtiendra l'équation de la surface cylindrique, savoir,

$$(16) \quad F\left[\xi - \frac{\cos \alpha}{\cos \delta}(\xi \cos \lambda + \eta \cos \mu + \zeta \cos \nu - k), \; \eta - \frac{\cos \beta}{\cos \delta}(\xi \cos \lambda + \text{etc.} - k), \; \zeta - \frac{\cos \gamma}{\cos \delta}(\xi \cos \lambda + \text{etc.} - k)\right] = 0.$$

Lorsque le plan de la directrice coïncide avec le plan des x, y, elle peut être représentée par deux équations de la forme

$$(17) \qquad z = 0, \qquad F(x, y) = 0;$$

et l'équation de la surface cylindrique, c'est-à-dire, l'équation produite par l'élimination de x, y, z entre les formules (11) et (17), se réduit à

$$(18) \qquad F\left(\frac{\xi \cos\gamma - \zeta \cos\alpha}{\cos\gamma}, \quad \frac{\eta \cos\gamma - \zeta \cos\beta}{\cos\gamma} \right) = 0.$$

Concevons, pour fixer les idées, que la directrice soit une ellipse comprise dans le plan des x, y, et représentée par la formule

$$(19) \qquad \frac{x^2}{a^2} + \frac{y^2}{b^2} = 1.$$

L'équation (18) deviendra

$$(20) \qquad \frac{(\xi \cos\gamma - \zeta \cos\alpha)^2}{a^2} + \frac{(\eta \cos\gamma - \zeta \cos\beta)^2}{b^2} = \cos^2\gamma.$$

Supposons maintenant que la surface cylindrique doive être circonscrite à une autre surface représentée par l'équation (4). Comme, en chaque point de la courbe de contact des deux surfaces, la génératrice de la première et la normale à la seconde se couperont à angles droits, les coordonnées x, y, z de cette courbe vérifieront évidemment les deux équations

$$(21) \qquad u = 0, \qquad \frac{du}{dx} \cos\alpha + \frac{du}{dy} \cos\beta + \frac{du}{dz} \cos\gamma = 0,$$

dont la seconde aurait pu être immédiatement déduite de la formule (7). Cela posé, pour obtenir l'équation de la surface cylindrique, il ne restera plus qu'à éliminer x, y, z entre les formules (11) et (21).

Concevons en particulier que la surface cylindrique doive être circonscrite à un ellipsoïde construit avec les demi-axes a, b, c, et représenté par l'équation

$$(22) \qquad \frac{x^2}{a^2} + \frac{y^2}{b^2} + \frac{z^2}{c^2} = 1.$$

La seconde des formules (21), réduite à

$$(23) \qquad \frac{x}{a^2} \cos\alpha + \frac{y}{b^2} \cos\beta + \frac{z}{c^2} \cos\gamma = 0 ,$$

représentera un plan passant par l'origine, et qui coupera l'ellipsoïde suivant la courbe de contact des deux surfaces. De plus, on trouvera, en combinant la formule (23) avec les formules (11),

$$(24) \qquad \frac{x(\xi - x)}{a^2} + \frac{y(\eta - y)}{b^2} + \frac{z(\zeta - z)}{c^2} = 0 ,$$

puis, en ayant égard à l'équation (22),

$$(25) \qquad \frac{x\xi}{a^2} + \frac{y\eta}{b^2} + \frac{z\zeta}{c^2} = 1 .$$

Enfin, si l'on désigne par $2R$ celui des diamètres de l'ellipsoïde qui sera parallèle aux génératrices du cylindre, on aura évidemment

$$(26) \qquad \frac{\cos^2\alpha}{a^2} + \frac{\cos^2\beta}{b^2} + \frac{\cos^2\gamma}{c^2} = \frac{1}{R^2} ,$$

attendu que l'équation (22) devra être vérifiée, quand on y supposera

$$(27) \qquad x = R\cos\alpha, \qquad y = R\cos\beta, \qquad z = R\cos\gamma .$$

Cela posé, on tirera des formules (11), combinées avec les formules (23), (25) et (26),

$$\frac{\xi - x}{\cos\alpha} = \frac{\eta - y}{\cos\beta} = \frac{\zeta - z}{\cos\gamma} = \frac{(\xi-x)\dfrac{\cos\alpha}{a^2} + (\eta-y)\dfrac{\cos\beta}{b^2} + (\zeta-z)\dfrac{\cos\gamma}{c^2}}{\dfrac{\cos^2\alpha}{a^2} + \dfrac{\cos^2\beta}{b^2} + \dfrac{\cos^2\gamma}{c^2}} = R^2 \left(\frac{\xi\cos\alpha}{a^2} + \frac{\eta\cos\beta}{b^2} + \frac{\zeta\cos\gamma}{c^2} \right)$$

$$= \frac{(\xi-x)\dfrac{\xi}{a^2} + (\eta-y)\dfrac{\eta}{b^2} + (\zeta-z)\dfrac{\zeta}{c^2}}{\dfrac{\xi\cos\alpha}{a^2} + \dfrac{\eta\cos\beta}{b^2} + \dfrac{\zeta\cos\gamma}{c^2}} = \frac{\dfrac{\xi^2}{a^2} + \dfrac{\eta^2}{b^2} + \dfrac{\zeta^2}{c^2} - 1}{\dfrac{\xi\cos\alpha}{a^2} + \dfrac{\eta\cos\beta}{b^2} + \dfrac{\zeta\cos\gamma}{c^2}} ;$$

et par conséquent

$$(28) \qquad \frac{\xi^2}{a^2} + \frac{\eta^2}{b^2} + \frac{\zeta^2}{c^2} - 1 = R^2 \left(\frac{\xi\cos\alpha}{a^2} + \frac{\eta\cos\beta}{b^2} + \frac{\zeta\cos\gamma}{c^2} \right)^2 .$$

Telle est l'équation de la surface cylindrique circonscrite à l'ellipsoïde.

Cette dernière équation peut encore être présentée sous une autre forme très-simple, et que nous allons faire connaître.

Si, par l'extrémité du rayon R, c'est-à-dire, par l'extrémité du point (x, y, z) que déterminent les formules (27), on mène un plan tangent à l'ellipsoïde, et si l'on nomme X, Y, Z les coordonnées courantes de ce plan, on aura

$$(29) \qquad \frac{x}{a^2}(X - x) + \frac{y}{b^2}(Y - y) + \frac{z}{c^2}(Z - z) = 0,$$

ou, ce qui revient au même,

$$\frac{xX}{a^2} + \frac{yY}{b^2} + \frac{zZ}{c^2} = \frac{x^2}{a^2} + \frac{y^2}{b^2} + \frac{z^2}{c^2} = 1;$$

puis on en conclura, en ayant égard aux formules (27),

$$(30) \qquad \frac{X\cos\alpha}{a^2} + \frac{Y\cos\beta}{b^2} + \frac{Z\cos\gamma}{c^2} = \frac{1}{R}.$$

Concevons à présent qu'une droite soit menée du centre de l'ellipsoïde à un point (ξ, η, ζ) choisi arbitrairement sur la surface du cylindre circonscrit. Cette droite coupera l'ellipsoïde et le plan tangent en deux nouveaux points dont les coordonnées x, y, z et X, Y, Z vérifieront les formules (22) et (30). De plus, si l'on désigne par r, s, t les longueurs mesurées sur cette droite, à partir du centre de l'ellipsoïde, et qui aboutissent aux trois points correspondants (x, y, z), (ξ, η, ζ), (X, Y, Z), on aura évidemment

$$(31) \qquad x = \frac{r}{s}\xi, \qquad y = \frac{r}{s}\eta, \qquad z = \frac{r}{s}\zeta,$$

$$(32) \qquad X = \frac{t}{s}\xi, \qquad Y = \frac{t}{s}\eta, \qquad Z = \frac{t}{s}\zeta.$$

Par suite, les équations (22) et (30) donneront

$$(33) \qquad \frac{\xi^2}{a^2} + \frac{\eta^2}{b^2} + \frac{\zeta^2}{c^2} = \frac{s^2}{r^2},$$

$$(34) \qquad R\left(\frac{\xi\cos\alpha}{a} + \frac{\eta\cos\beta}{b^2} + \frac{\zeta\cos\gamma}{c^2}\right) = \frac{s}{t}.$$

Or on tirera des formules précédentes, combinées avec l'équation (28),

$$\frac{s^2}{r^2} - 1 = \frac{s^2}{t^2},$$

ou, ce qui revient au même,

$$(35) \qquad \frac{1}{r^2} = \frac{1}{s^2} + \frac{1}{t^2}.$$

Telle est la forme la plus simple que puisse recevoir l'équation (28). Supposons maintenant que, par le point (ξ, η, ζ) et par le rayon R, on fasse passer un plan. Ce plan, qui coupera l'ellipsoïde suivant une ellipse, donnera pour sections, dans la surface cylindrique et le plan tangent, deux tangentes conjuguées de cette ellipse. De plus, il est clair que les extrémités des trois longueurs désignées par r, s, t seront situées sur l'ellipse et sur les deux tangentes conjuguées. Donc l'équation (35) entraîne la proposition suivante.

1.er Théorème. *Si, après avoir tracé dans une ellipse un rayon quelconque* r, *on divise successivement l'unité par le carré de ce rayon, et par le carré de chacune des deux distances* s, t, *qui séparent le centre des points où le rayon prolongé rencontre deux tangentes conjuguées, le premier quotient sera équivalent à la somme des deux autres.*

Si l'on voulait démontrer directement ce théorème, duquel on peut déduire l'équation (28), il suffirait de projeter l'ellipse sur un plan passant par le petit axe, et formant avec le grand axe un angle τ qui aurait pour cosinus le rapport du petit axe au grand axe. Alors en effet l'ellipse et les deux tangentes conjuguées donneraient pour projections un cercle dont le rayon serait $r\cos\tau$, et deux tangentes menées à ce cercle par les extrémités d'un arc égal au quart de la circonférence. Il est aisé d'en conclure que les projections des longueurs s et t, savoir,

$$s\cos\tau, \qquad\qquad t\cos\tau,$$

seraient équivalentes à deux produits résultants de la multiplication du rayon du cercle par la sécante et par la cosécante d'un même angle. Donc, en désignant par θ cet angle, on aurait

$$\frac{s\cos\tau}{r\cos\tau} = \frac{s}{r} = \sec\theta, \qquad \frac{t\cos\tau}{r\cos\tau} = \frac{t}{r} = \operatorname{coséc}\theta,$$

et par suite

$$\frac{r^2}{s^2} + \frac{r^2}{t^2} = \cos^2\theta + \sin^2\theta = 1.$$

Or cette dernière équation coïncide évidemment avec la formule (35).

Lorsque les constantes a, b, c, R deviennent égales entre elles, l'ellipsoïde se réduit à une sphère, et l'équation (28) peut s'écrire comme il suit :

$$(36) \qquad \xi^2 + \eta^2 + \zeta^2 - (\xi\cos\alpha + \eta\cos\beta + \zeta\cos\gamma)^2 = R^2 .$$

Le premier membre de la formule précédente n'est autre chose que le carré de la perpendiculaire abaissée du point (ξ, η, ζ) sur la droite menée par l'origine parallèllement aux génératrices du cylindre circonscrit à la sphère. Donc cette formule exprime que la perpendiculaire dont il s'agit est égale au rayon de la sphère; ce qui est évidemment exact.

Si à l'ellipsoïde que nous avons considéré ci-dessus on substituait un hyperboloïde à une ou à deux nappes représenté par l'équation

$$(37) \qquad \frac{x^2}{a^2} + \frac{y^2}{b^2} - \frac{z^2}{c^2} = 1 ,$$

ou par la suivante

$$(38) \qquad \frac{z^2}{c^2} - \frac{x^2}{a^2} - \frac{y^2}{b^2} = 1 ,$$

il est clair que l'équation de la surface cylindrique, circonscrite à cet hyperboloïde, serait, dans le premier cas,

$$(39) \qquad \frac{\xi^2}{a^2} + \frac{\eta^2}{b^2} - \frac{\zeta^2}{c^2} - 1 = R^2 \left(\frac{\xi\cos\alpha}{a^2} + \frac{\eta\cos\beta}{b^2} - \frac{\zeta\cos\gamma}{c^2} \right)^2 ,$$

et, dans le second cas,

$$(40) \qquad \frac{\zeta^2}{c^2} - \frac{\xi^2}{a^2} - \frac{\eta^2}{b^2} - 1 = R^2 \left(\frac{\xi\cos\alpha}{a^2} + \frac{\eta\cos\beta}{b^2} - \frac{\zeta\cos\gamma}{c^2} \right)^2 .$$

Dans l'un et l'autre cas, la courbe de contact de l'hyperboloïde et de la surface cylindrique serait plane, et son plan serait représenté par l'équation

$$(41) \qquad \frac{x\cos\alpha}{a^2} - \frac{y\cos\beta}{b^2} - \frac{z\cos\gamma}{c^2} = 0 .$$

Quant au premier théorème, il se trouverait remplacé par une proposition relative à deux hyperboles conjuguées *, et que l'on peut énoncer comme il suit.

---

* Nous désignons sous le nom d'*hyperboles conjuguées* deux hyperboles qui ont le même centre, les mêmes

2.ᵉ THÉORÊME. *Supposons qu'après avoir tracé dans un plan deux hyperboles, on mène à ces hyperboles des tangentes conjuguées, c'est-à-dire, telles que les points de contact soient situés sur deux diamètres conjugués. Concevons de plus que du centre commun des deux hyperboles on mène à l'une d'elles un rayon r, et que l'on divise l'unité 1.° par le carré du rayon r, 2.° par le carré de chacune des deux distances s, t qui séparent le centre des points où le rayon r rencontre les tangentes conjuguées. Le premier quotient sera équivalent à la différence des deux autres, et l'on aura*

$$(42) \qquad \frac{1}{r^2} = \frac{1}{s^2} - \frac{1}{t^2},$$

pourvu que la longueur s soit celle qu'intercepte une des tangentes de l'hyperbole à laquelle appartient le rayon r.

Supposons encore que l'on demande la surface cylindrique circonscrite au paraboloïde elliptique qui serait représenté par l'équation

$$(43) \qquad \frac{x^2}{a^2} + \frac{y^2}{b^2} = 2\frac{z}{c}.$$

Alors, au lieu des formules (23) et (25), on obtiendra les deux suivantes

$$(44) \qquad \frac{x}{a^2}\cos\alpha + \frac{y}{b^2}\cos\beta = \frac{1}{c}\cos\gamma,$$

$$(45) \qquad \frac{x\xi}{a^2} + \frac{y\eta}{b^2} - \frac{z}{c} = \frac{\zeta}{c};$$

puis on tirera de ces dernières, combinées avec la formule (11),

$$\frac{\xi-x}{\cos\alpha} = \frac{\eta-y}{\cos\beta} = \frac{\zeta-z}{\cos\gamma} = \frac{\dfrac{\xi\cos\alpha}{a^2} + \dfrac{\eta\cos\beta}{b^2} - \dfrac{\cos\gamma}{c}}{\dfrac{\cos^2\alpha}{a^2} + \dfrac{\cos^2\beta}{b^2}} = \frac{\dfrac{\xi^2}{a^2} + \dfrac{\eta^2}{b^2} - 2\dfrac{\zeta}{c}}{\dfrac{\xi\cos\alpha}{a^2} + \dfrac{\eta\cos\beta}{b^2} - \dfrac{\cos\gamma}{c}}$$

et par conséquent

---

asymptotes et les mêmes axes, avec cette différence que l'axe réel de la première est perpendiculaire à l'axe réel de la seconde. [Voyez, à ce sujet, les Leçons sur les applications du Calcul infinitésimal à la Géométrie, pages 275 et suivantes].

$$(46) \qquad \frac{\xi^2}{a^2} + \frac{\eta^2}{b^2} - 2\frac{\zeta}{c} = \frac{\left(\dfrac{\xi\cos\alpha}{a^2} + \dfrac{\eta\cos\beta}{b^2} - \dfrac{\cos\gamma}{c} \right)^2}{\dfrac{\cos^2\alpha}{a^2} + \dfrac{\cos^2\beta}{b^2}} \;,$$

Si, au lieu d'un paraboloïde elliptique, on considérait un paraboloïde hyperbolique représenté par la formule

$$(47) \qquad \frac{x^2}{a^2} - \frac{y^2}{b^2} = 2\frac{z}{c} \;,$$

l'équation de la surface cylindrique circonscrite deviendrait évidemment

$$(48) \qquad \frac{\xi^2}{a^2} - \frac{\eta^2}{b^2} - 2\frac{\zeta}{c} = \frac{\left(\dfrac{\xi\cos\alpha}{a^2} - \dfrac{\eta\cos\beta}{b^2} - \dfrac{\cos\gamma}{c} \right)^2}{\dfrac{\cos^2\alpha}{a^2} - \dfrac{\cos^2\beta}{b^2}} \;,$$

Il est bon d'observer que, dans les formules (46) et (48), les binomes

$$\frac{\cos^2\alpha}{a^2} + \frac{\cos^2\beta}{b^2} \;, \qquad \frac{\cos^2\alpha}{a^2} - \frac{\cos^2\beta}{b^2} \;,$$

ont pour valeurs numériques les quotients qu'on obtient en divisant l'unité par les carrés des rayons qui forment des angles α, β avec les demi-axes des x et y positives, dans l'ellipse et l'hyperbole représentées par les équations

$$\frac{x^2}{a^2} + \frac{y^2}{b^2} = 1 \;, \qquad \frac{x^2}{a^2} - \frac{y^2}{b^2} = \pm 1 \;.$$

Supposons enfin que l'on demande la surface cylindrique circonscrite à une surface du second degré représentée par l'équation

$$(49) \qquad A x^2 + B y^2 + C z^2 + 2 D y z + 2 E z x + 2 F x y + 2 G x + 2 H y + 2 I z = K \;.$$

Alors les formules (23) et (25) devront être remplacées par les deux suivantes

$$(50) \qquad (A x + F y + E z + G)\cos\alpha + (F x + B y + D z + H)\cos\beta + (E x + D y + C z + I)\cos\gamma = 0 \;.$$

$$(51) \qquad (A x + F y + E z + G)\xi + (F x + B y + D z + H)\eta + (E x + D y + C z + I)\zeta + G x + H y + E z = K \;.$$

dont la première représentera toujours le plan de la courbe de contact des deux surfaces;

et, en combinant ces formules avec la formule (11), on trouvera pour l'équation de la surface cylindrique demandée

$$(52) \quad \left\{ \begin{array}{l} A\xi^2 + B\eta^2 + C\zeta^2 + 2D\eta\zeta + 2E\zeta\xi + 2F\xi\eta + 2G\xi + 2H\eta + 2I\zeta - K = \\[2mm] \dfrac{[(A\xi + F\eta + E\zeta + G)\cos\alpha + (F\xi + B\eta + D\zeta + H)\cos\beta + (E\xi + D\eta + C\zeta + I)\cos\gamma]^2}{A\cos^2\alpha + B\cos^2\beta + C\cos^2\gamma + 2D\cos\beta\cos\gamma + 2E\cos\gamma\cos\alpha + 2F\cos\alpha\cos\beta} \, . \end{array} \right.$$

$2.^e$ *Exemple.* Proposons-nous de faire passer par une directrice donnée une surface conique dont le sommet coïncide avec le point qui répond aux coordonnées x_0, y_0, z_0. Les coordonnées ξ, η, ζ de la génératrice menée par le point (x, y, z) de la directrice vérifieront les deux équations comprises dans la formule

$$(53) \qquad \frac{\xi - x}{x_0 - x} = \frac{\eta - y}{y_0 - y} = \frac{\zeta - z}{z_0 - z} \, ,$$

ou, ce qui revient au même, dans la suivante

$$(54) \qquad \frac{\xi - x_0}{x - x_0} = \frac{\eta - y_0}{y - y_0} = \frac{\zeta - z_0}{z - z_0} \, .$$

Donc, si entre l'une de ces formules et les équations de la directrice on élimine x, y, z, l'équation résultante, qui renfermera seulement ξ, η, ζ, sera précisément celle de la surface conique.

Lorsque la directrice est une courbe plane représentée par les équations

$$(55) \qquad Ax + By + Cz = K \, , \qquad \mathrm{F}(x, y, z) = 0 \, ,$$

on tire de ces équations, combinées avec la formule (54),

$$(56) \qquad \frac{\xi - x_0}{x - x_0} = \frac{\eta - y_0}{y - y_0} = \frac{\zeta - z_0}{z - z_0} = \frac{A(\xi - x_0) + B(\eta - y_0) + C(\zeta - z_0)}{K - (Ax_0 + By_0 + Cz_0)} \, ,$$

et par suite

$$(57) \quad \left\{ \begin{array}{l} x = x_0 - (\xi - x_0) \, \dfrac{Ax_0 + By_0 + Cz_0 - K}{A(\xi - x_0) + B(\eta - y_0) + C(\zeta - z_0)} \, , \\[4mm] y = y_0 - (\eta - y_0) \, \dfrac{Ax_0 + By_0 + Cz_0 - K}{A(\xi - x_0) + B(\eta - y_0) + C(\zeta - z_0)} \, , \\[4mm] z = z_0 - (\zeta - z_0) \, \dfrac{Ax_0 + By_0 + Cz_0 - K}{A(\xi - x_0) + B(\eta - y_0) + C(\zeta - z_0)} \, ; \end{array} \right.$$

puis, en substituant les valeurs précédentes de x, y, z dans la seconde des formules (55), on trouve pour l'équation de la surface conique

$$(58)\ \mathrm{F}\left[x_0-(\xi-x_0)\frac{Ax_0+By_0+Cz_0-K}{A(\xi-x_0)+B(\eta-y_0)+C(\zeta-z_0)},\ y_0-(\eta-y_0)\frac{Ax_0+\text{etc.}}{A(\xi-x_0)+..},\ z_0-(\zeta-z_0)\frac{Az_0+\text{etc.}}{A(\xi-x_0)+..}\right]=0.$$

Lorsque la directrice est comprise dans le plan des x, y, et représentée par les formules (17), l'équation de la surface conique se réduit à

$$(59)\qquad \mathrm{F}\left(\frac{x_0\zeta-z_0\xi}{\zeta-z_0},\ \frac{y_0\zeta-z_0\eta}{\zeta-z_0}\right)=0,$$

Concevons, pour fixer les idées, que la directrice soit une ellipse comprise dans le plan des x, y, et représentée par la formule (19). L'équation (59) deviendra

$$(60)\qquad \frac{(x_0\zeta-z_0\xi)^2}{a^2}+\frac{(y_0\zeta-z_0\eta)^2}{b^2}=(\zeta-z_0)^2.$$

Supposons maintenant que la surface conique doive être circonscrite à une autre surface représentée par l'équation (4). Comme, en chaque point de la courbe de contact des deux surfaces, la génératrice de la première et la normale à la seconde se couperont à angles droits, les coordonnées x, y, z de cette courbe vérifieront évidemment les deux équations

$$(61)\qquad u=0,\quad \frac{du}{dx}(x-x_0)+\frac{du}{dy}(y-y_0)+\frac{du}{dz}(z-z_0)=0,$$

dont la seconde aurait pu être immédiatement déduite de la formule (7). Cela posé, pour obtenir l'équation de la surface conique, il ne restera plus qu'à éliminer x, y, z entre les formules (55) et (61).

Concevons en particulier que la surface conique doive être circonscrite à un ellipsoïde construit avec les demi-axes a, b, c, et représenté par l'équation (22). La seconde des formules (61) deviendra

$$(62)\qquad \frac{x(x-x_0)}{a^2}+\frac{y(y-y_0)}{b^2}+\frac{z(z-z_0)}{c^2}=0,$$

et, en la combinant avec l'équation (22), on obtiendra la suivante

$$(63)\qquad \frac{x_0 x}{a^2}+\frac{y_0 y}{b^2}+\frac{z_0 z}{c^2}=1,$$

c'est-à-dire l'équation d'un plan qui coupera l'ellipsoïde suivant la courbe de contact des deux surfaces. De plus l'équation (62), réunie à la formule (53), entraînera l'équation (24) et par conséquent l'équation (25). Cela posé, on tirera de la formule (53), combinée avec les formules (22), (25) et (63),

$$\frac{\xi-x}{x_0-x} = \frac{\eta-y}{y_0-y} = \frac{\zeta-z}{z_0-z} = \frac{(\xi-x)\dfrac{x_0}{a^2}+(\eta-y)\dfrac{y_0}{b^2}+(\zeta-z)\dfrac{z_0}{c^2}}{(x_0-x)\dfrac{x_0}{a^2}+(y_0-y)\dfrac{y_0}{b^2}+(z_0-z)\dfrac{z_0}{c^2}} = \frac{\dfrac{x_0\xi}{a^2}+\dfrac{y_0\eta}{b^2}+\dfrac{z_0\zeta}{c^2}-1}{\dfrac{x_0^2}{a^2}+\dfrac{y_0^2}{b^2}+\dfrac{z_0^2}{c^2}-1},$$

$$= \frac{(\xi-x)\dfrac{\xi}{a^2}+(\eta-y)\dfrac{\eta}{b^2}+(\zeta-z)\dfrac{\zeta}{c^2}}{(x_0-x)\dfrac{\xi}{a^2}+(y_0-y)\dfrac{\eta}{b^2}+(z_0-z)\dfrac{\zeta}{c^2}} = \frac{\dfrac{\xi^2}{a^2}+\dfrac{\eta^2}{b^2}+\dfrac{\zeta^2}{c^2}-1}{\dfrac{x_0\xi}{a^2}+\dfrac{y_0\eta}{b^2}+\dfrac{z_0\zeta}{c^2}-1},$$

et par suite

$$(64)\quad \left(\frac{x_0\xi}{a^2}+\frac{y_0\eta}{b^2}+\frac{z_0\zeta}{c^2}-1\right)^2 = \left(\frac{x_0^2}{a^2}+\frac{y_0^2}{b^2}+\frac{z_0^2}{c^2}-1\right)\left(\frac{\xi^2}{a^2}+\frac{\eta^2}{b^2}+\frac{\zeta^2}{c^2}-1\right).$$

Telle est l'équation de la surface conique circonscrite à l'ellipsoïde. Cette même équation peut encore être présentée sous d'autres formes très-simples, et que nous allons faire connaître.

Soient R_0 le rayon vecteur mené du centre de l'ellipsoïde au sommet de la surface conique, R la partie de ce rayon vecteur qui représente un rayon de l'ellipsoïde, et α, β, γ les angles que forme la direction commune des rayons R_0, R avec les demi-axes des coordonnées positives. L'équation (26) sera vérifiée, et l'on aura de plus

$$(65)\qquad x_0 = R_0\cos\alpha,\qquad y_0 = R_0\cos\beta,\qquad z_0 = R_0\cos\gamma,$$

$$(66)\qquad \frac{x_0^2}{a^2}+\frac{y_0^2}{b^2}+\frac{z_0^2}{c^2} = R_0^2\left(\frac{\cos^2\alpha}{a^2}+\frac{\cos^2\beta}{b^2}+\frac{\cos^2\gamma}{c^2}\right) = \frac{R_0^2}{R^2}.$$

Par conséquent la formule (64), divisée par R_0^2, deviendra

$$(67)\quad \left(\frac{\xi\cos\alpha}{a^2}+\frac{\eta\cos\beta}{b^2}+\frac{\zeta\cos\gamma}{c^2}-\frac{1}{R_0}\right)^2 = \left(\frac{1}{R^2}-\frac{1}{R_0^2}\right)\left(\frac{\xi^2}{a^2}+\frac{\eta^2}{b^2}+\frac{\zeta^2}{c^2}-1\right).$$

Si, dans cette dernière, on suppose $R_0 = \infty$, la surface conique se transformera en une surface cylindrique, et l'on retrouvera, comme on devait s'y attendre, l'équation (28).

Concevons à présent qu'une droite soit menée du centre de l'ellipsoïde à un point (ξ, n, ζ) choisi arbitrairement sur la surface du cône circonscrit. Cette droite coupera l'ellipsoïde, et le plan tangent qui touche l'ellipsoïde à l'extrémité du rayon R, en deux nouveaux points dont les coordonnées x, y, z et X, Y, Z vérifieront les formules (22) et (30). De plus, si l'on désigne par r, s, t les longueurs mesurées sur cette droite à partir du centre de l'ellipsoïde, et qui aboutissent aux trois points correspondants (x, y, z), (ξ, n, ζ), (X, Y, Z), ces longueurs se trouveront liées aux coordonnées ξ, n, ζ par les formules (33) et (34). Or on tirera de ces formules, combinées avec l'équation (67),

$$(68) \qquad \left(\frac{1}{R\,t} - \frac{1}{R_0\,s} \right)^2 = \left(\frac{1}{R^2} - \frac{1}{R_0{}^2} \right) \left(\frac{1}{r^2} - \frac{1}{s^2} \right) .$$

Telle est la forme la plus simple sous laquelle on puisse présenter l'équation (67). D'ailleurs, si, par le point (ξ, n, ζ) et par le rayon R, on fait passer un plan, ce plan, qui coupera l'ellipsoïde suivant une ellipse, donnera pour sections, dans la surface conique et le plan tangent dont nous avons parlé ci-dessus, deux tangentes quelconques de cette ellipse. Enfin il est clair que les extrémités des longueurs r, s, t seront situées sur l'ellipse et sur les deux tangentes. Donc l'équation (68) fera connaître une nouvelle propriété de l'ellipse. Cette dernière propriété, plus générale que celle dont l'énoncé a fourni le premier théorème, pourrait être démontrée directement par le même moyen, attendu qu'il est facile de la vérifier dans le cas où l'ellipse se réduit à un cercle.

Si à l'ellipsoïde représenté par l'équation (22) on substituait l'un des hyperboloïdes représentés par les formules (37), (38), l'équation de la surface conique circonscrite se réduirait à l'une des suivantes

$$(69) \quad \left(\frac{x_0 \xi}{a^2} + \frac{y_0 n}{b^2} - \frac{z_0 \zeta}{c^2} - 1 \right)^2 = \left(\frac{x_0{}^2}{a^2} + \frac{y_0{}^2}{b^2} - \frac{z_0{}^2}{c^2} - 1 \right) \left(\frac{\xi^2}{a^2} + \frac{n^2}{b^2} - \frac{\zeta^2}{c^2} - 1 \right) ,$$

$$(70) \quad \left(\frac{x_0 \xi}{a^2} + \frac{y_0 n}{b^2} - \frac{z_0 \zeta}{c^2} + 1 \right)^2 = \left(\frac{x_0{}^2}{a^2} + \frac{y_0{}^2}{b^2} - \frac{z_0{}^2}{c^2} + 1 \right) \left(\frac{\xi^2}{a^2} + \frac{n^2}{b^2} - \frac{\zeta^2}{c^2} + 1 \right) ;$$

et la formule qui remplacerait l'équation (68) ferait connaître une propriété du système de deux hyperboles conjuguées.

Supposons encore que l'on demande la surface conique circonscrite au paraboloïde elliptique représenté par l'équation (43). Alors, au lieu des formules (25) et (65), on obtiendra l'équation (45) et la suivante

$$(71) \qquad \frac{x_0 x}{a^2} + \frac{y_0 y}{b^2} - \frac{z}{c} = \frac{z_0}{c} \, ;$$

puis on tirera de ces dernières combinées avec la formule (53)

$$\frac{\xi - x}{x_0 - x} = \frac{\eta - y}{y_0 - y} = \frac{\zeta - z}{z_0 - z} = \frac{\dfrac{x_0 \xi}{a^2} + \dfrac{y_0 \eta}{b^2} - \dfrac{\zeta + z_0}{c}}{\dfrac{x_0^2}{a^2} + \dfrac{y_0^2}{b^2} - 2\dfrac{z_0}{c}} = \frac{\dfrac{\xi^2}{a^2} + \dfrac{\eta^2}{b^2} - 2\dfrac{\zeta}{c}}{\dfrac{x_0 \xi}{a^2} + \dfrac{y_0 \eta}{b^2} - \dfrac{\zeta + z_0}{c}} \, ,$$

et par conséquent

$$(72) \qquad \left(\frac{x_0 \xi}{a^2} + \frac{y_0 \eta}{b^2} - \frac{\zeta + z_0}{c} \right)^2 = \left(\frac{x_0^2}{a^2} + \frac{y_0^2}{b^2} - \frac{2 z_0}{c} \right) \left(\frac{\xi^2}{a^2} + \frac{\eta^2}{b^2} - \frac{2\zeta}{c} \right).$$

Si, au lieu d'un paraboloïde elliptique, on considérait un paraboloïde hyperbolique représenté par la formule (47), l'équation de la surface conique circonscrite deviendrait évidemment

$$(73) \qquad \left(\frac{x_0 \xi}{a^2} - \frac{y_0 \eta}{b^2} - \frac{\zeta + z_0}{c} \right)^2 = \left(\frac{x_0^2}{a^2} - \frac{y_0^2}{b^2} - \frac{2 z_0}{c} \right) \left(\frac{\xi^2}{a^2} - \frac{\eta^2}{b^2} - \frac{2\zeta}{c} \right).$$

Supposons enfin que l'on demande la surface conique circonscrite à la surface du second degré représentée par l'équation (49). Alors les formules (25) et (63) devront être remplacées par l'équation (51) et par la suivante

$$(54) \qquad (Ax + Fy + Ez + G)x_0 + (Fx + By + Dz + H)y_0 + (Ex + Dy + Cz + I)z_0 + Gx + Hy + Iz = K,$$

qui représentera la courbe de contact des deux surfaces ; et, en combinant ces équations avec la formule (53), on obtiendra celle de la surface conique demandée, savoir

$$(75) \quad \left\{ \begin{array}{l} A\xi^2 + B\eta^2 + C\zeta^2 + 2D\eta\zeta + 2E\xi\zeta + 2F\xi\eta + 2G\xi + 2H\eta + 2I\zeta - K = \\[2mm] \dfrac{[(A\xi + F\eta + E\zeta + G)x_0 + (F\xi + B\eta + D\zeta + H)y_0 + (E\xi + D\eta + C\zeta + I)z_0 + G\xi + H\eta + I\zeta - K]^2}{A x_0^2 + B y_0^2 + C z_0^2 + 2D y_0 z_0 + 2E z_0 x_0 + 2F x_0 y_0 + 2G x_0 + 2H y_0 + 2I z_0 - K} \end{array} \right.$$

5.ᵉ *Exemple.* Proposons-nous de faire passer une surface conoïde par une directrice donnée. Si cette surface a pour axe l'axe des z, les coordonnées ξ, η, ζ de la génératrice menée par le point (x, y, z) de la directrice vérifieront les deux formules

$$(76) \qquad \frac{\xi}{x} = \frac{\eta}{y} \, , \qquad \zeta = z \, .$$

Donc, si entre ces formules et les équations de la directrice on élimine x, y, z, l'équation résultante, qui renfermera seulement ξ, η, ζ, sera précisément celle de la surface conoïde.

Lorsque la directrice est une courbe plane représentée par les équations (55), on tire de ces équations combinées avec les formules (76)

$$\frac{\xi}{x} = \frac{\eta}{y} = \frac{A\xi + B\eta}{Ax + By} = \frac{A\xi + B\eta}{K - Cz} = \frac{A\xi + B\eta}{K - C\zeta},$$

et par suite

$$(77) \qquad z = \zeta, \qquad x = \xi\, \frac{K - C\zeta}{A\xi + B\eta}, \qquad y = \eta\, \frac{K - C\zeta}{A\xi + B\eta};$$

puis, en substituant les valeurs précédentes de x, y, z dans la seconde des formules (55), on trouve, pour l'équation de la surface conoïde,

$$(78) \qquad F\left(\xi\,\frac{K - C\zeta}{A\xi + B\eta}\,,\; \eta\,\frac{K - C\zeta}{A\xi + B\eta}\,,\; \zeta\right) = 0.$$

Dans le cas particulier où la directrice est renfermée dans un plan perpendiculaire à l'axe des x, et représentée par deux équations de la forme

$$(79) \qquad x = a, \qquad F(y,z) = 0,$$

l'équation de la surface conoïde se réduit à

$$(80) \qquad F\left(\frac{a\eta}{\xi}\,,\; \zeta\right) = 0.$$

Ainsi, par exemple, si l'on prend pour directrice l'ellipse que déterminent les formules

$$(81) \qquad x = a, \qquad \frac{y^2}{b^2} + \frac{z^2}{c^2} = 1,$$

la surface conoïde sera représentée par l'équation

$$(82) \qquad \frac{a^2\eta^2}{b^2\xi^2} + \frac{\zeta^2}{c^2} = 1,$$

à laquelle on parviendrait également en prenant pour directrice le cercle que déterminent les deux formules

$$(83) \qquad x = \frac{ac}{b}\,, \qquad y^2 + z^2 = c^2\,.$$

Supposons maintenant que la surface conoïde doive être circonscrite à une autre surface représentée par l'équation (4). Alors, pour chaque point de la courbe de contact des deux surfaces, l'équation (5) du § 2 devra être vérifiée par les valeurs de p et q tirées de la formule (9), et par conséquent les coordonnées x, y, z de cette courbe seront liées entre elles par les deux équations

$$(84) \qquad u = 0\,, \qquad x\,\frac{du}{dx} + y\,\frac{du}{dx} = 0\,,$$

dont la seconde aurait pu être déduite de la formule (7). Cela posé, pour obtenir l'équation de la surface conoïde, il ne restera plus qu'à éliminer x, y, z entre les formules (76) et (82).

Concevons en particulier que la surface conoïde doive être circonscrite à un ellipsoïde dont le centre coïncide avec le point (x_0, y_0, z_0), et dont les axes soient respectivement $2a$, $2b$, $2c$, savoir, à l'ellipsoïde représenté par l'équation

$$(85) \qquad \frac{(x - x_0)^2}{a^2} + \frac{(y - y_0)^2}{b^2} + \frac{(z - z_0)^2}{c^2} = 1\,.$$

La seconde des formules (84) deviendra

$$(86) \qquad \frac{x(x - x_0)}{a^2} + \frac{y(y - y_0)}{b^2} = 0\,.$$

De plus, en combinant celle-ci avec la première des équations (76), on trouvera

$$(87) \qquad \frac{\xi}{a^2}\,(x - x_0) + \frac{\eta}{b^2}\,(y - y_0) = 0\,.$$

Enfin on tirera des formules (76), (85) et (87)

$$\frac{x - x_0}{\left(\dfrac{\eta}{b^2}\right)} = \frac{y - y_0}{\left(-\dfrac{\xi}{a^2}\right)} = \frac{(x - x_0)\eta - (y - y_0)\xi}{\dfrac{\eta^2}{b^2} + \dfrac{\xi^2}{a^2}} = \frac{y_0\xi - x_0\eta}{\dfrac{\xi^2}{a^2} + \dfrac{\eta^2}{b^2}}$$

$$= \pm \frac{\sqrt{\left\{\dfrac{(x - x_0)^2}{a^2} + \dfrac{(y - y_0)^2}{b^2}\right\}}}{\dfrac{1}{ab}\sqrt{\left\{\dfrac{\eta^2}{b^2} + \dfrac{\xi^2}{a^2}\right\}}} = \pm\, ab\,\frac{\sqrt{\left\{1 - \dfrac{(z - z_0)^2}{c^2}\right\}}}{\sqrt{\left\{\dfrac{\xi^2}{a^2} + \dfrac{\eta^2}{b^2}\right\}}} = \pm\, ab\,\frac{\sqrt{\left\{1 - \dfrac{(\zeta - z_0)^2}{c^2}\right\}}}{\sqrt{\left\{\dfrac{\xi^2}{a^2} + \dfrac{\eta^2}{b^2}\right\}}}\,;$$

et par conséquent

$$(88) \qquad \frac{(y_0\xi - x_0\eta)^2}{a^2 b^2} = \left(\frac{\xi^2}{a^2} + \frac{\eta^2}{b^2}\right)\left(1 - \frac{(\zeta - z_0)^2}{c^2}\right).$$

Telle est l'équation de la surface conoïde circonscrite à l'ellipsoïde.

Si l'axe d'une surface conoïde coïncidait, non plus avec l'axe des z, mais avec la droite menée par un point donné (x_0, y_0, z_0), de manière à former avec les demi-axes des coordonnées positives certains angles α, β, γ, les coordonnées ξ, η, ζ de la génératrice menée par le point (x, y, z) de la directrice vérifieraient les deux formules

$$(89) \qquad (\xi - x)\cos\alpha + (\eta - y)\cos\beta + (\zeta - z)\cos\gamma = 0,$$

$$(90) \qquad (\xi - x)\cos L + (\eta - y)\cos M + (\zeta - z)\cos N = 0,$$

L, M, N désignant les angles compris entre les demi-axes des coordonnées positives et la perpendiculaire au plan qui renfermerait cette génératrice avec l'axe de la surface conoïde. D'ailleurs ces angles seraient évidemment liés entre eux par les deux équations

$$(91) \qquad \begin{cases} \cos\alpha\cos L + \cos\beta\cos M + \cos\gamma\cos N = 0, \\ (x - x_0)\cos L + (y - y_0)\cos M + (z - z_0)\cos N = 0, \end{cases}$$

desquelles on tire

$$(92) \qquad \frac{\cos L}{(y - y_0)\cos\gamma - (z - z_0)\cos\beta} = \frac{\cos M}{(z - z_0)\cos\alpha - (x - x_0)\cos\gamma} = \frac{\cos N}{(x - x_0)\cos\beta - (y - y_0)\cos\alpha}.$$

Donc par suite la formule (90) donnerait

$$(93) \quad [(y-y_0)\cos\gamma-(z-z_0)\cos\beta](\xi-x)+[(z-z_0)\cos\alpha-(x-x_0)\cos\gamma](\eta-y)+[(x-x_0)\cos\beta-(y-y_0)\cos\alpha](\zeta-z)=0$$

Dans l'hypothèse admise, les formules (89) et (93) représentent la génératrice qui passe par le point (x, y, z) de la directrice. Donc, pour obtenir alors l'équation de la surface conoïde, il suffit d'éliminer x, y et z entre les équations de la directrice et les formules dont il s'agit.

Il est bon d'observer que l'on peut substituer, dans les formules (91) et (92), les coordonnées ξ, η, ζ aux coordonnées x, y, z, et remplacer en conséquence l'équation (93) par la suivante

$$(94) \quad [(\eta-y_0)\cos\gamma-(\zeta-z_0)\cos\beta](\xi-x)+[(\zeta-z_0)\cos\alpha-(\xi-x_0)\cos\gamma](\eta-y)+[(\xi-x_0)\cos\beta-(\eta-y_0)\cos\alpha](\zeta-z)=0$$

Or de cette dernière réunie à la formule (89) on conclut

$$(95) \quad \begin{cases} \dfrac{\xi - x}{\xi - x_0 - [(\xi - x_0)\cos\alpha + (n - y_0)\cos\beta + (\zeta - z_0)\cos\gamma]\cos\alpha} = \\[2em] \dfrac{n - y}{n - y_0 - [(\xi - x_0)\cos\alpha + (n - y_0)\cos\beta + (\zeta - z_0)\cos\gamma]\cos\beta} = \\[2em] \dfrac{\zeta - z}{\zeta - z_0 - [(\xi - x_0)\cos\alpha + (n - y_0)\cos\beta + (\zeta - z_0)\cos\gamma]\cos\gamma} . \end{cases}$$

Lorsque la directrice est plane, et représentée par les équations (13), chacune des fractions comprises dans la formule (95) est équivalente au rapport

$$(96) \quad \dfrac{\xi\cos\lambda + n\cos\mu + \zeta\cos\nu - k}{(\xi - x_0)\cos\lambda + (n - y_0)\cos\mu + (\zeta - z_0)\cos\nu - [(\xi - x_0)\cos\alpha + (n - y_0)\cos\beta + (\zeta - z_0)\cos\gamma]\cos\delta} ,$$

et de cette seule remarque on déduit immédiatement des valeurs de x, y, z, qui, substituées dans la seconde des équations (13), fournissent l'équation ξ, n, ζ propre à représenter la surface conoïde.

Si l'on prenait pour directrice la droite menée par un point donné (x_1, y_1, z_1), de manière à former, avec les demi-axes des coordonnées positives, les angles λ, μ, ν, c'est-à-dire, la droite représentée par la formule

$$(97) \quad \dfrac{x - x_1}{\cos\lambda} = \dfrac{y - y_1}{\cos\mu} = \dfrac{z - z_1}{\cos\nu} ,$$

on tirerait de cette formule combinée avec les équations (12), (89) et (94)

$$(98) \quad \dfrac{(\xi - x_1)\cos\alpha + (n - y_1)\cos\beta + (\zeta - z_1)\cos\gamma}{\cos\delta} =$$

$$\dfrac{[(n - y_0)\cos\gamma - (\zeta - z_0)\cos\beta](\xi - x_1) + [(\zeta - z_0)\cos\alpha - (\xi - x_0)\cos\gamma](n - y_1) + [(\xi - x_0)\cos\beta - (n - y_0)\cos\alpha](\zeta - z_1)}{[(n - y_0)\cos\gamma - (\zeta - z_0)\cos\beta]\cos\lambda + [(\zeta - z_0)\cos\alpha - (\xi - x_0)\cos\gamma]\cos\mu + [(\xi - x_0)\cos\beta - (n - y_0)\cos\alpha]\cos\nu} .$$

Telle est l'équation du paraboloïde hyperbolique engendré par une droite qui se meut en s'appuyant sur les axes représentés l'un par la formule (32) du § 2, l'autre par la formule (97), et de manière à rester toujours perpendiculaire au premier de ces deux axes.

Lorsque la surface conoïde doit être circonscrite à une autre surface représentée par l'équation (4), on peut prendre pour directrice la courbe de contact des deux surfaces, représentée elle-même par les équations

$$(99)\begin{cases} u = 0 , \\ (x-x_0)\dfrac{du}{dx}+(y\text{-}y_0)\dfrac{du}{dy}+(z\text{-}z_0)\dfrac{du}{dz}=[(x\text{-}x_0)\cos\alpha+(y\text{-}y_0)\cos\beta+(z\text{-}z_0)\cos\gamma]\left[\dfrac{du}{dx}\cos\alpha+\dfrac{du}{dy}\cos\beta+\dfrac{du}{dz}\cos\gamma\right]. \end{cases}$$

dont la seconde se déduit de la formule (9) combinée avec la formule (24) du § 2. Ajoutons que la seconde des équations (99) peut être remplacée par la suivante

$$(100)\qquad (\xi - x)\frac{du}{dx} + (\eta - y)\frac{du}{dy} + (\zeta - z)\frac{du}{dz} = 0 ,$$

qui exprime qu'en chaque point de la courbe de contact la génératrice de la surface conoïde et la normale de la surface (4) se coupent à angles droits.

4.ᵉ *Exemple*. Proposons-nous de faire passer une surface de révolution par une directrice donnée. Si cette surface a pour axe l'axe des z, les coordonnées ξ, η, ζ du cercle générateur passant par le point (x, y, z) de la directrice vérifieront les deux formules

$$(101)\qquad \xi^2 + \eta^2 = x^2 + y^2 , \qquad \zeta = z .$$

Donc, si entre ces formules et les équations de la directrice on élimine x, y, z, l'équation résultante qui renfermera seulement ξ, η, ζ sera précisément celle de la surface conoïde.

Supposons maintenant que la surface de révolution doive être circonscrite à une autre surface représentée par l'équation (4). Alors on pourra prendre pour directrice la courbe de contact des deux surfaces, représentée elle-même par les équations

$$(102)\qquad u = 0 , \qquad x\frac{du}{dy} - y\frac{du}{dx} = 0 ,$$

dont la seconde se déduit de la formule (9) combinée avec la formule (26) du § 2. Concevons, pour fixer les idées, que la surface (4) se réduise à l'ellipsoïde représenté par l'équation

$$(103)\qquad (x - x_0)^2 + (y - y_0)^2 = \frac{a^2}{c^2}[c^2 - (z - z_0)^2] .$$

Dans ce cas particulier, la seconde des formules (102) deviendra

$$(104)\qquad \frac{x}{x_0} = \frac{y}{y_0} ;$$

puis on tirera de cette formule combinée avec les équations (101) et (103)

$$\frac{x}{x_0} = \frac{y}{y_0} = \pm \frac{V(x^2+y^2)}{V(x_0^2+y_0^2)} = \pm \frac{V(\xi^2+\eta^2)}{V(x_0^2+y_0^2)},$$

$$\frac{x-x_0}{x_0} = \frac{y-y_0}{y_0} = -1 \pm \frac{V(\xi^2+\eta^2)}{V(x_0^2+y_0^2)}$$

$$= \pm \frac{V[(x-x_0)^2+(y-y_0)^2]}{V(x_0^2+y_0^2)} = \pm \frac{a}{c}\frac{V[c^2-(\zeta-z_0)^2]}{V(x_0^2+y_0^2)},$$

et par suite

$$(105) \qquad [V(x_0^2+y_0^2) \mp V(\xi^2+\eta^2)]^2 = \frac{a^2}{c^2}[c^2-(\zeta-z_0)^2],$$

ou, ce qui revient au même,

$$(106) \quad \left\{\xi^2+\eta^2-\frac{a^2}{c^2}[c^2-(\zeta-z_0)^2]+x_0^2+y_0^2\right\}^2 = 4(x_0^2+y_0^2)(\xi^2+\eta^2).$$

Telle est l'équation de la surface de révolution qui, ayant pour axe l'axe des z, est circonscrite à l'ellipsoïde de révolution représenté par l'équation (103).

Si l'axe de la surface de révolution coïncidait, non plus avec l'axe des z, mais avec la droite menée par un point donné (x_0, y_0, z_0), de manière à former, avec les demi-axes des coordonnées positives, certains angles α, β, γ; les coordonnées ξ, η, ζ du cercle générateur passant par le point (x, y, z) de la directrice vérifieraient les deux formules

$$(107) \ (\xi-x)\cos\alpha+(\eta-y)\cos\beta+(\zeta-z)\cos\gamma=0, \quad (\xi-x_0)^2+(\eta-y_0)^2+(\zeta-z_0)^2 = (x-x_0)^2+(y-y_0)^2+(z-z_0)^2,$$

et la surface de révolution circonscrite à la surface (4) pourrait être considérée comme ayant pour directrice la courbe représentée, non par les équations (102), mais par les deux suivantes

$$(108) \quad \begin{cases} u = 0, \\ [(y-y_0)\cos\beta-(z-z_0)\cos\gamma]\dfrac{du}{dx}+[(z-z_0)\cos\alpha-(x-x_0)\cos\gamma]\dfrac{du}{dy}+[(x-x_0)\cos\beta-(y-y_0)\cos\alpha]\dfrac{du}{dz}=0, \end{cases}$$

dont la seconde se déduit de la formule (9) combinée avec la formule (31) du § 2.

Nous bornerons ici l'application des principes exposés au commencement de ce paragraphe. Un autre article sera consacré à la recherche des équations qui représentent des surfaces dont la construction dépend de plusieurs fonctions arbitraires, et en particulier des surfaces développables, lorsque ces surfaces doivent passer par des directrices données, ou être circonscrites à des surfaces données.

DISCUSSION DES LIGNES ET DES SURFACES
DU SECOND DEGRÉ.

On nomme lignes du degré n celles qui, étant renfermées dans un plan, peuvent être représentées par une équation du n^e degré entre deux coordonnées rectilignes x, y. On nomme de même surfaces du degré n celles qui peuvent être représentées par une équation du n^e degré entre trois coordonnées rectilignes x, y, z. Comme, pour passer d'un système de coordonnées rectilignes à un autre du même genre, il suffit de recourir à des formules dans lesquelles ces coordonnées entrent au premier degré seulement, il est clair que la nature des lignes et surfaces du degré n dépend uniquement du nombre n, et nullement du système de coordonnées rectilignes que l'on emploie. Cela posé, on peut rechercher quelles sont les diverses espèces de lignes et de surfaces qui correspondent à une valeur donnée de n. Ainsi, par exemple, on discutera sans peine les lignes et les surfaces du second degré à l'aide des principes ci-dessus exposés [pages 1 et suiv.]. C'est ce que je vais montrer dans cet article.

§ 1.er *Discussion des lignes du second degré.*

Soient, dans un plan donné, x, y les coordonnées d'un point, rapportées à deux axes rectangulaires. L'équation la plus générale des lignes du second degré sera de la forme

$$(1) \qquad Ax^2 + By^2 + 2Cxy + 2Dx + 2Ey = K.$$

A, B, C, D, E, K désignant des quantités constantes; et une droite menée par le point (ξ, η), de manière à former avec le demi-axe des x positives l'angle z compris entre 0 et π, sera représentée par l'équation

$$\frac{x - \xi}{\cos z} = \pm \frac{y - \eta}{\sin z},$$

que l'on peut réduire à

$$(2) \qquad \frac{x-\xi}{\cos\psi} = \frac{y-\eta}{\sin\psi},$$

en faisant, pour plus de commodité, $\pm \alpha = \psi$. De plus, si l'on pose

$$(3) \qquad r = \sqrt{[(x-\xi)^2 + (y-\eta)^2]},$$

c'est-à-dire, si l'on désigne par r la distance des deux points (ξ, η), (x, y), on tirera de la formule (2)

$$(4) \qquad \frac{x-\xi}{\cos\psi} = \frac{y-\eta}{\sin\psi} = \pm r;$$

le double signe devant être réduit au signe $+$ ou au signe $-$, suivant que l'angle $\alpha = \pm \psi$ sera relatif à la longueur r comptée à partir du point (ξ, η) ou à partir du point (x, y). On aura donc, dans le premier cas,

$$(5) \qquad x = \xi + r\cos\psi, \qquad y = \eta + r\sin\psi,$$

et dans le second

$$(6) \qquad x = \xi - r\cos\psi, \qquad y = \eta - r\sin\psi.$$

Concevons maintenant que le point (ξ, η) coïncide avec le milieu d'une corde de la ligne (1), et le point (x, y) avec l'une des extrémités de cette corde. La longueur de la même corde sera égale au double de la distance r, et la formule (1) sera vérifiée par les valeurs de x, y tirées, soit des équations (5), soit des équations (6). Donc, si l'on fait, pour abréger,

$$(7) \qquad \left\{ \begin{aligned} s &= A\cos^2\psi + B\sin^2\psi + 2C\cos\psi\sin\psi, \\ t &= (A\xi + C\eta + D)\cos\psi + (C\xi + B\eta + E)\sin\psi, \\ u &= A\xi^2 + B\eta^2 + 2C\xi\eta + 2D\xi + 2E\eta, \end{aligned} \right.$$

on aura en même temps

$$(8) \qquad sr^2 + 2tr + u = K, \qquad sr^2 - 2tr + u = K,$$

et par suite

$$(9) \qquad sr^2 + u = K.$$

$$(10) \qquad t = 0.$$

Il est bon d'observer que l'équation (10) peut s'écrire sous l'une ou l'autre des deux formes

$$(11) \qquad (A\xi + C\eta + D)\cos\psi + (C\xi + B\eta + E)\sin\psi = 0 \, ,$$

$$(12) \qquad (A\cos\psi + C\sin\psi)\xi + (C\cos\psi + B\sin\psi)\eta + D\cos\psi + E\sin\psi = 0 \, .$$

Cette équation étant du premier degré par rapport aux coordonnées ξ, η, il en résulte que le point (ξ, η) décrira une droite, si la corde $2r$ varie, mais de telle sorte que l'angle ψ demeure constant. Ainsi des cordes parallèles de la ligne (1) ont leurs milieux situés sur une seule droite qu'on pourrait appeler *axe diamétral.* Ajoutons que, si l'on fait

$$(13) \qquad - \frac{A\cos\psi + C\sin\psi}{C\cos\psi + B\sin\psi} = \tang\varphi \, ,$$

$\pm \varphi$ désignera l'angle formé par la droite dont il s'agit avec le demi-axe des x positives, et que cette droite sera perpendiculaire aux cordes dont elle renferme les milieux si l'on a

$$(14) \qquad 1 + \tang\varphi \tang\psi = 0 \, ,$$

ou, ce qui revient au même,

$$(15) \qquad \frac{A\cos\psi + C\sin\psi}{\cos\psi} = \frac{C\cos\psi + B\sin\psi}{\sin\psi} \, .$$

Dans ce dernier cas, la droite représentée par l'équation (12) divisera en deux parties symétriques la ligne représentée par l'équation (1), et sera ce que l'on nomme un *axe principal* de cette ligne. Cela posé, on démontrera facilement que, pour chaque ligne du second degré, il existe toujours au moins un axe principal. On y parviendra en effet à l'aide des considérations que nous allons exposer.

On tire de l'équation (15) combinée avec la première des équations (7)

$$(16) \qquad \frac{A\cos\psi + C\sin\psi}{\cos\psi} = \frac{C\cos\psi + B\sin\psi}{\sin\psi} = s \, ,$$

ou, ce qui revient au même,

$$(17) \qquad \begin{cases} (A - s)\cos\psi + C\sin\psi = 0 \, , \\ C\cos\psi + (B - s)\sin\psi = 0 \, ; \end{cases}$$

puis, en éliminant l'angle ψ, on en conclut

$$(18) \qquad (A - s)(B - s) - C^2 = 0.$$

De plus, les deux racines de l'équation (18) sont évidemment

$$(19) \quad s = \frac{A+B}{2} - \sqrt{\left\{ \left(\frac{A-B}{2}\right)^2 + C^2 \right\}}, \quad s = \frac{A+B}{2} + \sqrt{\left\{ \left(\frac{A-B}{2}\right)^2 + C^2 \right\}},$$

et elles ne peuvent devenir égales entre elles que dans le cas particulier où l'on a

$$(20) \qquad A = B, \qquad C = 0.$$

Dans ce dernier cas, l'une et l'autre racine se réduit à la quantité A, et les équations (17) se trouvent vérifiées, quel que soit l'angle ψ. Mais, dans le cas contraire, les équations (17) fournissent une valeur unique et réelle du rapport

$$\frac{\sin\psi}{\cos\psi} = \mathrm{tang}\,\psi.$$

Ajoutons que l'équation (12) deviendra, en vertu des formules (17),

$$(21) \qquad s\,(\xi\cos\psi + \eta\sin\psi) + D\cos\psi + E\sin\psi = 0.$$

Or cette dernière représentera évidemment une droite déterminée, toutes les fois que l'angle ψ aura une valeur déterminée, et la quantité s une valeur différente de zéro. Enfin, il est clair que, pour une valeur de s différente de zéro, l'équation (9) fournira deux valeurs de r déterminées et de signes contraires, toutes les fois que la droite (2) rencontrera la ligne (1). Donc la ligne (1) offrira deux axes principaux correspondants aux deux racines de l'équation (18), si ces racines sont inégales, et si aucune des deux racines ne s'évanouit.

Si, l'équation (18) ayant ses racines inégales, l'une d'elles se réduisait à zéro, la ligne représentée par cette équation continuerait d'offrir un axe principal correspondant à l'autre racine.

Enfin, si l'équation (18) avait ses deux racines égales entre elles, mais différentes de zéro, alors, en substituant au lieu de s, dans la formule (21), la valeur commune des deux racines, et attribuant successivement à l'angle ψ une infinité de valeurs diverses, on obtiendrait une infinité de droites dont chacune pourrait être considérée comme un axe principal de la ligne (1).

On ne peut supposer que les racines de l'équation (18) soient toutes deux nulles, à moins d'admettre que l'on a $A = B = C = 0$, c'est-à-dire, que la formule (1) cesse d'être une équation du second degré.

Il sera maintenant facile de résoudre la question suivante.

1.er Pʀᴏʙʟᴇᴍᴇ. *Rechercher quelles sont les différentes espèces de lignes du second degré.*

Solution. Comme nous avons prouvé que, pour chaque ligne du second degré, il existe au moins un axe principal, c'est-à-dire, un axe qui la divise en deux parties symétriques, on pourra prendre cet axe pour axe des x. Alors l'équation de la ligne ne devra pas être altérée quand on y remplacera y par $-y$, et par conséquent les termes qui renfermeront la première puissance de y devront s'évanouir. Donc cette équation sera de la forme

$$(22) \qquad Ax^2 + By^2 + 2Dx = K.$$

J'ajoute qu'on pourra toujours réduire à zéro le coefficient D, si la constante A n'est pas nulle, et la quantité K, si, A étant nulle, D diffère de zéro. Car, pour y parvenir, il suffira de remplacer, dans le premier cas, x par $x - \dfrac{D}{A}$, et, dans le second cas, x par $x + \dfrac{K}{2D}$, c'est-à-dire, de transporter l'origine sur l'axe des x, au point qui a pour abscisse $-\dfrac{D}{A}$, on $\dfrac{K}{2D}$. Cela posé, l'équation (1) prendra l'une des formes

$$(23) \qquad Ax^2 + By^2 = K,$$

$$(24) \qquad By^2 + 2Dx = 0.$$

De plus, si, dans les formules (23), (24), on suppose les coefficients A, B, D, K différents de zéro, il suffira de faire

$$\frac{K}{A} = \pm a^2, \qquad \frac{K}{B} = \pm b^2, \qquad \frac{D}{B} = \mp c,$$

a, b, c désignant des quantités positives pour ramener ces formules aux deux suivantes

$$(25) \qquad \pm \frac{x^2}{a^2} \pm \frac{y^2}{b^2} = 1,$$

$$(26) \qquad y^2 = \pm 2cx.$$

Or la formule (25) comprend 1.° l'équation

$$(27) \qquad \frac{x^2}{a^2} + \frac{y^2}{b^2} = 1 \, ,$$

qui représente une ellipse dont les demi-axes sont a et b ; 2.° les deux équations

$$(28) \qquad \frac{x^2}{a^2} - \frac{y^2}{b^2} = 1 \, , \qquad\qquad (29) \qquad \frac{y^2}{b^2} - \frac{x^2}{a^2} = 1 \, ,$$

qui représentent deux hyperboles dont les demi-axes sont a et b ; 3.° l'équation

$$(30) \qquad \frac{x^2}{a^2} + \frac{y^2}{b^2} = - 1 \, ,$$

qui ne représente aucune ligne. L'ellipse (27) deviendrait un cercle si l'on avait $a = b$. Quant à la formule (26), elle représente évidemment une parabole dont c est le paramètre.

Si l'on faisait évanouir, dans l'équation (23) ou (24), une ou deux des constantes A , B , D , K , mais de manière que cette équation ne cessât pas d'être du second degré, on obtiendrait l'une des formules

$$(31) \qquad\qquad\qquad Ax^2 + By^2 = 0 \, ,$$

$$(32) \qquad\qquad Ax^2 = K \, , \qquad\qquad (33) \qquad\qquad By^2 = K \, ,$$

$$(34) \qquad\qquad x^2 = 0 \, , \qquad\qquad (35) \qquad\qquad y^2 = 0 \, .$$

Or les seules lignes que puisse représenter une de ces formules sont, 1.° deux droites qui se coupent à l'origine des coordonnées, 2.° deux droites parallèles à l'un des axes coordonnés, 3.° l'un de ces mêmes axes.

En résumé, une ligne du second degré ne peut être qu'une ellipse ou un cercle, une hyperbole, une parabole, ou un système de deux droites qui se réduisent quelquefois à une seule. Parmi ces lignes, l'ellipse et l'hyperbole qui peut se réduire à deux droites passant par un même point, sont les seules qui offrent deux axes principaux et de positions déterminées. Le cercle offre une infinité d'axes principaux qui ne sont autres que ses diamètres. La parabole offre un seul axe principal. Enfin le système de deux droites parallèles offre pour axes principaux non-seulement une troisième parallèle qui divise la distance des deux premières en parties égales, mais encore l'une quelconque des droites menées perpendiculairement à ces mêmes parallèles.

Nota. On peut aisément s'assurer que les courbes représentées par les équations (26),

(27), (28) et (29) jouissent des propriétés connues qui servent à la description de la parabole, de l'ellipse et de l'hyperbole.

En effet considérons d'abord l'équation

$$(36) \qquad y^2 = 2cx,$$

à laquelle se réduit la formule (26) quand on choisit convenablement la direction des x positives. Si l'on nomme r la distance comprise entre un point (x, y) de la courbe (36) et le point situé sur le demi-axe des x positives à la distance $\frac{1}{2}c$ de l'origine, on aura

$$r^2 = \left(x - \frac{1}{2}c\right)^2 + y^2 = \left(x + \frac{1}{2}c\right)^2,$$

et par suite

$$(37) \qquad r = x + \frac{1}{2}c.$$

Donc cette distance sera équivalente à celle qui séparera le point (x, y) de la parallèle à l'axe des y à laquelle appartient l'équation

$$(38) \qquad x = -\frac{1}{2}c.$$

Or on reconnaît évidemment ici la propriété caractéristique de la parabole.

Considérons en second lieu l'équation (27), dans laquelle a surpassera b, si l'on a convenablement choisi l'axe des x, et posons

$$(39) \qquad a^2 - b^2 = a^2\varepsilon^2.$$

Cette équation donnera

$$(40) \qquad y^2 = (1 - \varepsilon^2)(a^2 - x^2).$$

De plus, si l'on appelle r la distance comprise entre le point (x, y) de la courbe (40) et l'un des deux points situés sur l'axe des x à la distance $a\varepsilon$ de l'origine, on aura

$$r^2 = (x \pm a\varepsilon)^2 + y^2 = (x \pm a\varepsilon)^2 + (1 - \varepsilon^2)(a^2 - x^2) = (a \pm \varepsilon x)^2;$$

puis on en conclura, en ayant égard aux conditions $\varepsilon^2 < 1$, $x^2 < a^2$, $\varepsilon^2 x^2 < a^2$,

$$(41) \qquad r = a \pm \varepsilon x.$$

Donc, les distances du point (x, y) aux deux points dont il s'agit seront

$$a - \varepsilon x, \qquad a + \varepsilon x,$$

et la somme de ces distances sera constamment équivalente à $2a$. On reconnaît évidemment ici la propriété caractéristique de l'ellipse.

Considérons enfin l'équation (28) à laquelle on ramène l'équation (29), quand on échange entre elles d'une part les coordonnées x, y, d'autre part les constantes a et b; et posons

$$(42) \qquad a^2 + b^2 = a^2 \varepsilon^2.$$

Cette équation donnera encore

$$(43) \qquad y^2 = (1 - \varepsilon^2)(x^2 - a^2).$$

Par suite, si l'on appelle r la distance comprise entre le point (x, y) de la courbe (43), et l'un des points situés sur l'axe des x à la distance $a\varepsilon$ de l'origine, on aura toujours

$$r^2 = (a \pm \varepsilon x)^2;$$

puis on en conclura, en ayant égard aux conditions $\varepsilon^2 > 1$, $x^2 > a^2$, $\varepsilon^2 x^2 > a^2$, et supposant x positive,

$$(44) \qquad r = \varepsilon x \pm a.$$

Donc les distances du point (x, y) aux deux points dont il s'agit seront

$$\varepsilon x - a, \qquad \varepsilon x + a,$$

et la différence de ces distances sera constamment égale à $2a$. On reconnaît évidemment ici la propriété caractéristique de l'hyperbole.

Dans les équations (39) et (42), la constante ε est ce qu'on appelle l'*excentricité* de l'ellipse ou de l'hyperbole.

Lorsqu'une ligne du second degré offre deux axes principaux de positions déterminées, cette ligne ne pouvant être qu'une ellipse, ou une hyperbole, ou un système de deux droites qui se coupent, les deux axes principaux sont nécessairement perpendiculaires l'un à l'autre. C'est, au reste, ce que l'on démontre sans peine à l'aide des formules (17) et (18). En effet, nous avons vu que la ligne (1) a deux axes principaux déterminés, lorsque les racines de l'équation (18) sont inégales et diffèrent de zéro. Or soient s_1, s_2 ces racines supposées inégales, et ψ_1, ψ_2 les valeurs correspondantes de ψ, tirées des formules (17), ou, ce qui revient au même, de l'une des suivantes

$$(45) \qquad \mathrm{tang}\,\psi = \frac{s-A}{C}, \qquad \frac{1}{\mathrm{tang}\,\psi} = \frac{s-B}{C}.$$

$\mathrm{tang}\,\psi_1$, $\mathrm{tang}\,\psi_2$ seront les deux racines de l'équation

$$(46) \qquad \mathrm{tang}^2\psi + \frac{A-B}{C}\,\mathrm{tang}\,\psi - 1 = 0,$$

que produit l'élimination de s entre les formules (45). On aura donc

$$(47) \qquad \mathrm{tang}\,\psi_1\,\mathrm{tang}\,\psi_2 = -1, \qquad \text{ou} \qquad 1 + \mathrm{tang}\,\psi_1\,\mathrm{tang}\,\psi_2 = 0.$$

Or cette dernière formule exprime évidemment que les axes principaux correspondants aux racines s_1, s_2 se coupent à angles droits. Ajoutons que l'équation (46), qui peut encore être présentée sous l'une des formes

$$(48) \qquad \mathrm{tang}\,2\psi = \frac{2C}{A-B},$$

$$(49) \qquad C(\cos^2\psi - \sin^2\psi) + (B-A)\sin\psi\cos\psi = 0,$$

coïncide évidemment avec l'équation (15).

Dans le cas que nous venons de considérer, le point d'intersection des deux axes principaux de la ligne (1) est évidemment un centre et même le centre unique de cette ligne. Alors aussi un axe diamétral, représenté par la formule (11), est toujours un véritable diamètre de la courbe; et, comme le centre est nécessairement situé sur tous les diamètres, ses coordonnées, que nous désignerons par ξ, η, vérifient la formule (11), quel que soit l'angle ψ, par conséquent les deux équations

$$(50) \qquad A\xi + C\eta + D = 0, \qquad C\xi + B\eta + E = 0,$$

desquelles on tire

$$(51) \qquad \xi = \frac{CE-BD}{AB-C^2}, \qquad \eta = \frac{CD-AE}{AB-C^2},$$

Cela posé, soit k la valeur de u correspondante aux valeurs précédentes de ξ et de η. On trouvera

$$(52) \qquad k = A\xi^2 + B\eta^2 + 2C\xi\eta + 2D\xi + 2E\eta = D\xi + E\eta,$$

III.ᵉ ANNÉE.　　　　　　　　　　　　　　　　　　　　　　10

ou, ce qui revient au même,

$$(53) \qquad k = \frac{AE^2 + BD^2 - 2CDE}{C^2 - AB} ;$$

et, si le diamètre représenté par l'équation (2) rencontre la ligne (1), la longueur interceptée par cette ligne sur le même diamètre sera égale au double de la longueur r déterminée par l'équation

$$(54) \qquad r = \sqrt{\left(\frac{K - k}{s} \right)} ,$$

que l'on déduit de la formule (9) en prenant $u = k$.

Concevons à présent que, dans la formule (54), on substitue successivement pour s les deux racines de l'équation (18). Les valeurs correspondantes de r seront toutes deux réelles, ou l'une réelle et l'autre imaginaire, suivant que la ligne (1) sera rencontrée par ses deux axes principaux ou par un seul d'entre eux, ou, en d'autres termes, suivant que la ligne (1) sera une ellipse ou une hyperbole. Dans la première hypothèse, les deux racines de l'équation (18) seront nécessairement des quantités affectées du même signe que la différence $K - k$, et par conséquent l'on aura

$$(55) \qquad AB - C^2 > 0 , \qquad (A + B)(K - k) > 0 .$$

Dans la seconde hypothèse, les racines de l'équation (18) devront être l'une positive, l'autre négative, et en même temps la différence $K - k$ devra différer de zéro. On aura donc alors

$$(56) \qquad AB - C^2 < 0 , \qquad (K - k)^2 > 0 .$$

Le centre de l'ellipse ou de l'hyperbole ci-dessus mentionnées deviendrait évidemment un point de cette ligne; en d'autres termes, l'ellipse se réduirait au point (ξ, η), et l'hyperbole à deux droites passant par ce même point, si la différence $K - k$ venait à s'évanouir. Par conséquent l'équation (1) représentera une ellipse réduite à un point, et sera vérifiée par les seules coordonnées

$$x = \xi, \qquad y = \eta ,$$

si l'on a

$$(57) \qquad AB - C^2 > 0 , \qquad K = k .$$

Au contraire, la même équation représentera une hyperbole réduite à deux droites, si l'on a

$$(58) \qquad AB - C^2 < 0, \qquad K = k.$$

Enfin, si l'on avait

$$(59) \qquad AB - C^2 > 0, \qquad (A + B)(K - k) < 0,$$

les deux racines de l'équation (18) étant alors affectées de signes contraires au signe de la différence $K - k$, les valeurs de r, tirées de la formule (54), deviendraient imaginaires, et l'équation (1) ne représenterait plus aucune ligne.

Si les racines de l'équation (18) étaient différentes de zéro, mais égales entre elles, alors, les conditions (20) étant remplies, l'équation (1) se réduirait à

$$(60) \qquad x^2 + y^2 + 2\frac{D}{A}x + 2\frac{E}{A}y = \frac{K}{A},$$

ou, ce qui revient au même, à

$$(61) \qquad \left(x + \frac{D}{A}\right)^2 + \left(y + \frac{E}{A}\right)^2 = \frac{AK + D^2 + E^2}{A^2},$$

et représenterait un cercle ou un point, ou ne représenterait rien, suivant que l'on aurait

$$AK + D^2 + E^2 > 0, \quad \text{ou} \quad AK + D^2 + E^2 = 0, \quad \text{ou} \quad AK + D^2 + E^2 < 0.$$

Comme on tirerait d'ailleurs des équations (20) et (55)

$$AB - C^2 = A^2, \qquad k = -\frac{D^2 + E^2}{A},$$

il est clair que les conditions (55) seraient vérifiées dans le premier cas, les conditions (57) dans le second, et les conditions (59) dans le troisième.

Lorsque l'équation (18) offre une racine nulle, c'est-à-dire, lorsque la condition

$$(62) \qquad AB - C^2 = 0$$

se trouve remplie, on tire des formules (17), en cherchant la valeur de ψ qui correspond à cette racine,

$$(63) \qquad \operatorname{tang}\psi = -\frac{A}{C} = -\frac{C}{B}.$$

Alors aussi la formule (21), réduite à

$$(64) \qquad \operatorname{tang} \psi = - \frac{D}{E} \,,$$

est ou n'est pas vérifiée, suivant que la condition

$$(65) \qquad \frac{A}{C} = \frac{C}{B} = \frac{D}{E}$$

est ou n'est pas remplie. Dans la première supposition, la formule (9) se trouve satisfaite, quelle que soit r, ou ne peut l'être, suivant que les coordonnées ξ, η vérifient ou ne vérifient pas l'équation (1), et par conséquent cette équation ne peut représenter que deux droites parallèles. Il est d'ailleurs facile de s'en assurer, en observant que la condition (65) équivaut aux deux suivantes

$$(66) \qquad A = \frac{CD}{E} \,, \qquad B = \frac{CE}{D} \,,$$

et qu'en vertu de ces dernières l'équation (1) devient

$$(67) \qquad \frac{C}{DE} (Dx + Ey)^2 + 2(Dx + Ey) = K \,.$$

Or la formule (67), de laquelle on tire

$$(68) \qquad Dx + Ey = - \frac{DE}{C} \pm \frac{1}{C} \sqrt{[DE(DE + CK)]} \,.$$

ne peut représenter qu'un système de droites parallèles. Ces mêmes droites seront distinctes l'une de l'autre, si l'on a

$$(69) \qquad DE(DE + CK) > 0 \,.$$

Elles se confondront, si l'on a

$$(70) \qquad DE(DE + CK) = 0 \,,$$

et disparaîtront, si l'on a

$$(71) \qquad DE(DE + CK) < 0 \,.$$

Ajoutons que les conditions (65) ou (66) peuvent être remplacées par le système des formules

$$(72) \qquad AB - C^2 = 0 \,, \qquad AE^2 + BD^2 - 2CDE = 0 \,.$$

Si la condition (65) n'était pas remplie, on ne pourrait plus satisfaire à l'équation (21)
en prenant pour s la racine nulle de l'équation (18), et par conséquent la ligne (1)
n'offrirait qu'un seul axe principal. Donc cette ligne ne pourrait être qu'une parabole.

A l'aide des principes que nous venons d'établir, on résoudra sans peine la question
suivante.

2.ᵉ Problème. *Étant donnée une équation du second degré entre deux coordonnées
rectangulaires* x, y, *déterminer l'espèce de la ligne représentée par cette équation.*

Solution. Supposons les coefficients de l'équation (1) choisis de manière qu'elle coïncide
avec l'équation donnée. Pour déterminer l'espèce de la ligne du second degré que
celle-ci représente, on commencera par former et par discuter l'équation (18). Admettons
d'abord que cette dernière équation n'offre pas de racines nulles, ou, en d'autres termes,
que l'on ait

$$(75) \qquad (AB - C^2)^2 > 0 .$$

Alors la ligne (1) sera une ellipse, si $AB - C^2$ est positif, et une hyperbole, si
$AB - C^2$ devient négatif. De plus, l'ellipse se transformera en un cercle, si l'on a
$A = B$, $C = 0$; elle se réduira simplement à un point, si la différence $K - k$
s'évanouit, et disparaîtra si cette différence n'est pas nulle ou affectée du même signe
que la somme $A + B$. Quant à l'hyperbole, elle se réduira au système de deux
droites qui se couperont, si l'on a $K - k = 0$. Enfin, si la quantité $AB - C^2$
devient nulle, l'équation (1) représentera une parabole; et cette parabole se transformera
en un système de droites parallèles, si la formule (65) est vérifiée. Ajoutons que ces
droites parallèles se confondront ou disparaîtront si la condition (70) ou (71) se trouve
remplie.

Lorsque la ligne (1) est une ellipse ou une hyperbole, et que l'on suppose, dans
l'équation (2), les coordonnées ξ, η déterminées par les formules (51), alors, pour
rendre l'équation (2) propre à représenter un axe principal de la ligne (1), il suffit de
choisir l'angle ψ de manière à vérifier la formule (49). Or de cette dernière formule
combinée avec l'équation (2) on déduira la suivante

$$(74) \qquad C[(x - \xi)^2 - (y - \eta)^2] + (B - A)(x - \xi)(y - \eta) = 0 ,$$

que l'on pourra encore écrire sous l'une des formes

$$(75) \qquad \frac{A(x - \xi) + C(y - \eta)}{x - \xi} = \frac{C(x - \xi) + B(y - \eta)}{y - \eta} ,$$

$$(76) \qquad \frac{Ax + Cy + D}{x - \xi} = \frac{Cx + By + E}{y - \eta} ;$$

et qui, dans l'hypothèse admise, représentera les deux axes principaux de la ligne (1). Si cette ligne est une ellipse, et si l'on nomme $2a$, $2b$ les axes de l'ellipse, c'est-à-dire, les longueurs interceptées par cette ellipse sur les deux axes principaux; a, b seront évidemment les deux valeurs positives de r propres à vérifier l'équation

$$(77) \qquad \left(A - \frac{K-k}{r^2}\right)\left(B - \frac{K-k}{r^2}\right) - C^2 = 0,$$

que produit l'élimination de s entre les formules (18) et (54). Au contraire, si la ligne (1) est une hyperbole, l'équation (77) n'offrira qu'une racine positive, et si l'on désigne par a cette racine, $2a$ sera l'axe réel de l'hyperbole, c'est-à-dire, la longueur interceptée par cette courbe sur l'axe principal qui la rencontre. Ajoutons que l'équation (2) représentera une asymptote de l'hyperbole, lorsqu'en supposant ξ, η déterminées par les formules (50), on choisira l'angle ψ de manière que la distance r déduite de la formule (54) devienne infinie, et par conséquent de manière à vérifier l'équation

$$(78) \qquad s = 0,$$

ou

$$(79) \qquad A \cos^2\psi + B \sin^2\psi + 2 C \cos\psi \sin\psi = 0.$$

Donc les deux asymptotes de l'hyperbole seront représentées par l'équation

$$(80) \qquad A (x - \xi)^2 + B (y - \eta)^2 + 2 C (x - \xi)(y - \eta) = 0,$$

que produit l'élimination de l'angle ψ entre les formules (2) et (79). Remarquons d'ailleurs qu'en vertu des formules (50) et (52) l'équation (80) pourra être réduite à

$$(81) \qquad A x^2 + B y^2 + 2 C xy + D x + E y = k.$$

Lorsque l'hyperbole se transforme en deux droites, on a $k = K$, et l'équation (81) se réduit, comme on devait s'y attendre, à l'équation (1).

Lorsqu'une hyperbole représentée par l'équation (1) a pour centre l'origine même des coordonnées, cette équation devient

$$(82) \qquad A x^2 + B y^2 + 2 C xy = K,$$

et, comme, dans cette hypothèse, les asymptotes passent nécessairement par l'origine, l'équation qui les représente se réduit nécessairement à

$$(83) \qquad A x^2 + B y^2 + 2 C xy = 0.$$

On arrive à la même conclusion, en observant que, dans l'hypothèse admise, on a $D = 0$, $E = 0$, et par suite $k = 0$.

Dans le cas où l'hyperbole représentée par l'équation (1) n'a pas l'origine pour centre, l'équation (83) représente les parallèles menées par cette origine aux deux asymptotes.

Il est bon d'observer que la différence $AB - C^2$ est négative, nulle ou positive, suivant que les valeurs de $\frac{y}{x}$ tirées de l'équation (83) sont réelles et inégales, ou égales ou imaginaires, c'est-à-dire, en d'autres termes, suivant que l'équation (83) est propre à représenter deux droites ou une seule droite, ou seulement l'origine des coordonnées. Ajoutons 1.° que, dans le cas où la ligne (1) admet un centre, les coordonnées de ce centre, déterminées par les formules (50), sont précisément les valeurs de x et de y que fournissent les dérivées de l'équation (1), prises successivement par rapport aux deux variables x, y, savoir,

$$(84) \qquad Ax + Cy + D = 0, \qquad Cx + By + E = 0;$$

2.° qu'il suffit de substituer ces valeurs de x et de y dans le premier membre de l'équation (1), pour obtenir la quantité désignée par k; 3.° que, s'il existe un ou plusieurs points dont les coordonnées vérifient les formules (84), un déplacement de l'origine transportée en un de ces points réduira l'équation (1) à la suivante

$$(85) \qquad Ax^2 + By^2 + 2Cxy = K - k;$$

4.° que, si l'équation (1) ou (85) représente une ellipse ou un système de droites parallèles, cette ellipse ou ce système de droites sera réel ou imaginaire, suivant que les coefficients A, B, dont le produit restera positif, en vertu de la condition $AB - C^2 > 0$, seront des quantités affectées du même signe que la différence $K - k$, ou du signe contraire.

Lorsque l'équation (83) représente une seule droite, la condition (65) est ou n'est pas remplie, suivant que les valeurs de x, y, tirées des formules (84), se présentent sous la forme $\frac{0}{0}$, ou sous la forme $\frac{1}{0}$.

Nous ferons remarquer encore avec quelle facilité on déduit des formules (2) et (11) l'équation d'une tangente menée à une ligne du second degré par un point donné de cette ligne. En effet, soient ξ, η les coordonnées du point dont il s'agit. Pour que la droite (2) se réduise à la tangente menée par le même point, il suffira que la corde mesurée sur cette droite s'évanouisse, et que le milieu de cette corde coïncide avec le point (ξ, η). En d'autres termes, il suffira de choisir l'angle ψ de manière que

(80)

la formule (11) soit vérifiée. Donc, si entre cette formule et l'équation (2) on élimine l'angle ψ, l'équation résultante, savoir,

$$(86) \qquad (A\xi + C\eta + D)(x - \xi) + (C\xi + B\eta + E)(y - \eta) = 0,$$

sera précisément celle de la tangente menée à la ligne (1) par le point (ξ, η). De plus, comme les coordonnées ξ, η vérifieront évidemment la formule

$$(87) \qquad A\xi^2 + B\eta^2 + 2C\xi\eta + 2D\xi + 2E\eta = K,$$

l'équation (86) pourra être réduite à

$$(88) \qquad (A\xi + C\eta + D)x + (C\xi + B\eta + E)y = K - D\xi - E\eta.$$

Pour montrer une application numérique des méthodes développées dans ce paragraphe, proposons-nous de trouver quelle est la courbe représentée par l'équation

$$(89) \qquad 2x^2 + 5xy + 3y^2 - 3x - 4y = 0.$$

Dans ce cas, la formule (83) deviendra

$$2x^2 + 5xy + 3y^2 = 0,$$

ou

$$(90) \qquad (x + y)(2x + 3y) = 0,$$

et représentera deux droites distinctes, d'où il suit que la courbe (89) sera une hyperbole. De plus, les dérivées de l'équation (89), prises par rapport à x et à y, savoir,

$$(91) \qquad 4x + 5y - 3 = 0, \qquad 5x + 6y - 4 = 0$$

donneront pour les coordonnées du centre

$$x = 2, \qquad y = -1,$$

et, en substituant ces coordonnées dans le premier membre de l'équation (89), ou, ce qui revient au même, dans la fraction

$$-\frac{3x + 4y}{2},$$

on trouvera pour résultat

(93)
$$k = -1.$$

Donc les asymptotes de l'hyperbole (89) seront représentées par la formule

(94)
$$2x^2 + 5xy + 3y^2 - 5x - 4y = -1,$$

que l'on peut écrire comme il suit

(95)
$$(x + y - 1)(2x + 3y - 1) = 0.$$

En d'autres termes, ces asymptotes seront représentées l'une par l'équation

(96)
$$x + y = 1,$$

l'autre par l'équation

(97)
$$2x + 3y = 1.$$

Les asymptotes étant construites, il suffira de diviser en parties égales les angles qu'elles forment entre elles, pour obtenir les deux axes principaux de l'hyperbole, et d'ailleurs ces axes seront représentés par la formule (76), qui, dans le cas présent, deviendra

(98)
$$\frac{4x+5y-3}{x-2} = \frac{5x+6y-4}{y-1}.$$

Nous observerons, en terminant ce paragraphe, que, si deux lignes du second degré sont représentées par deux équations en x, y, dans lesquelles se retrouvent les mêmes termes du second degré, ces deux lignes seront en même temps deux ellipses, deux cercles, deux hyperboles ou deux paraboles, chacune des ellipses pouvant, ainsi que chacun des cercles, se réduire à un point ou disparaître, chacune des hyperboles pouvant se réduire à ses asymptotes, et chacune des paraboles à son axe ou à deux droites parallèles à cet axe. Dans ces divers cas, l'une des deux lignes offrira toujours un axe principal ou des axes principaux parallèles à un axe principal ou à des axes principaux de l'autre. D'ailleurs, étant donnée une équation quelconque du second degré entre trois coordonnées rectangulaires x, y, z, si l'on coupe la surface que cette équation représente par des plans parallèles au plan des x, y, les lignes d'intersection seront évidemment représentées par des équations en x, y, dans lesquelles on retrouvera toujours les mêmes termes du second degré. Donc, puisque le plan des x, y est entièrement arbitraire, on peut affirmer que, deux sections étant faites dans une même surface du second degré par deux plans parallèles, l'une des sections offrira toujours un axe principal ou des axes principaux parallèles à un axe principal ou à des axes principaux de l'autre.

III.ᵉ ANNÉE.

11

§ 2. *Discussion des surfaces du second degré.*

Soient x, y, z les coordonnées d'un point rapportées à trois axes rectangulaires. L'équation la plus générale des surfaces du second degré sera de la forme

$$(1) \qquad Ax^2 + By^2 + Cz^2 + 2Dyz + 2Ezx + 2Fxy + 2Gx + 2Hy + 2Iz = K,$$

A, B, C, D, E, F, G, H, I, K désignant des quantités constantes; et les équations d'une droite menée par le point (ξ, η, ζ), de manière qu'elle fasse avec les demi-axes des coordonnées positives les angles α, β, γ renfermés entre les limites 0, π, seront comprises dans la formule

$$(2) \qquad \frac{x-\xi}{\cos\alpha} = \frac{y-\eta}{\cos\beta} = \frac{z-\zeta}{\cos\gamma}.$$

Admettons maintenant que le point (ξ, η, ζ) coïncide avec le milieu d'une corde de la surface (1), et le point (x, y, z) avec l'une des extrémités de cette corde. En désignant par $2r$ la longueur de la corde, et posant, pour abréger,

$$(3) \quad \begin{cases} s = A\cos^2\alpha + B\cos^2\beta + C\cos^2\gamma + 2D\cos\beta\cos\gamma + 2E\cos\gamma\cos\alpha + 2F\cos\alpha\cos\beta, \\ u = A\xi^2 + B\eta^2 + C\zeta^2 + 2D\eta\zeta + 2E\zeta\xi + 2F\xi\eta + 2G\xi + 2H\eta + 2I\zeta, \end{cases}$$

on établira sans peine, comme on l'a fait dans un précédent article [voyez la page 1 et suiv.], les deux équations ,

$$(4) \qquad sr^2 + u = K,$$

$$(5) \quad (A\xi + F\eta + E\zeta + G)\cos\alpha + (F\xi + B\eta + D\zeta + H)\cos\beta + (E\xi + D\eta + C\zeta + I)\cos\gamma = 0.$$

La seconde de ces équations, si l'on y considère ξ, η, ζ comme variables, représentera le *plan diamétral* qui renfermera les milieux d'un système de cordes parallèles de la surface (1); et ce plan diamétral deviendra un plan principal, c'est-à-dire, un plan qui sera perpendiculaire aux cordes parallèles, de manière à diviser la surface (1) en deux parties symétriques, si l'équation (5) subsiste en même temps que les suivantes

$$(6) \quad \frac{A\cos\alpha + F\cos\beta + E\cos\gamma}{\cos\alpha} = \frac{F\cos\alpha + B\cos\beta + D\cos\gamma}{\cos\beta} = \frac{E\cos\alpha + D\cos\beta + C\cos\gamma}{\cos\gamma} = s,$$

$$(7) \qquad \cos^2\alpha + \cos^2\beta + \cos^2\gamma = 1.$$

(83)

D'ailleurs on tire de la formule (6)

$$(8) \quad \begin{cases} (A - s)\cos\alpha + F\cos\beta + E\cos\gamma = 0, \\ F\cos\alpha + (B - s)\cos\beta + D\cos\gamma = 0, \\ E\cos\alpha + D\cos\beta + (C - s)\cos\gamma = 0, \end{cases}$$

puis, en éliminant les angles α, β, γ,

$$(9) \quad (A - s)(B - s)(C - s) - D^2(A - s) - E^2(B - s) - F^2(C - s) + 2DEF = 0;$$

et, en vertu de la même formule, l'équation (5) se réduit à

$$(10) \quad s(\xi\cos\alpha + \eta\cos\beta + \zeta\cos\gamma) + G\cos\alpha + H\cos\beta + I\cos\gamma = 0.$$

Enfin l'on prouve aisément [voyez les pages 6 et suiv.], 1.° que les trois racines de l'équation (9) sont toujours réelles, 2.° que, dans le cas où ces racines sont inégales, les formules (8) fournissent des valeurs correspondantes, réelles et déterminées, pour les quantités $\cos\alpha$, $\cos\beta$, $\cos\gamma$; 3.° que, dans le cas où deux racines de l'équation (9) deviennent égales, les formules (8) fournissent un nombre infini de systèmes de valeurs de $\cos\alpha$, $\cos\beta$, $\cos\gamma$ correspondants à ces mêmes racines, savoir, tous ceux qui vérifient l'équation (7) et la suivante

$$(11) \quad EF\cos\alpha + FD\cos\beta + DE\cos\gamma = 0.$$

Cela posé, il est clair que, pour chaque surface du second degré, il existera toujours au moins deux plans principaux. En effet, comme l'équation (10) représentera un plan déterminé, toutes les fois que les angles α, β, γ auront des valeurs déterminées, et la quantité s une valeur différente de zéro, on peut affirmer que la surface (1) offrira deux ou trois plans principaux, si deux ou trois racines de l'équation (9) sont inégales et différentes de zéro. Si la même équation a deux racines différentes de zéro, mais égales entre elles, la surface (1) offrira une infinité de plans principaux correspondants à ces racines et aux diverses valeurs de α, β, γ qui vérifient les formules (7) et (11). Enfin, si l'équation (9) admet une seule racine différente de zéro, avec deux racines nulles, la première racine continuera de fournir un plan principal de la surface (1); et, comme on vérifiera la formule (10) en posant à la fois

$$(12) \quad s = 0, \qquad\qquad (13) \quad G\cos\alpha + H\cos\beta + I\cos\gamma = 0,$$

les racines nulles correspondront elles-mêmes à un nombre infini de plans principaux qui seront représentés par des équations de la forme

$$(14) \qquad \xi\cos\alpha + \eta\cos\beta + \zeta\cos\gamma = \text{const} ,$$

les valeurs de α, β, γ étant déterminées par les équations (7), (11) et (13). On peut, au reste, vérifier directement cette dernière assertion. En effet, si l'équation (9) a deux racines nulles, l'équation (1) se réduira simplement à la formule (103) de la page (21), c'est-à-dire, à

$$(15) \qquad DEF\left(\frac{x}{D} + \frac{y}{E} + \frac{z}{F}\right)^2 + 2Gx + 2Hy + 2Iz = K ,$$

et représentera un cylindre dont les génératrices, étant parallèles à la droite que déterminent les deux équations

$$(16) \qquad \frac{x}{D} + \frac{y}{E} + \frac{z}{F} = 0 , \qquad\qquad (17) \qquad Gx + Hy + Iz = 0 ,$$

formeront avec les axes coordonnés les angles α, β, γ qui vérifient les formules (7), (11) et (13). Donc tout plan représenté par l'équation (14) sera perpendiculaire à ces génératrices, et divisera la surface en deux parties symétriques, en sorte qu'on pourra le considérer comme un plan principal. Si les équations (16) et (17) se réduisaient à une seule, le cylindre se transformerait en un système de deux plans parallèles, et l'on pourrait ranger parmi les plans principaux non-seulement un troisième plan qui diviserait la distance des deux premiers en parties égales, mais encore tous ceux qui leur seraient perpendiculaires.

On ne peut supposer que les trois racines de l'équation (9) s'évanouissent, à moins d'admettre que l'on a

$$A = B = C = D = E = F = 0 ,$$

c'est-à-dire, à moins d'admettre que la formule (1) cesse d'être une équation du premier degré.

Il est encore facile de s'assurer que, parmi les plans principaux relatifs à une surface du second degré, on peut toujours en trouver deux qui se coupent à angles droits. En effet, si deux ou trois racines de l'équation (9) sont inégales et diffèrent de zéro, les plans principaux correspondants à ces racines seront, d'après ce qui a été dit dans un autre article [pages 9 et 10], perpendiculaires l'un à l'autre. Si la même équation a deux racines distinctes de zéro, mais égales entre elles, il existera une infinité de plans principaux perpendiculaires aux diverses droites qui formeront avec les demi-axes des coordonnées positives des angles α, β, γ propres à vérifier la formule (11), et par conséquent tous les plans perpendiculaires à celui que représente l'équation (16) seront des plans principaux. Or ces mêmes plans, considérés deux à deux, se couperont encore à angles droits. Enfin, si l'équation (9) admet une seule racine différente de zéro avec deux racines nulles, le plan principal correspondant à la première racine et les plans principaux correspondants aux racines nulles devront toujours être perpendiculaires entre eux, puisque les normales à ces mêmes plans seront des droites perpendiculaires entre elles [voyez la page 11].

Il est maintenant facile de résoudre la question suivante.

1.er PROBLÈME. *Rechercher quelles sont les différentes espèces de surfaces du second degré.*

Solution. Comme nous avons prouvé que, pour chaque surface du second degré, il existe au moins deux plans principaux perpendiculaires l'un à l'autre, on pourra les prendre pour plans des y, z et des x, z. Alors l'équation de la surface ne devra pas être altérée quand on y remplacera x par $-x$ et y par $-y$; par conséquent les termes qui renfermeront les premières puissances de x et de y devront s'évanouir. Donc *toute surface du second degré peut être représentée par une équation de la forme*

$$(18) \qquad Ax^2 + By^2 + Cz^2 + 2Iz = K.$$

Comme cette proposition sert de fondement à la solution du problème qu'il s'agissait de résoudre, il ne sera pas inutile d'en offrir ici une seconde démonstration, qui exige moins de calcul que la première.

Etant donnée une surface quelconque du second degré, on peut toujours choisir les plans rectangulaires des x, y, des x, z et des y, z, de manière que le plan des x, y coupe la surface, et que l'axe des x coïncide avec l'axe principal ou avec l'un des axes principaux de la section faite par ce même plan. D'ailleurs, si l'on suppose la surface du second degré représentée par l'équation (1), la section faite par le plan des x, y sera une ligne du second degré, représentée elle-même par la formule

$$(a) \qquad Ax^2 + By^2 + 2Fxy + 2Gx + 2Hy = K;$$

et, pour que l'axe des x soit un axe principal de cette ligne, il faudra que l'équation (a) ne soit pas altérée quand on y remplacera x par $-x$, c'est-à-dire, que les termes du premier degré en x disparaissent, et que l'on ait en même temps $F = 0$, $G = 0$. Donc une surface quelconque du second degré pourra être représentée en coordonnées rectangulaires par la formule

$$(b) \qquad Ax^2 + By^2 + Cz^2 + 2Dyz + 2Ezx + 2Hy + 2Iz = K.$$

Mais alors, la quantité F étant réduite à zéro, l'équation (9) deviendra

$$(c) \qquad (A - s)(B - s)(C - s) - D^2(A - s) - E^2(B - s) = 0.$$

Or, pour s'assurer que cette dernière a ses trois racines réelles, il suffit de substituer dans le premier membre les valeurs suivantes de s

$$s = -\infty, \qquad s = A, \qquad s = B, \qquad s = \infty,$$

rangées par ordre de grandeur. En effet supposons, pour fixer les idées, $A < B$. Les valeurs dont il s'agit, étant substituées dans le premier membre de l'équation (c), fourniront les quatre résultats

$$\infty, \qquad -E^2(B - A), \qquad +D^2(B - A), \qquad -\infty;$$

et, comme ces résultats seront alternativement positifs et négatifs, il est clair que l'équation (c) aura, dans l'hypothèse admise, trois racines réelles, la première inférieure à A, la seconde comprise entre A et B, la troisième supérieure à B. Si l'on supposait, au contraire, $A > B$, on établirait de la même manière l'existence de trois racines réelles qui seraient la première inférieure à B, la seconde comprise entre A et B, la troisième supérieure à A. La réalité des trois racines de l'équation (c) étant ainsi démontrée, on remarquera que ces trois racines ne peuvent s'évanouir à la fois, à moins que l'on n'ait $A = 0$, $B = 0$, $C = 0$, $D = 0$, $E = 0$, c'est-à-dire, à moins que l'équation (b) ne cesse d'être du premier degré. Donc l'équation (c) offrira toujours au moins une racine différente de zéro. Ajoutons que, si l'on substitue, dans l'équation (10), des valeurs de $\cos\alpha$, $\cos\beta$, $\cos\gamma$ correspondantes à ces racines et propres à vérifier les équations (8), ou plutôt les suivantes

$$(d) \quad (A - s)\cos\alpha + E\cos\gamma = 0, \quad (B - s)\cos\beta + D\cos\gamma = 0, \quad E\cos\alpha + D\cos\beta + (C - s)\cos\gamma = 0,$$

l'équation (10) représentera toujours un plan principal de la surface (b). Donc, pour toute surface du second degré, il existe au moins un plan principal, c'est-à-dire, un plan qui divise la surface en deux parties symétriques. Concevons à présent que l'on prenne ce plan principal pour plan des x, z. L'équation de la surface ne devra pas être altérée quand on y remplacera y par $-y$. Donc elle sera de la forme

$$(e) \qquad Ax^2 + By^2 + Cz^2 + 2Ezx + 2Gx + 2Iz = K.$$

D'ailleurs, le plan des y, z pouvant être choisi arbitrairement, pourvu qu'il soit perpendiculaire à celui des x, z, on pourra supposer qu'il renferme un axe principal d'une section faite dans la surface par un plan quelconque parallèle au plan des x, z; et alors il est clair que les termes du premier degré en x devront disparaître dans la formule (c), qui se réduira simplement à l'équation (18). Donc l'équation (18) est propre à représenter une surface quelconque du second degré.

Observons maintenant que, dans l'équation (18), on pourra toujours réduire à zéro le coefficient I, si la constante C n'est pas nulle, et la quantité K, si C étant nulle, I diffère de zéro. Car, pour y parvenir, il suffira de remplacer, dans le premier cas, z par $z - \dfrac{I}{C}$, et, dans le second cas, z par $z + \dfrac{K}{2I}$, c'est-à-dire, de transporter l'origine sur l'axe des z au point qui a pour abscisse $-\dfrac{I}{C}$ ou $\dfrac{K}{2I}$. Cela posé, l'équation (1) prendra l'une des formes

$$(19) \qquad Ax^2 + By^2 + Cz^2 = K,$$

$$(20) \qquad Ax^2 + By^2 + 2Iz = 0.$$

De plus, si l'on suppose les coefficients A, B, C, I, K différents de zéro, il suffira de faire, dans la formule (19)

$$\frac{K}{A} = \pm a^2, \qquad \frac{K}{B} = \pm b^2, \qquad \frac{K}{C} = \pm c^2,$$

et, dans la formule (20),

$$A = \pm \frac{1}{a^2}, \qquad B = \pm \frac{1}{b^2}, \qquad I = \mp \frac{1}{c},$$

[a, b, c désignant des quantités positives], pour ramener ces formules aux deux suivantes

$$(21) \qquad \pm \frac{x^2}{a^2} \pm \frac{y^2}{b^2} \pm \frac{z^2}{c^2} = 1,$$

$$(22) \qquad \pm \frac{y^2}{a^2} \pm \frac{y^2}{b^2} = \pm 2\frac{z}{c},$$

Or l'équation (21) comprend huit autres équations, savoir, 1.º l'équation

$$(23) \qquad \frac{x^2}{a^2} + \frac{y^2}{b^2} + \frac{z^2}{c^2} = 1,$$

qui représente un ellipsoïde dont les demi-axes sont a , b , c ; 2.º les trois équations

$$(24) \qquad \frac{x^2}{a^2} + \frac{y^2}{b^2} - \frac{z^2}{c^2} = 1 ,$$

$$(25) \qquad \frac{x^2}{a^2} - \frac{y^2}{b^2} + \frac{z^2}{c^2} = 1 ,$$

$$(26) \qquad -\frac{x^2}{a^2} + \frac{y^2}{b^2} + \frac{z^2}{c^2} = 1 ,$$

dont chacune représente un hyperboloïde à une nappe ; 3.º les trois équations

$$(27) \qquad \frac{x^2}{a^2} - \frac{y^2}{b^2} - \frac{z^2}{c^2} = 1 ,$$

$$(28) \qquad -\frac{x^2}{a^2} + \frac{y^2}{b^2} - \frac{z^2}{c^2} = 1 ,$$

$$(29) \qquad -\frac{x^2}{a^2} - \frac{y^2}{b^2} + \frac{z^2}{c^2} = 1 ,$$

dont chacune représente un hyperboloïde à deux nappes ; 4.º l'équation

$$(30) \qquad -\frac{x^2}{a^2} - \frac{y^2}{b^2} - \frac{z^2}{c^2} = 1 ,$$

qui ne représente rien , attendu qu'on ne peut y satisfaire par des valeurs réelles des coordonnées. Quant à la formule (22) , elle comprend les deux équations

$$(31) \qquad \frac{x^2}{a^2} + \frac{y^2}{b^2} = \pm\, 2\,\frac{z}{c} ,$$

$$(32) \qquad \frac{x^2}{a^2} - \frac{y^2}{b^2} = \pm\, 2\,\frac{z}{c} ,$$

dont la première représente un paraboloïde elliptique et la seconde un paraboloïde hyperbolique. Si deux des constantes a , b , c devenaient égales entre elles, l'ellipsoïde , l'hyperboloïde à une ou à deux nappes, et le paraboloïde elliptique pourraient se réduire à des surfaces de révolution. Si les trois constantes devenaient égales , l'ellipsoïde se changerait en une sphère.

Si l'on faisait évanouir, dans l'équation (19) ou (20), une ou plusieurs des constantes A, B, C, K, I, mais de manière que cette équation ne cessât pas d'être du second degré en x, y, z, on obtiendrait l'une des formules

$$(33) \qquad A x^2 + B y^2 + C z^2 = 0 ,$$

$$(34) \quad B y^2 + C z^2 = K , \qquad (35) \quad A x^2 + C z^2 = K , \qquad (36) \quad A x^2 + B y^2 = K ,$$

$$(37) \quad B y^2 + C z^2 = 0 , \qquad (38) \quad A x^2 + C z^2 = 0 , \qquad (39) \quad A x^2 + B y^2 = 0 ,$$

$$(40) \qquad A x^2 = K , \qquad (41) \qquad B y^2 = K , \qquad (42) \qquad C z^2 = K ,$$

$$(43) \qquad x^2 = 0 , \qquad (44) \qquad y^2 = 0 , \qquad (45) \qquad z^2 = 0 ,$$

$$(46) \qquad A x^2 + 2 I z = 0 , \qquad\qquad (47) \qquad B y^2 + 2 I z = 0 .$$

Or l'équation (33) représente une surface conique du second degré, lorsque les trois constantes A, B, C ne sont pas des quantités de même signe, et l'origine des coordonnées dans le cas contraire. De plus, chacune des équations (34), (35), (36) représente un cylindre elliptique, lorsque les coéfficients du premier membre sont des quantités affectées du même signe que la constante K; un cylindre hyperbolique, lorsque ces coefficients sont des quantités de signes différents; et ne représente rien, lorsqu'ils sont affectés du même signe que la quantité $-K$. Chacune des équations (37), (38), (39) représente l'un des axes coordonnés ou deux plans qui renferment cet axe, suivant que les coefficients du premier membre sont de mêmes signes ou de signes différents. Chacune des équations (40), (41), (42) représente deux plans parallèles à l'un des plans coordonnés, ou ne représente rien, suivant que le coefficient du premier membre est ou n'est pas affecté du même signe que la constante K. Chacune des équations (43), (44), (45) représente un seul des plans coordonnés. Enfin les équations (46), (47) représentent des cylindres hyperboliques. Ajoutons que le cône et les cylindres elliptiques se transforment en cône et cylindres droits à bases circulaires, lorsque, dans les équations (33), (34), (35), (36), deux des coefficients A, B, C deviennent égaux entre eux.

En résumé, une surface du second degré ne peut être qu'un ellipsoïde, un hyperboloïde à une ou deux nappes, un paraboloïde elliptique ou hyperbolique, un cône, un cylindre elliptique hyperbolique ou parabolique, enfin un système de deux plans qui se coupent, ou de deux plans parallèles. De plus, dans la discussion des surfaces que représentent des équations du second degré, il faut observer 1.° que le cône peut se réduire à un point, le système de deux plans qui se coupent à une droite, et le système de deux plans parallèles à un seul plan; 2.° que l'ellipsoïde, l'hyperboloïde à une ou à deux nappes, le paraboloïde elliptique et le cylindre elliptique peuvent devenir des surfaces de révolution; 3.º que l'ellipsoïde peut se réduire à une sphère; 4.º que l'ellipsoïde, le cylindre elliptique et les deux plans parallèles peuvent devenir imaginaires et disparaître.

Parmi les surfaces que nous venons d'énumérer, l'ellipsoïde, l'hyperboloïde à une ou à deux nappes, et la surface conique, en supposant qu'on ne les réduise pas à des surfaces de révolution, sont les seules qui offrent un système unique de trois plans principaux et rectangulaires entre eux. Si l'on joint à ces surfaces l'ellipsoïde et l'hyperboloïde de révolution, la sphère, et le cône droit à base circulaire, on aura toutes celles qui offrent un centre unique, et en même temps toutes celles dans lesquelles il existe au moins trois plans principaux rectangulaires entre eux, sans que jamais deux plans principaux puissent devenir parallèles l'un à l'autre. Le paraboloïde elliptique, quand il ne sera pas de révolution, et le paraboloïde hyperbolique seront les seules qui offriront simplement deux plans principaux, et n'auront pas de centre. Le paraboloïde de révolution offrira une infinité de plans principaux passants par un même axe. Le cylindre elliptique, quand il ne sera pas de révolution, le cylindre hyperbolique, et le système de deux plans parallèles offriront une infinité de centres situés sur un même axe, avec une infinité de systèmes de trois plans principaux et perpendiculaires l'un à l'autre, chacun de ces derniers systèmes étant composé de deux plans déterminés et passants par l'axe, et d'un plan quelconque perpendiculaire à l'axe. Le cylindre droit à base circulaire offrira encore une infinité de centres situés sur un axe, avec une infinité de systèmes de trois plans perpendiculaires l'un à l'autre, et assujettis à la seule condition que deux d'entre eux passent par l'axe, le troisième étant perpendiculaire à l'axe. Le cylindre parabolique offrira une infinité de plans principaux perpendiculaires aux génératrices avec un seul plan principal passant par l'une de ces mêmes génératrices. Enfin le système de deux plans parallèles offrira pour plans principaux, non-seulement un troisième plan parallèle, qui divisera la distance des deux premiers en parties égales, et qui pourra être considéré comme le lieu des centres, mais encore tous les plans perpendiculaires aux deux premiers.

Dans le cas où la surface (1) a un centre unique, les coordonnées ξ, η, ζ de ce centre sont déterminées [voyez la page 4] par les équations

$$(48) \qquad A\xi + F\eta + E\zeta + G = 0, \qquad F\xi + B\eta + D\zeta + H = 0, \qquad E\xi + D\eta + C\zeta + I = 0,$$

desquelles on tire

$$(49) \quad \begin{cases} \xi = -\dfrac{(BC-D^2)G+(DE-CF)H+(FD-BE)I}{ABC-AD^2-BE^2-CF^2+2DEF}, \\[2ex] \eta = -\dfrac{(DE-CF)G+(CA-E^2)H+(EF-AD)I}{ABC-AD^2-BE^2-CF^2+2DEF}, \\[2ex] \zeta = -\dfrac{(FD-BE)G+(EF-AD)H+(AB-F^2)I}{ABC-AD^2-BE^2-CF^2-2DEF}. \end{cases}$$

Alors la quantité

$$(50) \qquad \Delta = ABC - AD^2 - DE^2 - CF^2 + 2DEF$$

diffère nécessairement de zéro. Réciproquement, lorsque cette quantité diffère de zéro, les valeurs de ξ, η, ζ tirées des formules (49) sont finies et déterminées, et, en substituant ces valeurs dans la formule (2), on obtient les équations d'une droite qui ne peut rencontrer la surface (1) sans avoir avec elle deux points communs situés à égales distances du point (ξ, η, ζ). Donc alors toute droite menée par le point (ξ, η, ζ) est un diamètre, et ce point un centre unique de la surface. On arriverait à la même conclusion, en observant que la quantité $-\Delta$ est précisément le dernier terme du premier membre de l'équation (9), dans cette équation développée et mise sous la forme

$$(51) \quad s^3 - (A+B+C)s^2 + (BC+CA+AB-D^2-E^2-F^2)s - \Delta = 0,$$

Donc, si Δ diffère de zéro, l'équation (9) n'aura pas de racines nulles. Donc alors à chaque direction principale correspondra un seul plan principal représenté par la formule (10); et, comme il existe toujours au moins trois directions principales respectivement perpendiculaires l'une à l'autre [voyez la page 13], la surface (1) offrira nécessairement au moins un système de trois plans principaux qui se couperont à angles droits, mais elle n'offrira point de plans principaux parallèles. Donc cette surface sera du nombre de celles que nous avons signalées comme ayant un centre unique. De plus, si l'on désigne par k la valeur de u correspondante aux valeurs de ξ, η, ζ que déterminent les formules (48), on trouvera

$$(52) \quad k = A\xi^2 + B\eta^2 + C\zeta^2 + 2D\eta\zeta + 2E\zeta\xi + 2F\xi\eta + 2G\xi + 2H\eta + 2I\zeta = G\xi + H\eta + I\zeta,$$

ou, ce qui revient au même,

$$(53) \quad k = \frac{(D^2-BC)G^2+(E^2-CA)H^2+(F^2-AB)I^2-2(EF-AD)HI-2(FD-BE)IG-2(DE-CF)GH}{\Delta},$$

et, si le diamètre représenté par l'équation (2) rencontre la surface (1), la longueur interceptée par cette surface sur le même diamètre sera égale au double de la longueur r déterminée par l'équation

$$(54) \qquad r = \left(\frac{K-k}{s} \right),$$

que l'on déduit de la formule (4) en prenant $u = k$.

Concevons à présent que, dans la formule (54), on substitue successivement pour s les trois racines de l'équation (9). Les valeurs correspondantes de r seront toutes trois réelles, ou l'une imaginaire et les deux autres réelles, ou l'une réelle et les deux autres imaginaires, suivant que la surface (1) sera rencontrée par ses trois axes principaux, ou par deux de ces axes, ou par un seul d'entre eux, c'est-à-dire, en d'autres termes, suivant que la surface (1) sera un ellipsoïde, ou un hyperboloïde à une nappe, ou un hyperboloïde à deux nappes. Donc, si l'on fait pour abréger

$$(55) \qquad R = r^2 = \frac{K-k}{s},$$

les trois valeurs de R, déterminées par les formules (51) et (55), ou, en d'autres termes, les trois racines de l'équation

$$(56) \quad R^3 - (BC + CA + AB - D^2 - E^2 - F^2)\frac{K-k}{\Delta} R^2 + (A+B+C)\frac{(K-k)^2}{\Delta} R - \frac{(K-k)^3}{\Delta} = 0$$

seront positives dans la première hypothèse. Donc cette équation (en vertu de la règle de Descartes[*]) offrira trois variations de signe, et les trois produits

$$(57) \quad \left\{ \begin{aligned} & (K-k)(A+B+C), \\ & (K-k)(A+B+C)(BC+CA+AB-D^2-E^2-F^2), \\ & (K-k)(BC+CA+AB-D^2-E^2-F^2)\Delta \end{aligned} \right.$$

seront positifs. Au contraire, dans la seconde hypothèse, deux valeurs de R étant positives et la troisième négative, l'équation (56) offrira deux variations et une permanence de signe; par conséquent deux des produits (57) seront positifs, et le troisième négatif. Enfin, dans la dernière hypothèse, deux valeurs de R étant négatives et la troisième positive, un seul des produits (57) sera positif, et les deux autres seront négatifs. Si

---

* Cette application de la règle de Descartes à la discussion des surfaces du second degré a été donnée pour la première fois par M. Petit [v. le tome 2 de la Correspondance sur l'Ecole Polytechnique, publiée par M. Hachette].

les produits (57) étaient tous les trois négatifs, les trois valeurs de r, fournies par l'équation (54), deviendraient imaginaires; et l'équation (1) ne représenterait plus aucune surface.

Comme les trois racines de l'équation (56) sont toujours réelles, le second et le troisième termes ne peuvent disparaître simultanément, lorsque les quantités $K - k$ et Δ diffèrent de zéro. Alors aussi l'un de ces termes ne peut disparaître sans que le terme précédent et le terme suivant se trouvent affectés de signes contraires. Il est aisé d'en conclure que, si Δ n'étant pas nulle, deux des produits (57) viennent à s'évanouir, l'équation (1) représentera un hyperboloïde à une nappe ou à deux nappes, suivant que le troisième produit sera positif ou négatif.

Il importe d'observer que, les quantités Δ et $K - k$ étant différentes de zéro, les racines positives de l'équation (56) seront en nombre impair ou en nombre pair, suivant que le produit

$$(58) \qquad\qquad (K - k)\Delta$$

sera positif ou négatif. Par conséquent l'équation (1) représentera, dans la première hypothèse, un ellipsoïde ou un hyperboloïde à deux nappes, tandis que, dans la seconde hypothèse, la même équation représentera un hyperboloïde à une nappe, ou ne représentera rien. Ajoutons que, dans la seconde hypothèse, les sections faites par les plans coordonnés, et représentées par les formules

$$(59) \qquad By^2 + Cz^2 + 2Dyz + 2Hy + 2Iz = K,$$

$$(60) \qquad Cz^2 + Ax^2 + 2Ezx + 2Iz + 2Gx = K,$$

$$(61) \qquad Ax^2 + By^2 + 2Dxy + 2Gx + 2Hy = K,$$

seront des courbes réelles si l'équation (1) est celle d'un hyperboloïde à une nappe, et disparaîtront entièrement si cette équation ne représente rien. Donc alors, pour que la surface (1) existe, il suffira que l'une des différences

$$(62) \qquad BC - D^2, \quad CA - E^2, \quad AB - F^2$$

soit négative, ou que, ces trois différences étant positives, l'un des produits

$$(63) \qquad (B + C)(K - k_1), \quad (C + A)(K - k_2), \quad (A + B)(K - k_3)$$

soit négatif, k_1 k_2, k_3 désignant trois quantités déterminées par les formules

$$(64) \qquad k_1 = \frac{BI^2 - 2DHI + CH^2}{D^2 - BC},$$

$$(65) \qquad k_2 = \frac{CG^2 - 2EIG + AI^2}{E^2 - CA},$$

$$(66) \qquad k_3 = \frac{AH^2 - 2FGH + BG^2}{F^2 - AB}.$$

Observons encore que, $K - k$ et Δ étant positives, les trois racines de l'équation (51), et par suite de l'équation (56), seront ou ne seront pas des quantités de même signe, suivant que les deux conditions

$$(67) \qquad BC + CA + AB - D^2 - E^2 - F^2 > 0, \qquad (A + B + C)\Delta > 0,$$

seront ou ne seront pas satisfaites. Dans le premier cas, l'équation (1) représentera un ellipsoïde, ou ne représentera rien. Dans le second cas, la surface (1) sera un hyperboloïde à une nappe ou à deux nappes, et par conséquent cette surface s'étendra indéfiniment, soit dans le sens des coordonnées positives, soit dans le sens des coordonnées négatives.

Il est bon de remarquer que l'on a généralement

$$(68) \qquad \begin{cases} A\Delta = (CA - E^2)(AB - F^2) - (AD - EF)^2, \\ B\Delta = (AB - F^2)(BC - D^2) - (BE - FD)^2, \\ C\Delta = (BC - D^2)(CA - E^2) - (CF - DE)^2, \end{cases}$$

et qu'en conséquence la seconde des conditions (67) peut s'écrire comme il suit :

$$(69) \qquad \begin{cases} (CA - E^2)(AB - F^2) + (AB - F^2)(BC - D^2) + (BC - D^2)(CA - E^2) > \\ (AD - EF)^2 + (BE - FD)^2 + (CF - DE)^2. \end{cases}$$

Les règles que nous venons d'établir s'étendent au cas même où, les quantités Δ et $K - k$ étant différentes de zéro, chacune des équations (51), (56) offrirait deux ou trois racines égales. Seulement alors l'ellipsoïde et l'hyperboloïde à une ou à deux nappes se réduiraient à des surfaces de révolution, ou même à une sphère [voyez les pages 20 et 21]. Ajoutons que l'équation (51) offrira deux racines égales, si l'on a

$$(70) \qquad A - \frac{EF}{D} = B - \frac{FD}{E} = C - \frac{DE}{F},$$

[voyez la page 11], et trois racines égales, si l'on a

$$(71) \qquad A = B = C, \qquad D = E = F = 0,$$

Si, Δ n'étant pas nulle, la différence $K - k$ s'évanouissait, en sorte qu'on eût à la fois

$$(72) \qquad \Delta^2 > 0, \qquad K = k,$$

la formule (52) donnerait

$$(73) \qquad A\xi^2 + D\eta^2 + C\zeta^2 + 2D\eta\zeta + 2E\zeta\xi + 2F\xi\eta + 2G\xi + 2H\eta + 2I\zeta = K;$$

et par conséquent l'équation (1), étant vérifiée par les valeurs de ξ, η, ζ tirées des formules (49), ne pourrait représenter qu'une surface dont le centre serait unique et situé sur cette même surface. Donc la surface (1) serait nécessairement un cône qui aurait pour sommet le point (ξ, η, ζ), et qui pourrait se réduire à ce point. Dans la même hypothèse, il suffirait d'attribuer à plusieurs ou même à une seule des quantités A, B, C, D, E, F, G, H, I des accroissements infiniment petits, pour transformer l'équation (1) en une équation du même genre, dont les coefficients ne vérifieraient plus la seconde des conditions (72), et par conséquent en une équation propre à représenter un ellipsoïde réel ou imaginaire, ou un hyperboloïde. Alors l'ordonnée de la surface conique ou la valeur de z tirée de l'équation (1) pourrait être considérée comme la limite vers laquelle convergerait la valeur de z tirée de la nouvelle équation. D'ailleurs la seconde valeur de z représentera l'ordonnée d'un ellipsoïde imaginaire ou d'un ellipsoïde réel, mais dont les axes seront infiniment petits, et deviendra par conséquent imaginaire pour toutes les valeurs de x, y qui ne seront pas sensiblement égales aux coordonnées ξ, η du centre de l'ellipsoïde, si les conditions (67) sont vérifiées; tandis que, dans le cas contraire, elle représentera l'ordonnée d'un hyperboloïde, et ne cessera jamais d'être réelle. Donc la limite vers laquelle convergera cette seconde valeur de z, ou l'ordonnée de la surface (1) sera elle-même, pour des valeurs de x et de y distinctes de ξ et de η, toujours réelle ou toujours imaginaire, suivant que les conditions (67) seront ou ne seront pas satisfaites; et la surface conique, constamment réelle dans le second cas, se réduira, dans le premier cas, à un point unique.

Concevons à présent que la condition

$$(74) \qquad \Delta = 0$$

soit satisfaite. L'équation (9) offrira une racine nulle, et n'en offrira qu'une de cette
espèce, si l'on n'a pas en même temps [voyez la page 18]

$$(75) \qquad A = \frac{EF}{D} \, , \qquad B = \frac{FD}{E} \, , \qquad C = \frac{DE}{F} \, .$$

Alors aux deux autres racines de l'équation (9), suivant qu'elles seront égales ou inégales, correspondront deux directions principales ou une infinité de directions principales parallèles à une même droite. Quant à la racine nulle, elle ne fournira aucun
plan principal, si les angles α, β, γ, que la direction principale correspondante forme
avec les demi-axes des coordonnées positives, ne vérifient pas la condition (13); tandis
que, dans le cas contraire, tous les plans perpendiculaires à la direction dont il s'agit
seront encore des plans principaux. Enfin, si l'équation (9) a deux racines nulles, ou,
en d'autres termes, si les conditions (75) sont vérifiées, la troisième racine de l'équation (9) fournira un plan principal dont la position sera complètement déterminée. Dans
le même cas, si les équations (16) et (17) sont distinctes l'une de l'autre, les racines
nulles fourniront une infinité de plans principaux perpendiculaires à la droite représentée
par ces équations; mais, si les équations (16) et (17) se réduisent à une seule, elles représenteront un plan unique, et tous les plans qui lui seront perpendiculaires seront
autant de plans principaux. Il suit évidemment de ces diverses remarques que les surfaces qui pourront être représentées par l'équation (1), dans le cas où la condition
(74) se trouvera satisfaite, seront nécessairement un paraboloïde elliptique ou hyperbolique, si l'équation (9) offre une racine nulle correspondante à des angles α, β, γ qui
ne vérifient pas la condition (13), et deux autres racines inégales; un paraboloïde de
révolution, si l'équation (9) offre une racine nulle correspondante à des angles qui ne
vérifient pas la condition (13), et deux autres racines égales entre elles; un cylindre
elliptique ou hyperbolique, qui pourra devenir un cylindre droit à base circulaire, ou se
réduire à un système de deux plans non parallèles, si l'équation (9) offre une racine
nulle correspondante à des angles qui vérifient la condition (13), et deux autres racines
inégales ou égales; un cylindre parabolique, si l'équation (9) offre deux racines nulles
déterminées, et si, en même temps, les équations (16), (17) sont distinctes l'une de
l'autre; enfin un système de deux plans parallèles, si l'équation (9) offre deux racines
nulles, et si, en même temps, les formules (16), (17) se réduisent à une seule. Parmi
ces surfaces, les seules qui ne soient pas dépourvues de centre seront le cylindre elliptique ou hyperbolique, et le système de deux plans parallèles ou non parallèles; c'est-
à-dire, les surfaces qu'on obtiendra lorsque l'équation (9) ayant une racine nulle, les
valeurs correspondantes de α, β, γ vérifieront la formule (13), ou lorsque, l'équation (9) ayant deux racines nulles, les diverses valeurs de α, β, γ correspondantes
à ces racines, c'est-à-dire, les diverses valeurs propres à vérifier les formules (7) et (11)

rendront identique l'équation (13). Il est d'ailleurs facile de s'assurer directement que, dans le cas où toutes les valeurs de α, β, γ, déduites des formules (8) à l'aide de la supposition $s = 0$, vérifient encore la formule (13), la surface représentée par l'équation (1) offre une infinité de centres situés sur un axe ou sur un plan parallèle au plan que représente l'équation (17). En effet, supposons d'abord que, parmi les trois équations

$$(76) \quad A\cos\alpha + F\cos\beta + E\cos\gamma = 0, \quad F\cos\alpha + B\cos\beta + D\cos\gamma = 0, \quad E\cos\alpha + D\cos\beta + C\cos\gamma = 0,$$

il y en ait deux, par exemple, les deux premières, qui soient distinctes l'une de l'autre ; on aura nécessairement

$$(77) \quad (AB - F^2)^2 > 0.$$

Car, si la condition

$$(78) \quad AB - F^2 = 0$$

se trouvait remplie, en désignant par ρ la valeur commune des deux rapports

$$\frac{F}{A}, \quad \frac{B}{F},$$

on tirerait des deux premières équations (76)

$$(79) \quad \cos\alpha + \rho\cos\beta = 0, \quad \cos\gamma = 0,$$

$$(80) \quad \frac{\cos\alpha}{\rho} = \frac{\cos\beta}{-1} = \frac{\cos\gamma}{0} = \pm\frac{1}{\sqrt{1+\rho^2}};$$

et, pour que les valeurs de $\cos\alpha$, $\cos\beta$, $\cos\gamma$, déterminées par les formules (79) ou (80), fussent propres à vérifier la troisième des équations (76), il faudrait que l'on eût encore $\dfrac{D}{E} = \rho$, et par suite

$$(81) \quad \frac{F}{A} = \frac{B}{F} = \frac{D}{E},$$

Mais alors les deux premières des équations (76) cesseraient d'être, comme on l'a supposé, distinctes l'une de l'autre. De plus, la condition (78) n'étant pas remplie, on tirera des deux premières équations (76), combinées avec la formule (7), des valeurs déterminées de $\cos\alpha$, $\cos\beta$, $\cos\gamma$, savoir celles que fournira la formule

III.ᵉ ANNÉE.   13

$$(82) \quad \frac{\cos\alpha}{FD-BE} = \frac{\cos\beta}{EF-AD} = \frac{\cos\gamma}{AB-F^2} = \pm \frac{1}{\sqrt{[(FD-BE)^2+(EF-AD)^2+(AB-F^2)^2]}},$$

dans laquelle le radical aura une valeur différente de zéro. Or, pour que ces valeurs satisfassent non-seulement à la troisième des équations (76), mais encore à l'équation (13), il sera nécessaire que les coefficients A, B, C, D, E, F, G, H, I vérifient non-seulement la condition

$$(83) \quad E(FD - BE) + D(EF - AD) + C(AB - F^2) = 0,$$

qui n'est autre que la formule (74), mais encore la suivante

$$(84) \quad G(FD - BE) + H(EF - AD) + I(AB - F^2) = 0.$$

Cela posé, il est clair que, dans l'hypothèse admise, les deux premières des équations (48) fourniront des valeurs finies et déterminées des deux inconnues ξ, η, exprimées en fonction de ζ, savoir,

$$(85) \quad \xi = \frac{FD-BE}{AB-F^2}\,\zeta + \frac{FH-BG}{AB-F^2}, \qquad \eta = \frac{EF-AD}{AB-F^2}\,\zeta + \frac{FG-AH}{AB-F^2},$$

et que ces valeurs, substituées dans la troisième des équations (48), la vérifieront quelle que soit ζ. Donc alors il existera une droite unique et déterminée, dont les coordonnées ξ, η, ζ satisferont aux trois équations (48); d'où il résulte qu'elle sera comprise dans les divers plans diamétraux représentés par la formule (5), ainsi que dans les plans principaux correspondants à celles des racines de l'équation (9) qui différeront de zéro. Ajoutons 1.° que la même droite sera perpendiculaire en chacun de ses points à l'un des plans principaux et parallèles entre eux qui correspondront à la racine nulle de l'équation (9); 2.° que les plans principaux qui passeront par cette droite, réduits à deux plans déterminés, si l'équation (9) n'a pas de racines égales, et pris deux à deux dans le cas contraire, seront perpendiculaires l'un à l'autre. Donc chaque point de la droite dont il s'agit, étant le point d'intersection de trois plans principaux et rectangulaires, sera un centre de la surface représentée par l'équation (1).

Supposons maintenant que chacune des équations (76) se confonde avec les deux autres, et que toutes les valeurs de $\cos\alpha$, $\cos\beta$, $\cos\gamma$ propres à vérifier l'une d'entre elles avec la formule (7) vérifient encore l'équation (13). On aura nécessairement

$$(86) \quad A : F : E : G :: F : B : D : H :: E : D : C : I;$$

et par suite les trois équations (48) se réduiront à une seule qui représentera un plan déterminé, avec lequel coïncideront tous les plans diamétraux représentés par la formule (5). De plus, ce plan étant parallèle à celui que détermine la formule (16) ou (17), et par conséquent à toutes les directions principales correspondantes aux deux racines nulles de l'équation (9), coupera certainement à angles droits la direction principale correspondante à la troisième racine, et sera un plan principal. Enfin, comme tous les plans qui seront perpendiculaires à celui-ci couperont à angles droits des directions principales correspondantes aux racines nulles, ils seront encore des plans principaux. Cela posé, il est clair que tout point du plan représenté par l'une des équations (48) sera le point d'intersection de trois plans principaux perpendiculaires l'un à l'autre, et par suite un centre de la surface (1).

Il importe d'observer que, dans tous les cas où la surface (1) offrira une infinité de centres, les coordonnées de ces divers centres, étant substituées dans l'équation (52), fourniront une valeur unique de la constante k. En effet, supposons d'abord que, deux des équations (76), par exemple, les deux premières étant distinctes l'une de l'autre, on en déduise des valeurs de $\cos\alpha$, $\cos\beta$, $\cos\gamma$ propres à vérifier la formule (15). Alors la condition (77) sera remplie, c'est-à-dire, que $AB - F^2$ différera de zéro; puis, en combinant l'équation (52) avec les formules (85), et ayant égard à la condition (84), on trouvera, quelle que soit ζ,

$$ k = \frac{AH^2 - 2FGH + BG^2}{F^2 - AB} . $$

En d'autres termes, on aura

$$ k = k_3 , $$

la valeur de k_3 étant celle que détermine la formule (66). On trouverait de même, en supposant la troisième des équations (76) distincte de la première ou de la seconde,

$$ k = k_2 , \qquad \text{ou} \qquad k = k_1 , $$

Donc, si, la surface (1) ayant une infinité de centres, les équations (76) ne se réduisent pas à une seule, la formule (52) donnera généralement

$$ (87) \qquad k = k_1 = k_2 = k_3 , $$

les valeurs de k_1, k_2, k_3 étant celles que déterminent les équations (64), (65), (66). On aura donc nécessairement, dans cette hypothèse, l'équation de condition

$$ (88) \qquad k_1 = k_2 = k_3 , $$

ou

$$(89) \qquad \frac{BI^2 - 2DHI + CH^2}{D^2 - BC} = \frac{CG^2 - 2EIG - AI^2}{E^2 - CA} = \frac{AH^2 - 2FGH + BG^2}{F^2 - AB} .$$

Seulement, si l'une des différences

$$(90) \qquad BC - D^2, \qquad CA - E^2, \qquad AB - F^2$$

venait à s'évanouir, l'une des quantités k_1, k_2, k_3 se présenterait sous la forme $\frac{o}{o}$.

Supposons, en second lieu, les équations (76) réduites à une seule qui s'accorde avec l'équation (13). Les conditions (86) seront vérifiées, et la surface (1) ne pourra être qu'un système de deux plans parallèles à un troisième plan qui, étant le lieu des centres, sera représenté par chacune des équations (48). Or on tirera de ces dernières équations, en ayant égard aux conditions (86),

$$(91) \qquad G\xi + H\eta + I\zeta = -\frac{G^2}{A} = -\frac{H^2}{B} = -\frac{I^2}{C} ,$$

et par suite la formule (52) donnera

$$(92) \qquad k = -\frac{G^2}{A} = -\frac{H^2}{B} = -\frac{I^2}{C} ,$$

quelles que soient les coordonnées ξ, η, qui pourront rester arbitraires. Alors aussi les coefficients A, B, C, D, E, F, G, H, I vérifieront nécessairement l'équation de condition

$$(93) \qquad \frac{G^2}{A} = \frac{H^2}{B} = \frac{I^2}{C} .$$

Lorsque la surface (1) représente un cylindre elliptique réduit à ses axes, ou un cylindre hyperbolique réduit au système de deux plans qui se coupent, ou un système de deux plans parallèles réduits à un seul plan, les valeurs de ξ, η, ζ propres à vérifier les formules (48) satisfont nécessairement à l'équation (1), et par suite la valeur de k, déterminée par la formule (87) ou (92), vérifie la seconde des conditions (72).

Observons encore que, si, la quantité Δ étant nulle, la surface (1) est dépourvue de centres, cette surface sera toujours réelle. En effet, supposons d'abord qu'une seule des racines de l'équation (9) s'évanouisse, et que les valeurs correspondantes de $\cos\alpha$, $\cos\beta$, $\cos\gamma$, déterminées par les formules (76), ne vérifient pas l'équation (13). Si, par un point (ξ, η, ζ) choisi arbitrairement, on mène une droite qui, prolongée dans un certain sens, forme avec les demi-axes des coordonnées positives les angles α, β, γ, et, si l'on nomme r la distance mesurée sur cette droite depuis le point (ξ, η, ζ) jusqu'à un point quelconque (x, y, z), on aura

$$(94) \qquad \frac{x-\xi}{\cos\alpha} = \frac{y-\eta}{\cos\beta} = \frac{z-\zeta}{\cos\gamma} = \pm r \, ;$$

le signe $+$ ou $-$ devant être adopté, suivant que la distance r sera comptée dans un sens ou dans un autre. D'ailleurs, si l'on substitue dans l'équation (1) les valeurs de x, y, z tirées de la formule (94), et si l'on observe que, dans le cas présent, la valeur de s déterminée par la première des formules (5) se réduit à zéro, on trouvera. en ayant égard aux équations (76) et à la seconde des équations (3),

$$(95) \qquad \pm r(G\cos\alpha + H\cos\beta + I\cos\gamma) + u = K \, ,$$

ou, ce qui revient au même,

$$(96) \qquad r = \pm \frac{K-u}{G\cos\alpha + H\cos\beta + I\cos\gamma} \, .$$

Or il est clair que, dans l'hypothèse admise, la formule (96) fournira une valeur réelle finie et positive de r, pourvu que l'on dispose du double signe de manière à rendre le second membre positif, c'est-à-dire, pourvu que l'on prolonge dans un sens convenable la droite menée par le point (ξ, η, ζ). Donc cette droite rencontrera toujours la surface (1), qui sera nécessairement réelle. Nous savons d'ailleurs que cette surface ne pourra être qu'un paraboloïde elliptique ou hyperbolique.

Supposons en second lieu que deux racines de l'équation (9) s'évanouissent, mais que les divers systèmes de valeurs de $\cos\alpha$, $\cos\beta$, $\cos\gamma$, qui correspondent alors à ces deux racines, et qui sont en nombre infini, ne vérifient pas tous l'équation (13). Si l'on emploie un de ces systèmes, la droite que détermine la formule (94), rencontrera encore la surface (1) à une distance finie du point (ξ, η, ζ), toutes les fois que l'équation (13) ne sera pas vérifiée. Donc la surface (1) sera réelle. Nous savons d'ailleurs qu'elle ne pourra être qu'un cylindre parabolique.

Faisons voir maintenant comment on peut, en partant de l'équation (1), distinguer le paraboloïde elliptique du paraboloïde hyperbolique, le cylindre elliptique réel ou imaginaire, ou réduit à son axe, du cylindre hyperbolique ou de deux plans qui se coupent, enfin le système de deux plans parallèles et réels ou un seul plan réel du système de deux plans imaginaires. Pour y parvenir, il suffira de substituer à l'équation (1) une autre équation du même genre, savoir, celle qu'on obtient quand on attribue aux coefficients A, B, C, D, E, F, ou à l'un d'eux seulement, un accroissement infiniment petit, de manière que la quantité Δ cesse d'être nulle, et que la quantité

$K - k$ diffère de zéro. Alors la surface (1) se trouvera transformée en une autre que nous nommerons surface auxiliaire, et qui, offrant un centre unique, ne pourra être qu'un ellipsoïde réel ou imaginaire, un hyperboloïde à une nappe, ou un hyperboloïde à deux nappes. Or il est clair 1.° que la valeur de z en x et y, fournie par l'équation de la surface auxiliaire, aura pour limite la valeur de z fournie par l'équation (1); 2.°, que les trois valeurs de s relatives aux axes principaux de la surface auxiliaire auront pour limites les trois racines de l'équation (51), et qu'en conséquence une ou deux de ces valeurs seront infiniment petites suivant que l'équation (51) offrira une ou deux racines nulles, tandis que les deux autres valeurs ou du moins la dernière se réduiront sensiblement aux deux racines de l'équation

$$(97) \qquad s^2 - (A + B + C)s + BC + CA + AB - D^2 - E^2 - F^2 = 0,$$

ou à la racine unique de la suivante

$$(98) \qquad s - (A + B + C) = 0;$$

3.° que les longueurs interceptées par la surface auxiliaire sur ses axes principaux, et correspondantes à des valeurs finies de s, auront pour limites les valeurs réelles et finies de $2\sqrt{r}$, auxquelles on parviendra en combinant la formule (54) avec l'équation (97) ou (98); c'est-à-dire, en d'autres termes, que les axes réels de la surface auxiliaire qui correspondront à des valeurs finies de s, auront pour limites les valeurs réelles de $2\sqrt{R}$ déterminées par la formule

$$(99) \quad (BC + CA + AB - D^2 - E^2 - F^2)R^2 - (A + B + C)(K - k)R + (K - k)^2 = 0,$$

ou par la suivante

$$(100) \qquad (A + B + C)R - (K - k) = 0.$$

Donc, si la surface (1) offre une infinité de centres situés sur un même axe ou sur un même plan, les valeurs réelles et positives de $2\sqrt{R}$ tirées de l'équation (99) ou (100) exprimeront précisément les axes réels ou l'axe réel de la section faite dans la surface (1) devenue cylindrique par un plan perpendiculaire à la ligne des centres, ou la distance des plans parallèles dont le système sera représenté par l'équation (1). Remarquons d'ailleurs que l'équation (99) admettra deux racines positives, ou en aura une seule, ou n'en aura aucune, suivant que les premières des deux expressions (57) seront toutes les deux positives, ou l'une positive, l'autre négative, ou toutes les deux négatives; et qu'en conséquence, si la surface (1) est cylindrique, la section faite par un plan perpendiculaire à la ligne des centres se réduira ou non à une hyperbole, suivant que le produit de ces expressions, qui pourra être remplacé par le polynome

(101) $$BC + CA + AB - D^2 - E^2 - F^2,$$

sera lui-même positif ou négatif. Observons enfin que, si la quantité Δ étant nulle, la surface (1) reste dépourvue de centres, cette surface ne pourra être qu'un paraboloïde dont l'axe principal correspondra toujours à la racine nulle de l'équation (51), et qu'elle sera en effet un paraboloïde hyperbolique ou elliptique, suivant que la section faite dans la surface auxiliaire par le plan principal perpendiculaire à l'axe du paraboloïde sera ou ne sera pas une hyperbole, c'est-à-dire, en d'autres termes, suivant que les deux racines de l'équation (97) seront de signes contraires ou de même signe. Cela posé, l'équation (1) représentera évidemment un paraboloïde elliptique, si l'équation (51) offre une seule racine nulle correspondante à des valeurs de α, β, γ qui ne vérifient pas la formule (13), et, si en même temps le dernier terme de l'équation (97) ou le polynome (101) est positif; un paraboloïde hyperbolique, si l'équation (51) offre une racine nulle correspondante à des valeurs de α, β, γ qui ne vérifient pas la formule (13), et, si en même temps le polynome (101) est négatif; un cylindre elliptique, ou hyperbolique, ou imaginaire, si l'équation (51) offre une seule racine nulle correspondante à des valeurs de α, β, γ qui vérifient la formule (13), savoir, un cylindre elliptique, si les deux premiers des produits (57) sont positifs, un cylindre hyperbolique, s'ils sont l'un positif, l'autre négatif, et un cylindre imaginaire, s'ils sont tous deux négatifs; un cylindre parabolique, si l'équation (51) offre deux racines nulles correspondantes à des valeurs de α, β, γ qui ne vérifient pas constamment la formule (13); enfin deux plans parallèles, si l'équation (51) offre deux racines nulles correspondantes à une infinité de systèmes de valeurs de α, β, γ qui tous vérifient la formule (13). Ajoutons 1.° que le cylindre elliptique se transformerait en un cylindre à base circulaire, si, dans l'équation (51), les deux racines différentes de zéro devenaient égales entre elles; 2.° que le cylindre elliptique ou hyperbolique se trouvera réduit à une droite ou au système de deux plans non parallèles, si la valeur de k déterminée par la formule (87) vérifie la seconde des équations (72), savoir, à une droite, si le polynome (101) est positif, et au système de deux plans parallèles, si le même polynome est négatif; 3.° que les deux plans parallèles se réduiront à un seul, si la valeur de k déterminée par la formule (92) devient égale à K, et disparaîtront si la valeur de R déterminée par la formule (100) devient négative, c'est-à-dire, si le premier des produits (57) est négatif.

Les règles que nous venons de tracer, jointes à celles que nous avons données ci-dessus pour la distinction des surfaces qui ont un centre unique, suffisent évidemment pour compléter la solution de la question suivante.

2.° Problême. *Etant donnée une équation du second degré entre trois coordonnées rectangulaires* x, y, z, *déterminer l'espèce de la surface représentée par cette équation.*

Lorsque la surface (1) est un hyperboloïde à une ou à deux nappes, et que l'on suppose dans la formule (2) les coordonnées ξ, η, ζ déterminées par les formules (48), alors, pour rendre la formule (2) propre à représenter une asymptote menée à cette surface par le point (ξ, η, ζ), il suffit de choisir les angles α, β, γ de manière que la distance r déterminée par la formule (54) devienne infinie, et par conséquent de manière à vérifier l'équation

$$(102) \qquad s = 0 ,$$

ou

$$(103) \qquad A\cos^2\alpha + B\cos^2\beta + C\cos^2\gamma + 2D\cos\beta\cos\gamma + 2E\cos\gamma\cos\alpha + 2F\cos\alpha\cos\beta = 0 .$$

Donc toutes les asymptotes menées à la surface (1) par son centre seront comprises dans la surface conique du second degré représentée par l'équation

$$(104) \qquad A(x{-}\xi)^2 + B(y{-}\eta)^2 + C(z{-}\zeta)^2 + 2D(y{-}\eta)(z{-}\zeta) + 2E(z{-}\zeta)(x{-}\xi) + 2F(x{-}\xi)(y{-}\eta) = 0 ,$$

que produit l'élimination des angles α, β, γ entre les formules (2) et (103). Le cône terminé par cette nouvelle surface est ce qu'on peut appeler le *cône asymptotique* de l'hyperboloïde proposé. Remarquons d'ailleurs qu'en vertu des formules (48) et (52) l'équation (104) pourra être réduite à

$$(105) \qquad Ax^2 + By^2 + Cz^2 + 2Dyz + 2Ezx + 2Fxy + 2Gx + 2Hy + 2Iz = k .$$

Lorsque la surface (1) se transforme en une surface conique, on a $k = K$, et la formule (105) se réduit, comme on devait s'y attendre, à l'équation (1).

Lorsque l'hyperboloïde représenté par l'équation (1) a pour centre l'origine même des coordonnées, cette équation devient

$$(106) \qquad Ax^2 + By^2 + Cz^2 + 2Dyz + 2Ezx + 2Fxy = K ,$$

et l'équation du cône asymptotique se réduit nécessairement à

$$(107) \qquad Ax^2 + By^2 + Cz^2 + 2Dyz + 2Ezx + 2Fxy = 0 .$$

S'il arrive, au contraire, que l'hyperboloïde n'ait pas l'origine pour centre, l'équation (107) représentera non plus le cône asymptotique, mais un cône semblable qui aura pour centre l'origine et pour génératrices des droites parallèles aux génératrices du cône asymptotique.

Lorsque l'équation (1) cesse de représenter un hyperboloïde, la surface (107) peut se transformer en un système de deux plans non parallèles, ou même se réduire à un seul plan, ou à une seule droite, ou à un seul point. Il est d'ailleurs facile de reconnaître quelles sont les diverses formes de la surface (107) qui correspondent à des formes déterminées de la surface (1). En effet, comme dans les équations de ces deux surfaces les termes du second degré offrent les mêmes coefficients, la formule (51) ne variera pas quand on passera d'une surface à l'autre. Cela posé, on déduira facilement des remarques que nous avons faites sur la formule (51) les conclusions suivantes.

Si l'équation (51) offre trois racines égales ou inégales, mais de même signe et différentes de zéro, l'équation (1) représentera un ellipsoïde réel ou imaginaire qui pourra se réduire à une sphère ou à un point, et en même temps l'équation (107) représentera un point unique. Si l'équation (51) offre trois racines différentes de zéro, et qui ne soient pas toutes de même signe, la surface (1) sera un hyperboloïde à une ou à deux nappes, qui pourra se réduire à un cône, et en même temps l'équation (107) représentera une surface conique. Si l'équation (51) offre une racine nulle et deux autres racines différentes de zéro, mais affectées du même signe, la surface (1) sera un paraboloïde elliptique, ou un cylindre elliptique qui pourra se réduire à son axe, ou devenir imaginaire, et en même temps l'équation (107) représentera une droite. Si l'équation (51) offre une racine nulle, avec deux autres racines différentes de zéro, mais affectées de signes contraires, la surface (1) sera un paraboloïde hyperbolique, ou un cylindre hyperbolique qui pourra se réduire au système de deux plans non parallèles, et l'équation (107) représentera un semblable système. Enfin, si l'équation (51) offre deux racines nulles, la surface (1) sera un cylindre parabolique ou un système de deux plans parallèles qui pourront se réduire à un seul ou devenir imaginaires, et l'équation (107) représentera un plan unique. Donc, en résumé, les diverses surfaces qui pourront être représentées par l'équation (107) se réduiront à un point, si l'équation (1) représente un ellipsoïde; à une surface conique, si l'équation (1) représente un hyperboloïde ou un cône; à une droite, si la surface (1) est un paraboloïde elliptique ou un cylindre elliptique; au système de deux plans non parallèles, si l'équation (1) représente un paraboloïde hyperbolique ou un cylindre hyperbolique; enfin à un seul plan, si l'équation (1) représente un cylindre parabolique ou un système de deux plans parallèles. Il est d'ailleurs essentiel de se rappeler 1.° que l'ellipsoïde peut se réduire à une sphère ou à un point, le cylindre elliptique à une droite, le cylindre hyperbolique à deux plans non parallèles, et le système de deux plans parallèles à un seul; 2.° que l'ellipsoïde peut devenir imaginaire, ainsi que le cylindre elliptique et le système de deux plans parallèles. Quant à la distinction des diverses formes que peut offrir la surface (107), on peut l'effectuer très-simplement en résolvant l'équation (107) par rapport à l'une des variables x, y, z. Ajoutons que, pour distinguer les unes des autres les diverses surfaces que peut représenter l'équation (1), pour une forme donnée de la surface (107), il suffira le plus souvent de rechercher s'il existe des points qui puissent être considérés comme

III.ᵉ ANNÉE.   14

centres de la surface (1), et si ces points sont situés sur la surface. On y parviendra sans peine à l'aide des formules (48) et (105). Ainsi, en particulier, quand la surface (1) offrira un ou plusieurs centres, les coordonnées de ces mêmes centres seront les valeurs de ξ, η, ζ que détermineront les formules (48), ou, ce qui revient au même, les valeurs des variables x, y, z que fourniront les dérivées de l'équation (1) prises successivement par rapport aux trois variables dont il s'agit, savoir,

$$(108) \quad Ax + Fy + Ez + G = 0, \quad Fx + By + Dz + H = 0, \quad Ex + Dy + Cz + I = 0.$$

De plus, si l'on substitue ces valeurs de x, y, z dans le premier membre de la formule (1), on obtiendra précisément la quantité désignée dans l'équation (105) par la lettre k. Cela posé, il est clair que, pour distinguer le paraboloïde elliptique du cylindre elliptique, le paraboloïde hyperbolique du cylindre hyperbolique, et le cylindre parabolique du système de deux plans parallèles, il suffira d'examiner si l'on peut satisfaire ou non aux équations (108) par des valeurs finies de x, y, z. Remarquons en outre que l'ellipsoïde se réduira simplement à un point, l'hyperboloïde à un cône, le cylindre elliptique à son axe, et le système de deux plans parallèles à un seul plan, si les deux quantités k et K sont égales entre elles.

Lorsque, pour déterminer l'espèce de la surface du second degré que représente une équation donnée, on a recouru aux formules que nous venons d'indiquer, c'est-à-dire, aux formules (105) et (108), il ne peut rester à vaincre d'autre difficulté que celle qui consiste à distinguer l'ellipsoïde réel de l'ellipsoïde imaginaire, ou le cylindre elliptique réel du cylindre imaginaire, ou le système de deux plans parallèles et réels du système de deux plans imaginaires, ou enfin l'hyperboloïde à une nappe de l'hyperboloïde à deux nappes. Or, pour effectuer cette distinction, on commencera par observer que, dans le cas où l'équation (1) représente une des surfaces dont il est ici question, il existe un ou plusieurs points dont les coordonnées vérifient les formules (108), et que, si l'on transporte l'origine en un quelconque de ces points, l'équation (1) se trouvera remplacée par la suivante

$$(109) \quad Ax^2 + By^2 + Cz^2 + 2Dyz + 2Ezx + 2Fxy = K - k.$$

Cela posé, concevons d'abord que l'équation (1) représente un ellipsoïde, ou un cylindre, ou un système de plans parallèles. Alors la section faite dans la surface (1) par chacun des plans coordonnés ne pouvant être qu'une ellipse réelle ou imaginaire, ou un système de droites parallèles, les coefficients A, B, C seront des quantités de même signe; et la surface (1) sera réelle ou imaginaire, suivant que les signes de ces quantités seront ou ne seront pas semblables au signe de la différence $K - k$. Si l'équation (1) représentait un hyperboloïde, alors, pour décider si cet hyperboloïde offre deux nappes distinctes ou une seule nappe, il suffirait de calculer la quantité ci-dessus désignée par Δ, et d'examiner si cette quantité est ou n'est pas de même signe que la différence $K - k$. On pourrait aussi résoudre cette question à l'aide d'une autre méthode que nous indiquerons tout à l'heure.

Lorsque les quantités k, K diffèrent l'une de l'autre, et que la surface (1) se réduit à un cylindre elliptique ou hyperbolique, ou au système de deux plans parallèles, l'équation (104) ou (105), représente évidemment l'axe du cylindre elliptique, ou ce qu'on peut nommer les plans asymptotiques du cylindre hyperbolique, ou enfin le plan mené à égale distance des deux plans parallèles. Si la surface (1) était un ellipsoïde, l'équation (104) ou (105) représenterait un seul point, savoir, le centre même de l'ellipsoïde.

Observons encore que l'équation (9), qui fournit les valeurs de s correspondantes aux axes principaux de la surface (1), est précisément celle qui résulte de l'élimination des variables x, y, z entre les formules

$$(110) \qquad Ax + Fy + Ez = sx, \qquad Fx + By + Dz = sy, \qquad Ex + Dy + Cz = sz,$$

et par conséquent celle qui a pour racines les *maxima* et *minima* de la fonction

$$(111) \qquad \frac{Ax^2 + By^2 + Cz^2 + 2Dyz + 2Ezx + 2Fxy}{x^2 + y^2 + z^2}.$$

En effet, si l'on pose

$$s = \frac{Ax^2 + By^2 + Cz^2 + 2Dyz + 2Ezx + 2Fxy}{x^2 + y^2 + z^2},$$

ou, ce qui revient au même,

$$(112) \qquad Ax^2 + By^2 + Cz^2 + 2Dyz + 2Ezx + 2Fxy = s(x^2 + y^2 + z^2),$$

il suffira de différencier successivement la formule (112) par rapport à x, y, z, puis d'égaler à zéro, dans les nouvelles formules ainsi obtenues, les dérivées de s prises par rapport à x, y, z, pour retrouver les équations (110). Il est essentiel d'ajouter que, la valeur de s étant choisie de manière que les équations (110) s'accordent entre elles, ces équations, réduites à deux, représenteront une droite menée par l'origine et dont la direction coïncidera toujours avec une direction principale relative à la surface (1). Si, pour cette même valeur de s, les trois équations (110) se réduisaient à une seule, la surface (1) serait de révolution. Elle deviendrait une sphère, si les équations (110) étaient vérifiées par une seule valeur de s, indépendamment des valeurs attribuées aux variables x, y, z.

Lorsque la surface (1) a un centre, et que l'on a transporté l'origine à ce même centre, l'équation (1) se trouve remplacée par la formule (109), et les axes principaux coïncident avec les droites qui peuvent être représentées par les équations (110), ou plus simplement par la formule

$$(113) \qquad \frac{Ax+Fy+Ez}{x} = \frac{Fx+By+Dz}{y} = \frac{Ex+Dy+Cz}{z}.$$

Donc, avant le déplacement de l'origine, les axes dont il s'agit devaient être représentés par la formule

$$(114) \quad \frac{A(x-\xi)+F(y-\eta)+E(z-\zeta)}{x-\xi} = \frac{F(x-\xi)+B(y-\eta)+D(z-\zeta)}{y-\eta} = \frac{E(x-\xi)+D(y-\eta)+C(z-\zeta)}{z-\zeta},$$

ξ, η, ζ désignant les coordonnées du centre, ou, ce qui revient au même, par la formule

$$(115) \qquad \frac{Ax+Fy+Ez+G}{x-\xi} = \frac{Fx+By+Dz+H}{y-\eta} = \frac{Ex+Dy+Cz+I}{z-\zeta}.$$

Remarquons d'ailleurs 1.° que, pour obtenir la formule (113) ou (115), il suffit d'exprimer que les dérivées du premier membre de l'équation (109) ou de l'équation (1) sont proportionnelles aux variables x, y, z ou aux différences $x-\xi$, $y-\eta$, $z-\zeta$; 2.° que l'on tire de la formule (114) ou (115), combinée avec les formules (48) et (52),

$$(116) \quad \begin{cases} \dfrac{Ax+Ey+Fz+G}{x-\xi} = \dfrac{Fx+By+Dz+H}{y-\eta} = \dfrac{Ex+Dy+Cz+I}{z-\zeta} = \dfrac{K-G\xi-H\eta-I\zeta}{(x-\xi)^2+(y-\eta)^2+(z-\zeta)^2} \\[3mm] \qquad\qquad\qquad\qquad = \dfrac{K-k}{r^2}, \end{cases}$$

r désignant la distance qui sépare la surface (1) du point où cette surface rencontre l'un des axes principaux.

On déduirait aisément des formules (2) et (5) l'équation du plan tangent mené à une surface du second degré par un point quelconque de cette surface. En effet, soient ξ, η, ζ les coordonnées du point dont il s'agit. Pour que la droite (2) se réduise à une tangente menée par le même point, il suffira que la corde mesurée sur cette droite s'évanouisse, et que le milieu de cette corde coïncide avec le point (ξ, η, ζ). En d'autres termes, il suffira de choisir les angles α, β, γ de manière que l'équation (5) soit vérifiée. Donc, si entre cette équation et la formule (2) on élimine α, β, γ, l'équation résultante, qui se réduira simplement à

(117) $\quad(A\xi+Fn+E\zeta+G)(x-\xi)+(F\xi+Bn+D\zeta+H)(y-n)+(E\xi+Dn+C\zeta+I)(z-\zeta)=0,$

et qui sera du premier degré en x, y, z, représentera un plan qui renfermera toutes les tangentes menées par le point (ξ, n, ζ) à la surface (1), c'est-à-dire, le plan tangent*. De plus, comme les coordonnées ξ, n, ζ vérifieront évidemment la formule

(118) $\quad A\xi^2+Bn^2+C\zeta^2+2Dn\zeta+2E\zeta\xi+2F\xi n+2G\xi+2Hn+2I\zeta=K,$

l'équation du plan tangent pourra encore s'écrire comme il suit :

(119)
$$\begin{cases}(A\xi+Fn+E\zeta+G)x+(F\xi+Bn+D\zeta+H)y+(E\xi+Dn+C\zeta+I)z\\ \qquad=K-G\xi-Hn-I\zeta.\end{cases}$$

Lorsqu'on remplace la surface (1) par la surface (106), l'équation du plan tangent se réduit à

(120) $\quad(A\xi+Fn+E\zeta)x+(F\xi+Bn+D\zeta)y+(E\xi+Dn+C\zeta)z=K.$

Concevons encore que l'on se propose de trouver les cas dans lesquels la surface (1) peut être engendrée par une droite, et les équations de la génératrice. Pour y parvenir, on prendra sur cette surface un point quelconque dont on désignera les coordonnées par ξ, n, ζ, et l'on cherchera les valeurs qu'il faut attribuer aux angles α, β, γ pour que la droite passant par le point (ξ, n, ζ), et représentée par la formule (2), soit située toute entière sur la surface. Or, pour que cette dernière condition se trouve remplie, il sera nécessaire que les valeurs de x, y, z tirées de la formule (94), satisfassent, quelle que soit la distance r, à l'équation (1), c'est-à-dire, en d'autres termes, que les valeurs de $\cos\alpha$, $\cos\beta$, $\cos\gamma$ vérifient à la fois les deux formules

(121)
$$\begin{cases}A\cos^2\alpha+B\cos^2\beta+C\cos^2\gamma+2D\cos\beta\cos\gamma+2E\cos\gamma\cos\alpha+2F\cos\alpha\cos\beta=0,\\ (A\xi+Fn+E\zeta+G)\cos\alpha+(F\xi+Bn+D\zeta+H)\cos\beta+(E\xi+Dn+C\zeta+I)\cos\gamma=0.\end{cases}$$

Donc il existera une droite passant par le point (ξ, n, ζ), et située toute entière sur la surface (1), si l'on peut des formules (121) tirer des valeurs réelles des rapports

---

*Cette manière de parvenir à l'équation du plan tangent nous a été indiquée par un jeune ecclésiastique également versé dans les sciences divines et dans les sciences humaines, et membre de cette illustre société qui, dans les deux hémisphères, a rendu tant de services à la civilisation.

$$\frac{\cos\alpha}{\cos\gamma}, \qquad \frac{\cos\beta}{\cos\gamma},$$

attendu qu'alors les mêmes formules, combinées avec l'équation (7), fourniront des valeurs réelles des quantités

$$\cos\alpha, \qquad \cos\beta, \qquad \cos\gamma.$$

Ajoutons qu'il suffira d'éliminer ces trois quantités entre les formules (2) et (121), pour obtenir les équations de la génératrice de la surface (1). Donc cette génératrice sera représentée par les formules

$$(122)\quad\begin{cases} A(x-\xi)^2+B(y-\eta)^2+C(z-\zeta)^2+2D(y-\eta)(z-\zeta)+2E(z-\zeta)(x-\xi)+2F(x-\xi)(y-\eta)=0, \\[2mm] (A\xi+F\eta+E\zeta+G)(x-\xi)+(F\xi+B\eta+D\zeta+H)(y-\eta)+(E\xi+D\eta+C\zeta+I)(z-\zeta)=0, \end{cases}$$

c'est-à-dire, qu'elle sera précisément une des droites suivant lesquelles le plan tangent, mené à la surface (1) par le point (ξ, η, ζ), rencontre le cône dont le sommet coïncide avec le même point, et dont les génératrices sont parallèles à celles du cône asymptotique.

Lorsque la surface (1) est un ellipsoïde réel ou imaginaire, ou un paraboloïde elliptique; le cône représenté par la première des équations (122) se réduit, ainsi que la surface (107), à un point unique, ou à une droite qui, étant parallèle à l'axe du paraboloïde, rencontre ce paraboloïde en un seul point. Donc alors la surface (1) ne peut être engendrée par une droite. Au contraire, si l'on considère un hyperboloïde à une nappe, par exemple, l'hyperboloïde représenté par l'équation (24), les formules (122) deviendront

$$(123)\quad \frac{(x-\xi)^2}{a^2}+\frac{(y-\eta)^2}{b^2}=\frac{(z-\zeta)^2}{c^2}, \qquad \frac{\xi(x-\xi)}{a^2}+\frac{\eta(y-\eta)}{b^2}=\frac{\zeta(z-\zeta)}{c^2};$$

et, comme on aura d'ailleurs

$$(124)\qquad \frac{\xi^2}{a^2}+\frac{\eta^2}{b^2}=1+\frac{\zeta^2}{c^2},$$

on en conclura

$$(125)\quad\begin{cases} \left(\dfrac{\xi^2}{a^2}+\dfrac{\eta^2}{b^2}\right)\left\{\dfrac{(x-\xi)^2}{a^2}+\dfrac{(y-\eta)^2}{b^2}\right\}-\left\{\dfrac{\xi(x-\xi)}{a^2}+\dfrac{\eta(y-\eta)}{b^2}\right\}^2= \\[3mm] \qquad\qquad \left(1+\dfrac{\zeta^2}{c^2}\right)\dfrac{(z-\zeta)^2}{c^2}-\dfrac{\zeta^2(z-\zeta)^2}{c^2}, \end{cases}$$

ou, ce qui revient au même,

(126)
$$\left(\frac{x\eta - y\xi}{ab}\right)^2 = \left(\frac{z-\zeta}{c}\right)^2 ,$$

et par suite

(127)
$$\frac{x\eta - y\xi}{ab} = \pm \frac{z-\zeta}{c} .$$

Ajoutons que la seconde des équations (123) peut être réduite à

(128)
$$\frac{x\xi}{a^2} + \frac{y\eta}{b^2} = 1 + \frac{z\zeta}{c^2} .$$

Donc, par un point quelconque de l'hyperboloïde à une nappe on peut faire passer deux droites qui soient situées sur cet hyperboloïde, savoir, les deux droites représentées par les formules (127) et (128).

Si à l'équation (24) on substituait l'équation (29), la formule (126) serait remplacée par la suivante

(129)
$$\left(\frac{x\eta - y\xi}{ab}\right)^2 + \frac{(z-\zeta)^2}{c^2} = 0 .$$

Comme on ne peut satisfaire simultanément à cette dernière et à la seconde des équations (123) qu'en supposant $x = \xi$, $y = \eta$, $z = \zeta$; il en résulte qu'il n'existe aucune droite qui soit située toute entière sur la surface de l'hyperboloïde à deux nappes.

Considérons enfin un paraboloïde hyperbolique, par exemple, celui que représente l'équation

(130)
$$\frac{x^2}{a^2} - \frac{y^2}{b^2} = \frac{2z}{c} .$$

Les formules (122) deviendront

(131)
$$\frac{(x-\xi)^2}{a^2} - \frac{(y-\eta)^2}{b^2} = 0 , \qquad \frac{\xi(x-\xi)}{a^2} - \frac{\eta(y-\eta)}{b^2} = \frac{z-\zeta}{c} .$$

Or on tirera de la première

(132)
$$\frac{x-\xi}{a} = \pm \frac{y-\eta}{b} ,$$

et la seconde pourra être réduite à

(133)
$$\frac{x\xi}{a^2} - \frac{y\eta}{b^2} = \frac{z+\zeta}{c} .$$

Donc, par un point quelconque du paraboloïde hyperbolique on peut faire passer deux droites qui soient situées sur ce paraboloïde, savoir, les deux droites représentées par les formules (132) et (133).

La propriété qu'offre l'hyperboloïde à une nappe d'être engendré par une droite peut servir à le faire distinguer de l'hyperboloïde à deux nappes. Supposons en effet que la surface représentée par l'équation (1) soit un hyperboloïde dont on demande l'espèce. On commencera par transporter l'origine au centre. Alors l'hyperboloïde dont il s'agit, et l'hyperboloïde conjugué se trouveront représentés, le premier par l'équation (109), le second par la suivante

$$(134) \qquad Ax^2 + By^2 + Cz^2 + 2Dyz + 2Ezx + 2Fxy = k - K,$$

tandis que le cône asymptotique, qui restera le même pour les deux hyperboloïdes, sera représenté par l'équation (107). Cela posé, concevons que par le centre commun des deux hyperboloïdes on mène une droite qui ne se confonde pas avec l'une des génératrices du cône asymptotique. Cette droite, dont les équations pourront être remplacées par la formule

$$(135) \qquad \frac{x}{l} = \frac{y}{m} = \frac{z}{n},$$

dans laquelle l, m, n désignent trois constantes arbitraires assujetties à la seule condition de fournir pour le polynome

$$(136) \qquad Al^2 + Bm^2 + Cn^2 + 2Dmn + 2Enl + 2Flm$$

une valeur différente de zéro, rencontrera nécessairement un des deux hyperboloïdes, en deux points dont les coordonnées ξ, η, ζ seront déterminées par l'une des deux formules

$$(137) \qquad \frac{\xi}{l} = \frac{\eta}{m} = \frac{\zeta}{n} = \pm \sqrt{\left(\frac{K-k}{Al^2 + Bm^2 + Cn^2 + 2Dmn + 2Enl + 2Flm} \right)},$$

$$(138) \qquad \frac{\xi}{l} = \frac{\eta}{m} = \frac{\zeta}{n} = \pm \sqrt{\left(\frac{k-K}{Al^2 + Bm^2 + Cn^2 + 2Dmn + 2Enl + 2Flm} \right)},$$

savoir, l'hyperboloïde (109), si le polynome (136) est une quantité de même signe que la différence $K - k$, et l'hyperboloïde (134) dans le cas contraire. De plus, si l'on combine les équations (122) avec les formules (137) ou (138), après avoir réduit à zéro les constantes G, H, I, on trouvera pour les équations de la génératrice qui renferme le point (ξ, η, ζ) sur l'un des hyperboloïdes

$$(139) \quad \begin{cases} A(x-\xi)^2+B(y-\eta)^2+C(z-\zeta)^2+2D(y-\eta)(z-\zeta)+2E(z-\zeta)(x-\xi)+2F(x-\xi)(y-\eta)=0 \, ; \\ (Al+Fm+En)(x-\xi)+(Fl+Bm+Dn)(y-\eta)+(El+Dm+Cn)(z-\zeta)=0 \, . \end{cases}$$

Donc la parallèle menée à cette génératrice par l'origine des coordonnées sera la droite suivant laquelle le cône asymptotique coupera le plan représenté par l'équation

$$(140) \quad (Al+Fm+En)x+(Fl+Bm+Dn)y+(El+Dm+Cn)z=0 \, ,$$

c'est-à-dire, le plan diamétral qui passera par les milieux des cordes parallèles à la droite (135). Si cette parallèle vient à disparaître, ou, en d'autres termes, si les équations (107) et (140) ne peuvent être vérifiées que par des valeurs nulles ou imaginaires des coordonnées x, y, z; on en conclura que l'hyperboloïde qui renferme le point (ξ, η, ζ) ne saurait être engendré par une droite, et qu'il offre deux nappes distinctes. Par conséquent l'hyperboloïde (109) offrira une seule nappe, si, le polynome (101) étant une quantité de même signe que la différence $K-k$, le système des équations (107), (140) fournit des valeurs réelles de x, y, z, ou, si, le polynome (101) et la différence $K-k$ étant des quantités de signes différents, le système des équations (107), (140) fournit des valeurs imaginaires de x, y, z. Dans la supposition contraire, l'hyperboloïde (109) offrira deux nappes distinctes. D'ailleurs, pour savoir si le système des formules (107), (140) fournit des valeurs réelles ou imaginaires des variables x, y, z, il suffira d'éliminer une de ces variables entre les mêmes formules, par exemple, la variable z, puis de tirer de l'équation résultante la valeur du rapport $\dfrac{y}{x}$.

Lorsque des coefficients A, B, C l'un au moins diffère de zéro, l'un des axes coordonnés rencontre l'hyperboloïde (109) ou l'hyperboloïde (134), et par suite, on peut réduire à zéro, dans la formule (140), deux des constantes arbitraires l, m, n. Concevons, par exemple, que le coefficient A ne soit pas nul. Alors, en prenant $m=0$, $n=0$, on fera coïncider la droite (135) avec l'axe des x. Alors aussi, l'équation (140) se trouvant remplacée par la formule

$$(141) \quad Ax+Fy+Ez=0 \, ,$$

la surface (109) sera un hyperboloïde à une nappe, si, le produit

$$(142) \quad A(K-k)$$

étant positif, les formules (107) et (141) fournissent des valeurs réelles de x, y, z, ou, si le produit (142) étant négatif, les mêmes formules fournissent des valeurs imaginaires de x, y, z.

III.ᵉ ANNÉE.   15

Il nous reste à montrer quelques applications numériques des règles que nous venons d'établir, et à l'aide desquelles on détermine l'espèce d'une surface du second degré, d'après l'inspection de l'équation qui la représente.

Proposons-nous d'abord de trouver quelle est la surface représentée par l'équation

$$(143) \qquad yz + zx + xy = 1 .$$

Cette surface a évidemment un centre qui coïncide avec l'origine. De plus, comme l'équation du cône asymptotique de la même surface, c'est-à-dire, la formule

$$(144) \qquad yz + zx + xy = 0$$

fournit, lorsqu'elle est résolue par rapport à la variable z, une valeur réelle de cette variable, et que cette valeur, savoir,

$$(145) \qquad z = - \frac{xy}{x+y} ,$$

ne se réduit pas à l'ordonnée d'un plan; on peut affirmer que le cône asymptotique existe, et que la surface (143) est un hyperboloïde. Pour déterminer l'espèce de cet hyperboloïde, on mènera par l'origine une droite qui ne soit pas renfermée dans la surface du cône asymptotique, par exemple, la droite que représente la formule

$$(146) \qquad x = y = z ,$$

et l'on cherchera le plan diamétral qui passe par les milieux des cordes parallèles à cette droite. Or les dérivées du premier membre de l'équation (143), prises successivement par rapport aux variables x, y, z, se réduisent aux trois binomes

$$y + z , \qquad z + x , \qquad x + y .$$

Donc le plan diamétral passant par les milieux des cordes parallèles à la droite (135) sera représenté par l'équation

$$(m + n)x + (n + l)y + (l + m)z = 0 ,$$

et le plan diamétral cherché par l'équation

$$(147) \qquad x + y + z = 0 .$$

De plus. on tirera des équations (143) et (147), en éliminant la variable z,

$$(148) \qquad (x+y)^2 - xy = 0, \qquad \text{ou} \qquad x^2 + xy + y^2 = 0,$$

et par conséquent

$$(149) \qquad \frac{y}{x} = -\frac{1}{2} \pm \frac{3^{\frac{1}{2}}}{2} \sqrt{-1}.$$

D'autre part, on tirera des équations (143) et (146)

$$(150) \qquad x = y = z = \pm \sqrt{\tfrac{1}{3}}.$$

Donc le plan diamétral (147) ne rencontrera pas le cône asymptotique, tandis que la droite (146) rencontrera l'hyperboloïde proposé. On doit en conclure que cet hyperboloïde ne pourra être engendré par une droite, et qu'il offrira deux nappes distinctes.

On arriverait à la même conclusion en observant que, dans l'hypothèse admise, la formule (113), qui comprend les équations des axes principaux, se réduit à

$$(151) \qquad \frac{y+z}{x} = \frac{z+x}{y} = \frac{x+y}{z}.$$

Or, si l'on désigne par r la distance qui sépare le centre de la surface (143) du point où cette surface rencontre l'un des axes principaux, on tirera des formules (143) et (151) combinées entre elles

$$(152) \qquad \frac{y+z}{x} = \frac{z+x}{y} = \frac{x+y}{z} = \frac{2yz+2zx+2xy}{x^2+y^2+z^2} = \frac{2}{r^2},$$

ou, ce qui revient au même,

$$(153) \qquad x+y+z = \left(\frac{2}{r^2}+1\right)x = \left(\frac{2}{r^2}+1\right)y = \left(\frac{2}{r^2}+1\right)z.$$

De plus, il est clair qu'on vérifiera l'équation (153), soit en posant

$$(147) \qquad x+y+z = 0,$$

et

$$(154) \qquad \frac{2}{r^2}+1 = 0, \qquad \text{ou} \qquad r = \pm 2^{\frac{1}{2}}\sqrt{-1},$$

soit en posant

$$(146) \qquad x = y = z,$$

et

$$(155) \qquad \frac{2}{r^2} + 1 = 3, \qquad \text{ou} \qquad r = 1.$$

Donc il existe, pour la surface (143), 1.° une infinité d'axes principaux compris dans le plan représenté par l'équation (147), mais dont aucun ne rencontre la surface; 2.° un axe principal représenté par la formule (146), et qui coupe la surface en deux points situés à l'unité de distance de l'origine. Donc l'équation (143) représente un hyperboloïde à une nappe, qui est de révolution autour de la droite (146), et dont l'axe réel offre une longueur égale à 2.

Proposons-nous, en second lieu, de trouver quelle est la surface représentée par l'équation

$$(156) \qquad x^2 - y^2 - z^2 + 2yz + x + y + z = 0.$$

Dans ce cas, la formule (107) se réduit à

$$x^2 - y^2 - z^2 + 2yz = 0,$$

ou, ce qui revient au même, à

$$(157) \qquad (x - y + z)(x + y - z) = 0.$$

Donc alors le cône dont les génératrices sont parallèles à celles du cône asymptotique se transforme en un système de deux plans qui se coupent. Par conséquent l'équation (156) ne peut représenter qu'un semblable système, ou un cylindre hyperbolique, ou un paraboloïde hyperbolique. De plus, comme les dérivées de l'équation (156) prises par rapport aux variables x, y, z, sont respectivement

$$(158) \qquad 2x + 1 = 0, \qquad -2y + 2z + 1 = 0, \qquad -2z + 2y + 1 = 0,$$

et qu'on ne peut satisfaire simultanément aux deux dernières des formules (158) par des valeurs finies de y et de z, nous devons conclure que la surface (156) n'a pas de centre, et qu'elle est un paraboloïde hyperbolique.

Si à l'équation (156) on substituait l'une des suivantes

$$(159) \qquad x^2 - y^2 - z^2 + 2yz + x + y - z = 0,$$

$$(160) \qquad x^2 - y^2 - z^2 + 2yz + x + y - z = 1,$$

on trouverait, au lieu des formules (158),

$$(161) \qquad 2x + 1 = 0, \qquad -2y + 2z + 1 = 0, \qquad 2y - 2z - 1 = 0;$$

et, comme les équations (161) sont vérifiées, quelle que soit z, lorsqu'on pose

$$(162) \qquad x = -\frac{1}{2}, \qquad y = z + \frac{1}{2},$$

on pourrait affirmer que chacune des surfaces (159), (160) admet une infinité de centres. Enfin, comme, en substituant les valeurs de x, y tirées des formules (162) dans les premiers membres des équations (159), (160), ou, ce qui revient au même, dans le polynome

$$\frac{x+y-z}{2},$$

on trouve zéro pour résultat, on conclurait que la surface (159) se réduit au système de deux plans qui se coupent suivant la droite (162), et la surface (160) à un cylindre hyperbolique qui a pour axe cette même droite.

Considérons encore l'équation

$$(163) \qquad x^2 + 2y^2 + 3z^2 + 4yz + 4zx + 4xy + 2x + 2y + 2z = 1.$$

Dans ce cas, la formule (107) deviendra

$$(164) \qquad x^2 + 2y^2 + 3z^2 + 4yz + 4zx + 4xy = 0.$$

Or on tire de cette dernière, résolue par rapport à x,

$$(165) \qquad x = -2(y + z) \pm \sqrt{(z^2 + 4yz + 2y^2)}.$$

De plus, comme, en égalant à zéro le polynome

$$z^2 + 4yz + 2y^2,$$

on en conclut

$$z = -2y \pm y\sqrt{2},$$

et que par suite on a généralement

$$(166) \quad z^2 + 4yz + 2y^2 = (z + 2y + y\sqrt{2})(z + 2y - y\sqrt{2}) = (z + 2y)^2 - 2y^2,$$

il est clair que la valeur de x, déterminée par la formule (165), sera réelle toutes les fois que la valeur numérique de $z + 2y$ sera supérieure à celle de $y\sqrt{2}$, c'est-à-dire, en d'autres termes, toutes les fois que la valeur numérique de la somme $\dfrac{z}{y} + 2$ sera supérieure à $\sqrt{2}$. Donc le cône asymptotique représenté par l'équation (164) ou (165) sera réel, et la surface (163) sera nécessairement un hyperboloïde. Pour obtenir les coordonnées du centre de cet hyperboloïde, il suffira de chercher les valeurs de x, y, z qui vérifient simultanément les trois dérivées de l'équation (163), savoir,

$$(167) \quad x + 2y + 2z + 1 = 0, \quad 2x + 2y + 2z + 1 = 0, \quad 2x + 2y + 3z + 1 = 0.$$

Donc les coordonnées du centre seront

$$(168) \qquad x = 0, \qquad y = -\frac{1}{2}, \qquad z = 0.$$

Cela posé, les axes principaux de la surface (163) seront représentés par la formule

$$(169) \qquad \frac{x + 2y + 2z + 1}{x} = \frac{2x + 2y + 2z + 1}{y + \frac{1}{2}} = \frac{2x + 2y + 3z + 1}{z}.$$

Ajoutons que, si l'on transporte l'origine au centre de la surface (163), les équations de cette surface et des axes principaux deviendront

$$(170) \qquad x^2 + 2y^2 + 3z^2 + 4xy + 4xz + 4yz = \frac{3}{2},$$

$$(171) \qquad \frac{x + 2y + 2z}{x} = \frac{2x + 2y + 2z}{y} = \frac{2x + 2y + 3z}{z}.$$

D'ailleurs, si l'on désigne par r la distance qui sépare la surface (170) du point où cette surface rencontre un des axes principaux, et, si l'on fait pour abréger

$$(172) \qquad \frac{3}{2r^2} = s,$$

on tirera des formules (170) et (171) combinées entre elles

$$(173) \quad \frac{x + 2y + 2z}{x} = \frac{2x + 2y + 2z}{y} = \frac{2x + 2y + 3z}{z} = \frac{\left(\frac{3}{2}\right)}{x^2 + y^2 + z^2} = \frac{3}{2r^2} = s,$$

ou, ce qui revient au même,

(174)
$$2x + 2y + 2z = (s+1)x = sy = (s-1)z;$$

puis on en conclura

(175)
$$2\left(\frac{1}{s+1} + \frac{1}{s} + \frac{1}{s-1}\right) = 1,$$

ou plus simplement

(176)
$$s^3 - 6s^2 - s + 2 = 0.$$

Comme cette dernière équation offre deux variations de signe, on peut affirmer qu'elle a deux racines positives. Donc, parmi les trois valeurs de r correspondantes aux trois axes principaux, et déduites des formules (172), (176), deux seront réelles. Donc la surface (163) sera un hyperboloïde à une seule nappe. On pourrait encore arriver à la même conclusion de la manière suivante.

Si l'on construit les cordes de la surface (170) qui sont parallèles à l'axe des y, le plan diamétral qui renfermera les milieux de ces cordes sera représenté par l'équation

$$2x + 2y + 2z = 0,$$

ou

(177)
$$x + y + z = 0.$$

Si entre cette dernière équation et la formule (164) on élimine y, on trouvera

(178) $\qquad z^2 - x^2 = 0,$ $\qquad\qquad$ (179) $\qquad\qquad z = \pm x.$

D'autre part, si l'on réduit x et z à zéro dans l'équation (170), on en tirera

(180)
$$y = \pm \frac{3^{\frac{1}{2}}}{2}.$$

Donc le plan diamétral qui renferme les milieux des cordes parallèles à l'axe des y coupe le cône asymptotique de la surface (170), qui elle-même est rencontrée par l'axe des y. Donc cette surface peut être engendrée par une droite, et l'hyperboloïde auquel elle se réduit offre deux nappes distinctes.

Considérons enfin l'équation

(181)
$$x^2 + 2y^2 + 3z^2 + 2yz + 2zx + 2xy + x + y + z = 1.$$

Dans ce cas, la formule (107) deviendra

(182)
$$x^2 + 2y^2 + 3z^2 + 2yz + 2zx + 2xy = 0.$$

Or, comme on tire de cette dernière, résolue par rapport à x,

$$(183) \qquad x = - (y + z) \pm (y^2 + 2z^2)^{\frac{1}{2}} \sqrt{-1} \,,$$

il est clair que les seules valeurs réelles de x, y, z, propres à vérifier la formule (182), seront des valeurs nulles. Donc l'équation (181) ne peut représenter qu'un ellipsoïde réel ou imaginaire. Ajoutons que, dans cet ellipsoïde, les coordonnées du centre vérifieront les dérivées de l'équation (181), savoir,

$$(184) \quad 2x + 2y + 2z + 1 = 0, \quad 2x + 4y + 2z + 1 = 0, \quad 2x + 2y + 6z + 1 = 0,$$

et seront par conséquent

$$(185) \qquad x = - \frac{1}{2} \,, \qquad y = 0 \,, \qquad z = 0 \,.$$

D'ailleurs, si l'on transporte l'origine à ce même centre, l'équation (181) sera remplacée par la suivante

$$(186) \qquad x^2 + 2y^2 + 3z^2 + 2yz + 2zx + 2xy = \frac{5}{4} \,,$$

c'est-à-dire, par l'équation d'une surface qui coupera évidemment l'axe des x en deux points dont les abscisses seront comprises dans la formule

$$(187) \qquad x = \pm \frac{\sqrt{5}}{2} \,.$$

Donc la surface (181) est un ellipsoïde réel.

SUR LA DIVISION

D'UNE MASSE SOLIDE OU FLUIDE

EN COUCHES HOMOGÈNES.

Considérons une masse solide ou fluide représentée par M, et comprise sous un certain volume V. Supposons d'ailleurs tous les points de l'espace rapportés à trois axes rectangulaires des x, y, z, et soit

$$(1) \qquad \rho = f(x, y, z)$$

la densité de la masse M au point (x, y, z). Si l'on divise cette masse en couches infiniment minces et homogènes par des surfaces très-rapprochées les unes des autres, l'équation de chacune de ces surfaces sera de la forme

$$(2) \qquad \rho = \text{const.}$$

Soit d'ailleurs $\rho + \Delta\rho$ ce que devient la densité ρ lorsqu'on passe du point (x, y, z) à un autre point très-voisin et correspondant aux coordonnées $x + \Delta x$, $y + \Delta y$, $z + \Delta z$. On trouvera, en regardant les quantités Δx, Δy, Δz comme infiniment petites du premier ordre, et négligeant les infiniment petits du second ordre,

$$(3) \qquad \Delta\rho = \frac{d\rho}{dx}\,\Delta x + \frac{d\rho}{dy}\,\Delta y + \frac{d\rho}{dz}\,\Delta z.$$

De plus, si l'on désigne par r le rayon vecteur mené du point (x, y, z) au point $(x + \Delta x, y + \Delta y, z + \Delta z)$, par α, β, γ les angles que forme ce rayon vecteur avec les demi-axes des coordonnées positives, et par $\varkappa$ la valeur numérique du rapport $\dfrac{\Delta\rho}{r}$, on aura

$$(4) \qquad \Delta x = r\cos\alpha, \qquad \Delta y = r\cos\beta, \qquad \Delta z = r\cos\gamma,$$

$$(5) \qquad \cos^2\alpha + \cos^2\beta + \cos^2\gamma = 1,$$

$$(6) \qquad s = \pm \frac{\Delta \rho}{r} = \pm \left(\frac{d\rho}{dx} \cos\alpha + \frac{d\rho}{dy} \cos\beta + \frac{d\rho}{dz} \cos\gamma \right).$$

Enfin, il est clair que le rayon vecteur r sera dirigé suivant la normale menée à la surface (2) par le point (x, y, z), si les angles α, β, γ sont déterminés par la formule

$$(7) \qquad \frac{\cos\alpha}{\left(\dfrac{d\rho}{dx}\right)} = \frac{\cos\beta}{\left(\dfrac{d\rho}{dy}\right)} = \frac{\cos\gamma}{\left(\dfrac{d\rho}{dz}\right)} = \pm \frac{1}{\sqrt{\left\{ \left(\dfrac{d\rho}{dx}\right)^2 + \left(\dfrac{d\rho}{dy}\right)^2 + \left(\dfrac{d\rho}{dz}\right)^2 \right\}}},$$

et qu'alors la valeur de s deviendra

$$(8) \qquad s = \sqrt{\left\{ \left(\frac{d\rho}{dx}\right)^2 + \left(\frac{d\rho}{dy}\right)^2 + \left(\frac{d\rho}{dz}\right)^2 \right\}}.$$

Or on peut démontrer que cette dernière valeur de s est la plus grande de celles que fournit l'équation (6), quand on y substitue pour α, β, γ des valeurs propres à vérifier la condition (5). On y parviendra en effet de la manière suivante.

On a généralement

$$(9) \quad \left\{ \begin{aligned} &\left(\frac{d\rho}{dx} \cos\alpha + \frac{d\rho}{dy} \cos\beta + \frac{d\rho}{dz} \cos\gamma \right)^2 \\ &+ \left(\frac{d\rho}{dy} \cos\gamma - \frac{d\rho}{dz} \cos\beta \right)^2 + \left(\frac{d\rho}{dz} \cos\alpha - \frac{d\rho}{dx} \cos\gamma \right)^2 + \left(\frac{d\rho}{dx} \cos\beta - \frac{d\rho}{dy} \cos\alpha \right)^2 \\ &= \left(\frac{d\rho}{dx} \right)^2 + \left(\frac{d\rho}{dy} \right)^2 + \left(\frac{d\rho}{dz} \right)^2. \end{aligned} \right.$$

Donc la quantité

$$(10) \qquad s^2 = \left(\frac{d\rho}{dx} \cos\alpha + \frac{d\rho}{dy} \cos\beta + \frac{d\rho}{dz} \cos\gamma \right)^2$$

sera toujours inférieure au trinome

$$(11) \qquad \left(\frac{d\rho}{dx} \right)^2 + \left(\frac{d\rho}{dy} \right)^2 + \left(\frac{d\rho}{dz} \right)^2,$$

tant que les angles α, β, γ ne vérifieront pas les conditions

$$(12) \quad \frac{d\rho}{dy} \cos\gamma - \frac{d\rho}{dz} \cos\beta = 0, \quad \frac{d\rho}{dz} \cos\alpha - \frac{d\rho}{dx} \cos\gamma = 0, \quad \frac{d\rho}{dx} \cos\beta - \frac{d\rho}{dy} \cos\alpha = 0,$$

ou, ce qui revient au même, la formule (7); tandis que, dans le cas contraire, les quantités (10) et (11) seront égales entre elles. Donc le trinome dont il s'agit représentera la valeur *maximum* de s^2, et la racine carrée de ce trinome offrira le *maximum* de la quantité s. Or cette quantité sera plus ou moins grande, suivant que l'accroissement ou la diminution de la densité ρ sera plus ou moins considérable dans le passage du point (x, y, z) au point $(x + \Delta x, y + \Delta y, z + \Delta z)$ séparé du premier par la distance r. Cela posé, on déduira immédiatement du principe ci-dessus établi la proposition suivante.

1.er Théorème. *Si, après avoir divisé une masse solide ou fluide en couches homogènes par des surfaces infiniment rapprochées les unes des autres, on passe d'un point (x, y, z) pris au hasard sur l'une de ces surfaces à un second point très-voisin et séparé du premier par la distance r, l'accroissement ou le décroissement de la densité deviendra le plus grand possible, lorsque la distance r sera mesurée sur la normale à la surface dont il s'agit.*

La quantité s que détermine la formule (6), et qui sert à mesurer l'accroissement ou la diminution de la densité à une distance très-petite du point (x, y, z), est ce que nous appellerons désormais le *module* de cet accroissement ou de cette diminution.

Il est facile de prouver que, dans la formule (7), le double signe doit être réduit au signe $+$ ou au signe $-$, suivant que la densité croît ou diminue quand on passe du point (x, y, z) à un point très-voisin $(x + \Delta x, y + \Delta y, z + \Delta z)$ situé sur la direction correspondante aux angles α, β, γ. En effet, admettons d'abord que la densité croisse dans la direction dont il s'agit. Les deux quantités

$$\cos \alpha \quad \text{et} \quad \frac{d\rho}{dx}$$

seront toutes deux positives si cette direction forme avec le demi-axe des x positives un angle aigu, et toutes deux négatives dans le cas contraire. Donc alors le rapport

$$(13) \qquad \frac{\cos \alpha}{\left(\dfrac{d\rho}{dx} \right)}$$

sera nécessairement positif, et la formule (7) devra être réduite à la suivante

$$(14) \qquad \frac{\cos \alpha}{\left(\dfrac{d\rho}{dx} \right)} = \frac{\cos \beta}{\left(\dfrac{d\rho}{dy} \right)} = \frac{\cos \gamma}{\left(\dfrac{d\rho}{dz} \right)} = \frac{1}{\sqrt{ \left\{ \left(\dfrac{d\rho}{dx} \right)^2 + \left(\dfrac{d\rho}{dy} \right)^2 + \left(\dfrac{d\rho}{dz} \right)^2 \right\} }} .$$

On prouvera de même que, si la densité diminue quand on passe du point (x, y, z)

à un point très-voisin situé sur la direction correspondante aux angles α , β , γ , le rapport (13) sera nécessairement négatif. Donc alors la formule (7) deviendra

$$(15) \qquad \frac{\cos\alpha}{\left(\dfrac{d\rho}{dx}\right)} = \frac{\cos\beta}{\left(\dfrac{d\rho}{dy}\right)} = \frac{\cos\gamma}{\left(\dfrac{d\rho}{dz}\right)} = -\frac{1}{\sqrt{\left\{\left(\dfrac{d\rho}{dx}\right)^2 + \left(\dfrac{d\rho}{dy}\right)^2 + \left(\dfrac{d\rho}{dz}\right)^2\right\}}} .$$

Lorsque la masse M est celle d'un liquide en équilibre, et que les projections algébriques X , Y , Z de la force accélératrice φ appliquée à la molécule qui renferme le point (x, y, z) réduisent le trinome $X\,dx + Y\,dy + Z\,dz$ à une différentielle exacte, les surfaces qui divisent la masse M en couches homogènes sont des surfaces de niveau , dont chacune est toujours coupée à angles droits par la direction de la force accélératrice. Donc alors, si l'on veut passer d'un point donné (x, y, z) à un second point très-voisin et situé à la distance r du premier, de manière que l'accroissement ou la diminution de la densité obtienne la plus grande valeur possible, il suffira de mesurer la distance r sur la direction de la force accélératrice.

Si l'on considère le calorique comme un fluide impondérable qui pénètre les différents corps , la densité ρ de ce fluide en un point donné (x, y, z) d'un corps quelconque, sera la mesure de la chaleur en ce point, et les surfaces qui diviseront le même fluide en couches homogènes, ou d'égales densités, seront ce qu'on peut appeler des surfaces *isothermes* , puisqu'on retrouvera dans tous les points de chacune d'elles la même quantité de chaleur. Alors la quantité u , déterminée par la formule (6) , deviendra proportionnelle à l'accroissement ou à la diminution que la chaleur subira dans le passage d'un premier point (x, y, z) à un second point très-voisin $(x + \Delta x, y + \Delta y, z + \Delta z)$, séparé du premier par la distance r tracée de manière à former avec les demi-axes des coordonnées positives les angles α , β , γ , et sera le *module* de cet accroissement ou de cette diminution. Or il suit des principes ci-dessus établis que ce module acquerra la plus grande valeur possible quand la distance infiniment petite, désignée par r , se comptera sur la normale menée par le point (x, y, z) à la surface isotherme qui renferme ce point. On peut donc énoncer la proposition suivante.

2.° *Théorème. Si, dans un corps ou dans l'espace on veut passer d'un point donné* (x, y, z) *à un second point très-voisin et séparé du premier par la distance* r , *de manière que la différence des quantités de chaleur mesurées en ces deux points soit la plus grande possible, on devra suivre la direction de la normale menée par le premier point à la surface isotherme dans laquelle il se trouve compris.*

Pour établir l'équation qui sert à fixer les lois du mouvement de la chaleur dans un corps ou dans l'espace, il suffit d'admettre, comme nous le montrerons plus tard, que le calorique est un fluide dont chaque molécule se meut toujours à partir d'un point donné

(x, y, z) dans la direction suivant laquelle le décroissement de la densité est le plus considérable, et que la quantité de chaleur, qui, pendant un instant très-court Δt, traverse un élément s de surface perpendiculaire à cette direction, est proportionnelle au module v du décroissement dont il s'agit. Adoptons cette hypothèse, et concevons qu'au bout du temps t l'on désigne par ω et ρ la vitesse et la densité du fluide correspondantes au point (x, y, z). Comme la quantité de chaleur qui, pendant l'instant Δt, traversera l'élément de surface s, sera nécessairement proportionnelle d'une part à la densité ρ, d'autre part à la vitesse ω, et par suite au produit $\rho\omega$, on aura, en vertu de l'hypothèse admise,

$$(16) \qquad \rho\omega = kv, \qquad\qquad (17) \qquad \omega = \frac{kv}{\rho},$$

la valeur de v étant déterminée par la formule (8), et k désignant un coefficient positif qui ne pourra dépendre que des variables x, y, z. Ajoutons que ce coefficient sera constant si le fluide se meut dans l'espace ou dans un corps homogène, tandis que, dans le cas contraire, il mesurera la conductibilité du corps échauffé au point (x, y, z). Quant aux angles α, β, γ formés par la direction de la vitesse ω avec les demi-axes des coordonnées positives, ils coïncideront avec les angles α, β, γ déterminés par la formule (15) qui pourra s'écrire comme il suit

$$(18) \qquad \frac{\cos\alpha}{\left(\dfrac{d\rho}{dx}\right)} = \frac{\cos\beta}{\left(\dfrac{d\rho}{dy}\right)} = \frac{\cos\gamma}{\left(\dfrac{d\rho}{dz}\right)} = -\frac{1}{v},$$

et de laquelle on tirera

$$(19) \qquad \cos\alpha = -\frac{1}{v}\frac{d\rho}{dx}, \qquad \cos\beta = -\frac{1}{v}\frac{d\rho}{dy}, \qquad \cos\gamma = -\frac{1}{v}\frac{d\rho}{dz}.$$

Cela posé, si l'on nomme u, v, w les projections algébriques de la vitesse ω sur les demi-axes des coordonnées positives, on trouvera

$$(20) \quad u = \omega\cos\alpha = -\frac{k}{\rho}\frac{d\rho}{dx}, \qquad v = \omega\cos\beta = -\frac{k}{\rho}\frac{d\rho}{dy}, \qquad w = \omega\cos\gamma = -\frac{k}{\rho}\frac{d\rho}{dz},$$

et par suite

$$(21) \qquad \rho u = -k\frac{d\rho}{dx}, \qquad \rho v = -k\frac{d\rho}{dy}, \qquad \rho w = -k\frac{d\rho}{dz}.$$

Si l'on supposait l'élément de surface s perpendiculaire non plus à la direction de la vitesse ω, mais à une autre direction qui formerait avec les demi-axes des coordonnées positives des angles λ , μ , ν ; alors, δ désignant l'angle compris entre ces deux directions, la quantité de chaleur, qui, pendant un temps très-court, traverserait la surface s , serait proportionnelle, non-seulement aux quantités ρ et ω , mais encore à $\cos\delta$, et par suite au produit

$$(22) \qquad \rho\,\omega\cos\delta .$$

On aurait d'ailleurs

$$(23) \qquad \cos\delta = \cos\alpha\cos\lambda + \cos\beta\cos\mu + \cos\gamma\cos\nu ;$$

puis on conclurait des formules (20), (21) et (23)

$$(24) \qquad \rho\,\omega\cos\delta = \rho\,u\cos\lambda + \rho\,v\cos\mu + \rho\,w\cos\nu = - k\left(\cos\lambda\,\frac{d\rho}{dx} + \cos\mu\,\frac{d\rho}{dy} + \cos\nu\,\frac{d\rho}{dz}\right) .$$

Concevons maintenant que l'élément s fasse partie de la surface extérieure d'un corps solide, et que la quantité ρ ou la température de cette surface au point (x, y, z) diffère de la température ς du milieu environnant. Admettons enfin que la quantité de chaleur qui traversera pendant un instant très-court Δt l'élément s soit proportionnelle à la différence entre les températures ρ et ς du corps solide et du milieu dans lequel il est placé. On aura

$$(25) \qquad - k\left(\cos\lambda\,\frac{d\rho}{dx} + \cos\mu\,\frac{d\rho}{dy} + \cos\nu\,\frac{d\rho}{dz}\right) = K\,(\rho - \varsigma) ,$$

K désignant un nouveau coefficient qui dépendra de la facilité avec laquelle la surface extérieure du corps se laissera traverser par le calorique, et par conséquent de la nature ainsi que du poli de cette surface. Ajoutons que, si l'on représente par

$$(26) \qquad f(x, y, z) = 0$$

la surface dont il s'agit, les angles λ , μ , ν formés par la normale à cette surface avec les demi-axes des coordonnées positives seront déterminés par la formule

$$(27) \quad \left\{ \begin{array}{c} \dfrac{\cos\lambda}{\left(\dfrac{df(x,y,z)}{dx}\right)} = \dfrac{\cos\mu}{\left(\dfrac{df(x,y,z)}{dy}\right)} = \dfrac{\cos\nu}{\left(\dfrac{df(x,y,z)}{dz}\right)} = \\[3ex] \pm \dfrac{1}{\sqrt{\left\{\left(\dfrac{df(x,y,z)}{dx}\right)^2 + \left(\dfrac{df(x,y,z)}{dy}\right)^2 + \left(\dfrac{df(x,y,z)}{dz}\right)^2\right\}}} . \end{array} \right.$$

Il est bon d'observer que, dans la formule (25), le coefficient K et la différence $\rho - \tau$ seront des quantités affectées du même signe, si l'angle désigné par δ dans l'équation (24) est aigu, ou, en d'autres termes, si la température, mesurée au-dedans du corps solide et dans le voisinage du point (x, y, z) au bout du temps t, décroît, tandis qu'on passe d'un point à un autre en suivant la direction déterminée par les angles λ, μ, ν. Si le contraire arrivait, le coefficient K et la différence $\rho - \tau$ seraient des quantités affectées de signes contraires.

Dans le cas particulier où la température τ du milieu qui environne le corps solide devient égale à zéro, l'équation (25) se réduit à

$$(28) \qquad \cos\lambda \, \frac{d\rho}{dx} + \cos\mu \, \frac{d\rho}{dy} + \cos\nu \, \frac{d\rho}{dz} + \frac{K}{k} \, \rho = 0.$$

Alors, si l'on admet que la surface du corps solide offre en chaque point une température inférieure à celle de points très-voisins, mais situés au-dedans du même corps, le coefficient K sera positif ou négatif, suivant que les angles λ, μ, ν se rapporteront à la normale prolongée au-dehors ou au-dedans du corps solide à partir du point (x, y, z).

En terminant cet article, nous ferons remarquer que MM. Fourier et Poisson avaient déjà obtenu, le premier la formule (28), le second la formule (25), quoique les hypothèses admises par ces deux géomètres relativement à la propagation de la chaleur fussent très-distinctes de celle que nous avons adoptée.

SUR LES ÉQUATIONS QUI EXPRIMENT

LES CONDITIONS D'ÉQUILIBRE OU LES LOIS DU MOUVEMENT DES FLUIDES.

§ 1.ᵉʳ CONSIDÉRATIONS GÉNÉRALES.

Considérons d'abord une masse fluide en équilibre. Soient m une molécule infiniment petite, prise au hasard dans cette masse, x, y, z les coordonnées de la molécule m comptées sur trois axes rectangulaires, ρ la densité du fluide au point (x, y, z), p la pression hydrostatique au même point, φ la force accélératrice qui sollicite la molécule m, et X, Y, Z les projections algébriques de la force φ sur les axes coordonnés. En choisissant pour variables indépendantes les coordonnées x, y, z, on aura [voy. la page 24 du second volume]

$$(1) \qquad \frac{dp}{dx} = \rho X, \qquad \frac{dp}{dy} = \rho Y, \qquad \frac{dp}{dz} = \rho Z;$$

et par suite

$$(2) \qquad dp = \rho (X\,dx + Y\,dy + Z\,dz).$$

Or, pour que l'on puisse trouver une fonction p de x, y, z propre à vérifier la formule (2), il est nécessaire que le second membre de cette formule soit une différentielle exacte, et que l'on ait

$$(3) \qquad \frac{d(\rho Y)}{dz} = \frac{d(\rho Z)}{dy}, \qquad \frac{d(\rho Z)}{dx} = \frac{d(\rho X)}{dz}, \qquad \frac{d(\rho X)}{dy} = \frac{d(\rho Y)}{dx}.$$

Donc les conditions (3) devront être remplies dans le cas d'équilibre. On peut ajouter que ces conditions suffiront pour assurer l'équilibre, si le fluide est contenu dans un vase fermé de toutes parts, pourvu que la paroi du vase soit capable de supporter en chaque point la pression exercée contre elle. Si, au contraire, une portion de la surface qui termine la masse fluide, est libre et soumise à des pressions extérieures, il sera nécessaire, pour l'équilibre, non-seulement que les conditions (3) se trouvent vérifiées, mais encore que l'on puisse satisfaire à l'équation (2) par une valeur de p qui, pour chaque point de la surface libre du fluide, soit précisément équivalente à la pression extérieure en ce point. Donc, si la surface dont il s'agit est représentée par l'équation $F(x, y, z) = 0$, et la pression extérieure par P, il faudra que les formules

(4) $$\mathrm{F}(x, y, z) = 0 \, ,$$ (5) $$p = P$$

subsistent simultanément, c'est-à-dire que la valeur de z, tirée de l'équation (4), vérifie l'équation (5), p étant l'une des fonctions que détermine la formule (2).

Considérons maintenant le cas où la masse fluide est en mouvement : et soient, au bout du temps t, ω la vitesse de la molécule m correspondante aux coordonnées x, y, z; ψ la force accélératrice qui serait capable de produire le mouvement effectif de cette molécule, enfin u, v, w et $\mathfrak{X}$, $\mathfrak{Y}$, $\mathfrak{Z}$ les projections algébriques de la vitesse ω et de la force accélératrice ψ. Prenons d'ailleurs pour variables indépendantes les coordonnées x, y, z, et le temps t. Les formules (1) devront être remplacées par celles que l'on en déduit, quand on substitue à la force accélératrice ψ la résultante de cette force et d'une autre qui serait égale mais directement opposée à ψ, c'est-à-dire, en d'autres termes, quand on remplace les quantités X, Y, Z, par les différences $X - \mathfrak{X}$, $Y - \mathfrak{Y}$, $Z - \mathfrak{Z}$. On aura donc, dans le cas du mouvement de la masse fluide,

(6) $$\frac{dp}{dx} = \rho(X - \mathfrak{X}) , \qquad \frac{dp}{dy} = \rho(Y - \mathfrak{Y}) , \qquad \frac{dp}{dz} = \rho(Z - \mathfrak{Z}) ,$$

p désignant toujours la pression hydrostatique au point (x, y, z). Soit d'ailleurs Δt un instant très-court compté à partir de la fin du temps t, et représentons par

$$\Delta x, \qquad \Delta y, \qquad \Delta z, \qquad \Delta \rho, \qquad \Delta u, \qquad \Delta v, \qquad \Delta w,$$

les accroissements que prendront, pendant cet instant, les valeurs des quantités

$$x , \qquad y, \qquad z , \qquad \rho , \qquad u, \qquad v, \qquad w$$

relatives à la molécule m. On aura sensiblement

(7) $$\Delta x = u \Delta t , \qquad \Delta y = v \Delta t , \qquad \Delta z = w \Delta t .$$

De plus, la densité ρ étant fonction de x, y, z, t, si l'on pose, pour plus de commodité,

$$\rho = f(x, y, z, t),$$

on trouvera

$$\Delta \rho = f(x + \Delta x, y + \Delta y, z + \Delta z, t + \Delta t) - f(x, y, z, t) ,$$

ou à très-peu près

III.ᵉ ANNÉE.

$$\Delta \rho = f(x + u\Delta t, y + v\Delta t, z + w\Delta t, t + \Delta t) - f(x,y,z,t)$$

$$= \left\{ \frac{df(x,y,z)}{dt} + u\,\frac{df(x,y,z)}{dx} + v\,\frac{df(x,y,z)}{dy} + w\,\frac{df(x,y,z)}{dz} \right\} \Delta t.$$

On aura donc, en considérant Δt comme un infiniment petit du premier ordre, et négligeant les quantités infiniment petites d'un ordre supérieur au premier

$$(8) \qquad \Delta \rho = \left(\frac{d\rho}{dt} + u\,\frac{d\rho}{dx} + v\,\frac{d\rho}{dy} + w\,\frac{d\rho}{dz} \right) \Delta t ,$$

On trouvera de même, en remplaçant, dans l'équation (8), la densité ρ par les vitesses u, v, w, qui sont encore des fonctions de x, y, z, t,

$$(9) \qquad \left\{ \begin{aligned} \Delta u &= \left(\frac{du}{dt} + u\,\frac{du}{dx} + v\,\frac{du}{dy} + w\,\frac{du}{dz} \right) \Delta t , \\[2mm] \Delta v &= \left(\frac{dv}{dt} + u\,\frac{dv}{dx} + v\,\frac{dv}{dy} + w\,\frac{dv}{dz} \right) \Delta t , \\[2mm] \Delta w &= \left(\frac{dw}{dt} + u\,\frac{dw}{dx} + v\,\frac{dw}{dy} + w\,\frac{dw}{dz} \right) \Delta t . \end{aligned} \right.$$

Enfin, comme, pour obtenir les projections algébriques $\mathcal{X}$, $\mathcal{Y}$, $\mathcal{Z}$ de la force accélératrice ψ, il suffira de diviser par Δt les accroissements infiniment petits Δu, Δv, Δw, on tirera des formules (9)

$$(10) \qquad \left\{ \begin{aligned} \mathcal{X} &= \frac{du}{dt} + u\,\frac{du}{dx} + v\,\frac{du}{dy} + w\,\frac{du}{dz} , \qquad \mathcal{Y} = \frac{dv}{dt} + u\,\frac{dv}{dx} + v\,\frac{dv}{dy} + w\,\frac{dv}{dz} , \\[2mm] \mathcal{Z} &= \frac{dw}{dt} + u\,\frac{dw}{dx} + v\,\frac{dw}{dy} + w\,\frac{dw}{dz} ; \end{aligned} \right.$$

et par suite les équations (6) donneront

$$(11) \qquad \left\{ \begin{aligned} \frac{d\rho}{dx} &= \rho \left\{ X - \frac{du}{dt} - u\,\frac{du}{dx} - v\,\frac{du}{dy} - w\,\frac{du}{dz} \right\} , \\[2mm] \frac{d\rho}{dy} &= \rho \left\{ Y - \frac{dv}{dt} - u\,\frac{dv}{dx} - v\,\frac{dv}{dy} - w\,\frac{dv}{dz} \right\} , \\[2mm] \frac{d\rho}{dz} &= \rho \left\{ Z - \frac{dw}{dt} - u\,\frac{dw}{dx} - v\,\frac{dw}{dy} - w\,\frac{dw}{dz} \right\} . \end{aligned} \right.$$

Concevons à présent que l'on désigne par v et par $v(1 + \theta \Delta t)$ le volume infiniment petit sous lequel la masse m se trouve comprise, 1.º à la fin du temps t, 2.º à la fin du temps $t + \Delta t$. La valeur numérique de la quantité positive ou négative $\theta \Delta t$ servira de mesure à ce qu'on doit nommer la dilatation ou la condensation du volume v pendant l'instant Δt. De plus, la masse m se trouvera exprimée à la fin du temps t par le produit

$$\rho v,$$

et, à la fin du temps $t + \Delta t$, par le produit

$$(\rho + \Delta \rho) v (1 + \theta \Delta t) = \rho v \left\{ 1 + \left(\theta + \frac{1}{\rho} \frac{\Delta \rho}{\Delta t} \right) \Delta t + \ldots \right\}.$$

Cela posé, comme cette masse ne saurait changer de valeur avec le temps, on aura nécessairement

$$1 + \left(\theta + \frac{1}{\rho} \frac{\Delta \rho}{\Delta t} \right) \Delta t + \ldots = 1,$$

et par suite

$$\theta + \frac{1}{\rho} \frac{\Delta \rho}{\Delta t} = 0;$$

puis on en conclura, en ayant égard à la formule (8),

$$(12) \qquad \rho \theta + \frac{d\rho}{dt} + u \frac{d\rho}{dx} + v \frac{d\rho}{dy} + w \frac{d\rho}{dz} = 0.$$

D'ailleurs, comme les trois produits

$$(13) \qquad u \Delta t, \qquad v \Delta t, \qquad w \Delta t$$

représentent les déplacements très-petits de la molécule m, parallèlement aux axes coordonnés, pendant l'instant Δt, il est clair qu'il suffira de substituer ces trois produits aux quantités ξ, η, ζ dans la valeur de υ déterminée par l'équation (33) de la page (66) du second volume pour obtenir la dilatation $\theta \Delta t$ du volume v. On aura donc

$$\theta \Delta t = \frac{d(u \Delta t)}{dx} + \frac{d(v \Delta t)}{dy} + \frac{d(w \Delta t)}{dz},$$

ou plus simplement

$$(14) \qquad \theta = \frac{du}{dx} + \frac{dv}{dy} + \frac{dw}{dz}.$$

Par conséquent la formule (12) donnera

$$(15) \qquad \frac{d\rho}{dt} + u\,\frac{d\rho}{dx} + v\,\frac{d\rho}{dy} + w\,\frac{d\rho}{dz} + \rho\left(\frac{du}{dx} + \frac{dv}{dy} + \frac{dw}{dz}\right) = 0,$$

ou, ce qui revient au même,

$$(16) \qquad \frac{d\rho}{dt} + \frac{d(\rho u)}{dx} + \frac{d(\rho v)}{dy} + \frac{d(\rho w)}{dz} = 0,$$

Enfin, si l'on désigne par v_0 et par $v_0(1 + \upsilon) = v$ les volumes infiniment petits sous lesquels la masse m se trouve comprise, 1.° à l'origine du mouvement, 2.° à la fin du temps t, la valeur numérique de la quantité positive ou négative υ servira de mesure à ce qu'on doit nommer la dilatation ou la condensation du volume de la molécule m pendant le temps t; et l'on aura sensiblement

$$\theta\,\Delta t = \Delta\upsilon = \left(\frac{d\upsilon}{dt} + u\,\frac{d\upsilon}{dx} + v\,\frac{d\upsilon}{dy} + w\,\frac{d\upsilon}{dz}\right)\Delta t,$$

$\Delta\upsilon$ représentant l'accroissement de υ pendant l'instant Δt; puis on en conclura

$$(17) \qquad \theta = \frac{d\upsilon}{dt} + u\,\frac{d\upsilon}{dx} + v\,\frac{d\upsilon}{dy} + w\,\frac{d\upsilon}{dz},$$

ou, ce qui revient au même,

$$(18) \qquad \frac{d\upsilon}{dt} + u\,\frac{d\upsilon}{dx} + v\,\frac{d\upsilon}{dy} + w\,\frac{d\upsilon}{dz} = \frac{du}{dx} + \frac{dv}{dy} + \frac{dw}{dz}.$$

Soient encore

$$x - \xi, \qquad y - \eta, \qquad z - \zeta$$

les coordonnées initiales de la molécule m, c'est-à-dire, de la molécule qui coïncide au bout du temps t avec le point (x, y, z). Les trois quantités ξ, η, ζ serviront à mesurer les déplacements de la molécule m pendant le temps t, parallèlement aux axes des x, y, z; et, pendant un instant infiniment petit Δt compté à partir de la fin du temps t, ces mêmes déplacements recevront des accroissements égaux aux trois produits

$$\left(\frac{d\xi}{dt} + u\,\frac{d\xi}{dx} + v\,\frac{d\xi}{dy} + w\,\frac{d\xi}{dz}\right)\Delta t,$$

$$\left(\frac{d\eta}{dt} + u\,\frac{d\eta}{dx} + v\,\frac{d\eta}{dy} + w\,\frac{d\eta}{dz}\right)\Delta t\,,$$

$$\left(\frac{d\zeta}{dt} + u\,\frac{d\zeta}{dx} + v\,\frac{d\zeta}{dy} + w\,\frac{d\zeta}{dz}\right)\Delta t\,.$$

Or, en divisant ces produits par Δt, on devra retrouver les vitesses u, v, w parallèles aux axes. On aura donc

$$(19) \qquad
\begin{cases}
\dfrac{d\xi}{dt} + u\,\dfrac{d\xi}{dx} + v\,\dfrac{d\xi}{dy} + w\,\dfrac{d\xi}{dz} = u\,, \\[2ex]
\dfrac{d\eta}{dt} + u\,\dfrac{d\eta}{dx} + v\,\dfrac{d\eta}{dy} + w\,\dfrac{d\eta}{dz} = v\,, \\[2ex]
\dfrac{d\zeta}{dt} + u\,\dfrac{d\zeta}{dx} + v\,\dfrac{d\zeta}{dy} + w\,\dfrac{d\zeta}{dz} = w\,.
\end{cases}$$

Ces trois dernières équations serviront à déterminer ξ, η, ζ lorsqu'on sera parvenu à exprimer les vitesses u, v, w en fonction des quatre variables indépendantes x, y, z, t.

Les formules générales que nous venons d'établir subsistent dans toute l'étendue d'une masse fluide en mouvement. Mais il en est d'autres qui sont relatives aux surfaces par lesquelles cette masse peut être limitée. Supposons, pour fixer les idées, que la masse fluide soit terminée par deux surfaces, savoir, 1.° une surface invariable qui s'appuie contre la paroi d'un vase, et qui soit représentée par l'équation

$$(20) \qquad\qquad f(x, y, z) = 0\,;$$

2.° une surface libre soumise à une pression extérieure P, et représentée à l'origine du mouvement par l'équation

$$(21) \qquad\qquad F(x, y, z) = 0\,.$$

Enfin admettons que chacune de ces surfaces renferme constamment les mêmes molécules. Dans cette hypothèse, une molécule située sur la surface invariable et correspondante aux coordonnées x, y, z, aura sa vitesse dirigée suivant une droite tangente à la surface. Donc cette droite et la normale à la surface comprendront entre elles un angle droit dont le cosinus sera nul. D'autre part, comme les demi-axes des x, y, z positives formeront avec la vitesse de la molécule des angles dont les cosinus seront proportionnels à

$$u\,, \qquad v\,, \qquad w\,,$$

et, avec la normale à la surface invariable, des angles dont les cosinus seront proportionnels à

$$\frac{df(x,y,z)}{dx}, \qquad \frac{df(x,y,z)}{dy}, \qquad \frac{df(x,y,z)}{dz},$$

le cosinus de l'angle compris entre la normale et la vitesse sera proportionnel à la somme

$$u\,\frac{df(x,y,z)}{dx} + v\,\frac{df(x,y,z)}{dy} + w\,\frac{df(x,y,z)}{dz},$$

et ne pourra s'évanouir qu'avec cette somme. Donc, pour tous les points de la surface invariable, on aura en même temps les deux équations

$$(22) \qquad \left\{ \begin{array}{c} f(x,y,z) = 0, \\[2mm] u\,\dfrac{df(x,y,z)}{dx} + v\,\dfrac{df(x,y,z)}{dy} + w\,\dfrac{df(x,y,z)}{dz} = 0. \end{array} \right.$$

Quant aux molécules comprises dans la surface libre, leurs coordonnées x, y, z devront, au bout du temps t, vérifier simultanément les deux équations

$$(23) \qquad F(x-\xi, y-\eta, z-\zeta) = 0, \qquad p = P.$$

Il est bon d'observer que, si l'on désigne par u_0, v_0, w_0 les valeurs initiales de u, v, w, c'est-à-dire, les vitesses initiales de la molécule qui coïncide, non pas au bout du temps t, mais à l'origine du mouvement, avec le point (x, y, z), on aura nécessairement pour tous les points de la surface invariable

$$(24) \qquad u_0\,\frac{df(x,y,z)}{dx} + v_0\,\frac{df(x,y,z)}{dy} + w_0\,\frac{df(x,y,z)}{dz} = 0,$$

et que l'on pourra en conséquence remplacer les équations (22) par les suivantes

$$(25) \qquad \left\{ \begin{array}{c} f(x,y,z) = 0, \\[2mm] (u-u_0)\,\dfrac{df(x,y,z)}{dx} + (v-v_0)\,\dfrac{df(x,y,z)}{dy} + (w-w_0)\,\dfrac{df(x,y,z)}{dz} = 0. \end{array} \right.$$

Plusieurs des formules qui précèdent se simplifient dans le cas où les déplacements ξ, η, ζ, les vitesses u, v, w, et la dilatation υ du volume, conservent constamment des valeurs très-petites. Supposons en effet que ces diverses quantités, et par suite leurs dérivées, prises par rapport aux variables x, y, z, t, soient considérées comme infiniment petites du premier ordre. Alors on tirera des formules (11), (18) et (19), en négligeant les infiniment petits du second ordre,

$$(26) \qquad \frac{dp}{dx} = \rho\left(X - \frac{du}{dt}\right), \qquad \frac{dp}{dy} = \rho\left(Y - \frac{dv}{dt}\right), \qquad \frac{dp}{dz} = \rho\left(Z - \frac{dw}{dt}\right),$$

$$(27) \qquad \frac{dv}{dt} = \frac{du}{dx} + \frac{dv}{dy} + \frac{dw}{dz},$$

$$(28) \qquad \frac{d\xi}{dt} = u, \qquad \frac{d\eta}{dt} = v, \qquad \frac{d\zeta}{dt} = w.$$

Dans le même cas, les projections algébriques de la vitesse initiale de la molécule qui coïncide au bout du temps t avec le point (x, y, z) différeront très-peu des projections algébriques u_0, v_0, w_0 de la vitesse mesurée à l'origine du mouvement au point (x, y, z), c'est-à-dire, que la différence sera une quantité infiniment petite d'un ordre supérieur au premier.

----

§ 2. Sur l'équilibre et le mouvement des liquides ou fluides incompressibles.

Considérons un liquide ou fluide incompressible, soumis à la force accélératrice φ. Si ce liquide est en équilibre, la pression correspondante au point (x, y, z) sera déterminée par la formule (2). Si au contraire ce liquide est en mouvement, la densité de chaque molécule devant rester invariable, la valeur de $\Delta\rho$ déterminée par l'équation (8) devra s'évanouir, et par conséquent on obtiendra la formule

$$(29) \qquad \frac{d\rho}{dt} + u\frac{d\rho}{dx} + v\frac{d\rho}{dy} + w\frac{d\rho}{dz} = 0,$$

en vertu de laquelle l'équation (15) se trouvera réduite à celle qui exprime qu'un élément du volume ne varie pas avec le temps, c'est-à-dire, à

$$(30) \qquad \frac{du}{dx} + \frac{dv}{dy} + \frac{dw}{dz} = 0.$$

Alors les formules (11), (29), (30) seront les seules qui subsistent, dans toute l'étendue de la masse fluide entre les cinq inconnues ρ, p, u, v, w considérées comme fonctions des variables indépendantes x, y, z, t. Dans le cas particulier où les vitesses u, v, w demeurent constamment très-petites, les formules (11) peuvent être remplacées par les formules (26).

Supposons maintenant que le fluide incompressible soit homogène. Alors la densité ρ deviendra constante ; et, si l'on ajoute les équations (26) après avoir différencié la première par rapport à x, la seconde par rapport à y, la troisième par rapport à z, on trouvera, en ayant égard à la formule (30),

$$(31) \qquad \frac{d^2 p}{dx^2} + \frac{d^2 p}{dy^2} + \frac{d^2 p}{dz^2} = \rho \left(\frac{dX}{dx} + \frac{dY}{dy} + \frac{dZ}{dz} \right).$$

Telle est l'équation à laquelle doit satisfaire la pression p dans un liquide homogène et en mouvement, lorsque chaque molécule a toujours une très-petite vitesse. Dans le même cas, en désignant par u_0, v_0, w_0 les projections algébriques de la vitesse mesurée à l'origine du mouvement au point x, y, z, c'est-à-dire, les valeurs de u, v, w correspondantes à $t = 0$, on tirera des équations (26)

$$(32) \quad \left\{ \begin{array}{l} u = u_0 + \int_0^t \left(X - \frac{1}{\rho} \frac{dp}{dx} \right) dt, \qquad v = v_0 + \int_0^t \left(Y - \frac{1}{\rho} \frac{dp}{dy} \right) dt, \\[2ex] \qquad\quad w = w_0 + \int_0^t \left(Z - \frac{1}{\rho} \frac{dp}{dz} \right) dt, \end{array} \right.$$

et des équations (28)

$$(33) \qquad \xi = \int_0^t u\, dt, \qquad \eta = \int_0^t v\, dt, \qquad \zeta = \int_0^t w\, dt.$$

Les formules (31) et (32) se simplifient dans le cas où, X, Y, Z étant des fonctions des seules variables x, y, z, l'expression

$$(34) \qquad X\, dx + Y\, dy + Z\, dz$$

devient une différentielle exacte. Alors, pour convertir l'état initial en un état d'équilibre, il suffirait d'anéantir les vitesses initiales des molécules liquides, et de remplacer à l'origine du mouvement la surface libre du liquide par une surface invariable. Soit $\mathcal{P}$ la pression relative à l'état d'équilibre dont il s'agit. On aura

$$(35) \qquad d\mathcal{P} = \rho \left(X\, dx + Y\, dy + Z\, dz \right),$$

ou, ce qui revient au même,

$$(36) \qquad \frac{d\mathcal{P}}{dx} = \rho X , \qquad \frac{d\mathcal{P}}{dy} = \rho Y , \qquad \frac{d\mathcal{P}}{dz} = \rho Z ,$$

et par conséquent

$$\rho \left(\frac{dX}{dx} + \frac{dY}{dy} + \frac{dZ}{dz} \right) = \frac{d^2\mathcal{P}}{dx^2} + \frac{d^2\mathcal{P}}{dy^2} + \frac{d^2\mathcal{P}}{dz^2} .$$

Donc, si l'on fait pour abréger

$$(37) \qquad \mathcal{P} - p = \varpi ,$$

les équations (31) et (32) deviendront

$$(38) \qquad \frac{d^2\varpi}{dx^2} + \frac{d^2\varpi}{dy^2} + \frac{d^2\varpi}{dz^2} = 0 ,$$

$$(39) \quad u = u_0 + \frac{1}{\rho} \frac{d\int_0^t \varpi\, dt}{dx} , \quad v = v_0 + \frac{1}{\rho} \frac{d\int_0^t \varpi\, dt}{dy} , \quad w = w_0 + \frac{1}{\rho} \frac{d\int_0^t \varpi\, dt}{dz} ,$$

Par suite les formules (35) donneront

$$(40) \quad \left\{ \begin{array}{l} \xi = u_0 t + \dfrac{1}{\rho} \dfrac{d\int_0^t\int_0^t \varpi\, dt^2}{dx} , \quad \eta = v_0 t + \dfrac{1}{\rho} \dfrac{d\int_0^t\int_0^t \varpi\, dt^2}{dy} , \\[3em] \zeta = w_0 t + \dfrac{1}{\rho} \dfrac{d\int_0^t\int_0^t \varpi\, dt^2}{dz} . \end{array} \right.$$

Ajoutons que, si la masse liquide est terminée par deux surfaces, l'une invariable et représentée par l'équation (20), l'autre libre, mais soumise à une pression extérieure P, et représentée à l'origine du mouvement par l'équation (21), on aura, pour tous les points de la surface invariable, en vertu des formules (25) et (39),

$$(41) \quad \left\{ \begin{array}{c} \mathrm{f}(x,y,z) = 0 , \\[1.5em] \dfrac{d\mathrm{f}(x,y,z)}{dx} \dfrac{d\int_0^t \varpi\, dt}{dx} + \dfrac{d\mathrm{f}(x,y,z)}{dy} \dfrac{d\int_0^t \varpi\, dt}{dy} + \dfrac{d\mathrm{f}(x,y,z)}{dz} \dfrac{d\int_0^t \varpi\, dt}{dz} = 0 , \end{array} \right.$$

tandis que l'on aura, pour tous les points de la surface libre, en vertu des formules (23), (37) et (40),

$$(42) \qquad \mathrm{F}(x-\xi, y-\eta, z-\zeta)=0, \qquad \varpi = \mathcal{P} - P,$$

ou, ce qui revient au même,

$$(43) \quad \left\{ \mathrm{F}\left\{ x - u_0 t - \frac{1}{\rho}\frac{d\int_0^t\int_0^t \varpi\, dt^2}{dx}, \; y - v_0 t - \frac{1}{\rho}\frac{d\int_0^t\int_0^t \varpi\, dt^2}{dy}, \; z - w_0 t - \frac{1}{\rho}\frac{d\int_0^t\int_0^t \varpi\, dt^2}{dz} \right\} = 0, \right.$$
$$\varpi = \mathcal{P} - P.$$

Cela posé, pour obtenir la fonction de x, y et z désignée par ϖ, il suffira d'intégrer l'équation (38), en déterminant les fonctions arbitraires de manière à remplir les conditions (41) et (43). De plus, la fonction ϖ étant connue, on déduira immédiatement des formules (37), (39) et (40) les valeurs de la pression p, des vitesses u, v, w, et des déplacements ξ, η, ζ.

Pour montrer une application des formules que nous venons d'établir, considérons un liquide homogène dont les molécules, uniquement soumises à la force g de la pesanteur, conservent pendant toute la durée du mouvement des vitesses très-petites; et concevons que, l'axe des z étant vertical, l'ordonnée z se compte positivement de bas en haut. Supposons en outre que le liquide repose sur un plan horizontal représenté par l'équation

$$(44) \qquad z = -h,$$

que sa surface libre supporte une pression constante désignée par P, et que cette même surface, à l'origine du mouvement, s'écarte très-peu du plan des x, y. Soient enfin

$$(45) \qquad z = \mathrm{F}(x, y)$$

l'équation initiale de la surface libre, et

$$(46) \qquad w_0 = \mathcal{f}(x, y)$$

la valeur de w_0 correspondante à $z = 0$. Les fonctions $\mathrm{F}(x, y)$, $\mathcal{f}(x, y)$ auront de très-petites valeurs numériques, quelles que soient d'ailleurs les coordonnées x, y; et, comme on trouvera

$$X = 0, \qquad Y = 0, \qquad Z = -g,$$

la formule (35) donnera

$$(47) \qquad d\mathcal{P} = - g\rho\, dz .$$

Or cette dernière équation sera vérifiée, si l'on prend

$$(48) \qquad \mathcal{P} = P - g\rho z .$$

Cela posé, les formules (41) et (42) deviendront

$$(49) \qquad z = -h , \qquad \frac{d \int_0^t \varpi\, dt}{dz} = 0 ,$$

et

$$(50) \qquad z - \zeta = \mathrm{F}(x - \xi, y - \eta) , \qquad \varpi = - g\rho z .$$

De plus, les déplacements ξ, η devant rester très-petits, ainsi que la fonction $\mathrm{F}(x,y)$, on pourra, sans erreur sensible, réduire la première des équations (50) à

$$(51) \qquad z - \zeta = \mathrm{F}(x,y) ;$$

et, comme la troisième des formules (40) donnera à très-peu près, pour des valeurs de z peu différentes de zéro,

$$(52) \qquad \zeta = t\mathcal{f}(x,y) + \frac{1}{\rho} \frac{d \int_0^t \int_0^t \varpi\, dt^2}{dz} ,$$

on tirera de l'équation (51)

$$(53) \qquad z - \frac{1}{\rho} \frac{d \int_0^t \int_0^t \varpi\, dt^2}{dz} = \mathrm{F}(x,y) + t\mathcal{f}(x,y) .$$

D'ailleurs, si l'on élimine z entre la formule (53) et la seconde des équations (50), on obtiendra la suivante

$$(54) \qquad \varpi + g \frac{d \int_0^t \int_0^t \varpi\, dt^2}{dz} = - g\rho [\mathrm{F}(x,y) + t\mathcal{f}(x,y)] .$$

qui restera sensiblement exacte pour de très-petites valeurs numériques de z, et par conséquent pour $z = 0$. Donc l'on déterminera, dans l'hypothèse admise, la fonction de x, y, z désignée par ϖ, en intégrant l'équation (58), de manière que la condition (54) soit vérifiée pour $z = 0$, et la condition

$$(55) \qquad \frac{d \int_0^t \varpi \, dt}{dz} = 0 \, ,$$

pour $z = -h$. On fixera ensuite la valeur de la pression p, en un point quelconque de la masse liquide, à l'aide de la formule (57), ou plutôt de la suivante

$$(56) \qquad p = P - g\rho z - \varpi \, ,$$

puis les valeurs de u, v, w, ξ, η, ζ à l'aide des formules (39) et (40). Ajoutons que la surface libre du liquide sera représentée, au bout d'un temps quelconque t, par la seconde des équations (50), qui peut s'écrire comme il suit :

$$(57) \qquad z = -\frac{\varpi}{g\rho} \, .$$

Si, pour plus de simplicité, on supposait les vitesses initiales u_0, v_0, w_0 réduites à zéro, la fonction $\mathcal{F}(x,y)$ étant alors nulle, l'équation (54) se présenterait sous la forme

$$(58) \qquad \varpi + \frac{1}{\rho} \frac{d \int_0^t \int_9^t \varpi \, dt^2}{dz} = -g\rho \, \mathrm{F}(x,y) \, ,$$

tandis que les formules (39) et (40) donneraient

$$(59) \qquad u = \frac{1}{\rho} \frac{d \int_0^t \varpi \, dt}{dx} \, , \qquad v = \frac{1}{\rho} \frac{d \int_0^t \varpi \, dt}{dy} \, , \qquad w = \frac{1}{\rho} \frac{d \int_0^t \varpi \, dt}{dz}$$

et

$$(60) \qquad \xi = \frac{1}{\rho} \frac{d \int_0^t \int_0^t \varpi \, dt^2}{dx} \, , \qquad \eta = \frac{1}{\rho} \frac{d \int_0^t \int_0^t \varpi \, dt^2}{dy} \, , \qquad \zeta = \frac{1}{\rho} \frac{d \int_0^t \int_0^t \varpi \, dt^2}{dz} \, ;$$

Nous renverrons à un autre article l'intégration de l'équation (38), ainsi que l'exposition des lois qui s'en déduisent pour la propagation des ondes à la surface d'un liquide pesant. On peut d'ailleurs consulter sur ce sujet un Mémoire composé en 1815, qui a été couronné par l'Institut en 1816, et inséré dans le recueil des Mémoires des savants étrangers.

§ 3. *Sur l'équilibre et le mouvement des fluides élastiques.*

Soit donné un fluide élastique soumis à la surface accélératrice φ. La densité ρ, en un point quelconque (x, y, z) de ce fluide, sera proportionnelle à la pression p, c'est-à-dire, que l'on aura

$$(61) \qquad \rho = k p ,$$

k désignant un coefficient qui dépendra uniquement de la température correspondante au point dont il s'agit. Cela posé, considérons un état d'équilibre ou de mouvement de la masse fluide, dans lequel la température, connue en chaque point, ne varie pas avec le temps. k sera une fonction déterminée de x, y, z; et la pression p, si le fluide est en équilibre, se déduira de la formule

$$(62) \qquad d\,\mathrm{l}(p) = k(X\,dx + Y\,dz + Z\,dz)$$

que produit l'élimination de ρ entre les formules (2) et (61). Au contraire, si le fluide est en mouvement, les cinq inconnues ρ, p, u, v, w devront vérifier les cinq équations (11), (16) et (61), quelles que soient d'ailleurs les valeurs attribuées aux variables indépendantes x, y, z, t. Dans le cas particulier où les vitesses u, v, w demeurent constamment très-petites, les formules (11) peuvent être remplacées par les formules (26), desquelles on tire, en les combinant avec l'équation (61),

$$(63) \quad \frac{d\,\mathrm{l}(p)}{dx} = k\left(X - \frac{du}{dt}\right) , \quad \frac{d\,\mathrm{l}(p)}{dy} = k\left(Y - \frac{dv}{dt}\right) , \quad \frac{d\,\mathrm{l}(p)}{dz} = k\left(Z - \frac{dx}{dt}\right) .$$

D'ailleurs, si l'on élimine ρ entre les formules (16) et (61), on trouvera

$$(64) \qquad k\frac{dp}{dt} + \frac{d(kup)}{dx} + \frac{d(kvp)}{dy} + \frac{d(kwp)}{dz} = 0 ,$$

ou, ce qui revient au même,

$$(65) \quad k\frac{d\,\mathrm{l}(p)}{dt} + k\left\{ u\frac{d\,\mathrm{l}(p)}{dx} + v\frac{d\,\mathrm{l}(p)}{dy} + w\frac{d\,\mathrm{l}(p)}{dz} \right\} + \frac{d(ku)}{dx} + \frac{d(kv)}{dy} + \frac{d(kw)}{dz} = 0:$$

puis, en considérant les vitesses u, v, w comme infiniment petites du premier ordre, et négligeant les infiniment petits du second ordre, on déduira des équations (63) et (65) combinées entre elles

$$(66) \qquad k\,\frac{d\,l(p)}{dt} + k^2(Xu + Yv + Zw) + \frac{d(ku)}{dx} + \frac{d(kv)}{dy} + \frac{d(kw)}{dz} = 0.$$

Si maintenant on suppose que les projections X, Y, Z de la force accélératrice soient indépendantes du temps, on tirera de l'équation (66) différenciée par rapport à t, et réunie aux formules (63),

$$(67) \left\{ \begin{aligned} &k\,\frac{d^2 l(p)}{dt^2} + k^2(X^2 + Y^2 + Z^2) + \frac{d(kX)}{dx} + \frac{d(kY)}{dy} + \frac{d(kZ)}{dz} = \\[2ex] &kX\,\frac{d\,l(p)}{dx} + kY\,\frac{d\,l(p)}{dx} + kZ\,\frac{d\,l(p)}{dz} + \frac{d^2 l(p)}{dx^2} + \frac{d^2 l(p)}{dy^2} + \frac{d^2 l(p)}{dz^2}. \end{aligned} \right.$$

Telle est l'équation aux différences partielles du second ordre à laquelle doit satisfaire la pression p dans un fluide élastique en mouvement, lorsque, chaque molécule ayant une vitesse très-petite, la température et les projections de la force accélératrice sont indépendantes du temps. Alors aussi, en désignant par u_0, v_0, w_0 les vitesses initiales, c'est-à-dire, les valeurs de u, v, w correspondantes à $t = 0$, on conclura des formules (63) et (27)

$$(68) \left\{ \begin{aligned} &u = u_0 + \int_0^t \left\{ X - \frac{1}{k}\,\frac{d\,l(p)}{dx} \right\} dt, \qquad v = v_0 + \int_0^t \left\{ Y - \frac{1}{k}\,\frac{d\,l(p)}{dy} \right\} dt, \\[2ex] &\qquad\qquad w = w_0 + \int_0^t \left\{ Z - \frac{1}{\rho}\,\frac{d\,l(p)}{dz} \right\} dt, \end{aligned} \right.$$

$$(69) \qquad\qquad ' = \int_0^t \left(\frac{du}{dx} + \frac{dv}{dy} + \frac{dw}{dz} \right) dt.$$

Quant aux déplacements ξ, η, ζ, ils seront déterminés, comme dans le § 2, par les équations (33).

Les formules (67) et (68) se simplifient dans le cas où, la direction et l'intensité de la force accélératrice étant, ainsi que la température, indépendantes du temps, le produit

$$(70) \qquad\qquad k(X\,dx + Y\,dy + Z\,dz)$$

devient la différentielle exacte d'une fonction des seules variables x, y, z. Alors, pour obtenir un état d'équilibre de la masse fluide , il suffirait de rendre invariables les surfaces qui servent de limites au volume qui renferme cette masse , et de la distribuer, entre les diverses portions du même volume , de telle manière que la densité ϱ et la pression p correspondantes à un point quelconque (x, y, z) fussent propres à vérifier les formules (61) et (62). Cela posé, désignons par $\mathcal{P}$ la valeur de la pression p relative à l'état d'équilibre dont il s'agit. $\mathcal{P}$ sera une fonction des seules variables x , y , z , qui vérifiera l'équation

$$(71) \qquad d\mathrm{l}(\mathcal{P}) = k(X\,dx + Y\,dy + Z\,dz) ,$$

ou , ce qui revient au même , les trois formules

$$(72) \qquad \frac{d\mathrm{l}(\mathcal{P})}{dx} = kX , \qquad \frac{d\mathrm{l}(\mathcal{P})}{dy} = kY , \qquad \frac{d\mathrm{l}(\mathcal{P})}{dz} = kZ ;$$

et l'on aura en conséquence

$$k^2(X^2 + Y^2 + Z^2) = kX\,\frac{d\mathrm{l}(\mathcal{P})}{dx} + kY\,\frac{d\mathrm{l}(\mathcal{P})}{dy} + kZ\,\frac{d\mathrm{l}(\mathcal{P})}{dz} ,$$

$$\frac{d(kX)}{dx} + \frac{d(kY)}{dy} + \frac{d(kZ)}{dz} = \frac{d^2\mathrm{l}(\mathcal{P})}{dx^2} + \frac{d^2\mathrm{l}(\mathcal{P})}{dy^2} + \frac{d^2\mathrm{l}(\mathcal{P})}{dz^2} .$$

Donc , si l'on fait pour abréger

$$(73) \qquad \mathrm{l}(\mathcal{P}) - \mathrm{l}(p) = u ,$$

les équations (67) et (68) deviendront

$$(74) \qquad \frac{d^2 u}{dx^2} + \frac{d^2 u}{dy^2} + \frac{d^2 u}{dz^2} + k\left(X\,\frac{du}{dx} + Y\,\frac{du}{dy} + Z\,\frac{du}{dz}\right) = k\,\frac{d^2 u}{dt^2} ,$$

$$(75) \qquad \left\{ \begin{array}{l} u = v_0 + \dfrac{1}{k}\,\dfrac{d\displaystyle\int_0^t u\,dt}{dx} , \qquad v = v_0 + \dfrac{1}{k}\,\dfrac{d\displaystyle\int_0^t u\,dt}{dy} , \\[2em] \qquad\quad w = w_0 + \dfrac{1}{k}\,\dfrac{d\displaystyle\int_0^t u\,dt}{dz} , \end{array} \right.$$

Observons d'ailleurs que , la quantité u étant très-petite , l'équation (73) donnera , sans erreur sensible ,

$$(76) \qquad \frac{\mathcal{P}}{\rho} = e^{\varpi} = 1 + \varpi,$$

et que les pressions $\mathcal{P}$, p mesurées au point (x, y, z) 1.° dans l'état d'équilibre dont nous avons parlé ci-dessus, 2.° dans l'état de mouvement que présente à la fin du temps t la masse fluide, seront proportionnelles, en vertu de la formule (61), aux densités correspondantes à ces deux états. Donc la valeur numérique de la quantité positive ou négative désignée par ϖ mesurera ce qu'on doit nommer la dilatation ou la condensation du volume au point (x, y, z) dans le passage du premier état au second. Ajoutons que cette dilatation ou condensation ne doit pas être confondue avec celle que nous avons désignée par la lettre v, et qui se rapporte au changement produit dans le volume d'une molécule m, tandis que la masse fluide passe de l'état initial de mouvement ou de repos à l'état de mouvement qui subsiste au bout du temps t.

On pourrait encore parvenir aux formules (74) et (75) de la manière suivante.

On tire des formules (63) et (66), en ayant égard aux équations (72) et (73),

$$(77) \qquad k\frac{du}{dt} = \frac{d\varpi}{dx}, \qquad k\frac{dv}{dt} = \frac{d\varpi}{dy}, \qquad k\frac{dw}{dt} = \frac{d\varpi}{dz},$$

$$(78) \qquad k\frac{d\varpi}{dt} = k^2(Xu + Yv + Zw) + \frac{d(ku)}{dx} + \frac{d(kv)}{dy} + \frac{d(kw)}{dz}.$$

Or, si, après avoir différencié par rapport à t la formule (78), on la combine avec les formules (77), on retrouvera précisément l'équation (74). De plus, il est clair que les équations (75) se déduisent immédiatement des formules (77) intégrées par rapport à t et à partir de $t = 0$.

Si l'on suppose que la masse fluide s'étende indéfiniment dans tous les sens, il sera très-facile de déterminer les fonctions arbitraires comprises dans l'intégrale générale de l'équation (74). En effet, ces fonctions arbitraires peuvent être réduites aux valeurs initiales des quantités ϖ et $\frac{d\varpi}{dt}$. Or, d'après ce qui a été dit plus haut, la valeur initiale de ϖ, que nous désignerons par ϖ_0, représentera, au signe près, la dilatation ou la condensation que subit le volume du fluide élastique au point (x, y, z), quand on passe de l'état d'équilibre ci-dessus mentionné à l'état dans lequel se trouve le fluide à l'origine du mouvement. Quant à la valeur initiale de $\frac{d\varpi}{dt}$, elle se déduira sans peine de la formule (78), et sera, en vertu de cette formule, équivalente au polynome

$$(79) \qquad k(Xu_\circ + Yv_\circ + Zw_\circ) + \frac{1}{k} \left\{ \frac{d(ku_\circ)}{dx} + \frac{d(kv_\circ)}{dy} + \frac{d(kw_\circ)}{dz} \right\}.$$

Lorsque la masse fluide est uniquement soumise à la force accélératrice de la pesanteur, alors, en supposant que l'axe des z soit vertical, et que l'ordonnée z se compte positivement de bas en haut, on trouve

$$X = 0, \qquad Y = 0, \qquad Z = -g,$$

et par suite l'équation (74) se réduit à

$$(80) \qquad \frac{d^2 s}{dx^2} + \frac{d^2 s}{dy^2} + \frac{d^2 s}{dz^2} - gk\frac{ds}{dz} = k\frac{d^2 s}{dt^2}.$$

Si l'on suppose au contraire que la force accélératrice s'évanouisse, l'équation (74) se réduira simplement à

$$(81) \qquad \frac{d^2 s}{dx^2} + \frac{d^2 s}{dy^2} + \frac{d^2 s}{dz^2} = k\frac{d^2 s}{dt^2},$$

Si l'on admet de plus que la même température règne constamment dans toute l'étendue de la masse fluide, la quantité k deviendra indépendante des variables x, y, z, et la formule (78) donnera

$$(82) \qquad \frac{ds}{dt} = \frac{du}{dx} + \frac{dv}{dy} + \frac{dw}{dz};$$

puis on conclura des équations (27) et (82)

$$(83) \qquad \frac{dv}{dt} = \frac{ds}{dt},$$

et par conséquent

$$(84) \qquad v = s - s_\circ.$$

Alors, si l'état initial de la masse fluide est un état d'équilibre, on aura $s_\circ = 0$, et par suite

$$(85) \qquad v = s;$$

ce qu'il était facile de prévoir.

§ 4. *Sur le mouvement de la chaleur.*

Concevons que l'on demande l'équation du mouvement de la chaleur dans un corps solide ou dans l'espace. Supposons d'ailleurs, comme dans l'article précédent, que le calorique est un fluide qui pénètre tous les corps, et dont chaque molécule se meut toujours à partir d'un point donné (x, y, z) dans la direction suivant laquelle le décroissement de la densité est le plus considérable. Admettons enfin que la quantité de chaleur, qui, pendant un instant très-court Δt, traverse un élément de surface perpendiculaire à cette direction, est proportionnelle au module du décroissement dont il s'agit. Si l'on désigne par ω et ρ la vitesse et la densité du fluide au point (x, y, z) au bout du temps t, puis par u, v, w les projections algébriques de la vitesse ω sur les axes coordonnés, on aura [v. la page 125]

$$(86) \qquad \rho u = -k \frac{d\rho}{dx}, \qquad \rho v = -k \frac{d\rho}{dy}, \qquad \rho w = -k \frac{d\rho}{dz},$$

k désignant un coefficient positif, qui sera constant si le calorique se meut dans l'espace ou dans un corps homogène, et qui, dans le cas contraire, mesurera la conductibilité du corps échauffé au point (x, y, z). Or, si l'on substitue dans la formule (16) les valeurs des produits ρu, ρv, ρw tirées des équations (86), on en conclura immédiatement

$$(87) \qquad \frac{d\rho}{dt} = \frac{d\left(k \frac{d\rho}{dx}\right)}{dx} + \frac{d\left(k \frac{d\rho}{dy}\right)}{dy} + \frac{d\left(k \frac{d\rho}{dz}\right)}{dz}.$$

Dans le cas particulier où le coefficient k a une valeur constante, c'est-à-dire, indépendante de x, y et z, l'équation (87) se réduit à

$$(88) \qquad \frac{d\rho}{dt} = k \left(\frac{d^2\rho}{dx^2} + \frac{d^2\rho}{dy^2} + \frac{d^2\rho}{dz^2} \right).$$

Les formules (88) et (87) coïncident avec celles qui ont été données par MM. Fourier et Poisson, quoique l'hypothèse admise dans cet article relativement à la propagation de la chaleur diffère essentiellement de celles que ces deux géomètres ont adoptées, et suivant lesquelles le calorique serait un fluide qui s'échapperait par rayonnement dans toutes les directions possibles de chacune des particules d'un corps échauffé.

Je montrerai dans un autre article l'analogie qui existe entre la propagation du calorique et la propagation des vibrations d'un corps entièrement dépourvu d'élasticité.

SUR LES DIFFÉRENCES FINIES DES PUISSANCES ENTIÈRES

D'UNE SEULE VARIABLE.

On sait que la différence finie $\Delta^m x^n$ d'une puissance entière de la variable x s'évanouit dans le cas où l'ordre m de la différence finie est inférieur à l'exposant n de la puissance. Dans le cas contraire, $\Delta^m x^n$ se réduit à un polynome en x du degré $n - m$. Or, parmi les moyens à l'aide desquels on peut déterminer les coefficients des diverses puissances de x dans ce polynome, l'un des plus simples est celui que fournit le calcul des résidus, et que nous allons indiquer en peu de mots.

Comme on a généralement, en supposant le nombre n entier, et le signe $\mathcal{E}$ relatif à la variable z,

$$(1) \qquad x^n = 1.2.3\ldots n\; \mathcal{E}\, \frac{e^{xz}}{((\, z^{n+1}\,))} \, ,$$

on en conclut

$$(2) \qquad \Delta^m x^n = 1.2.3\ldots n\; \mathcal{E}\, \frac{\Delta^m e^{xz}}{((\, z^{n+1}\,))} \, ,$$

la caractéristique Δ étant relative à la variable x ; puis, en posant pour abréger $\Delta x = h$, on trouve

$$(3) \qquad \Delta^m x^n = 1.2.3\ldots n\; \mathcal{E}\, \frac{(e^{hz}-1)^m e^{xz}}{((\, z^{n+1}\,))} \, ,$$

Concevons maintenant que l'on développe les deux fonctions

$$e^{xz}, \quad \text{et} \quad (e^{hz} - 1)^m = h^m z^m \left(1 + \frac{hz}{1.2} + \frac{h^2 z^2}{1.2.3} + \ldots \right)^m$$

suivant les puissances ascendantes de z, et faisons

$$(4) \qquad \left(1 + \frac{z}{1.2} + \frac{z^2}{1.2.3} + \ldots \right)^m = 1 + M_1 z + M_2 z^2 + M_3 z^3 + \text{etc.}, .$$

Pour obtenir le résidu $\quad \mathcal{E} \dfrac{(e^{hz}-1)^m e^{xt}}{((z^{n+1}))}$, il suffira de chercher le coefficient de $\quad z^{n-m}$ dans le développement du produit

$$h^m e^{xz}\left(1+\frac{hz}{1.2}+\frac{h^2z^2}{1.2.3}+..\right)^m = h^m\left(1+\frac{xz}{1}+\frac{x^2z^2}{1.2}+..\right)(1+M_1 hz+M_2 h^2z^2+..),$$

et par suite l'équation (3) donnera

$$(5) \qquad \Delta^m x^n =$$

$$n(n-1)...(n-m+1)\,h^m x^{n-m}+n(n-1)...(n-m)M_1 h^{m+1} x^{n-m-1}+...+n(n-1)...3.2.1.M_{n-m} h^n.$$

On tirera d'ailleurs de la formule (4)

$$(6) \qquad M_1 = \frac{m}{2}, \qquad M_2 = \frac{m(3m+1)}{24}, \qquad M_3 = \frac{m^2(m+1)}{48}, \qquad \text{etc...} ,$$

et généralement

$$(7) \quad M_l = S\left\{\left(\frac{1}{1}\right)^p\left(\frac{1}{1.2}\right)^q\left(\frac{1}{1.2.3}\right)^r\left(\frac{1}{1.2.3.4}\right)^s ... \frac{1.2.3...m}{(1.2..p)(1.2..q)(1.2..r)(1.2..s)..}\right\},$$

le signe S indiquant une somme de termes semblables à celui qui se trouve renfermé entre les accolades, et relatifs à toutes les valeurs entières positives de p, q, r, $s...$ qui vérifient les deux conditions

$$(8) \qquad p+q+r+s+...=m, \qquad q+2r+3s+...=l.$$

Si, dans l'équation (5), on pose successivement

$$n=m, \qquad n=m+1, \qquad n=m+2, \qquad \text{etc....} ,$$

on obtiendra les formules

$$(9)\left\{\begin{aligned}
&\Delta^m x^m = 1.2.3...m\,h^m, \\
&\Delta^m x^{m+1} = 1.2.3...(m+1)h^{m+1}\left(\frac{x}{h}+\frac{m}{2}\right), \\
&\Delta^m x^{m+2} = 1.2.3...(m+2)h^{m+2}\left(\frac{x^2}{2h^2}+\frac{m}{2}\frac{x}{h}+\frac{m(3m+1)}{24}\right), \\
&\Delta^m x^{m+3} = 1.2.3...(m+3)h^{m+3}\left(\frac{x^3}{6h^3}+\frac{m}{2}\frac{x^2}{2h^2}+\frac{m(3m+1)}{24}\frac{x}{h}+\frac{m^2(m+1)}{48}\right), \\
&\text{etc.....}
\end{aligned}\right.$$

SUR LES INTÉGRALES AUX DIFFÉRENCES FINIES

DES PUISSANCES ENTIÈRES D'UNE SEULE VARIABLE.

La méthode que nous avons employée dans l'article précédent pour déterminer les différences finies des puissances entières d'une seule variable, peut également servir à former les intégrales aux différences finies de ces mêmes puissances. Concevons, par exemple, que, la lettre n désignant un nombre entier, on se propose d'évaluer l'intégrale aux différences finies Σx^n, c'est-à-dire, la valeur de y propre à vérifier l'équation

$$(1) \qquad \Delta y = x^n ;$$

et soit $\varpi(x)$ une fonction périodique de x, déterminée par la formule

$$(2) \qquad \Delta \varpi(x) = 0.$$

On reconnaîtra sans peine que l'équation (1) de la page 147, savoir,

$$(3) \qquad x^n = 1.2.3\ldots n \, \mathcal{E} \, \frac{e^{xz}}{((\, z^{n+1} \,))}$$

entraîne la suivante

$$(4) \qquad \Sigma x^n = 1.2.3\ldots n \, \mathcal{E} \, \frac{\Sigma e^{xz}}{((\, z^{n+1} \,))} \, ,$$

qui peut être réduite à

$$(5) \qquad \Sigma x^n = 1.2.3\ldots n \, \mathcal{E} \, \frac{1}{e^{hz}-1} \, \frac{e^{xz}}{((\, z^{n+1} \,))} + \varpi(x).$$

En effet, pour vérifier la formule (5), il suffira de prendre les différences finies des deux membres, et d'observer que l'on a

$$\Delta \mathcal{E} \, \frac{1}{e^{hz}-1} \, \frac{e^{xz}}{((\, z^{n+1} \,))} = \mathcal{E} \, \frac{1}{e^{hz}-1} \, \frac{\Delta e^{xz}}{((\, z^{n+1} \,))} = \mathcal{E} \, \frac{e^{xz}}{((\, z^{n+1} \,))} = \frac{x^n}{1.2.3\ldots n} \, .$$

Admettons maintenant que l'on développe les deux fonctions

$$e^{xz} \qquad \text{et} \qquad \frac{1}{e^{hz}-1} = \frac{1}{hz}\left(1 + \frac{hz}{1.2} + \frac{h^2 z^2}{1.2} + \ldots\right)^{-1}$$

suivant les puissances ascendantes de z, et faisons

$$(6) \qquad \left(1 + \frac{z}{2} + \frac{z^2}{2.3} + \ldots\right)^{-1} = 1 + \alpha_1 z + \alpha_2 z^2 + \alpha_3 z^3 + \text{etc.}\ldots$$

Le résidu

$$\mathcal{E}\,\frac{1}{e^{hz}-1}\,\frac{e^{xz}}{((z^{n+1}))}$$

ne sera autre chose que le coefficient de z^{n+1} dans le développement du produit

$$\frac{1}{h}\,e^{xz}\left(1 + \frac{hz}{2} + \frac{h^2 z^2}{2.3} + \ldots\right)^{-1} = \frac{1}{h}\left(1 + \frac{xz}{1} + \frac{x^2 z^2}{1.2} + \ldots\right)(1 + \alpha_1 hz + \alpha_2 h^2 z^2 + \ldots),$$

et l'équation (5) donnera

$$(7) \qquad \Sigma x^n = \frac{x^{n+1}}{(n+1)h} + \alpha_1 x^n + n\alpha_2 h x^{n-1} + n(n-1)\alpha_3 h^2 x^{n-3} + \text{etc.}\ldots + \varpi(x).$$

On tirera d'ailleurs de la formule (6)

$$(8) \qquad \alpha_1 = -\frac{1}{2}, \quad \alpha_2 = \frac{1}{2}\cdot\frac{1}{6}, \quad \alpha_3 = 0, \quad \alpha_4 = -\frac{1}{1.2.3.4}\frac{1}{30}, \quad \alpha_5 = 0, \quad \text{etc.};$$

et généralement

$$(9) \qquad \alpha_{2m+1} = 0, \qquad \alpha_{2m} = (-1)^{m+1}\frac{A_{2m}}{1.2.3\ldots 2m},$$

m désignant un nombre entier différent de zéro, et A_{2m} celui des nombres de Bernoulli, qui correspond à l'indice $2m$. En effet, la formule (6) donnera

$$(10) \qquad \alpha_i = \mathcal{E}\,\frac{\left(1 + \frac{z}{2} + \frac{z^2}{1.2} + \ldots\right)^{-1}}{((z^{i+1}))} = \mathcal{E}\,\frac{1}{e^z - 1}\,\frac{1}{((z^i))};$$

et, comme on a identiquement

$$\frac{1}{e^{z}-1} = \frac{1}{2}\,\frac{e^{z}+1}{e^{z}-1} - \frac{1}{2} = \frac{1}{2}\,\frac{e^{\frac{1}{2}z}+e^{-\frac{1}{2}z}}{e^{\frac{1}{2}z}-e^{-\frac{1}{2}z}} - \frac{1}{2},$$

on trouvera encore

$$(11) \qquad \alpha_{l} = \frac{1}{2}\,\mathcal{E}\,\frac{e^{\frac{1}{2}z}+e^{-\frac{1}{2}z}}{e^{\frac{1}{2}z}-e^{-\frac{1}{2}z}}\,\frac{1}{((z^{l}))} = \mathcal{E}\,\frac{d\mathrm{l}\left(e^{\frac{1}{2}z}-e^{-\frac{1}{2}z}\right)}{dz}\,\frac{1}{((z^{l}))},$$

Or on conclura de la formule (11), 1.° en remplaçant l par $2m-1$,

$$\alpha_{2m-1} = 0,$$

2.° en remplaçant l par $2m$, et z par $2t\sqrt{-1}$,

$$(12) \qquad \alpha_{2m} = \frac{(-1)^{m}}{2^{2m}}\,\mathcal{E}\,\frac{d\mathrm{l}\sin t}{dt}\,\frac{1}{((t^{2m}))} = \frac{(-1)^{m}}{2^{2m}}\,\mathcal{E}\,\frac{d\mathrm{l}\frac{\sin t}{t}}{dt}\,\frac{1}{((t^{2m}))},$$

ou, ce qui revient au même,

$$(13) \qquad \alpha_{2m} = \frac{(-1)^{m}}{1.2.3\ldots(2m-1)}\,\frac{1}{2^{2m}}\,\frac{d^{2m}\mathrm{l}\frac{\sin\varepsilon}{\varepsilon}}{d\varepsilon^{2m}},$$

ε devant être réduit à zéro après les différenciations ; et, comme l'équation (72) de la page 349 du premier volume donnera

$$(14) \qquad \frac{d^{2m}\mathrm{l}\frac{\sin\varepsilon}{\varepsilon}}{d\varepsilon^{2m}} = -\,2^{2m}\,\frac{A_{2m}}{2m},$$

il est clair que la formule (13) entraînera la seconde des équations (9). Ajoutons que de la formule (12) combinée avec l'équation (21) de la page 301 du second volume on tirera

$$(15) \qquad \alpha_{2m} = (-1)^{m+1}\,\frac{2}{(2\pi)^{2m}}\left(1 + \frac{1}{2^{2m}} + \frac{1}{3^{2m}} + \cdots\right).$$

Cela posé, l'équation (7) pourra être présentée sous l'une des formes

$$(16)\quad \Sigma x^{n} = \frac{x^{n+1}}{(n+1)h} - \frac{1}{2}\,x^{n} + \frac{n}{2}\,A_{2}hx^{n-1} - \frac{n(n-1)(n-2)}{2.3.4}\,A_{4}h^{3}x^{n-3} - \text{etc}\ldots + \varpi(x),$$

$$(17) \quad \Sigma x^n = \frac{x^{n+1}}{(n+1)h} - \frac{1}{2}x^n + \frac{1}{6}\frac{n}{2}hx^{n-1} - \frac{1}{30}\frac{n(n-1)(n-2)}{2.3.4}h^3 x^{n-3} - \text{etc}\ldots + \varpi(x),$$

$$(18) \quad \Sigma x^n = \varpi(x) + \frac{x^{n+1}}{(n+1)h} - \frac{1}{2}x^n$$

$$+ 2\left\{\left(1 + \frac{1}{2^2} + \frac{1}{3^2} + \ldots\right)\frac{nhx^{n-1}}{2^2\pi^2} - \left(1 + \frac{1}{2^4} + \frac{1}{3^4} + \ldots\right)\frac{n(n-1)(n-2)h^3 x^{n-3}}{2^4\pi^4} + \ldots\right\}.$$

Si, dans l'équation (18), on attribue successivement au nombre entier n les valeurs 1, 2, 3, ..., on en conclura

$$(19) \quad \begin{cases} \Sigma x = \dfrac{x(x-h)}{2h} + \varpi(x) , \qquad \Sigma x^2 = \dfrac{x(x-h)(2x-h)}{6h^2} + \varpi(x) , \\[2em] \Sigma x^3 = \dfrac{x^2(x-h)^2}{4h^3} + \varpi(x) , \quad \text{etc}\ldots \end{cases}$$

Il est bon d'observer que de l'équation (10) on tire directement

$$(20) \quad \alpha_l = S\left\{(-1)^{q+r+s+\ldots}\frac{1.2.3\ldots(q+r+s+\ldots)}{(1.2.3..q)(1.2.3..r)(1.2.3..s)..}\left(\frac{1}{2}\right)^q\left(\frac{1}{2.3}\right)^r\left(\frac{1}{2.3.4}\right)^s\ldots\right\},$$

le signe S indiquant une somme de termes semblables à celui qui est renfermé entre les accolades, et devant s'étendre à toutes les valeurs entières, nulles ou positives de q, r, s, ... qui vérifient la condition

$$(21) \quad q + 2r + 3s + \ldots = l.$$

Des formules (9) et (20) comparées entre elles, il résulte, 1.° que, si l'on étend le signe S à toutes les valeurs entières, nulles ou positives, de q, r, s, ... qui vérifient la condition

$$(22) \quad q + 2r + 3s + \ldots = 2m + 1 > 1,$$

on aura

$$(23) \quad S\left\{(-1)^{q+r+s+\ldots}\frac{1.2.3\ldots(q+r+s+\ldots)}{(1.2.3..q)(1.2.3..r)(1.2.3..s)..}\left(\frac{1}{2}\right)^q\left(\frac{1}{2.3}\right)^r\left(\frac{1}{2.3.4}\right)^s\ldots\right\} = 0;$$

2.° que, si l'on étend le signe S à toutes les valeurs entières, nulles ou positives de q, r, s, ... qui vérifient la condition

$$(24) \qquad q + 2r + 3s + \ldots = 2m,$$

le terme correspondant à l'indice $2m$ dans la série des nombres de Bernoulli sera

$$(25) \qquad A_{2m} =$$

$$(-1)^{m+1} 1.2.3..2m\, \mathbf{S}\left\{(-1)^{q+r+s+..} \frac{1.2.3\ldots(q+r+s+\ldots)}{(1.2.3..q)(1.2.3..r)(1.2.3..s)..} \left(\frac{1}{2}\right)^{q}\left(\frac{1}{2.3}\right)^{r}\left(\frac{1}{2.3.4}\right)^{s}..\right\}.$$

On a vu, par ce qui précède, comment, à l'aide du calcul des résidus, on peut déterminer la valeur générale de l'intégrale Σx^{n}. On calculerait avec la même facilité la valeur de l'expression

$$\Sigma\Sigma\ldots x^{n},$$

quel que fût le nombre des intégrations indiquées par le signe Σ; et l'on trouverait, en désignant ce nombre par m,

$$(26) \qquad \Sigma\Sigma\ldots x^{n} = 1.2.3\ldots n \, \mathcal{E}\, \frac{\Sigma\Sigma\ldots e^{xz}}{((z^{n+1}))},$$

ou, ce qui revient au même,

$$(27) \qquad \Sigma\Sigma\ldots x^{n} =$$

$$1.2.3\ldots n\, \mathcal{E}\, \frac{1}{(e^{hz}-1)^{m}} \frac{e^{xz}}{((z^{n+1}))} + x^{m-1}\varpi_{1}(x) + x^{m-2}\varpi_{2}(x)\ldots + x\varpi_{m-1}(x) + \varpi_{m}(x).$$

Dans l'équation (27), $\varpi_{1}(x)$, $\varpi_{2}(x)$, $\ldots \varpi_{m-1}(x)$, $\varpi_{m}(x)$ représentent des fonctions périodiques de la variable x, qui peuvent être choisies arbitrairement. Ajoutons que, si l'on pose

$$(28) \qquad \left(1 + \frac{z}{2} + \frac{z^{2}}{2.3} + \ldots\right)^{-m} = 1 + \mathfrak{M}_{1}z + \mathfrak{M}_{2}z^{2} + \mathfrak{M}_{3}z^{3} + \text{etc}\ldots,$$

la formule (27) pourra être réduite à

$$(29) \left\{ \begin{aligned} &\Sigma\Sigma\ldots x^{n} = \\ &\frac{x^{n+m}}{(n+1)\ldots(n+m)h^{m}} + \mathfrak{M}_{1}\frac{x^{n+m-1}}{(n+1)\ldots(n+m-1)h^{m-1}} + \ldots + \mathfrak{M}_{m}x^{n} + \mathfrak{M}_{m+1}hx^{n-1} + \ldots \\ &\qquad + x^{m-1}\varpi_{1}(x) + x^{m-2}\varpi_{2}(x) + \ldots + x\varpi_{m-1}(x) + \varpi_{m}(x), \end{aligned} \right.$$

On tirera d'ailleurs de la formule (28)

$$(30) \qquad \mathfrak{M}_1 = -\frac{m}{2} \,, \qquad \mathfrak{M}_2 = \frac{m(3m-1)}{24} \,, \qquad \mathfrak{M}_3 = -\frac{m^2(m-1)}{48} \,, \qquad \text{etc....}$$

et généralement

$$(31)\ \mathfrak{M}_i = S\left\{ (-1)^{q+r+s+\cdots} \frac{m(m+1)\ldots(m+q+r+s-1)}{(1.2.3..q)(1.2.3..r)(1.2.3...s)..} \left(\frac{1}{2}\right)^q \left(\frac{1}{2.3}\right)^r \left(\frac{1}{2.3.4}\right)^s \cdots \right\},$$

le signe S s'étendant à toutes les valeurs entières, nulles ou positives de q, r, $s\ldots$ qui vérifient la condition (21).

SUR LES DIFFÉRENCES FINIES

ET LES INTÉGRALES AUX DIFFÉRENCES DES FONCTIONS ENTIÈRES D'UNE OU DE PLUSIEURS VARIABLES.

A l'aide des formules que nous avons établies dans les articles précédents, on déterminera sans peine les différences finies et les intégrales aux différences finies des fonctions entières d'une ou de plusieurs variables. Pour y parvenir, nous observerons d'abord que, si l'on fait usage des notations adoptées dans le second volume [pages 161 et suiv.], les formules (5) et (29) de l'avant-dernier et du dernier article se réduiront aux deux équations

$$(1) \quad \Delta^m x^n = h^m D^m x^n + M_1 h^{m+1} D^{m+1} x^n + M_2 h^{m+2} D^{m+2} x^n + M_3 h^{m+3} D^{m+3} x^n + \text{etc.}.$$

$$(2) \quad \Sigma\Sigma\ldots x^n = \frac{\iint \ldots x^n \, dx^m}{h^m} + \mathfrak{M}_1 \frac{\iint \ldots x^n \, dx^{m-1}}{h^{m-1}} + \ldots + \mathfrak{M}_m x^n + \mathfrak{M}_{m+1} h D x^n + \ldots$$

dont la seconde pourra encore être présentée sous la forme

$$(3) \quad \frac{x^n}{\Delta^m} = \frac{x^n}{h^m D^m} + \mathfrak{M}_1 \frac{x^m}{h^{m-1} D^{m-1}} + \ldots + \mathfrak{M}_m x^n + \mathfrak{M}_{m+1} h D x^n + \text{etc.},$$

ou, ce qui revient au même, sous la suivante,

$$(4) \quad \Delta^{-m} x^n = h^{-m} D^{-m} x^n + \mathfrak{M}_1 h^{-m+1} D^{-m+1} x^n + \ldots + \mathfrak{M}_m x^n + \mathfrak{M}_{m+1} h D x^n + \text{etc.}$$

Seulement, pour que la valeur de $\Sigma\Sigma\ldots x^n$ fournie par l'équation (2), (3) ou (4) devienne la plus générale possible, il faudra remplacer les constantes arbitraires comprises dans les intégrales

$$D^{-m} x^n = \iint \ldots x^n \, dx^m, \qquad D^{-m+1} x^n = \iint \ldots x^n \, dx^{m-1}, \qquad \text{etc...}$$

par des fonctions périodiques arbitrairement choisies. Quant aux coefficients $M_1, M_2,$

M_3, etc..., $\mathfrak{M}_1$, $\mathfrak{M}_2$, $\mathfrak{M}_3$, etc..., ils se trouveront déterminés par les formules (4) et (28) des pages 147 et 153, ou, ce qui revient au même, par les deux équations

$$(5) \quad (e^z - 1)^m = z^m(1 + M_1 z + M_2 z^2 + M_3 z^3 + \text{etc.}\ldots\ldots) = z^m + M_1 z^{m+1} + M_2 z^{m+2} + \text{etc.},$$

$$(6) \quad (e^z - 1)^{-m} = z^{-m}(1 + \mathfrak{M}_1 z + \mathfrak{M}_2 z^2 + \mathfrak{M}_3 z^3 + \text{etc.}) = z^{-m} + \mathfrak{M}_1 z^{-m+1} + \mathfrak{M}_2 z^{-m+2} + \ldots,$$

Supposons maintenant que, dans la formule (1) ou (4), on remplace successivement l'exposant n par les suivants $n+1$, $n+2$, $\ldots\ldots$ et que l'on combine par voie d'addition les formules ainsi obtenues, après les avoir respectivement multipliées par des coefficients donnés A, B, C, $\ldots$ Alors, en faisant pour abréger

$$(7) \qquad u = A x^n + B x^{n+1} + C x^{n+2} + \ldots,$$

on trouvera

$$(8) \qquad \Delta^m u = h^m D^m u + M_1 h^{m+1} D^{m+1} u + M_2 h^{m+2} D^{m+2} u + M_3 h^{m+3} D^{m+3} u + \text{etc.}\ldots,$$

et

$$(9) \qquad \Delta^{-m} u = h^m D^{-m} u + \mathfrak{M}_1 h^{-m+1} D^{-m+1} u + \ldots + \mathfrak{M}_m u + \mathfrak{M}_{m+1} h D u + \text{etc.}\ldots$$

Comme on peut d'ailleurs, dans le second membre de l'équation (7), fixer arbitrairement le nombre des termes, et réduire l'exposant n à zéro, la valeur de u que cette équation détermine, pourra être une fonction entière quelconque de la variable x. Donc, pour développer les différences finies ou les intégrales aux différences finies d'une semblable fonction en séries ordonnées suivant les puissances ascendantes de la quantité $h = \Delta x$, il suffit de recourir aux formules (8) et (9). De plus, comme dans ces dernières les coefficients M_1, M_2, $\ldots$ $\mathfrak{M}_1$, $\mathfrak{M}_2$, etc...., doivent être déduits des équations (5) et (6), on trouvera encore

$$(10) \qquad \Delta^m u = \left(e^{hD} - 1\right)^m u,$$

et

$$(11) \qquad \Delta^{-m} u = \left(e^{hD} - 1\right)^{-m} u,$$

pourvu qu'après avoir développé les expressions

$$\left(e^{hD} - 1\right)^m u \qquad \text{et} \qquad \left(e^{hD} - 1\right)^{-m} u$$

en séries ordonnées suivant les puissances ascendantes de h, et par conséquent en termes de la forme

$$M_n h^{m+n} D^{m+n} u , \qquad \mathfrak{M}_{n-m} h^{n-m} D^{n-m} u ,$$

on considère la lettre D placée devant la lettre u comme une véritable caractéristique.

Dans le cas particulier où l'on suppose $m = 1$, les formules symboliques (10) et (11) se réduisent à

$$(12) \qquad \Delta u = \left(e^{hD} - 1 \right) u = e^{hD} u - u ,$$

$$(13) \qquad \Delta^{-1} u = \left(e^{hD} - 1 \right)^{-1} u ;$$

et l'on en conclut

$$(14) \qquad \Delta u = hDu + \frac{h^2}{1.2} D^2 u + \frac{h^3}{1.2.3} D^3 u + \text{etc}\ldots ,$$

$$(15) \quad \Sigma u = \frac{\int u\,dx}{h} - \frac{1}{2} u + \frac{1}{6} \frac{h}{2} Du - \frac{1}{30} \frac{h^3}{2.3.4} D^3 u + \frac{1}{42} \frac{h^5}{2.3.4.5.6} D^5 u - \ldots ,$$

ou, ce qui revient au même,

$$(16) \qquad u + \Delta u = u + h \frac{du}{dx} + \frac{h^2}{1.2} \frac{d^2 u}{dx^2} + \frac{h^3}{1.2.3} \frac{d^3 u}{dx^3} + \text{etc}\ldots ,$$

$$(17) \quad \Sigma u = \frac{\int u\,dx}{h} - \frac{1}{2} u + \frac{1}{6} \frac{h}{2} \frac{du}{dx} - \frac{1}{30} \frac{h^3}{2.3.4} \frac{d^3 u}{dx^3} + \frac{1}{42} \frac{h^5}{2.3.4.5.6} \frac{d^5 u}{dx^5} - \ldots$$

Il est essentiel de rappeler que la constante arbitraire, comprise dans l'intégrale $\int u\,dx$ que renferme l'équation (17), doit être remplacée par une fonction périodique, mais arbitraire, de la variable x.

Concevons à présent que la lettre u désigne une fonction entière, non plus de la seule variable x, mais de plusieurs variables indépendantes x, y, z, $\ldots$; et que l'on emploie les caractéristiques

$$D_x, D_x^2, D_x^3, \ldots ; \qquad D_y, D_y^2, D_y^3, \ldots ; \qquad D_z, D_z^2, D_z^3, \ldots , \text{etc.},$$

ou

$$\Delta_x, \Delta_x^2, \Delta_x^3, \ldots ; \qquad \Delta_y, \Delta_y^2, \Delta_y^3, \ldots ; \qquad \Delta_z, \Delta_z^2, \Delta_z^3, \ldots , \text{etc.},$$

III.ᵉ ANNÉE.

placées devant une fonction de x, y, z,... pour indiquer les dérivées partielles de cette fonction ou ses différences finies partielles des divers ordres prises par rapport à x, par rapport à y, etc... Alors, en posant

$$(18) \qquad \Delta x = h, \qquad \Delta y = k, \qquad \Delta z = l, \qquad \text{etc...},$$

on tirera de la formule (10)

$$(19) \qquad \Delta_x{}^m u = \left(e^{hD_x} - 1 \right)^m u, \qquad \Delta_y{}^n u = \left(e^{kD_y} - 1 \right)^n u, \qquad \text{etc...},$$

et par suite

$$(20) \qquad \Delta_x{}^m \Delta_y{}^n \dots u = \left(e^{hD_x} - 1 \right)^m \left(e^{kD_y} - 1 \right)^n \dots u$$

De même, si l'on emploie les caractéristiques

$$D_x{}^{-1}, \; D_x{}^{-2}, \; D_x{}^{-3}, \dots; \qquad D_y{}^{-1}, \; D_y{}^{-2}, \; D_y{}^{-3}, \dots; \qquad D_z{}^{-1}, \; D_z{}^{-2}, \; D_z{}^{-3}, \dots; \; \text{etc.},$$

$$\Delta_x{}^{-1}, \; \Delta_x{}^{-2}, \; \Delta_x{}^{-3}, \dots; \qquad \Delta_y{}^{-1}, \; \Delta_y{}^{-2}, \; \Delta_y{}^{-3}, \dots; \qquad \Delta_z{}^{-1}, \; \Delta_z{}^{-2}, \; \Delta_z{}^{-3}, \dots; \; \text{etc.},$$

placées devant une fonction de x, y, z, ..., pour exprimer le résultat d'une ou de plusieurs intégrations indéfinies relatives à x, ou à y, ou à z, ... et du genre de celles que l'on indique ordinairement par le signe $\int$ ou par le signe Σ, on tirera de la formule (11)

$$(21) \qquad \Delta_x{}^{-m} u = \left(e^{hD_x} - 1 \right)^{-m} u, \qquad \Delta_y{}^{-n} u = \left(e^{kD_y} - 1 \right)^{-m} u, \qquad \text{etc.,}$$

et par suite

$$(22) \qquad \Delta_x{}^{-m} \Delta_y{}^{-n} \dots u = \left(e^{hD_x} - 1 \right)^{-m} \left(e^{kD_y} - 1 \right)^{-m} \dots u.$$

Il est important d'observer qu'après avoir développé les seconds membres des équations (19), (20), (21) et (22) en séries ordonnées suivant les puissances ascendantes des quantités h, k, etc...., on devra 1.° considérer D_x, D_y, ... comme de véritables caractéristiques; 2.° substituer aux constantes arbitraires, comprises dans les intégrales indiquées par les exposants négatifs de la lettre D, des fonctions périodiques, mais arbitraires.

Concevons encore que l'on pose

$$(23) \qquad u = f(x, y, z, \dots).$$

On tirera successivement de la formule (12)

$$f(x+h, y, z, \ldots) = u + \Delta_x u = (1 + \Delta_x) u = e^{hD_x} u,$$

$$f(x+h, y+k, z\ldots) = e^{kD_y} f(x+h, y, z, \ldots) = e^{kD_y} . e^{hD_x} u = e^{hD_x + kD_y} u,$$

$$f(x+h, y+k, z+l, \ldots) = e^{lD_z} f(x+h, y+k, z, \ldots) = e^{lD_z} e^{hD_x + kD_y} u = e^{hD_x + kD_y + lD_z} u,$$

etc....

On aura donc, quel que soit le nombre des variables indépendantes x, y, z, ...

$$(24) \qquad f(x + \Delta x, y + \Delta y, z + \Delta z, \ldots) = e^{hD_x + kD_y + lD_z + \ldots} . u,$$

et par suite

$$(25) \quad f(x + \Delta x, y + \Delta y, z + \Delta z, \ldots) - f(x, y, z, \ldots) = \left(e^{hD_x + kD_y + lD_z + \ldots} - 1 \right) u.$$

Donc, si l'on désigne par Δu, l'accroissement total que reçoit la fonction entière $u = f(x, y, z, \ldots)$ quand on y fait croître simultanément x de Δx, y de Δz, z de Δz, ... on trouvera

$$(26) \qquad \Delta u = \left(e^{hD_x + kD_y + lD_z + \ldots} - 1 \right) u.$$

On aura de même

$$\Delta^2 u = \left(e^{hD_x + kD_y + lD_z + \ldots} - 1 \right)^2 u,$$

$$\Delta^3 u = \left(e^{hD_x + kD_y + lD_z + \ldots} - 1 \right)^3 u,$$

etc...,

et généralement, m désignant un nombre entier quelconque,

$$(27) \qquad \Delta^m u = \left(e^{hD_x + kD_y + lD_z + \ldots} - 1 \right)^m u.$$

Les diverses formules que nous venons de rappeler, et qui étaient déjà connues, se trouvent rigoureusement établies par les considérations dont nous avons fait usage dans cet article, tant que la fonction u reste entière. Si le contraire arrivait, les mêmes formules subsisteraient encore, mais dans certains cas seulement. Ainsi, par exemple, quand la fonction u cesse d'être entière, les équations (16) et (17), qui coïncident, la première avec la formule de Taylor, la seconde avec la formule d'Euler, subsistent seulement sous certaines conditions dont l'une est la convergence des séries comprises dans les seconds membres.

SUR LES ÉQUATIONS

QUI EXPRIMENT LES CONDITIONS D'ÉQUILIBRE,

OU LES LOIS DU MOUVEMENT INTÉRIEUR

D'UN CORPS SOLIDE, ÉLASTIQUE, OU NON ÉLASTIQUE.

§ 1.ᵉʳ *Considérations générales.*

Dans la recherche des équations qui expriment les conditions d'équilibre ou les lois du mouvement intérieur des corps solides ou fluides, on peut considérer ces corps ou comme des masses continues dont la densité varie d'un point à un autre par degrés insensibles, ou comme des systèmes de points matériels distincts, mais séparés entre eux par de très-petites distances. C'est sous le premier point de vue que les fluides ont été envisagés dans l'un des articles précédents et dans les divers traités de mécanique publiés jusqu'à ce jour. C'est aussi sous le même point de vue que nous considèrerons ici les corps solides. Cela posé, soit M la masse d'un corps solide en équilibre, m une particule ou portion infiniment petite prise au hasard dans cette masse, x, y, z les coordonnées de la particule m comptées sur trois axes rectangulaires, et ρ la densité du corps solide au point (x,y,z). Si l'on nomme p', p'', p''' les pressions ou tensions exercées au point (x,y,z) et du côté des coordonnées positives, contre trois plans parallèles aux plans des y, z, des z, x et des x, y; les projections algébriques des forces p', p'', p''' sur les axes coordonnés seront deux à deux égales entre elles [voyez la page 47 du second volume], et pourront être représentées en conséquence par les quantités

$$(1) \qquad \begin{cases} A, & F, & E, \\ F, & B, & D, \\ E, & D, & C. \end{cases}$$

Soient d'ailleurs φ la force accélératrice qui sollicite la particule m, et

$$X, \quad Y, \quad Z,$$

les projections algébriques de cette force accélératrice sur les axes des x, y, z. En prenant x, y, z pour variables indépendantes, on aura, comme on l'a prouvé à la page 111 du second volume,

$$(2) \quad \begin{cases} \dfrac{dA}{dx} + \dfrac{dF}{dy} + \dfrac{dE}{dz} + \rho X = 0, \\[2ex] \dfrac{dF}{dx} + \dfrac{dB}{dy} + \dfrac{dD}{dz} + \rho Y = 0, \\[2ex] \dfrac{dE}{dx} + \dfrac{dD}{dy} + \dfrac{dC}{dz} + \rho Z = 0. \end{cases}$$

De plus, si, après avoir fait passer par le point (x, y, z) un plan quelconque, on porte, à partir de ce point, et sur chacun des demi-axes perpendiculaires au plan, deux longueurs équivalentes, la première à l'unité divisée par la pression ou tension exercée contre ce plan, la seconde à l'unité divisée par la racine carrée de cette force projetée sur l'un des demi-axes que l'on considère, ces deux longueurs [voyez le second volume, page 53] seront les rayons vecteurs de deux ellipsoïdes dont les axes seront dirigés suivant les mêmes droites. A ces axes correspondront les pressions ou tensions *principales* dont chacune sera normale au plan qui la supportera, et parmi lesquelles on rencontrera toujours la pression ou tension *maximum*, ainsi que la pression ou tension *minimum*. Quant aux autres pressions ou tensions, elles seront distribuées symétriquement autour des axes des deux ellipsoïdes. Ajoutons que, dans certains cas, le second ellipsoïde se trouvera remplacé par deux hyperboloïdes conjugués. Ces cas sont ceux dans lesquels le système des pressions ou tensions principales se compose d'une tension et de deux pressions, ou d'une pression et de deux tensions. Alors, si l'on substitue à la force qui agit contre chaque plan deux composantes rectangulaires, dont l'une soit normale au plan, cette dernière composante sera une tension ou une pression suivant que le rayon vecteur perpendiculaire au plan appartiendra à l'un ou à l'autre des deux hyperboloïdes, et elle s'évanouira quand le rayon vecteur sera dirigé suivant une des génératrices de la surface conique du second degré qui touche les deux hyperboloïdes à l'infini. Concevons, pour fixer les idées, que l'on nomme p la pression ou tension exercée au point (x, y, z) contre un plan perpendiculaire à une droite, qui, prolongée d'un certain côté, forme avec les demi-axes des coordonnées positives les angles α, β, γ. Soient en outre δ l'angle formé par cette droite avec la force p qui agit contre le plan du côté que l'on considère, et les angles λ, μ, ν compris entre la même force et les demi-axes des coordonnées positives. On aura, comme on l'a vu dans le second volume (pages 48 et 49),

$$(3) \quad \left\{ \begin{aligned} p\cos\lambda &= A\cos\alpha + F\cos\beta + E\cos\gamma, \\ p\cos\mu &= F\cos\alpha + B\cos\beta + D\cos\gamma, \\ p\cos\nu &= E\cos\alpha + D\cos\beta + C\cos\gamma, \end{aligned} \right.$$

$$(4) \quad \cos\delta = \cos\alpha\cos\lambda + \cos\beta\cos\mu + \cos\gamma\cos\nu.$$

Par suite, la force p et sa composante perpendiculaire au plan seront déterminées par les équations

$$(5) \quad p^2 = (A\cos\alpha + F\cos\beta + E\cos\gamma)^2 + (F\cos\alpha + B\cos\beta + D\cos\gamma)^2 + (E\cos\alpha + D\cos\beta + C\cos\gamma)^2,$$

$$(6) \quad p\cos\delta = A\cos^2\alpha + B\cos^2\beta + C\cos^2\gamma + 2D\cos\beta\cos\gamma + 2E\cos\gamma\cos\alpha + 2F\cos\alpha\cos\beta.$$

Il est aisé d'en conclure que, si l'on désigne par $x+\mathrm{x}$, $y+\mathrm{y}$, $z+\mathrm{z}$ les coordonnées d'un point situé sur le second des deux ellipsoïdes ci-dessus mentionnés, on aura

$$(7) \quad A\mathrm{x}^2 + B\mathrm{y}^2 + C\mathrm{z}^2 + 2D\mathrm{y}\mathrm{x} + 2E\mathrm{z}\mathrm{x} + 2F\mathrm{x}\mathrm{y} = \pm 1.$$

Enfin les pressions ou tensions principales correspondront aux valeurs de α, β, γ déterminées par la formule

$$(8) \quad \frac{\cos\lambda}{\cos\alpha} = \frac{\cos\mu}{\cos\beta} = \frac{\cos\nu}{\cos\gamma},$$

ou, ce qui revient au même, par la suivante

$$(9) \quad p\cos\delta = \pm p =$$

$$\frac{A\cos\alpha + F\cos\beta + E\cos\gamma}{\cos\alpha} = \frac{F\cos\alpha + B\cos\beta + D\cos\gamma}{\cos\beta} = \frac{E\cos\alpha + D\cos\beta + C\cos\gamma}{\cos\gamma};$$

et, comme on tire de la formule (9), en faisant pour abréger $\pm p = \varpi$,

$$(10) \quad \left\{ \begin{aligned} (A-\varpi)\cos\alpha + F\cos\beta + E\cos\gamma &= 0, \\ F\cos\alpha + (B-\varpi)\cos\beta + D\cos\gamma &= 0, \\ E\cos\alpha + D\cos\beta + (C-\varpi)\cos\gamma &= 0; \end{aligned} \right.$$

puis, en éliminant $\cos\alpha$, $\cos\beta$, $\cos\gamma$,

$$(11) \quad (A-\varpi)(B-\varpi)(C-\varpi)-D^2(A-\varpi)-E^2(B-\varpi)-F^2(C-\varpi)+2DEF=0,$$

il est clair que les pressions ou tensions principales seront précisément les valeurs numériques des trois racines de l'équation (11).

Pour tirer parti des équations (3), il est nécessaire de connaître les relations qui existent entre les pressions ou tensions A, B, C, D, E, F, et les condensations ou dilatations linéaires mesurées au point (x,y,z) dans la masse M. Ces condensations ou dilatations sont celles que produisent les déplacements des diverses particules de la masse M, tandis que le corps solide passe de l'état naturel, c'est-à-dire d'un état d'équilibre, dans lequel la force accélératrice φ et les pressions supportées par la surface extérieure du corps seraient nulles, à l'état d'équilibre dans lequel ces forces cessent de s'évanouir. Cela posé, concevons que le point matériel correspondant aux coordonnées x, y, z dans le second état du corps solide soit précisément celui qui, dans le premier état, avait pour coordonnées les trois différences

$$x-\xi, \qquad y-\eta, \qquad z-\zeta.$$

ξ, η, ζ seront des fonctions de x, y, z qui serviront à mesurer les déplacements du point que l'on considère parallèlement aux plans coordonnés; et, si l'on désigne par ε une quantité positive ou négative qui représente la dilatation ou la condensation linéaire du corps solide mesurée au point (x,y,z) sur une droite tracée de manière à former avec les demi-axes des coordonnées positives les angles α, β, γ, on aura, comme on l'a prouvé à la page 61 du second volume,

$$(12) \quad \left(\frac{1}{1+\varepsilon}\right)^2 = \left(\cos\alpha - \frac{d\xi}{dx}\cos\alpha - \frac{d\xi}{dy}\cos\beta - \frac{d\xi}{dz}\cos\gamma\right)^2$$
$$+ \left(\cos\beta - \frac{d\eta}{dx}\cos\alpha - \frac{d\eta}{dy}\cos\beta - \frac{d\eta}{ds}\cos\gamma\right)^2$$
$$+ \left(\cos\gamma - \frac{d\zeta}{dx}\cos\alpha - \frac{d\zeta}{dy}\cos\beta - \frac{d\zeta}{dz}\cos\gamma\right)^2$$

Il en résulte que, si, à partir du point (x,y,z) on porte sur les droites en question une longueur équivalente à $1+\varepsilon$, l'extrémité de cette longueur sera située sur la surface d'un ellipsoïde dont la construction indiquera les rapports constants entre les dilatations ou condensations linéaires mesurées dans les diverses directions autour du point (x,y,z). Les dilatations ou condensations correspondantes aux trois axes de l'ellipsoïde sont celles que nous avons nommées *principales*. Les autres se trouvent symétriquement distribuées autour des mêmes axes. Ajoutons que, si l'on désigne par ε', ε'', ε''' et

des quantités positives ou négatives, propres à représenter 1.° les dilatations ou condensations principales, 2.° la dilatation ou la condensation du volume au point (x, y, z),
on aura [voyez la page 65 du second volume]

$$(13) \qquad 1 + \upsilon = (1 + \epsilon')(1 + \epsilon'')(1 + \epsilon''').$$

Observons enfin que, si l'on désigne par

$$(14) \qquad \Delta = f(x, y, z),$$

la valeur de la densité ρ dans l'état naturel du corps, la densité correspondante à
l'état d'équilibre sera évidemment déterminée au point (x, y, z) par la formule

$$(15) \qquad \rho = \frac{f(x - \xi, y - \eta, z - \zeta)}{1 + \upsilon} .$$

Dans le cas particulier où les déplacements ξ, η, ζ ont de très-petites valeurs, en
considérant ces déplacements, ainsi que leurs dérivées comme des quantités infiniment
petites du premier ordre, et négligeant les infiniment petits du second ordre, on réduit
la formule (12) à

$$(16) \quad \left\{ \begin{aligned} \epsilon &= \frac{d\xi}{dx} \cos^2\alpha + \frac{d\eta}{dy} \cos^2\beta + \frac{d\zeta}{dz} \cos^2\gamma \\ &+ \left(\frac{d\eta}{dz} + \frac{d\zeta}{dy}\right)\cos\beta\cos\gamma + \left(\frac{d\zeta}{dx} + \frac{d\xi}{dz}\right)\cos\gamma\cos\alpha + \left(\frac{d\xi}{dy} + \frac{d\eta}{dx}\right)\cos\alpha\cos\beta. \end{aligned} \right.$$

Alors, si l'on fait pour abréger

$$(17) \quad \left\{ \begin{aligned} \mathscr{A} &= \frac{d\xi}{dx}, & \mathscr{B} &= \frac{d\eta}{dy}, & \mathscr{C} &= \frac{d\zeta}{dz}, \\ 2\mathscr{D} &= \frac{d\eta}{dz} + \frac{d\zeta}{dy}, & 2\mathscr{E} &= \frac{d\zeta}{dx} + \frac{d\xi}{dz}, & 2\mathscr{F} &= \frac{d\xi}{dy} + \frac{d\eta}{dx}, \end{aligned} \right.$$

la valeur de ϵ deviendra

$$(18) \quad \epsilon = \mathscr{A}\cos^2\alpha + \mathscr{B}\cos^2\beta + \mathscr{C}\cos^2\gamma + 2\mathscr{D}\cos\beta\cos\gamma + 2\mathscr{E}\cos\gamma\cos\alpha + 2\mathscr{F}\cos\alpha\cos\beta.$$

Dans le même cas, si l'on porte, à partir du point (x, y, z), et sur la droite qui forme
avec les demi-axes des coordonnées positives les angles α, β, γ, une longueur dont
le carré représente la valeur numérique du rapport $\dfrac{1}{\epsilon}$, on trouvera, en désignant par
$x + \mathrm{x}, \; y + \mathrm{y}, \; z + \mathrm{z}$ les coordonnées de l'extrémité de cette longueur,

$$(19) \qquad \mathcal{A}x^2 + \mathcal{B}y^2 + \mathcal{C}z^2 + 2\mathcal{D}yz + 2\mathcal{E}zx + 2\mathcal{F}xy = \pm 1 .$$

Donc cette extrémité sera située sur la surface d'un ellipsoïde qui pourra se changer en un système de deux hyperboloïdes conjugués. Il est d'ailleurs évident que les trois axes de cet ellipsoïde correspondront aux dilatations et condensations principales. Quant aux formules (13) et (15), elles donneront, dans l'hypothèse admise, [voyez la page 66 du second volume]

$$(20) \qquad v = \frac{d\xi}{dx} + \frac{d\eta}{dy} + \frac{d\zeta}{dz} ,$$

et

$$(21) \qquad \rho = (1 - v)\Delta - \xi \frac{d\Delta}{dx} - \eta \frac{d\Delta}{dy} - \zeta \frac{d\Delta}{dz} .$$

Ajoutons que les condensations ou dilatations principales seront déterminées en grandeur et en direction par la formule

$$(22) \quad \frac{\mathcal{A}\cos\alpha + \mathcal{F}\cos\beta + \mathcal{E}\cos\gamma}{\cos\alpha} = \frac{\mathcal{F}\cos\alpha + \mathcal{B}\cos\beta + \mathcal{D}\cos\gamma}{\cos\beta} = \frac{\mathcal{E}\cos\alpha + \mathcal{D}\cos\beta + \mathcal{C}\cos\gamma}{\cos\gamma} = \varepsilon ,$$

de laquelle on tirera

$$(23) \quad (\mathcal{A} - \varepsilon)(\mathcal{B} - \varepsilon)(\mathcal{C} - \varepsilon) - \mathcal{D}^2(\mathcal{A} - \varepsilon) - \mathcal{E}^2(\mathcal{B} - \varepsilon) - \mathcal{F}^2(\mathcal{C} - \varepsilon) + 2\mathcal{D}\mathcal{E}\mathcal{F} = 0 .$$

Si la densité Δ , relative à l'état naturel du corps, était supposée constante, c'est-à-dire, indépendante de x, y, z, l'équation (21) donnerait simplement

$$(24) \qquad \rho = (1 - v)\Delta .$$

A l'aide des formules que nous venons de rappeler, on peut déterminer les condensations ou dilatations linéaires correspondantes au point donné (x, y, z) d'un corps solide, quand on connaît les déplacements ξ, η, ζ. Donc, si l'on parvient à exprimer les pressions ou tensions A, B, C, D, E, F à l'aide des condensations ou dilatations linéaires, on pourra les exprimer aussi en fonctions des déplacements ξ, η, ζ. Mais, comme les relations qui existent entre les pressions et les condensations, ou les tensions et dilatations, ne sont pas les mêmes pour les corps élastiques et pour les corps non élastiques, nous renverrons la recherche de ces relations aux paragraphes suivants.

Si les diverses particules du corps solide que l'on considère, au lieu d'offrir un état d'équilibre, sont en mouvement; alors, en désignant au bout du temps t par ω la vitesse de la particule m correspondante aux coordonnées x, y, z, par ψ la force accélératrice qui serait capable de produire le mouvement effectif de cette particule, par u, v, w les projections algébriques de la vitesse ω, enfin par $\mathcal{X}$, $\mathcal{Y}$, $\mathcal{Z}$ celles de la force accélératrice ψ, on reconnaîtra sans peine que l'on doit aux équations (2) substituer les suivantes

$$(25)\quad\begin{cases} \dfrac{dA}{dx} + \dfrac{dF}{dy} + \dfrac{dE}{dz} + \rho(X - \mathcal{X}) = 0, \\[2mm] \dfrac{dF}{dx} + \dfrac{dB}{dy} + \dfrac{dD}{dz} + \rho(Y - \mathcal{Y}) = 0, \\[2mm] \dfrac{dE}{dx} + \dfrac{dD}{dy} + \dfrac{dC}{dz} + \rho(Z - \mathcal{Z}) = 0; \end{cases}$$

puis, en prenant pour variables indépendantes x, y, z, t, on établira, comme dans un précédent article, entre les quantités $\mathcal{X}$, $\mathcal{Y}$, $\mathcal{Z}$, u, v, w, ξ, η, ζ, les formules (10) de la page 130 et les formules (19) de la page 133. Si l'on suppose que les déplacements ξ, η, ζ et les vitesses u, v, w conservent constamment des valeurs très-petites, les formules dont il s'agit pourront être réduites à

$$(26)\qquad \mathcal{X} = \frac{du}{dt}, \qquad \mathcal{Y} = \frac{dv}{dt}, \qquad \mathcal{Z} = \frac{dw}{dt},$$

$$(27)\qquad u = \frac{d\xi}{dt}, \qquad v = \frac{d\eta}{dt}, \qquad w = \frac{d\zeta}{dt};$$

et l'on en conclura

$$(28)\qquad \mathcal{X} = \frac{d^2\xi}{dt^2}, \qquad \mathcal{Y} = \frac{d^2\eta}{dt^2}, \qquad \mathcal{Z} = \frac{d^2\zeta}{dt^2}.$$

Nous remarquerons, en terminant ce paragraphe, que la formule (16) de la page 132 subsiste dans le mouvement intérieur d'un corps solide aussi bien que d'un corps fluide; mais qu'on doit la considérer comme une combinaison des formules (13) et (15), ou (20) et (21). Ainsi, en particulier, si, entre l'équation (21) et l'équation (16) de la page 132, on élimine ρ, alors, en négligeant les infiniment petits du second ordre, on obtiendra la formule

$$(29) \qquad \frac{dv}{dt} = \frac{du}{dx} + \frac{dv}{dy} + \frac{dw}{dz} \, ,$$

qui s'accorde, en vertu des équations (27), avec la formule (20).

______

§ 2. *Sur l'équilibre et le mouvement intérieur d'un corps solide élastique.*

Considérons un corps solide placé sous le récipient d'une machine pneumatique après qu'on y a fait le vide, et supposons que la température de l'espace qui environne ce corps soit partout la même. Ce que nous nommerons l'état naturel du corps solide, ce sera l'état d'équilibre auquel il pourra parvenir si les diverses parties de sa masse et les divers éléments de sa surface ne sont soumis à aucune force extérieure autre que l'action du calorique. Concevons maintenant que le corps, étant transporté dans un milieu quelconque, et sollicité au mouvement par des forces extérieures, vienne à changer de forme, mais que la température de chaque molécule conserve sa valeur primitive. D'après les notions généralement admises sur l'élasticité, le passage de l'état naturel à un nouvel état produira, en chaque point, si ce corps est élastique, des pressions ou tensions indépendantes des états intermédiaires et du temps pendant lequel le changement de forme aura pu s'effectuer. Lorsque pour chaque point d'un semblable corps l'élasticité reste la même dans tous les sens, la pression ou tension exercée contre un plan passant par un point donné (x, y, z) dépend uniquement des condensations ou dilatations linéaires autour de ce point, ensorte que, le système de ces condensations ou dilatations étant connu, on peut en déduire le système entier des pressions ou tensions exercées contre les divers plans qui renferment le point (x, y, z). Alors c'est évidemment autour des mêmes axes rectangulaires que les deux systèmes de quantités dont il s'agit se trouvent symétriquement distribués. Par conséquent trois directions perpendiculaires entre elles, et que l'on peut nommer *directions principales*, correspondent en même temps aux trois pressions ou tensions principales et aux trois condensations ou dilatations principales. De plus, il semble naturel de supposer, du moins quand les déplacements des molécules sont très-petits, que les pressions ou tensions principales sont en chaque point du corps élastique respectivement proportionnelles aux condensations ou dilatations principales. Admettons d'abord cette hypothèse dont l'adoption facilite la recherche des formules qui expriment les lois de l'équilibre ou du mouvement d'un corps solide ; et désignons par ϖ', ϖ'', ϖ''' les trois valeurs positives ou négatives de la variable

$$(30) \qquad \varpi = p \cos \delta = \pm p \, ,$$

qui seront propres à représenter les condensations ou dilatations principales. Les trois rapports

$$(31) \qquad \frac{\varpi'}{\varepsilon'}, \qquad \frac{\varpi''}{\varepsilon''}, \qquad \frac{\varpi'''}{\varepsilon'''}$$

auront la même valeur numérique, et seront tous les trois positifs, attendu que les deux termes de la fraction

$$\frac{\varpi}{\varepsilon}$$

seront l'un et l'autre positifs quand il y aura dilatation, et négatifs dans le cas contraire. Cela posé, si l'on nomme k une quantité positive égale aux rapports dont il s'agit, k sera la mesure de l'élasticité du corps au point (x, y, z), et l'on aura

$$(32) \qquad \varpi = k\varepsilon,$$

toutes les fois que les angles α, β, γ correspondront à une direction principale; d'où il suit que la formule (9) pourra être réduite à

$$(33) \quad \frac{A\cos\alpha + F\cos\beta + E\cos\gamma}{\cos\alpha} = \frac{F\cos\alpha + B\cos\beta + D\cos\gamma}{\cos\beta} = \frac{E\cos\alpha + D\cos\beta + C\cos\gamma}{\cos\gamma} = k\varepsilon.$$

Or, en divisant cette dernière par la formule (22), ou obtiendra la suivante

$$(34) \quad \frac{A\cos\alpha + F\cos\beta + E\cos\gamma}{\mathscr{A}\cos\alpha + \mathscr{F}\cos\beta + \mathscr{E}\cos\gamma} = \frac{F\cos\alpha + B\cos\beta + D\cos\gamma}{\mathscr{F}\cos\alpha + \mathscr{B}\cos\beta + \mathscr{D}\cos\gamma} = \frac{E\cos\alpha + D\cos\beta + C\cos\gamma}{\mathscr{E}\cos\alpha + \mathscr{D}\cos\beta + \mathscr{C}\cos\gamma} = k,$$

de laquelle on tirera

$$(35) \quad \left\{ \begin{aligned} (A - k\mathscr{A})\cos\alpha + (F - k\mathscr{F})\cos\beta + (E - k\mathscr{E})\cos\gamma &= 0, \\ (F - k\mathscr{F})\cos\alpha + (B - k\mathscr{B})\cos\beta + (D - k\mathscr{D})\cos\gamma &= 0, \\ (E - k\mathscr{E})\cos\alpha + (D - k\mathscr{D})\cos\beta + (C - k\mathscr{C})\cos\gamma &= 0; \end{aligned} \right.$$

et, comme les équations (35) devront subsister pour les trois systèmes de valeurs de α, β, γ correspondants aux trois directions principales, on en conclura évidemment

$$(36) \quad A = k\mathscr{A}, \quad B = h\mathscr{B}, \quad C = k\mathscr{C}, \quad D = k\mathscr{D}, \quad E = k\mathscr{E}, \quad F = k\mathscr{F}.$$

En effet, la première des équations (35), si elle n'était pas identique, exprimerait que la direction déterminée par les angles α, β, γ est perpendiculaire à une droite tracée de manière à former avec les demi-axes des coordonnées positives des angles dont les cosinus soient proportionnels aux différences

$$(37) \qquad A - k\mathcal{A}, \qquad F - k\mathcal{F}, \qquad E - k\mathcal{E};$$

ou, en d'autres termes, que cette direction est parallèle à un certain plan. D'ailleurs les trois directions principales ; étant perpendiculaires entre elles, ne sauraient devenir parallèles à un même plan. Donc la première des équations (35) qui subsiste pour chacune des directions principales, sera nécessairement identique, et les différences (37) se réduiront à zéro. On peut en dire autant des différences comprises dans la seconde et la troisième des équations (35) ; d'où il résulte que les formules (36) seront toutes vérifiées.

On parviendrait encore facilement aux formules (36) par une autre méthode que nous allons indiquer.

L'équation (32) étant vérifiée par hypothèse toutes les fois que les angles α, β, γ correspondent à une direction principale ; il en résulte que, dans le cas où les équations (7) et (19) représentent deux ellipsoïdes, les axes principaux du premier ellipsoïde sont proportionnels à ceux du second. Donc ces deux ellipsoïdes sont semblables l'un à l'autre ; et, puisqu'ils offrent non-seulement le même centre, mais encore des axes principaux dirigés suivant les mêmes droites, il est clair que les coefficiens des carrés des coordonnées x, y, z et de leurs doubles produits devront varier dans un rapport constant, lorsqu'on passera de l'équation (7) à l'équation (19). Donc, si l'on désigne par k ce rapport, on trouvera

$$(38) \qquad \frac{A}{\mathcal{A}} = \frac{B}{\mathcal{B}} = \frac{C}{\mathcal{C}} = \frac{D}{\mathcal{D}} = \frac{E}{\mathcal{E}} = \frac{F}{\mathcal{F}} = k.$$

Il est d'ailleurs facile de s'assurer, 1.° que, si chacune des équations (7), (19) représente non plus un ellipsoïde, mais un système d'hyperboloïdes conjugués, les hyperboloïdes représentés par la première équation seront semblables aux deux autres, et qu'en conséquence la formule (38) ne cessera pas d'être exacte, 2.° que la quantité k sera toujours positive. Ajoutons que la formule (38) comprend évidemment les équations (56).

Les équations (36) étant une fois établies, on tirera de ces équations, combinées avec les formules (6), (18) et (30), $\varpi = k\varepsilon$, ou, ce qui revient au même,

$$(39) \qquad p \cos \delta = k\varepsilon,$$

quels que soient d'ailleurs les angles α, β, γ. On peut donc énoncer la proposition suivante.

Lorsque dans un corps élastique on suppose les déplacements des molécules très-petits, et les pressions ou tensions principales proportionnelles aux condensations ou dilatations principales, la composante perpendiculaire à un plan de la pression ou tension exercée contre ce plan conserve toujours le même rapport avec la condensation ou dilatation qui a lieu dans le sens de cette composante.

Le rapport dont il est ici question ou la quantité positive k qui mesure l'élasticité du corps solide au point (x, y, z) dépend de la nature du corps en ce point. Si l'on suppose les différentes parties du corps solide formées de la même matière, la valeur de k ne variera pas lorsqu'on passera d'un point à un autre; mais, dans la supposition contraire, k deviendra généralement une fonctiou des coordonnées x, y, z. Observons en outre que, dans la première hypothèse, si la loi de proportionnalité des tensions aux dilatations s'étendait à des dilatations quelconques, il suffirait, pour déterminer la quantité k, de chercher la tension capable de produire une dilatation représentée par l'unité, c'est-à-dire, capable de doubler l'une des dimensions du corps solide. On y parviendrait, en composant avec la matière du corps un cylindre droit à base circulaire et d'une hauteur très-petite, puis en fixant la base supérieure de ce cylindre dans un plan horizontal, et suspendant à la base inférieure un autre cylindre de même diamètre, mais formé avec une matière inextensible dont la densité serait équivalente à la densité naturelle du corps. Alors, en supposant la hauteur h du second cylindre tellement choisie que celle du premier cylindre se trouvât doublée en raison de la dilatation produite par le poids du second, on pourrait prendre le poids dont il s'agit pour mesure de la pression totale exercée contre la base du premier cylindre, et, en divisant ce même poids par la surface de la base, on obtiendrait la pression en chaque point, et par conséquent la valeur de la constante k. D'ailleurs, si l'on désigne par Δ la densité naturelle du corps, par s la surface de l'une des bases dans l'un des cylindres, et par g la force accélératrice de la pesanteur, le poids du second cylindre sera

$$g\,h\,s\,\Delta\,;$$

et, en divisant ce poids par s, on trouvera

$$(10) \qquad\qquad k = g\,h\,\Delta.$$

Concevons à présent que l'on considère la loi de proportionnalité des tensions aux dilatations comme uniquement applicable aux cas où les dilatations sont très-petites. Alors, pour déterminer la constante k à l'aide de l'expérience indiquée, on devra disposer de la hauteur du second cylindre de manière à produire seulement dans celle du premier une dilatation représentée par une très-petite fraction, par exemple, une dilatation de

$$\frac{1}{1000}, \quad \frac{1}{10000}, \quad \frac{1}{100000}, \quad \text{etc......}$$ Mais alors aussi, pour obtenir la quantité h,

on devra multiplier par 1000, par 10000, par 100000,.... la hauteur du second cylindre.
On pourrait d'ailleurs remplacer le second cylindre par un poids quelconque P, et,
si ce poids produisait dans la hauteur du premier cylindre une dilatation mesurée par la
fraction $\frac{1}{n}$, on aurait, pour déterminer la quantité k, l'équation suivante

$$(41) \qquad k = n\frac{\varphi}{s}.$$

Enfin, au lieu de fixer la base supérieure du premier cylindre et de suspendre le poids
φ à sa base inférieure, on pourrait fixer cette dernière et charger du poids φ la
base supérieure. La pression qui en résulterait produirait non plus une dilatation, mais
une condensation qui serait encore mesurée par la fraction $\frac{1}{n}$.

Si la quantité k, au lieu de conserver la même valeur dans toute l'étendue d'un
corps solide, variait d'un point à un autre, cette quantité deviendrait, comme on l'a
dit, fonction de x, y, z, et pourrait même renfermer le temps t, si le corps
était en mouvement. Alors la valeur de k devrait être donnée en chaque point dans
l'état naturel du corps, et déterminée dans cet état par une équation de la forme

$$(42) \qquad k = f(x,y,z).$$

De plus, comme, dans l'état d'équilibre ou de mouvement du corps, la molécule correspondante aux coordonnées x, y, z serait précisément celle qui, dans l'état naturel,
avait pour coordonnées les trois différences

$$x - \xi, \qquad y - \eta, \qquad \zeta - \xi,$$

il est clair qu'on aurait, dans l'état d'équilibre ou de mouvement,

$$(43) \qquad k = f(x - \xi, y - \eta, z - \zeta).$$

Or cette dernière valeur de k, lorsqu'on y regarde ξ, η, ζ comme infiniment
petits du premier ordre, est sensiblement égale à celle que fournit l'équation (42).

Revenons maintenant aux équations (36). Si l'on y substitue les valeurs de $\mathcal{A}$, $\mathcal{B}$,
$\mathcal{C}$, $\mathcal{D}$, $\mathcal{E}$, $\mathcal{F}$ données par les formules (17), on en tirera

$$(44) \quad \begin{cases} A = k\dfrac{d\xi}{dx}, \qquad B = k\dfrac{d\eta}{dy}, \qquad C = k\dfrac{d\zeta}{dz}, \\[2mm] D = \dfrac{1}{2}k\left(\dfrac{d\eta}{dz} + \dfrac{d\zeta}{dy}\right), \quad E = \dfrac{1}{2}k\left(\dfrac{d\zeta}{dx} + \dfrac{d\xi}{dz}\right), \quad F = \dfrac{1}{2}k\left(\dfrac{d\xi}{dy} + \dfrac{d\eta}{dx}\right); \end{cases}$$

(172)

puis , en combinant ces dernières avec les équations (3) , on trouvera pour les projections
algébriques de la tension ou pression supportée au point (x, y, z) par un plan perpendiculaire au demi-axe qui forme avec ceux des coordonnées positives les angles α , β , γ ,

$$(45) \quad \begin{cases} p\cos\lambda = k \left\{ \frac{d\xi}{dx}\cos\alpha + \frac{1}{2}\left(\frac{d\xi}{dy} + \frac{d\eta}{dx}\right)\cos\beta + \frac{1}{2}\left(\frac{d\xi}{dz} + \frac{d\zeta}{dx}\right)\cos\gamma \right\} , \\[2ex] p\cos\mu = k \left\{ \frac{1}{2}\left(\frac{d\eta}{dx} + \frac{d\xi}{dy}\right)\cos\alpha + \frac{d\eta}{dy}\cos\beta + \frac{1}{2}\left(\frac{d\eta}{dz} + \frac{d\zeta}{dy}\right)\cos\gamma \right\} , \\[2ex] p\cos\nu = k \left\{ \frac{1}{2}\left(\frac{d\zeta}{dx} + \frac{d\xi}{dz}\right)\cos\alpha + \frac{1}{2}\left(\frac{d\zeta}{dy} + \frac{d\eta}{dz}\right)\cos\beta + \frac{d\zeta}{dz}\cos\gamma \right\} . \end{cases}$$

On devrait, à la rigueur, dans les équations (44) et (45), supposer la valeur de k
déterminée par la formule (43). Mais, si, en considérant ξ , η , ζ comme infiniment
petits du premier ordre, on néglige les infiniment petits du second ordre , on pourra
remplacer la valeur en question par celle que présente la formule (42).

Pour obtenir, dans l'hypothèse que nous avons adoptée, les équations d'équilibre d'un
corps solide parfaitement élastique , mais dont les molécules seraient très-peu écartées
des positions qu'elles occupaient dans l'état naturel du corps , il suffira de combiner les
équations (44) avec les formules (2) , et la formule (20) avec la formule (21). On trouvera ainsi

$$(46) \quad \begin{cases} \dfrac{d\left(k\frac{d\xi}{dx}\right)}{dx} + \dfrac{1}{2}\dfrac{d\left(k\frac{d\xi}{dy} + k\frac{d\eta}{dx}\right)}{dy} + \dfrac{1}{2}\dfrac{d\left(k\frac{d\xi}{dz} + k\frac{d\zeta}{dx}\right)}{dz} + \rho X = 0 , \\[3ex] \dfrac{1}{2}\dfrac{d\left(k\frac{d\eta}{dx} + k\frac{d\xi}{dy}\right)}{dx} + \dfrac{d\left(k\frac{d\eta}{dy}\right)}{dy} + \dfrac{1}{2}\dfrac{d\left(k\frac{d\eta}{dz} + k\frac{d\zeta}{dy}\right)}{dz} + \rho Y = 0 , \\[3ex] \dfrac{1}{2}\dfrac{d\left(k\frac{d\zeta}{dx} + k\frac{d\xi}{dz}\right)}{dx} + \dfrac{1}{2}\dfrac{d\left(k\frac{d\zeta}{dy} + k\frac{d\eta}{dz}\right)}{dy} + \dfrac{d\left(k\frac{d\zeta}{dz}\right)}{dz} + \rho Z = 0 , \end{cases}$$

et

$$(47) \qquad \rho = \Delta - \frac{d(\xi\Delta)}{dx} - \frac{d(\eta\Delta)}{dy} - \frac{d(\zeta\Delta)}{dz} .$$

Les quatre formules précédentes sont les seules qui subsistent dans toute l'étendue du
corps solide entre les quatre inconnues ξ , η , ζ , ρ considérées comme fonctions des
variables indépendantes x , y , z , t . Mais, outre ces formules, il y en aura d'autres

(173)

qui seront relatives aux surfaces par lesquelles le corps peut être terminé. Supposons, pour fixer les idées, qu'il soit terminé par deux surfaces, savoir, 1.° une surface rigide et invariable, assujettie de manière à ne pouvoir changer de forme, et représentée par l'équation

$$(48) \qquad\qquad f(x,y,z) = 0,$$

2.° une surface libre soumise à une pression extérieure P, et représentée dans l'état naturel du corps par l'équation

$$(49) \qquad\qquad F(x,y,z) = 0.$$

Admettons d'ailleurs que la pression extérieure P soit normale en chaque point à la surface contre laquelle elle agit. On aura en même temps, pour tous les points de la surface invariable,

$$(50) \qquad\qquad \begin{cases} f(x,y,z) = 0, \\ \xi = 0, \qquad \eta = 0, \qquad \zeta = 0; \end{cases}$$

et, pour tous les points de la surface libre,

$$(51) \qquad \begin{cases} F(x-\xi, y-\eta, z-\zeta) = 0, \\ p\cos\lambda = -P\cos\alpha, \qquad p\cos\mu = -P\cos\beta, \qquad p\cos\nu = -P\cos\gamma, \end{cases}$$

les valeurs de $p\cos\lambda$, $p\cos\mu$, $p\cos\nu$ étant déterminées par les formules (45), et les angles α, β, γ par l'équation

$$(52) \qquad \frac{\cos\alpha}{\left(\dfrac{d\,F(x-\xi, y-\eta, z-\zeta)}{dx} \right)} = \frac{\cos\beta}{\left(\dfrac{d\,F(x-\xi, y-\eta, z-\zeta)}{dy} \right)} = \frac{\cos\gamma}{\left(\dfrac{d\,F(x-\xi, y-\eta, z-\zeta)}{dz} \right)},$$

à laquelle on pourra, sans erreur sensible, substituer la suivante

$$(53) \qquad \frac{\cos\alpha}{\left(\dfrac{d\,F(x,y,z)}{dx} \right)} = \frac{\cos\beta}{\left(\dfrac{d\,F(x,y,z)}{dy} \right)} = \frac{\cos\gamma}{\left(\dfrac{d\,F(x,y,z)}{dz} \right)}.$$

Cela posé, les équations (51) se réduiront à

$$F(x - \xi, y - \eta, z - \zeta) = 0,$$

$$(54) \begin{cases} \dfrac{d\xi}{dx}\dfrac{dF(x,y,z)}{dx} + \dfrac{1}{2}\left(\dfrac{d\xi}{dy} + \dfrac{d\eta}{dx}\right)\dfrac{dF(x,y,z)}{dy} - \dfrac{1}{2}\left(\dfrac{d\xi}{dz} - \dfrac{d\zeta}{dx}\right)\dfrac{dF(x,y,z)}{dz} = -\dfrac{P}{k}\dfrac{dF(x,y,z)}{dx}, \\[2ex] \dfrac{1}{2}\left(\dfrac{d\eta}{dx} + \dfrac{d\xi}{dy}\right)\dfrac{dF(x,y,z)}{dx} + \dfrac{d\eta}{dy}\dfrac{dF(x,y,z)}{dy} + \dfrac{1}{2}\left(\dfrac{d\eta}{dz} + \dfrac{d\zeta}{dy}\right)\dfrac{dF(x,y,z)}{dz} = -\dfrac{P}{k}\dfrac{dF(x,y,z)}{dy}, \\[2ex] \dfrac{1}{2}\left(\dfrac{d\zeta}{dx} - \dfrac{d\xi}{dz}\right)\dfrac{dF(x,y,z)}{dz} + \dfrac{1}{2}\left(\dfrac{d\zeta}{dy} + \dfrac{d\eta}{dz}\right)\dfrac{dF(x,y,z)}{dy} + \dfrac{d\zeta}{dz}\dfrac{dF(x,y,z)}{dz} = -\dfrac{P}{k}\dfrac{dF(x,y,z)}{dz}. \end{cases}$$

Il n'est pas inutile de remarquer que, dans les formules (46), la quantité désignée par k conservera généralement une valeur très-considérable, et qu'en conséquence on pourra, dans ces mêmes formules, remplacer, sans erreur sensible, la variable ρ par sa valeur approchée Δ.

Dans le cas particulier où les quantités k et Δ deviennent constantes, alors, en ayant égard aux équations (20) et (24), on tire des formules (40) et (45), divisées par ρ,

$$(55) \begin{cases} \dfrac{d^2\xi}{dx^2} + \dfrac{d^2\xi}{dy^2} + \dfrac{d^2\xi}{dz^2} + \dfrac{d\upsilon}{dx} + \dfrac{2}{g\,k}X = 0, \\[2ex] \dfrac{d^2\eta}{dx^2} + \dfrac{d^2\eta}{dy^2} + \dfrac{d^2\eta}{dz^2} + \dfrac{d\upsilon}{dy} + \dfrac{2}{g\,k}Y = 0, \\[2ex] \dfrac{d^2\zeta}{dx^2} + \dfrac{d^2\zeta}{dy^2} + \dfrac{d^2\zeta}{dz^2} + \dfrac{d\upsilon}{dz} + \dfrac{2}{g\,k}Z = 0. \end{cases}$$

Dans le même cas, si l'on ajoute les formules (55), après avoir différencié la première par rapport à x, la seconde par rapport à y, la troisième par rapport à z, on trouvera

$$(56) \qquad \dfrac{d^2\upsilon}{dx^2} + \dfrac{d^2\upsilon}{dy^2} + \dfrac{d^2\upsilon}{dz^2} + \dfrac{1}{g\,k}\left(\dfrac{dX}{dx} + \dfrac{dY}{dy} + \dfrac{dZ}{dz}\right) = 0.$$

On pourrait douter, au premier abord, que les formules (55) et (56), dans chacune desquelles les quatre premiers termes restent très-petits par hypothèse, fussent applicables à des cas où les forces accélératrices X, Y, Z ne seraient pas elles-mêmes très-petites. Mais, pour dissiper ce doute, il suffit d'observer que la quantité k est généralement très considérable, et qu'en conséquence chacun des produits

$$\frac{2}{h}\,\frac{X}{g}\,, \qquad \frac{2}{h}\,\frac{Y}{g}\,, \qquad \frac{2}{h}\,\frac{Z}{g}$$

différera très-peu de zéro, si le rapport

$$\frac{\varphi}{g}=\sqrt{\left\{\left(\frac{X}{g}\right)^{2}+\left(\frac{Y}{g}\right)^{2}+\left(\frac{Z}{g}\right)^{2}\right\}}$$

n'a pas une très-gra de valeur.

Concevons maintenant que les molécules du corps élastique ne soient pas en équilibre, mais en mouvement. On devra, dans les équations (46), (55) et (56), remplacer les quantités X, Y, Z par les différences

$$X-\mathfrak{X}\,, \qquad Y-\mathfrak{Y}\,, \qquad Z-\mathfrak{Z}\,,$$

les valeurs de $\mathfrak{X}$, $\mathfrak{Y}$, $\mathfrak{Z}$ étant déterminées par les formules (28). On trouvera ainsi, 1.º en supposant k et Δ variables avec x, y, z,

$$(57)\;\left\{\begin{array}{l}
\dfrac{\left(k\dfrac{d\xi}{dx}\right)}{dx}+\dfrac{1}{2}\dfrac{d\left(k\dfrac{d\xi}{dy}+k\dfrac{d\eta}{dx}\right)}{dy}+\dfrac{1}{2}\dfrac{d\left(k\dfrac{d\xi}{dz}+k\dfrac{d\zeta}{dx}\right)}{dz}+\rho X=\rho\dfrac{d^{2}\xi}{dt^{2}}\,,\\[3ex]
\dfrac{1}{2}\dfrac{d\left(k\dfrac{d\eta}{dx}+k\dfrac{d\xi}{dy}\right)}{dx}+\dfrac{d\left(k\dfrac{d\eta}{dy}\right)}{dy}+\dfrac{1}{2}\dfrac{d\left(k\dfrac{d\eta}{dz}+k\dfrac{d\zeta}{dy}\right)}{dz}+\rho Y=\rho\dfrac{d^{2}\eta}{dt^{2}}\,,\\[3ex]
\dfrac{1}{2}\dfrac{d\left(k\dfrac{d\zeta}{dx}+k\dfrac{d\xi}{dz}\right)}{dx}+\dfrac{1}{2}\dfrac{d\left(k\dfrac{d\zeta}{dy}+k\dfrac{d\eta}{dz}\right)}{dy}+\dfrac{d\left(k\dfrac{d\zeta}{dz}\right)}{dz}+\rho Z=\rho\dfrac{d^{2}\zeta}{dt^{2}}\,,
\end{array}\right.$$

2.º en supposant k et Δ constantes,

$$(58)\;\left\{\begin{array}{l}
\dfrac{d^{2}\xi}{dx^{2}}+\dfrac{d^{2}\xi}{dy^{2}}+\dfrac{d^{2}\xi}{dz^{2}}+\dfrac{dv}{dx}+\dfrac{2}{gh}X=\dfrac{2}{gh}\dfrac{d^{2}\xi}{dt^{2}}\\[3ex]
\dfrac{d^{2}\eta}{dx^{2}}+\dfrac{d^{2}\eta}{dy^{2}}+\dfrac{d^{2}\eta}{dz^{2}}+\dfrac{dv}{dy}+\dfrac{2}{gh}Y=\dfrac{2}{gh}\dfrac{d^{2}\eta}{dt^{2}}\,,\\[3ex]
\dfrac{d^{2}\zeta}{dx^{2}}+\dfrac{d^{2}\zeta}{dy^{2}}+\dfrac{d^{2}\zeta}{dz^{2}}+\dfrac{dv}{dz}+\dfrac{2}{gh}Z=\dfrac{2}{gh}\dfrac{d^{2}\zeta}{dt^{2}}\,,
\end{array}\right.$$

Si l'on ajoute ces dernières formules après avoir différencié la première par rapport à
x. la seconde par rapport à y, la troisième par rapport à z, on en conclura

$$(59) \qquad \frac{d^2 \upsilon}{dx^2} + \frac{d^2 \upsilon}{dy^2} + \frac{d^2 \upsilon}{dz^2} + \frac{1}{gh}\left(\frac{dX}{dx} + \frac{dY}{dy} + \frac{dZ}{dz} \right) = \frac{1}{gh} \frac{d^2 \upsilon}{dt^2}.$$

Dans le cas particulier où la force accélératrice φ s'évanouit, et où l'on a en conséquence $X = 0$, $Y = 0$, $Z = 0$, les formules (58) et (59) donnent simplement

$$(60) \qquad \left\{ \begin{aligned}
\frac{d^2 \xi}{dx^2} + \frac{d^2 \xi}{dy^2} + \frac{d^2 \xi}{dz^2} + \frac{d\upsilon}{dx} &= \frac{2}{gh} \frac{d^2 \xi}{dt^2}, \\[2mm]
\frac{d^2 \eta}{ax^2} + \frac{d^2 \eta}{d^2 y} + \frac{d^2 \eta}{dz^2} + \frac{d\upsilon}{dy} &= \frac{2}{gh} \frac{d^2 \eta}{dt^2}, \\[2mm]
\frac{d^2 \zeta}{dx^2} + \frac{d^2 \zeta}{dy^2} + \frac{d^2 \zeta}{dz^2} + \frac{d\upsilon}{dz} &= \frac{2}{gh} \frac{d^2 \zeta}{dt^2},
\end{aligned} \right.$$

$$(61) \qquad \frac{d^2 \upsilon}{dx^2} + \frac{d^2 \upsilon}{dy^2} + \frac{d^2 \upsilon}{dz^2} = \frac{1}{gh} \frac{d^2 \upsilon}{dt^2}.$$

On arriverait encore aux mêmes résultats, si la force accélératrice φ était supposée constante et constamment parallèle à une droite donnée.

Il est bon d'observer que, dans ces diverses équations, les quantités ξ, η, ζ et υ
représenteront les déplacements d'un molécule m du corps élastique, mesurés parallèlement aux axes des x, y, z, et la dilatation ou condensation du volume de cette
molécule, tandis que le corps solide passera de l'état naturel à l'état de mouvement qui
subsistera au bout du temps t. Il en résulte, 1.º que les valeurs initiales de ξ, η,
ζ, υ ne seront pas nulles ici comme dans les formules que nous avons employées pour
déterminer le mouvement des fluides; 2.º que la quantité désignée par υ dans l'équation (61) est à très-peu près celle que nous avons désignée par $\varkappa$ dans l'équation (81)
de la page 145. D'ailleurs, si l'on adopte la théorie précédente, il suffira, comme nous
le montrerons plus tard, de recourir d'une part à l'équation (81) de la page 145, d'autre
part à l'équation (61), qui est de même forme que la première, pour déterminer les lois
de la propagation du son dans l'air et dans un corps élastique. Donc les lois dont il s'agit
demeureront les mêmes dans l'air et dans les corps élastiques. Ainsi, par exemple, la
vitesse du son sera constante dans un corps élastique comme dans l'air. Seulement elle
dépendra de la quantité h, et par conséquent de la matière dont le corps sera composé.

La plupart des équations établies dans ce paragraphe, et particulièrement les formules (39), (44), (55), (56), (58), (59) sont extraites du Mémoire que j'ai présenté à l'Académie des Sciences le 30 septembre 1822. Ces mêmes équations seraient remplacées par d'autres du même genre, si l'on modifiait l'hypothèse précédemment admise. Ainsi, par exemple, les formules (44), (45), (46), etc...., acquerraient de nouveaux termes, et deviendraient plus générales, si, pour un point donné d'un corps élastique, on supposait chaque tension ou pression principale composée de deux parties, dont l'une serait proportionnelle à la dilatation ou condensation linéaire mesurée dans le sens de cette force, l'autre étant uniquement dépendante de la position du point. Admettons maintenant cette dernière hypothèse, et soient en conséquence

$$(62) \qquad \varpi' = k\varepsilon' + R , \qquad \varpi'' = k\varepsilon'' + R , \qquad \varpi''' = k\varepsilon''' + R ,$$

k, R désignant des quantités qui ne pourront être que des constantes ou des fonctions de $x-\xi$, $y-\eta$, $z-\zeta$. On devra remplacer l'équation (33) par la formule

$$(63) \quad \frac{A\cos\alpha + F\cos\beta + E\cos\gamma}{\cos\alpha} = \frac{F\cos\alpha + B\cos\beta + D\cos\gamma}{\cos\beta} = \frac{E\cos\alpha + D\cos\beta + C\cos\gamma}{\cos\gamma} = k\varepsilon + R ,$$

ou, ce qui revient au même, par la suivante,

$$(64) \qquad k\varepsilon =$$

$$\frac{(A-R)\cos\alpha + F\cos\beta + E\cos\gamma}{\cos\alpha} = \frac{F\cos\alpha + (B-R)\cos\beta + D\cos\gamma}{\cos\beta} = \frac{E\cos\alpha + D\cos\beta + (C-R)\cos\gamma}{\cos\gamma} ,$$

Or, en combinant celle-ci avec l'équation (22), et raisonnant comme à la page 168, on obtiendra, au lieu des formules (36), les six équations

$$(65) \quad \left|\begin{array}{lll} A = k\,\mathscr{A} + R , & B = k\,\mathscr{B} + R , & C = k\,\mathscr{C} + R , \\ D = k\,\mathscr{D} , & E = k\,\mathscr{E} , & F = k\,\mathscr{F} . \end{array}\right.$$

On trouvera par suite, au lieu des formules (39), (44) et (45).

$$(66) \qquad p\cos\delta = k\varepsilon + R ,$$

$$(67) \quad \begin{cases} A = k \dfrac{d\xi}{dx} + R, \qquad B = k \dfrac{d\eta}{dy} + R, \qquad C = k \dfrac{d\zeta}{dz} + R, \\[2ex] D = \dfrac{1}{2} k \left(\dfrac{d\eta}{dz} + \dfrac{d\zeta}{dy} \right), \quad E = \dfrac{1}{2} k \left(\dfrac{d\zeta}{dx} + \dfrac{d\xi}{dz} \right), \quad F = \dfrac{1}{2} k \left(\dfrac{d\xi}{dy} + \dfrac{d\eta}{dx} \right). \end{cases}$$

$$(68) \quad \begin{cases} p\cos\lambda = R\cos\lambda + k \left\{ \dfrac{d\xi}{dx} \cos\alpha + \dfrac{1}{2} \left(\dfrac{d\xi}{dy} + \dfrac{d\eta}{dx} \right) \cos\beta + \dfrac{1}{2} \left(\dfrac{d\xi}{dz} + \dfrac{d\zeta}{dx} \right) \cos\gamma \right\}, \\[2ex] p\cos\mu = R\cos\mu + k \left\{ \dfrac{1}{2} \left(\dfrac{d\eta}{dx} + \dfrac{d\xi}{dy} \right) \cos\alpha + \dfrac{d\eta}{dy} \cos\beta + \dfrac{1}{2} \left(\dfrac{d\eta}{dz} + \dfrac{d\zeta}{dy} \right) \cos\gamma \right\}, \\[2ex] p\cos\nu = R\cos\nu + k \left\{ \dfrac{1}{2} \left(\dfrac{d\zeta}{dx} + \dfrac{d\xi}{dz} \right) \cos\alpha + \dfrac{1}{2} \left(\dfrac{d\zeta}{dy} + \dfrac{d\eta}{dz} \right) \cos\beta + \dfrac{d\zeta}{dz} \cos\gamma \right\}. \end{cases}$$

On peut conclure des équations (68) que, dans la nouvelle hypothèse, la pression p, exercée au point (x, y, z) contre un plan quelconque, sera la résultante de deux autres forces, dont l'une représentée par R restera perpendiculaire à ce plan, tandis que la seconde coïncidera en grandeur et en direction avec la pression que déterminent les formules (45). Quant aux équations qui exprimeront l'équilibre ou le mouvement du corps solide, on les déduira immédiatement des formules (46) et (57) en ajoutant aux premiers membres de ces formules les termes

$$(69) \qquad \frac{dR}{dx}, \qquad \frac{dR}{dy}, \qquad \frac{dR}{dz}.$$

Concevons à présent que la partie R commune aux trois pressions principales soit proportionnelle à la quantité v qui mesure la dilatation ou la condensation du volume au point (x, y, z). On aura

$$(70) \qquad R = K v,$$

K désignant un coefficient qui sera constant, si le corps est homogène, et que l'on pourra considérer comme fonction des seules variables x, y, z dans le cas contraire. Cela posé, les expressions (69) deviendront

$$(71) \qquad \frac{d(Kv)}{dx}, \qquad \frac{d(Kv)}{dy}, \qquad \frac{d(Kv)}{dz},$$

Par conséquent on trouvera, si le corps élastique est en équilibre,

$$(72)\quad\left\{\begin{aligned}
&\frac{d\left(k\frac{d\xi}{dx}\right)}{dx}+\frac{1}{2}\,\frac{d\left(k\frac{d\xi}{dy}+k\frac{d\eta}{dx}\right)}{dy}+\frac{1}{2}\,\frac{d\left(k\frac{d\xi}{dz}+k\frac{d\zeta}{dx}\right)}{dz}+\frac{d(K\upsilon)}{dx}+\rho X=0,\\
&\frac{1}{2}\,\frac{d\left(k\frac{d\eta}{dx}+k\frac{d\xi}{dy}\right)}{dx}+\frac{d\left(k\frac{d\eta}{dy}\right)}{dy}+\frac{1}{2}\,\frac{d\left(k\frac{d\eta}{dz}+k\frac{d\zeta}{dy}\right)}{dz}+\frac{d(K\upsilon)}{dy}+\rho Y=0,\\
&\frac{1}{2}\,\frac{d\left(k\frac{d\zeta}{dx}+k\frac{d\xi}{dz}\right)}{dx}+\frac{1}{2}\,\frac{d\left(k\frac{d\zeta}{dy}+k\frac{d\eta}{dz}\right)}{dy}+\frac{d\left(k\frac{d\zeta}{dz}\right)}{dz}+\frac{d(K\upsilon)}{dz}+\rho Z=0,
\end{aligned}\right.$$

et, si le corps est en mouvement,

$$(73)\quad\left\{\begin{aligned}
&\frac{d\left(k\frac{d\xi}{dx}\right)}{dx}+\frac{1}{2}\,\frac{d\left(k\frac{d\xi}{dy}+k\frac{d\eta}{dx}\right)}{dy}+\frac{1}{2}\,\frac{d\left(k\frac{d\xi}{dz}+k\frac{d\zeta}{dx}\right)}{dz}+\frac{d(K\upsilon)}{dx}+\rho X=\rho\frac{d^2\xi}{dt^2},\\
&\frac{1}{2}\,\frac{d\left(k\frac{d\eta}{dx}+k\frac{d\xi}{dy}\right)}{dx}+\frac{d\left(k\frac{d\eta}{dy}\right)}{dy}+\frac{1}{2}\,\frac{d\left(k\frac{d\eta}{dz}+k\frac{d\zeta}{dy}\right)}{dz}+\frac{d(K\upsilon)}{dy}+\rho Y=\rho\frac{d^2\eta}{dt^2},\\
&\frac{1}{2}\,\frac{d\left(k\frac{d\zeta}{dx}+k\frac{d\xi}{dz}\right)}{dx}+\frac{1}{2}\,\frac{d\left(k\frac{d\zeta}{dy}+k\frac{d\eta}{dz}\right)}{dy}+\frac{d\left(k\frac{d\zeta}{dz}\right)}{dz}+\frac{d(K\upsilon)}{dz}+\rho Z=\rho\frac{d^2\zeta}{dt^2}.
\end{aligned}\right.$$

Il est essentiel d'observer qu'aux formules (72) et (73) on devra toujours réunir les équations (20) et (47). Ajoutons que des formules (62), (66) et (70) combinées entre elles on tirera

$$(74)\qquad \varpi'=k\varepsilon'+K\upsilon,\qquad \varpi''=k\varepsilon''+K\upsilon,\qquad \varpi'''=k\varepsilon'''+K\upsilon,$$

$$(75)\qquad p\cos\delta=k\varepsilon+K\upsilon.$$

Quant aux équations qui se rapporteront à la surface extérieure du corps solide, elles seront semblables à celles que nous avons déjà données (page 173). Seulement on devra, dans les équations (51), supposer les valeurs de $p\cos\lambda$, $p\cos\mu$, $p\cos\nu$ déterminées, non plus par les formules (45), mais par les formules (68).

Lorsque les quantités k, K, Δ deviennent constantes, les formules (72) et (73), divisées par ρ, se réduisent aux suivantes :

$$(76) \quad \begin{cases} \dfrac{k}{2\Delta}\left(\dfrac{d^2\xi}{dx^2}+\dfrac{d^2\xi}{dy^2}+\dfrac{d^2\xi}{dz^2}\right)+\dfrac{k+2K}{2\Delta}\dfrac{d\upsilon}{dx}+X=0\,, \\[3ex] \dfrac{k}{2\Delta}\left(\dfrac{d^2\eta}{dx^2}+\dfrac{d^2\eta}{dy^2}+\dfrac{d^2\eta}{dz^2}\right)+\dfrac{k+2K}{2\Delta}\dfrac{d\upsilon}{dy}+Y=0\,, \\[3ex] \dfrac{k}{2\Delta}\left(\dfrac{d^2\zeta}{dx^2}+\dfrac{d^2\zeta}{dy^2}+\dfrac{d^2\zeta}{dz^2}\right)+\dfrac{k+2K}{2\Delta}\dfrac{d\upsilon}{dz}+Z=0\,, \end{cases}$$

$$(77) \quad \begin{cases} \dfrac{k}{2\Delta}\left(\dfrac{d^2\xi}{dx^2}+\dfrac{d^2\xi}{dy^2}+\dfrac{d^2\xi}{dz^2}\right)+\dfrac{k+2K}{2\Delta}\dfrac{d\upsilon}{dx}+X=\dfrac{d^2\xi}{dt^2}\,, \\[3ex] \dfrac{k}{2\Delta}\left(\dfrac{d^2\eta}{dx^2}+\dfrac{d^2\eta}{dy^2}+\dfrac{d^2\eta}{dz^2}\right)+\dfrac{k+2K}{2\Delta}\dfrac{d\upsilon}{dy}+Y=\dfrac{d^2\eta}{dt^2}\,, \\[3ex] \dfrac{k}{2\Delta}\left(\dfrac{d^2\zeta}{dx^2}+\dfrac{d^2\zeta}{dy^2}+\dfrac{d^2\zeta}{dz^2}\right)+\dfrac{k+2K}{2\Delta}\dfrac{d\upsilon}{dz}+Z=\dfrac{d^2\zeta}{dt^2}\,. \end{cases}$$

Or, si l'on combine par voie d'addition les trois formules (76) ou (77), après les avoir respectivement différenciées par rapport à x, y, z, et en ayant égard à l'équation (20), on trouvera

$$(78) \qquad \frac{k+K}{\Delta}\left(\frac{d^2\upsilon}{dx^2}+\frac{d^2\upsilon}{dy^2}+\frac{d^2\upsilon}{dz^2}\right)+\frac{dX}{dx}+\frac{dY}{dy}+\frac{dZ}{dz}=0\,,$$

et

$$(79) \qquad \frac{k+K}{\Delta}\left(\frac{d^2\upsilon}{dx^2}+\frac{d^2\upsilon}{dy^2}+\frac{d^2\upsilon}{dz^2}\right)+\frac{dX}{dx}+\frac{dY}{dy}+\frac{dZ}{dz}=\frac{d^2\upsilon}{dt^2}\,.$$

Dans la nouvelle hypothèse que nous avons adoptée, on déterminera sans peine la valeur du rapport $\dfrac{k+K}{\Delta}$ compris dans les formules (78) et (79). Pour y parvenir, il suffira de recourir à une expérience du genre de celles que nous avons déjà indiquées [page 8]. Concevons en effet qu'après avoir composé avec la matière du corps un cylindre droit à base circulaire et d'une très-petite hauteur, on renferme ce cylindre dans une boîte de même diamètre, mais formée d'une matière inextensible, et que l'on place sur la base supérieure du cylindre un poids $\mathcal{P}$ capable de produire une diminution de hauteur et par conséquent une condensation mesurée par $\dfrac{1}{n}$. Si l'on nomme s la surface de l'une des bases, $\dfrac{\mathcal{P}}{s}$ représentera la pression principale que la base supérieure supportera en chaque point, et, en posant dans la première des formules (74)

$$\varpi = \frac{\mathcal{P}}{s}, \qquad \varepsilon' = \upsilon = \frac{1}{n},$$

on trouvera

$$\frac{\mathcal{P}}{s} = (k + K)\frac{1}{n}.$$

On aura donc

$$(80) \qquad k + K = n\frac{\mathcal{P}}{s}.$$

Si maintenant on pose

$$(81) \qquad n\frac{\mathcal{P}}{s} = gh\Delta,$$

Δ désignant la densité naturelle du corps, et g la force accélératrice de la pesanteur, $\dfrac{h}{n}$ sera la hauteur qu'il faudrait attribuer à un cylindre inextensible de même diamètre que le premier, et d'une densité égale à Δ, pour produire dans le premier cylindre la condensation mesurée par $\dfrac{1}{n}$. D'ailleurs on tirera des équations (80) et (81)

$$(82) \qquad \frac{k+K}{\Delta} = gh;$$

puis, en substituant dans les formules (78) et (79) la valeur précédente du rapport $\dfrac{k+K}{\Delta}$, on se trouvera de nouveau ramené aux formules (56) et (59). Il est permis d'en conclure que la propagation du son à travers les corps solides suivra précisément les mêmes lois dans les deux hypothèses que nous avons successivement adoptées, pourvu qu'on détermine toujours la hauteur h à l'aide de l'expérience que nous venons de décrire.

Supposons à présent qu'au lieu de renfermer dans une boîte inextensible le cylindre dont nous avons parlé, on se contente de le placer sur un plan horizontal. Il sera facile d'assigner la dilatation qu'éprouvera le diamètre, lorsqu'on chargera la base supérieure d'un poids capable de produire dans la hauteur de ce cylindre une condensation mesurée par $\dfrac{1}{n}$. En effet, dans la supposition dont il s'agit, la tension principale que supportera en chaque point la surface latérale du cylindre sera évidemment nulle, et l'on pourra en dire autant des tensions qui seront exercées en un point quelconque du cylindre, contre des plans parallèles à l'axe. Donc des trois quantités ϖ', ϖ'', ϖ''', il y en aura toujours deux, par exemple, ϖ'', ϖ''', qui s'évanouiront, et l'on trouvera par suite

$$(83) \qquad k\varepsilon'' + K\upsilon = k\varepsilon''' + K\upsilon = 0.$$

Comme on aura d'autre part

$$(84) \qquad \varepsilon' = -\frac{1}{n}, \qquad \upsilon = \varepsilon' + \varepsilon'' + \varepsilon''',$$

on tirera de la formule (83)

$$(85) \qquad \varepsilon'' = \varepsilon''' = \frac{K}{k+2K}\,\frac{1}{n},$$

et

$$(86) \qquad \upsilon = -\frac{k}{k+2K}\,\frac{1}{n}.$$

Il résulte des équations (85) et (86) qu'à une condensation de la hauteur du cylindre mesurée par $\dfrac{1}{n}$ correspond une dilatation du diamètre mesurée par la fraction

$$\frac{K}{k+2K}\,\frac{1}{n} < \frac{1}{2n},$$

et une condensation du volume mesurée par la fraction

$$\frac{k}{k+2K}\,\frac{1}{n} < \frac{1}{n}.$$

Lorsque dans les formules (76) et (77) on suppose $k = 2K$, elles coïncident avec celles que M. Navier a données pour déterminer l'équilibre ou le mouvement des corps élastiques dans un Mémoire présenté à l'Académie des Sciences le 14 mai 1821, et que M. Poisson a reproduites en les établissant d'une autre manière dans un Mémoire qui n'est pas encore publié. Alors les équations (85) et (86) donnent simplement

$$(87) \qquad \varepsilon'' = \varepsilon''' = \frac{1}{4n}, \qquad \upsilon = -\frac{1}{2n}.$$

Au reste, je reviendrai sur les formules (76) et (77) dans un second article, qui sera consacré à la recherche des équations d'équilibre ou de mouvement des corps solides considérés comme des systèmes des points matériels distincts les uns des autres, mais séparés par des distances très-petites, et qui contiendra les formules générales que j'ai données à ce sujet dans un Mémoire présenté à l'Académie des Sciences le 1.er octobre 1827.

Je remarquerai, en terminant ce paragraphe, que les équations (72), (75), (76),
(77), (78) et (79) ne devraient subir aucune modification, si l'on attribuait aux pressions
désignées par A, B, C, D, E, F, non plus les valeurs que déterminent les
formules (67) et (70), mais ces mêmes valeurs augmentées de constantes arbitraires.

---

§ 3. *Sur le mouvement intérieur d'un corps solide non élastique.*

Dans un corps solide non élastique, les pressions ou tensions ne dépendent pas seulement du changement de forme que le corps éprouve en passant de l'état naturel à un
nouvel état, mais aussi des états intermédiaires et du temps pendant lequel le changement de forme s'effectue. Dans un semblable corps l'élasticité disparaît entièrement,
lorsque les pressions ou tensions deviennent indépendantes de l'état naturel du corps,
et peuvent être déduites, à la fin d'un temps quelconque désigné par t ou $t + \Delta t$,
du changement de forme que le corps vient de subir dans un instant très-court Δt.
Alors le système des pressions ou tensions exercées à la fin du temps t contre les
divers plans qui renferment un point donné (x, y, z) dépend uniquement des condensations ou dilatations linéaires qui ont lieu autour de ce même point, pendant l'instant
Δt, c'est-à-dire, des condensations ou dilatations instantanées que déterminent les
formules (17) et (18), quand on substitue aux déplacements absolus ξ, η, ζ d'une
molécule les déplacements infiniment petits et instantanés

$$(88) \qquad \frac{d\xi}{dt} \Delta t = u \Delta t, \qquad \frac{d\eta}{dt} \Delta t = v \Delta t, \qquad \frac{d\zeta}{dt} \Delta t = w \Delta t$$

que cette molécule éprouve parallèlement aux axes des x, y et z. Par suite, les condensations ou dilatations instantanées et principales doivent être dirigées suivant les
mêmes droites que les pressions ou tensions principales, et ces deux systèmes de quantités doivent être liés entre eux d'une certaine manière. Parmi les hypothèses que l'on
peut faire à ce sujet, l'une des plus naturelles consiste à supposer que les trois pressions
ou tensions principales sont en chaque point proportionnelles aux trois condensations ou
dilatations instantanées et principales. Si l'on admet cette hypothèse, les pressions ou
tensions exercées contre trois plans perpendiculaires aux axes des x, y, z, et les
projections algébriques de ces pressions ou tensions sur les axes, c'est-à-dire, les quantités (2) seront déterminées, dans un corps solide entièrement dépourvu d'élasticité, non
plus par les formules (44), mais par les formules semblables

$$(89) \quad \left\{ \begin{array}{lll} A = k \dfrac{du}{dx}, & B = k \dfrac{dv}{dy}, & C = k \dfrac{dw}{dz}, \\[2em] D = \dfrac{1}{2} k \left(\dfrac{dv}{dz} + \dfrac{dw}{dy} \right), & E = \dfrac{1}{2} k \left(\dfrac{dw}{dx} + \dfrac{du}{dz} \right), & F = \dfrac{1}{2} k \left(\dfrac{du}{dy} + \dfrac{dv}{dx} \right), \end{array} \right.$$

que l'on déduit des six premières, en substituant aux déplacements ξ, n, ζ les quantités (88), et au produit $k\Delta t$ une nouvelle fonction k des différences $x - \xi$, $y - n$, $z - \zeta$. Il est essentiel d'observer que cette fonction k se réduira simplement à une constante, si les diverses parties du corps solide sont formées de la même matière. Si maintenant on combine les équations (89) avec les formules (25), on trouvera

$$(90)\begin{cases} \dfrac{d\left(k\dfrac{du}{dx}\right)}{dx} + \dfrac{1}{2}\dfrac{d\left(k\dfrac{du}{dy}+k\dfrac{dv}{dv}\right)}{dy} + \dfrac{1}{2}\dfrac{d\left(k\dfrac{du}{dz}+k\dfrac{dw}{dx}\right)}{dz} + \rho X = \rho \mathfrak{X}, \\[2em] \dfrac{1}{2}\dfrac{d\left(k\dfrac{dv}{dx}+k\dfrac{du}{dy}\right)}{dx} + \dfrac{d\left(k\dfrac{dv}{dy}\right)}{dy} + \dfrac{1}{2}\dfrac{d\left(k\dfrac{dv}{dz}+k\dfrac{dw}{dy}\right)}{dz} + \rho Y = \rho \mathfrak{Y}, \\[2em] \dfrac{1}{2}\dfrac{d\left(k\dfrac{dw}{dx}+k\dfrac{du}{dz}\right)}{dx} + \dfrac{1}{2}\dfrac{d\left(k\dfrac{dw}{dy}+k\dfrac{dv}{dz}\right)}{dy} + \dfrac{d\left(k\dfrac{dw}{dz}\right)}{dz} + \rho Z = \rho \mathfrak{Z}, \end{cases}$$

les valeurs de $\mathfrak{X}$, $\mathfrak{Y}$, $\mathfrak{Z}$ et de u, v, w étant liées à celles de ξ, n, ζ par les formules (10) de la page 130 et les formules (19) de la page 133. Quant aux quantités v et ρ qui représentent 1.° la dilatation du volume d'une molécule, tandis que le corps passe de l'état naturel à l'état de mouvement qui subsiste au bout du temps t, 2.° la densité du corps à cette époque, elles seront toujours déterminées par les équations (13) et (15).

Dans le cas particulier où l'on suppose les déplacements ξ, n, ζ très-petits pendant toute la durée du mouvement, et où les quantités k, Δ deviennent constantes, les équations (13) et (15) doivent être remplacées par les équations (20) et (24), et les formules (64) peuvent être réduites aux suivantes :

$$(91)\begin{cases} \dfrac{d^2u}{dx^2} + \dfrac{d^2u}{dy^2} + \dfrac{d^2u}{dz^2} + \dfrac{d\left(\dfrac{dv}{dt}\right)}{dx} + \dfrac{2\Delta}{k}X = \dfrac{2\Delta}{k}\dfrac{du}{dt}, \\[2em] \dfrac{d^2v}{dx^2} + \dfrac{d^2v}{dy^2} + \dfrac{d^2v}{dz^2} + \dfrac{d\left(\dfrac{dv}{dt}\right)}{dy} + \dfrac{2\Delta}{k}Y = \dfrac{2\Delta}{k}\dfrac{dv}{dt}, \\[2em] \dfrac{d^2w}{dx^2} + \dfrac{d^2w}{dy^2} + \dfrac{d^2w}{dz^2} + \dfrac{d\left(\dfrac{dv}{dt}\right)}{dz} + \dfrac{2\Delta}{k}Z = \dfrac{2\Delta}{k}\dfrac{dw}{dt}. \end{cases}$$

Si l'on ajoute celles-ci, après avoir différencié la première par rapport à x, la seconde par rapport à y, la troisième par rapport à z; on en tirera, en ayant égard à l'équation (29),

$$(92) \quad \frac{d^2\left(\frac{dv}{dt}\right)}{dx^2} + \frac{d^2\left(\frac{dv}{dt}\right)}{dy^2} + \frac{d^2\left(\frac{dv}{dt}\right)}{dz^2} + \frac{\Delta}{k}\left(\frac{dX}{dx} + \frac{dY}{dy} + \frac{dZ}{dz}\right) = \frac{\Delta}{k}\frac{d\left(\frac{dv}{dt}\right)}{dt},$$

Enfin, si la force accélératrice s'évanouit avec ses projections algébriques X, Y, Z, les formules (91) et (92) deviendront

$$(93) \quad \begin{cases} \dfrac{d^2 u}{dx^2} + \dfrac{d^2 u}{dy^2} + \dfrac{d^2 u}{dz^2} + \dfrac{d\left(\frac{dv}{dt}\right)}{dx} = \dfrac{2\Delta}{k}\dfrac{du}{dt}, \\[3em] \dfrac{d^2 v}{dx^2} + \dfrac{d^2 v}{dy^2} + \dfrac{d^2 v}{dz^2} + \dfrac{d\left(\frac{dv}{dt}\right)}{dy} = \dfrac{2\Delta}{k}\dfrac{dv}{dt}, \\[3em] \dfrac{d^2 w}{dx^2} + \dfrac{d^2 w}{dy^2} + \dfrac{d^2 w}{dz^2} + \dfrac{d\left(\frac{dv}{dt}\right)}{dz} = \dfrac{2\Delta}{k}\dfrac{dw}{dt}, \end{cases}$$

et

$$(94) \quad \frac{d^2\left(\frac{dv}{dt}\right)}{dx^2} + \frac{d^2\left(\frac{dv}{dt}\right)}{dy^2} + \frac{d^2\left(\frac{dv}{dt}\right)}{dz^2} = \frac{\Delta}{k}\frac{d\left(\frac{dv}{dt}\right)}{dt}.$$

Il importe d'observer 1.º que la quantité $\frac{dv}{dt}$ comprise dans l'équation (94) est proportionnelle à la dilatation du volume pendant un instant très-petit Δt; 2.º que l'équation (94) est semblable à la formule (88) de la page 146, c'est-à-dire, à celle qui détermine le mouvement de la chaleur dans un corps homogène ou dans l'espace; d'où résulte une analogie remarquable entre la propagation du calorique et la propagation des vibrations d'un corps entièrement dépourvu d'élasticité.

Les formules (89), (91), (92), (93), (94) sont extraites du Mémoire que j'ai présenté à l'Académie des Sciences le 30 septembre 1822. Ces formules devraient être remplacées par d'autres du même genre, si l'on modifiait l'hypothèse précédemment admise. Ainsi, par exemple, si, pour un point donné d'un corps non élastique, on supposait chaque pression ou tension principale composée de deux parties, dont l'une serait proportionnelle à la condensation ou dilatation instantanée, mesurée dans le sens de cette force , tandis que l'autre , désignée par R ,   dépendrait uniquement de la position du point , on devrait aux formules (89) substituer les suivantes :

$$(95) \quad \begin{cases} A = k\,\dfrac{du}{dx} + R , & B = k\,\dfrac{dv}{dy} + R , & C = k\,\dfrac{dw}{dz} + R , \\[2ex] D = \dfrac{1}{2}\,k\left(\dfrac{dv}{dz} + \dfrac{dw}{dy}\right) , & E = \dfrac{1}{2}\,k\left(\dfrac{dw}{dx} + \dfrac{du}{dz}\right) , & F = \dfrac{1}{2}\,k\left(\dfrac{du}{dy} + \dfrac{dv}{dx}\right) . \end{cases}$$

Concevons à présent que la partie R commune aux trois pressions principales, devienne proportionnelle à la quantité

$$(96) \qquad\qquad \frac{dv}{dt}\,\Delta t$$

qui mesure la dilatation ou la condensation instantanée du volume au point (x, y, z).
On aura

$$(97) \qquad\qquad R = K\,\frac{dv}{dt} ,$$

K désignant un coefficient qui sera constant si le corps est homogène , et fonction des différences $x - \xi$, $y - \eta$, $z - \zeta$ dans le cas contraire. Cela posé , on tirera des formules (25) combinées avec les équations (95) et (97)

$$(98) \quad \begin{cases} \dfrac{d\left(k\,\dfrac{du}{dx}\right)}{dx} + \dfrac{1}{2}\,\dfrac{d\left(k\,\dfrac{du}{dy} + k\,\dfrac{dv}{dx}\right)}{dy} + \dfrac{1}{2}\,\dfrac{d\left(k\,\dfrac{du}{dz} + k\,\dfrac{dw}{dx}\right)}{dz} + \dfrac{d\left(K\,\dfrac{dv}{dt}\right)}{dx} + \rho X = \rho\,\mathfrak{X} , \\[3ex] \dfrac{1}{2}\,\dfrac{d\left(k\,\dfrac{dv}{dx} + k\,\dfrac{du}{dy}\right)}{dx} + \dfrac{d\left(k\,\dfrac{dv}{dy}\right)}{dy} + \dfrac{1}{2}\,\dfrac{d\left(k\,\dfrac{dv}{dz} + k\,\dfrac{dw}{dy}\right)}{dz} + \dfrac{d\left(K\,\dfrac{dv}{dt}\right)}{dy} + \rho Y = \rho\,\mathfrak{Y} , \\[3ex] \dfrac{1}{2}\,\dfrac{d\left(k\,\dfrac{dw}{dx} + k\,\dfrac{du}{dz}\right)}{dx} + \dfrac{1}{2}\,\dfrac{d\left(k\,\dfrac{dw}{dy} + k\,\dfrac{dv}{dz}\right)}{dy} + \dfrac{d\left(k\,\dfrac{dw}{dz}\right)}{dz} + \dfrac{d\left(K\,\dfrac{dv}{dt}\right)}{dz} + \rho Z = \rho\,\mathfrak{Z} . \end{cases}$$

Enfin , si l'on suppose que les déplacements ξ , η , ζ restent très-petits pendant toute la durée du mouvement , et que les quantités k , K , Δ deviennent constantes , les formules (98) pourront être réduites à celles qui suivent :

$$(99) \quad \begin{cases} \dfrac{k}{2\Delta}\left(\dfrac{d^2 u}{dx^2} + \dfrac{d^2 u}{dy^2} + \dfrac{d^2 u}{dz^2}\right) + \dfrac{k+2K}{2\Delta}\ \dfrac{d\left(\dfrac{dv}{dt}\right)}{dx} + X = \dfrac{du}{dt}, \\[3em] \dfrac{k}{2\Delta}\left(\dfrac{d^2 v}{dx^2} + \dfrac{d^2 v}{dy^2} + \dfrac{d^2 v}{dz^2}\right) + \dfrac{k+2K}{2\Delta}\ \dfrac{d\left(\dfrac{dv}{dt}\right)}{dy} + Y = \dfrac{dv}{dt}, \\[3em] \dfrac{k}{2\Delta}\left(\dfrac{d^2 w}{dx^2} + \dfrac{d^2 w}{dy^2} + \dfrac{d^2 w}{dz^2}\right) + \dfrac{k+2K}{2\Delta}\ \dfrac{d\left(\dfrac{dv}{dt}\right)}{dz} + Z = \dfrac{dw}{dt}; \end{cases}$$

et l'on en conclura

$$(100) \quad \frac{k+K}{\Delta}\left\{ \frac{d^2\left(\dfrac{dv}{dt}\right)}{dx^2} + \frac{d^2\left(\dfrac{dv}{dt}\right)}{dy^2} + \frac{d^2\left(\dfrac{dv}{dt}\right)}{dz^2} \right\} + \frac{dX}{dx} + \frac{dY}{dy} + \frac{dZ}{dz} = \frac{d\left(\dfrac{dv}{dt}\right)}{dt}.$$

Les formules (98), (99) et (100) subsisteraient encore sans aucune modification, si l'on attribuait aux pressions ou tensions désignées par A, B, C, D, E, F, non plus les valeurs que déterminent les équations (95) et (97), mais ces mêmes valeurs augmentées de constantes arbitraires.

SUR L'ÉQUILIBRE ET LE MOUVEMENT

D'UN SYSTÈME DE POINTS MATÉRIELS

SOLLICITÉS PAR DES FORCES D'ATTRACTION OU DE RÉPULSION MUTUELLE.

Considérons un très-grand nombre de molécules ou points matériels distribués arbitrairement dans une portion de l'espace, et sollicités au mouvement par des forces d'attraction ou de répulsion mutuelle. Soient $\mathfrak{m}$ la masse d'une de ces molécules, m, m', m'', ... les masses des autres; et supposons qu'à une certaine époque

a, b, c désignent les coordonnées de la molécule $\mathfrak{m}$, rapportées à trois axes rectangulaires des x, y, et z,

$a + \Delta a$, $b + \Delta b$, $c + \Delta c$ les coordonnées d'une autre molécule m,

r la distance des molécules $\mathfrak{m}$ et m,

α, β, γ les angles formés par le rayon vecteur r avec les demi-axes des coordonnées positives.

Admettons d'ailleurs que l'attraction ou la répulsion mutuelle des deux masses $\mathfrak{m}$ et m, étant proportionnelle à ces masses et à une fonction de la distance r, soit représentée par

$$(1) \qquad \mathfrak{m} m f(r) .$$

La résultante des attractions ou répulsions exercées sur la molécule $\mathfrak{m}$ par les molécules m, m', ... aura pour projections algébriques sur les axes coordonnés

$$(2) \qquad \mathfrak{m} S[\pm m \cos \alpha f(r)] , \qquad \mathfrak{m} S[\pm m \cos \beta f(r)] , \qquad \mathfrak{m} S[\pm m \cos \gamma f(r)] ,$$

la lettre S indiquant une somme de termes semblables, mais relatifs aux diverses molécules m, m', ..., et le signe $\pm$ devant être réduit au signe $+$ ou au signe $-$, suivant que la masse $\mathfrak{m}$ sera attirée ou repoussée par la molécule m.

Ajoutons que les quantités Δa, Δb, Δc pourront être exprimées en fonction de r, et des angles α, β, γ par les formules

$$(3) \qquad \Delta a = r\cos\alpha, \qquad \Delta b = r\cos\beta, \qquad \Delta c = r\cos\gamma.$$

Supposons maintenant que l'état du système de points matériels soit changé, et que les molécules $\mathfrak{m}$, m, m', ... se déplacent dans l'espace, mais de manière que la distance de deux molécules $\mathfrak{m}$ et m varie dans un rapport peu différent de l'unité. Soient

$$\xi, \qquad \eta, \qquad \zeta$$

des fonctions de a, b, c, qui représentent les déplacements très-petits et parallèles aux axes d'une molécule quelconque $\mathfrak{m}$;

$$x, \quad y, \quad z; \quad x + \Delta x, \quad y + \Delta y, \quad z + \Delta z,$$

les coordonnées des molécules $\mathfrak{m}$, m dans le nouvel état du système,

$$r(1 + \varepsilon)$$

la distance des molécules $\mathfrak{m}$, m dans ce nouvel état. ε exprimera la dilatation très-petite de la longueur r dans le passage du premier état au second, et l'on aura évidemment

$$(4) \qquad x = a + \xi, \qquad y = b + \eta, \qquad z = c + \zeta,$$

$$(5) \qquad \left\{ \begin{aligned} \Delta x &= \Delta a + \Delta\xi = r\cos\alpha + \Delta\xi, \\ \Delta y &= \Delta b + \Delta\eta = r\cos\beta + \Delta\eta, \\ \Delta z &= \Delta c + \Delta\zeta = r\cos\gamma + \Delta\zeta; \end{aligned} \right.$$

$$(6) \quad r^2(1+\varepsilon)^2 = \Delta x^2 + \Delta y^2 + \Delta z^2 = r^2 + 2r\,(\cos\alpha\,\Delta\xi + \cos\beta\,\Delta\eta + \cos\gamma\,\Delta\zeta) + \Delta\xi^2 + \Delta\eta^2 + \Delta\zeta^2.$$

$$(7) \quad 1 + \varepsilon = \sqrt{\left\{ 1 + \frac{2}{r}(\cos\alpha\,\Delta\xi + \cos\beta\,\Delta\eta + \cos\gamma\,\Delta\zeta) + \frac{1}{r^2}(\Delta\xi^2 + \Delta\eta^2 + \Delta\zeta^2) \right\}}.$$

De plus, le rayon vecteur mené de la molécule $\mathfrak{m}$ à la molécule m formera, avec les demi-axes des coordonnées positives, des angles dont les cosinus seront représentés, non plus par

$$(8) \qquad \cos\alpha = \frac{\Delta a}{r}, \qquad \cos\beta = \frac{\Delta b}{r}, \qquad \cos\gamma = \frac{\Delta c}{r},$$

mais par

$$(9) \qquad \frac{\Delta x}{r(1+\varepsilon)}, \qquad \frac{\Delta y}{r(1+\varepsilon)}, \qquad \frac{\Delta z}{r(1+\varepsilon)}.$$

En conséquence, les projections algébriques de la résultante des attractions ou répulsions exercées par les molécules m, m', ... sur la molécule $\mathfrak{m}$ deviendront respectivement égales aux trois produits

$$(10) \quad \begin{cases} \mathfrak{m}\,S\left\{\pm m\,\dfrac{\Delta x}{r(1+\varepsilon)}\,f[r(1+\varepsilon)]\right\}, \qquad \mathfrak{m}\,S\left\{\pm m\,\dfrac{\Delta y}{r(1+\varepsilon)}\,f[r(1+\varepsilon)]\right\}, \\[3mm] \qquad\qquad \mathfrak{m}\,S\left\{\pm m\,\dfrac{\Delta z}{r(1+\varepsilon)}\,f[r(1+\varepsilon)]\right\}, \end{cases}$$

Donc, si l'on pose

$$(11) \quad \begin{cases} \mathfrak{X} = S\left\{\pm m\,\dfrac{f[r(1+\varepsilon)]}{r(1+\varepsilon)}\,\Delta x\right\}, \qquad \mathfrak{Y} = S\left\{\pm m\,\dfrac{f[r(1+\varepsilon)]}{r(1+\varepsilon)}\,\Delta y\right\}, \\[3mm] \qquad\qquad \mathfrak{Z} = S\left\{\pm m\,\dfrac{f[r(1+\varepsilon)]}{r(1+\varepsilon)}\,\Delta z\right\}, \end{cases}$$

les trois produits

$$\mathfrak{m}\mathfrak{X}, \qquad \mathfrak{m}\mathfrak{Y}, \qquad \mathfrak{m}\mathfrak{Z},$$

et les trois quantités

$$\mathfrak{X}, \qquad \mathfrak{Y}, \qquad \mathfrak{Z}$$

représenteront les projections algébriques 1.º de la résultante dont il s'agit, 2.º de cette résultante divisée par $\mathfrak{m}$, ou, ce qui revient au même, de la force accélératrice qui sollicitera la molécule $\mathfrak{m}$, et qui sera due aux actions des molécules m, m', etc....

Dans l'hypothèse que nous avons admise, c'est-à-dire, lorsque les déplacements ξ, η, ζ sont très-petits; alors, en considérant ces déplacements comme infiniment petits du premier ordre, et négligeant les infiniment petits du second ordre, on tire de l'équation (7)

$$(12) \qquad \varepsilon = \frac{1}{r}\left(\cos\alpha\,\Delta\xi + \cos\beta\,\Delta\eta + \cos\gamma\,\Delta\zeta\right).$$

Dans la même hypothèse, on aura encore à très-peu près

$$(13) \qquad \frac{f[r(1+\varepsilon)]}{r(1+\varepsilon)} = (1-\varepsilon)\frac{f(r)+\varepsilon r f'(r)}{r} = \frac{f(r)}{r} + \varepsilon\frac{r f'(r)-f(r)}{r}\,;$$

puis on conclura des formules (11), combinées avec les équations (5) et (13),

$$(14)\quad\begin{cases} \mathfrak{X} = S\left\{\pm m\left[1+\dfrac{rf'(r)-f(r)}{f(r)}\,\varepsilon + \dfrac{\Delta\xi}{r\cos\alpha}\right]\cos\alpha\,f(r)\right\},\\[2ex] \mathfrak{Y} = S\left\{\pm m\left[1+\dfrac{rf'(r)-f(r)}{f(r)}\,\varepsilon + \dfrac{\Delta\eta}{r\cos\beta}\right]\cos\beta\,f(r)\right\},\\[2ex] \mathfrak{Z} = S\left\{\pm m\left[1+\dfrac{rf'(r)-f(r)}{f(r)}\,\varepsilon + \dfrac{\Delta\zeta}{r\cos\gamma}\right]\cos\gamma\,f(r)\right\}. \end{cases}$$

Lorsque le premier état du système des points matériels est un état d'équilibre, il suffit de remplacer ξ, η, ζ, ε par zéro dans les formules (14), pour faire évanouir $\mathfrak{X}$, $\mathfrak{Y}$, $\mathfrak{Z}$. On a donc alors

$$(15)\quad S[\pm m\cos\alpha\,f(r)]=0\,,\qquad S[\pm m\cos\beta\,f(r)]=0\,,\qquad S[\pm m\cos\gamma\,f(r)]=0\,,$$

et par suite les formules (14) se réduisent à

$$(16)\quad\begin{cases} \mathfrak{X} = S\left\{\pm m\left[(rf'(r)-f(r))\,\varepsilon\cos\alpha + \dfrac{f(r)}{r}\,\Delta\xi\right]\right\},\\[2ex] \mathfrak{Y} = S\left\{\pm m\left[(rf'(r)-f(r))\,\varepsilon\cos\beta + \dfrac{f(r)}{r}\,\Delta\eta\right]\right\},\\[2ex] \mathfrak{Z} = S\left\{\pm m\left[(rf'(r)-f(r))\,\varepsilon\cos\gamma + \dfrac{f(r)}{r}\,\Delta\zeta\right]\right\}; \end{cases}$$

ou, ce qui revient au même, à

$$(17) \begin{cases} \mathfrak{X} = S\left\{\pm m\left[\left(\frac{f(r)}{r} + \frac{rf'(r)-f(r)}{r}\cos^2\alpha\right)\Delta\xi + \frac{rf'(r)-f(r)}{r}(\cos\alpha\cos\beta\Delta\eta + \cos\alpha\cos\gamma\Delta\zeta)\right]\right\}, \\[2ex] \mathfrak{Y} = S\left\{\pm m\left[\left(\frac{f(r)}{r} + \frac{rf'(r)-f(r)}{r}\cos^2\beta\right)\Delta\eta + \frac{rf'(r)-f(r)}{r}(\cos\beta\cos\gamma\Delta\zeta + \cos\beta\cos\alpha\Delta\xi)\right]\right\}, \\[2ex] \mathfrak{Z} = S\left\{\pm m\left[\left(\frac{f(r)}{r} + \frac{rf'(r)-f(r)}{r}\cos^2\gamma\right)\Delta\zeta + \frac{rf'(r)-f(r)}{r}(\cos\gamma\cos\alpha\Delta\xi + \cos\gamma\cos\beta\Delta\eta)\right]\right\}, \end{cases}$$

Concevons à présent que l'action de m sur $\mathfrak{m}$ et la fonction $f(r)$ ne conservent de valeurs sensibles que pour de très-petites valeurs de la distance r. Alors on pourra, sans inconvénient, dans les formules (12), (14) et (17), substituer aux quantités $\Delta\xi$, $\Delta\eta$, $\Delta\zeta$ les valeurs approchées qu'on obtient lorsqu'après avoir développé chacune de ces quantités suivant les puissances ascendantes des différences finies

$$\Delta a = r\cos\alpha, \qquad \Delta b = r\cos\beta, \qquad \Delta c = r\cos\gamma,$$

on réduit chaque développement à un petit nombre de termes. Or on tirera de la formule de Taylor étendue à plusieurs variables

$$\Delta\xi = \frac{d\xi}{da}\Delta a + \frac{d\xi}{db}\Delta b + \frac{d\xi}{dc}\Delta c$$

$$+ \frac{1}{1.2}\left(\frac{d^2\xi}{da^2}\Delta a^2 + \frac{d^2\xi}{db^2}\Delta b^2 + \frac{d^2\xi}{dc^2}\Delta c^2 + 2\frac{d^2\xi}{dbdc}\Delta b\Delta c + 2\frac{d^2\xi}{dcda}\Delta c\Delta a + 2\frac{d^2\xi}{dadb}\Delta a\Delta b\right)$$

$$+ \text{etc.}....,$$

$$\Delta\eta = \frac{d\eta}{da}\Delta a + \frac{d\eta}{db}\Delta b + \frac{d\eta}{dc}\Delta c$$

$$+ \frac{1}{1.2}\left(\frac{d^2\eta}{da^2}\Delta a^2 + \frac{d^2\eta}{db^2}\Delta b^2 + \frac{d^2\eta}{dc^2}\Delta c^2 + 2\frac{d^2\eta}{dbdc}\Delta b\Delta c + 2\frac{d^2\eta}{dcda}\Delta c\Delta a + 2\frac{d^2\eta}{dadb}\Delta a\Delta b\right)$$

$$+ \text{etc.}....,$$

$$\Delta\zeta = \frac{d\zeta}{da}\Delta a + \frac{d\zeta}{db}\Delta b + \frac{d\zeta}{dc}\Delta c$$

$$+ \frac{1}{1.2}\left(\frac{d^2\zeta}{da^2}\Delta a^2 + \frac{d^2\zeta}{db^2}\Delta b^2 + \frac{d^2\zeta}{dc^2}\Delta c^2 + 2\frac{d^2\zeta}{dbdc}\Delta b\Delta c + 2\frac{d^2\zeta}{dcda}\Delta c\Delta a + 2\frac{d^2\zeta}{dadb}\Delta a\Delta b\right)$$

$$+ \text{etc.}....,$$

ou, ce qui revient au même,

$$(18) \begin{cases} \Delta z = r\left(\dfrac{d\xi}{da}\cos\alpha + \dfrac{d\xi}{db}\cos\beta + \dfrac{d\xi}{dc}\cos\gamma\right) + \\[2mm] \dfrac{r^2}{1.2}\left(\dfrac{d^2\xi}{da^2}\cos^2\alpha + \dfrac{d^2\xi}{db^2}\cos^2\beta + \dfrac{d^2\xi}{dc^2}\cos^2\gamma + 2\dfrac{d^2\xi}{dbdc}\cos\beta\cos\gamma + 2\dfrac{d^2\xi}{dcda}\cos\gamma\cos\alpha + 2\dfrac{d^2\xi}{dcdb}\cos\alpha\cos\beta\right) \\[2mm] + \text{etc.....}\,, \\[3mm] \Delta\eta = r\left(\dfrac{d\eta}{da}\cos\alpha + \dfrac{d\eta}{db}\cos\beta + \dfrac{d\eta}{dc}\cos\gamma\right) + \\[2mm] \dfrac{r^2}{1.2}\left(\dfrac{d^2\eta}{da^2}\cos^2\alpha + \dfrac{d^2\eta}{db^2}\cos^2\beta + \dfrac{d^2\eta}{dc^2}\cos^2\gamma + 2\dfrac{d^2\eta}{dbdc}\cos\beta\cos\gamma + 2\dfrac{d^2\eta}{dcda}\cos\gamma\cos\alpha + 2\dfrac{d^2\eta}{dadb}\cos\alpha\cos\beta\right) \\[2mm] + \text{etc.....}\,, \\[3mm] \Delta\zeta = r\left(\dfrac{d\zeta}{da}\cos\alpha + \dfrac{d\zeta}{db}\cos\beta + \dfrac{d\zeta}{dc}\cos\gamma\right) + \\[2mm] \dfrac{r^2}{1.2}\left(\dfrac{d^2\zeta}{da^2}\cos^2\alpha + \dfrac{d^2\zeta}{db^2}\cos^2\beta + \dfrac{d^2\zeta}{dc^2}\cos^2\gamma + 2\dfrac{d^2\zeta}{dbdc}\cos\beta\cos\gamma + 2\dfrac{d^2\zeta}{dcda}\cos\gamma\cos\alpha + 2\dfrac{d^2\zeta}{dadb}\cos\alpha\cos\beta\right) \\[2mm] + \text{etc.....}\,; \end{cases}$$

et, si, dans les seconds membres des formules (18), on néglige les termes qui renferment des puissances de r supérieures au carré, il est clair que les valeurs de $\mathfrak{X}$, $\mathfrak{Y}$, $\mathfrak{Z}$ déterminées par les équations (14) ou (17) se réduiront, comme la valeur de ε fournie par l'équation (12), à des fonctions linéaires des quantités

$$(19)\qquad \frac{d\xi}{da},\ \frac{d\xi}{db},\ \frac{d\xi}{dc};\qquad \frac{d\eta}{da},\ \frac{d\eta}{db},\ \frac{d\eta}{dc};\qquad \frac{d\zeta}{da},\ \frac{d\zeta}{db},\ \frac{d\zeta}{dc};$$

$$(20) \begin{cases} \dfrac{d^2\xi}{da^2},\ \dfrac{d^2\xi}{db^2},\ \dfrac{d^2\xi}{dc^2},\ \dfrac{d^2\xi}{dbdc},\ \dfrac{d^2\xi}{dcda},\ \dfrac{d^2\xi}{dadb}; \\[3mm] \dfrac{d^2\eta}{da^2},\ \dfrac{d^2\eta}{db^2},\ \dfrac{d^2\eta}{dc^2},\ \dfrac{d^2\eta}{dbdc},\ \dfrac{d^2\eta}{dcda},\ \dfrac{d^2\eta}{dadb}; \\[3mm] \dfrac{d^2\zeta}{da^2},\ \dfrac{d^2\zeta}{db^2},\ \dfrac{d^2\zeta}{dc^2},\ \dfrac{d^2\eta}{dbdc},\ \dfrac{d^2\eta}{dcda},\ \dfrac{d^2\eta}{dadb}; \end{cases}$$

Cela posé, si l'on fait, pour plus de commodité,

$$(21)\quad \begin{cases} \xi_1 = \dfrac{d\xi}{da}\cos\alpha + \dfrac{d\xi}{db}\cos\beta + \dfrac{d\xi}{dc}\cos\gamma, \\[2ex] \eta_1 = \dfrac{d\eta}{da}\cos\alpha + \dfrac{d\eta}{db}\cos\beta + \dfrac{d\eta}{dc}\cos\gamma, \\[2ex] \zeta_1 = \dfrac{d\zeta}{da}\cos\alpha + \dfrac{d\zeta}{db}\cos\beta + \dfrac{d\zeta}{dc}\cos\gamma; \end{cases}$$

$$(22)\quad \begin{cases} \xi_2 = \dfrac{d^2\xi}{da^2}\cos^2\alpha + \dfrac{d^2\xi}{da^2}\cos^2\beta + \dfrac{d^2\xi}{dc^2}\cos^2\gamma + 2\dfrac{d^2\xi}{dbdc}\cos\beta\cos\gamma + 2\dfrac{d^2\xi}{dcda}\cos\gamma\cos\alpha + 2\dfrac{d^2\xi}{dadb}\cos\alpha\cos\beta, \\[2ex] \eta_2 = \dfrac{d^2\eta}{da^2}\cos^2\alpha + \dfrac{d^2\eta}{db^2}\cos^2\beta + \dfrac{d^2\eta}{dc^2}\cos^2\gamma + 2\dfrac{d^2\eta}{dbdc}\cos\beta\cos\gamma + 2\dfrac{d^2\eta}{dcda}\cos\gamma\cos\alpha + 2\dfrac{d^2\eta}{dadb}\cos\alpha\cos\beta, \\[2ex] \zeta_2 = \dfrac{d^2\zeta}{da^2}\cos^2\alpha + \dfrac{d^2\zeta}{db^2}\cos^2\beta + \dfrac{d^2\zeta}{dc^2}\cos^2\gamma + 2\dfrac{d^2\zeta}{dbdc}\cos\beta\cos\gamma + 2\dfrac{d^2\zeta}{dcda}\cos\gamma\cos\alpha + 2\dfrac{d^2\zeta}{dadb}\cos\alpha\cos\beta; \end{cases}$$

on trouvera simplement

$$(23)\quad \Delta\xi = r\left(\xi_1 + \frac{r}{2}\xi_2\right), \qquad \Delta\eta = r\left(\eta_1 + \frac{r}{2}\eta_2\right), \qquad \Delta\zeta = r\left(\zeta_1 + \frac{r}{2}\zeta_2\right)$$

$$(24)\quad \varepsilon = \xi_1\cos\alpha + \eta_1\cos\beta + \zeta_1\cos\gamma + \frac{r}{2}(\xi_2\cos\alpha + \eta_2\cos\beta + \zeta_2\cos\gamma);$$

et par suite les équations (14) donneront

$$(25)\quad \mathfrak{X} = \mathfrak{X}_0 + \mathfrak{X}_1 + \mathfrak{X}_2, \qquad \mathfrak{H} = \mathfrak{H}_0 + \mathfrak{H}_1 + \mathfrak{H}_2, \qquad \mathfrak{Z} = \mathfrak{Z}_0 + \mathfrak{Z}_1 + \mathfrak{Z}_2,$$

pourvu que l'on pose

$$(26)\quad \mathfrak{X}_0 = S[\pm m\cos\alpha\, f(r)], \quad \mathfrak{H}_0 = S[\pm m\cos\beta\, f(r)], \quad \mathfrak{Z}_0 = S[\pm m\cos\gamma\, f(r)];$$

$$(27)\quad \begin{cases} \mathfrak{X}_1 = S[\pm m\xi_1 f(r)] + S[\pm m(\xi_1\cos\alpha + \eta_1\cos\beta + \zeta_1\cos\gamma)\cos\alpha\,.\,(rf'(r) - f(r))], \\[2ex] \mathfrak{H}_1 = S[\pm m\eta_1 f(r)] + S[\pm m(\xi_1\cos\alpha + \eta_1\cos\beta + \zeta_1\cos\gamma)\cos\beta\,.\,(rf'(r) - f(r))], \\[2ex] \mathfrak{Z}_1 = S[\pm m\zeta_1 f(r)] + S[\pm m(\xi_1\cos\alpha + \eta_1\cos\beta + \zeta_1\cos\gamma)\cos\gamma\,.\,(rf'(r) - f(r))], \end{cases}$$

$$(28)\begin{cases} \mathfrak{X}_2 = S\left\{\pm \frac{mr}{2}\xi_2 f(r)\right\} + S\left\{\pm \frac{mr}{2}(\xi_2\cos\alpha + \eta_2\cos\beta + \zeta_2\cos\gamma)\cos\alpha.[rf'(r) - f(r)]\right\}, \\[2ex] \mathfrak{Y}_2 = S\left\{\pm \frac{mr}{2}\eta_2 f(r)\right\} + S\left\{\pm \frac{mr}{2}(\xi_2\cos\alpha + \eta_2\cos\beta + \zeta_2\cos\gamma)\cos\beta.[rf'(r) - f(r)]\right\}, \\[2ex] \mathfrak{Z}_2 = S\left\{\pm \frac{mr}{2}\zeta_2 f(r)\right\} + S\left\{\pm \frac{mr}{2}(\xi_2\cos\alpha + \eta_2\cos\beta + \zeta_2\cos\gamma)\cos\gamma.[rf'(r) - f(r)]\right\}. \end{cases}$$

Faisons de plus, pour abréger,

$$(29)\qquad \pm[rf'(r) - f(r)] = f(r).$$

On tirera des formules (27)

$$(30)\begin{cases} \mathfrak{X}_1 = \mathfrak{X}_0\dfrac{d\xi}{da} + \mathfrak{Y}_0\dfrac{d\xi}{db} + \mathfrak{Z}_0\dfrac{d\xi}{dc} \\[2ex] + \dfrac{d\xi}{da}S[mf(r)\cos^3\alpha] + \dfrac{d\xi}{db}S[mf(r)\cos^2\alpha\cos\beta] + \dfrac{d\xi}{dc}S[mf(r)\cos^2\alpha\cos\gamma] \\[2ex] + \dfrac{d\eta}{da}S[mf(r)\cos^2\alpha\cos\beta] + \dfrac{d\eta}{db}S[mf(r)\cos\alpha\cos^2\beta] + \dfrac{d\eta}{dc}S[mf(r)\cos\alpha\cos\beta\cos\gamma] \\[2ex] + \dfrac{d\zeta}{da}S[mf(r)\cos^2\alpha\cos\gamma] + \dfrac{d\zeta}{db}S[mf(r)\cos\alpha\cos\beta\cos\gamma] + \dfrac{d\zeta}{dz}S[mf(r)\cos\alpha\cos^2\gamma], \\[2ex] \mathfrak{Y}_1 = \mathfrak{X}_0\dfrac{d\eta}{da} + \mathfrak{Y}_0\dfrac{d\eta}{db} + \mathfrak{Z}_0\dfrac{d\eta}{dc} \\[2ex] + \dfrac{d\xi}{da}S[mf(r)\cos^2\alpha\cos\beta] + \dfrac{d\xi}{db}S[mf(r)\cos\alpha\cos^2\beta] + \dfrac{d\xi}{dc}S[mf(r)\cos\alpha\cos\beta\cos\gamma] \\[2ex] + \dfrac{d\eta}{da}S[mf(r)\cos\alpha\cos^2\beta] + \dfrac{d\eta}{db}S[mf(r)\cos^3\beta] + \dfrac{d\eta}{dc}S[mf(r)\cos^2\beta\cos\gamma] \\[2ex] + \dfrac{d\zeta}{da}S[mf(r)\cos\alpha\cos\beta\cos\gamma] + \dfrac{d\zeta}{db}S[mf(r)\cos^2\beta\cos\gamma] + \dfrac{d\zeta}{dc}S[mf(r)\cos\beta\cos^2\gamma], \\[2ex] \mathfrak{Z}_1 = \mathfrak{X}_0\dfrac{d\zeta}{db} + \mathfrak{Y}_0\dfrac{d\zeta}{db} + \mathfrak{Z}_0\dfrac{d\zeta}{dc} + \text{etc...}; \end{cases}$$

et des formules (28)

$$
\begin{aligned}
\mathfrak{X}_2 =\ & \frac{d^2\xi}{da^2}S\left[\pm\frac{mr}{2}\cos^2\alpha\, f(r)\right] + \frac{d^2\xi}{db^2}S\left[\pm\frac{mr}{2}\cos^2\beta\, f(r)\right] + \frac{d^2\xi}{dc^2}S\left[\pm\frac{mr}{2}\cos^2\gamma\, f(r)\right] \\[2pt]
& + \frac{d^2\xi}{dbdc}S[\pm mr\cos\beta\cos\gamma f(r)] + \frac{d^2\xi}{dcda}S[\pm mr\cos\gamma\cos\alpha f(r)] + \frac{d^2\xi}{dadb}S[\pm mr\cos\alpha\cos\beta f(r)] \\[2pt]
& + \frac{d^2\xi}{da^2}S\left[\frac{mr}{2}f(r)\cos^4\alpha\right] + \frac{d^2\xi}{db^2}S\left[\frac{mr}{2}f(r)\cos^2\alpha\cos^2\beta\right] + \frac{d^2\xi}{dc^2}S\left[\frac{mr}{2}f(r)\cos^2\alpha\cos^2\gamma\right] \\[2pt]
& + \frac{d^2\xi}{dbdc}S[mrf(r)\cos^2\alpha\cos\beta\cos\gamma] + \frac{d^2\xi}{dcda}S[mrf(r)\cos^3\alpha\cos\gamma] + \frac{d^2\xi}{dadb}S[mrf(r)\cos^3\alpha\cos\beta] \\[2pt]
& + \frac{d^2\eta}{da^2}S\left[\frac{mr}{2}f(r)\cos^3\alpha\cos\beta\right] + \frac{d^2\eta}{db^2}S\left[\frac{mr}{2}f(r)\cos\alpha\cos^3\beta\right] + \frac{d^2\eta}{dc^2}S\left[\frac{mr}{2}f(r)\cos\alpha\cos\beta\cos^2\gamma\right] \\[2pt]
& + \frac{d^2\eta}{dbdc}S[mrf(r)\cos\alpha\cos^2\beta\cos\gamma] + \frac{d^2\eta}{dcda}S[mrf(r)\cos^2\alpha\cos\beta\cos\gamma] + \frac{d^2\eta}{dadb}S[mrf(r)\cos^2\alpha\cos^2\beta] \\[2pt]
& + \frac{d^2\zeta}{da^2}S\left[\frac{mr}{2}f(r)\cos^3\alpha\cos\gamma\right] + \frac{d^2\zeta}{db^2}S\left[\frac{mr}{2}f(r)\cos\alpha\cos^2\beta\cos\gamma\right] + \frac{d^2\zeta}{dc^2}S\left[\frac{mr}{2}f(r)\cos\alpha\cos^3\gamma\right] \\[2pt]
& + \frac{d^2\zeta}{dbdc}S[mrf(r)\cos\alpha\cos\beta\cos^2\gamma] + \frac{d^2\zeta}{dcda}S[mrf(r)\cos^2\alpha\cos^2\gamma] + \frac{d^2\zeta}{dadb}S[mrf(r)\cos^2\alpha\cos\beta\cos\gamma], \\[6pt]
\mathfrak{Y}_2 =\ & \text{etc}...., \\[4pt]
\mathfrak{Z}_2 =\ & \text{etc}.....
\end{aligned}
\tag{31}
$$

Les formules (30) et (31), étant réunies aux équations (25) et (26), fournissent le moyen d'exprimer les forces accélératrices $\mathfrak{X}$, $\mathfrak{Y}$, $\mathfrak{Z}$, dues aux actions des molécules m, m',... sur la molécule $\mathfrak{m}$, en fonctions des quantités (19) et (20).

Comme, pour obtenir les sommes qui servent de coefficients aux expressions (20) dans les seconds membres des formules (31), il suffit de multiplier successivement les quantités renfermées sous le signe S dans les seconds membres des formules (26) et (30) par les trois facteurs

$$r\cos\alpha, \qquad r\cos\beta, \qquad r\cos\gamma,$$

ou par les moitiés de ces facteurs, et que chacun de ceux-ci diffère très-peu de zéro, quand on attribue au rayon vecteur r une valeur très-petite; il semble, au premier abord, qu'on pourrait, dans les équations (25), négliger $\mathfrak{X}_2$, $\mathfrak{Y}_2$, $\mathfrak{Z}_2$ vis-à-vis des quantités $\mathfrak{X}_0$, $\mathfrak{Y}_0$, $\mathfrak{Z}_0$, $\mathfrak{X}_1$, $\mathfrak{Y}_1$, $\mathfrak{Z}_1$. Mais on doit observer que chacune des sommes comprises dans les formules (31) se compose de termes qui sont tous affectés du même signe, tandis que chacune des sommes comprises dans les formules (26) et (30) se compose de termes qui sont affectés de signes contraires quand ils correspondent à des molécules situées de part et d'autre du point (a,b,c) sur une droite quelconque menée par ce même point. Il en résulte que les dernières sommes peuvent s'évanouir dans beaucoup de cas, mais qu'il n'en est pas de même des autres. Donc il peut arriver que, dans les seconds membres des équations (25), les termes $\mathfrak{X}_2$, $\mathfrak{Y}_2$, $\mathfrak{Z}_2$ soient non-seulement ceux qui offrent les plus grandes valeurs numériques, mais encore les seuls qui diffèrent de zéro.

Les valeurs de $\mathfrak{X}$, $\mathfrak{Y}$, $\mathfrak{Z}$ étant déterminées par les formules (25), (26), (30) et (31) en fonction des quantités (19) et (20), on établira sans peine les équations qui expriment l'équilibre ou le mouvement du système des masses m, m, m',... soumises non-seulement à leurs attractions ou répulsions mutuelles, mais en outre à de nouvelles forces accélératrices. En effet, supposons qu'au bout du temps t, l'état d'équilibre ou de mouvement de système coïncide avec l'état dans lequel les coordonnées de la molécule m se trouvent représentées par x, y, z; et soient à cette époque

$$X, \quad Y, \quad Z$$

les projections algébriques de la nouvelle force accélératrice φ appliquée à la molécule m sur les axes coordonnés. On aura évidemment, si le système est en équilibre,

$$(32) \qquad \mathfrak{X} + X = 0, \qquad \mathfrak{Y} + Y = 0, \qquad \mathfrak{Z} + Z = 0,$$

Au contraire, si le système se meut, en désignant par ψ la force accélératrice qui serait capable de produire à elle seule le mouvement effectif de la molécule m, et par $\mathfrak{X}$, $\mathfrak{Y}$, $\mathfrak{Z}$ les projections algébriques de cette force sur les axes coordonnés, on devra dans les équations (32), remplacer les quantités X, Y, Z par les différences $X - \mathfrak{X}$, $Y - \mathfrak{Y}$, $Z - \mathfrak{Z}$. Comme on trouvera d'ailleurs, en prenant a, b, c, t pour variables indépendantes, et ayant égard aux formules (4),

$$(33) \qquad \mathfrak{X} = \frac{d^2 x}{dt^2} = \frac{d^2 \xi}{dt^2}, \qquad \mathfrak{Y} = \frac{d^2 y}{dt^2} = \frac{d^2 \eta}{dt^2}, \qquad \mathfrak{Z} = \frac{d^2 z}{dt^2} = \frac{d^2 \zeta}{dt^2},$$

il est clair que le mouvement d'une molécule quelconque m sera déterminé par les équations

$$(34) \qquad \mathfrak{X} + X = \frac{d^2\xi}{dt^2}, \qquad \mathfrak{Y} + Y = \frac{d^2\eta}{dt^2}, \qquad \mathfrak{Z} + Z = \frac{d^2\zeta}{dt^2}.$$

Les valeurs de ξ, $\mathfrak{Y}$, $\mathfrak{Z}$, déterminées par les formules (25), (26), (30) et (31), se simplifient dans plusieurs hypothèses dignes de remarque, et que nous allons successivement examiner.

D'abord on peut supposer que les sommes comprises dans les formules (26) et (30) s'évanouissent. C'est ce qui arrivera en particulier, si, dans l'état primitif du système, les masses m, m', m'',... étant deux à deux égales entre elles, sont distribuées symétriquement de part et d'autre de la molécule m, sur des droites menées par le point (a, b, c) avec lequel cette molécule coïncide. En effet, comme chacun des termes renfermés sous le signe S dans les formules (26) et (30), offrant un nombre impair de facteurs égaux aux cosinus

$$\cos\alpha, \qquad \cos\beta, \qquad \cos\gamma,$$

change nécessairement de signe avec ces mêmes facteurs, ces termes, comparés deux à deux, seront évidemment, dans le cas dont il s'agit, équivalents au signe près, mais affectés de signes contraires. Alors les formules (15) seront vérifiées, c'est-à-dire que l'état primitif du système sera un état d'équilibre; et, comme on aura d'ailleurs

$$(35) \qquad \mathfrak{X}_1 = 0, \qquad \mathfrak{Y}_1 = 0, \qquad \mathfrak{Z}_1 = 0.$$

les valeurs de $\mathfrak{X}$, $\mathfrak{Y}$, $\mathfrak{Z}$ se réduiront à celles de $\mathfrak{X}_2$, $\mathfrak{Y}_2$, $\mathfrak{Z}_2$.

On peut supposer encore que, parmi les sommes comprises dans les formules (26), (30) et (31), toutes celles qui renferment des puissances impaires de $\cos\alpha$, de $\cos\beta$, ou de $\cos\gamma$ s'évanouissent. C'est ce qui arrivera en particulier, si, dans l'état primitif du système, les molécules m, m', m'',..... sont distribuées symétriquement par rapport à chacun des trois plans qui, renfermant le point (a, b, c), sont parallèles aux plans coordonnés des y, z, des z, x et des x, y, et si deux molécules symétriquement placées à l'égard d'un des trois premiers plans offrent toujours des masses égales. Dans la supposition dont il s'agit, non-seulement les formules (15) et (35) seront vérifiées; mais de plus les valeurs de $\mathfrak{X}$, $\mathfrak{Y}$, $\mathfrak{Z}$, équivalentes à celles de $\mathfrak{X}_2$, $\mathfrak{Y}_2$, $\mathfrak{Z}_2$, se réduiront à

$$
(36) \begin{cases}
\mathfrak{X} = \dfrac{d^2\xi}{da^2} S\left[\pm \dfrac{mr}{2} \cos^2\alpha\, f(r)\right] + \dfrac{d^2\xi}{db^2} S\left[\pm \dfrac{mr}{2}\cos^2\beta\, f(r)\right] + \dfrac{d^2\xi}{dc^2} S\left[\pm \dfrac{mr}{2}\cos^2\gamma\, f(r)\right] \\[2ex]
\quad + \dfrac{d^2\xi}{da^2} S\left[\dfrac{mr}{2}\cos^4\alpha\, f(r)\right] + \dfrac{d^2\xi}{db^2} S\left[\dfrac{mr}{2}\cos^2\alpha\cos^2\beta\, f(r)\right] + \dfrac{d^2\xi}{dc^2} S\left[\dfrac{mr}{2}\cos^2\alpha\cos^2\gamma\, f(r)\right] \\[2ex]
\qquad\qquad + \dfrac{d^2\eta}{dadb} S[mr\cos^2\alpha\cos^2\beta\, f(r)] + \dfrac{d^2\zeta}{dadc} S[mr\cos^2\alpha\cos\gamma\, f(r)]\,, \\[2ex]
\mathfrak{y} = \text{etc.....}\,, \\[1ex]
\mathfrak{Z} = \text{etc......}
\end{cases}
$$

Donc alors, si l'on fait pour abréger

$$(37)\quad G = S\left[\pm \dfrac{mr}{2}\cos^2\alpha\, f(r)\right], \quad H = S\left[\pm \dfrac{mr}{2}\cos^2\beta\, f(r)\right], \quad I = S\left[\pm \dfrac{mr}{2}\cos^2\gamma\, f(r)\right],$$

$$(38)\quad L = S\left[\dfrac{mr}{2}\cos^4\alpha\, f(r)\right], \quad M = S\left[\dfrac{mr}{2}\cos^4\beta\, f(r)\right], \quad N = S\left[\dfrac{mr}{2}\cos^4\gamma\, f(r)\right],$$

$$(39)\quad P = S\left[\dfrac{mr}{2}\cos^2\beta\cos^2\gamma\, f(r)\right], \quad Q = S\left[\dfrac{mr}{2}\cos^2\gamma\cos^2\alpha\, f(r)\right], \quad R = S\left[\dfrac{mr}{2}\cos^2\alpha\cos^2\beta\, f(r)\right],$$

on trouvera simplement

$$
(40) \begin{cases}
\mathfrak{X} = (G+L)\dfrac{d^2\xi}{da^2} + (H+R)\dfrac{d^2\xi}{db^2} + (I+Q)\dfrac{d^2\xi}{dc^2} + 2R\dfrac{d^2\eta}{dadb} + 2Q\dfrac{d^2\zeta}{dcda}\,, \\[2ex]
\mathfrak{y} = (G+R)\dfrac{d^2\eta}{da^2} + (H+M)\dfrac{d^2\eta}{db^2} + (I+P)\dfrac{d^2\eta}{dc^2} + 2P\dfrac{d^2\zeta}{dbdc} + 2R\dfrac{d^2\xi}{dadb}\,, \\[2ex]
\mathfrak{Z} = (G+Q)\dfrac{d^2\zeta}{da^2} + (H+P)\dfrac{d^2\zeta}{db^2} + (I+N)\dfrac{d^2\zeta}{dc^2} + 2Q\dfrac{d^2\xi}{dcda} + 2P\dfrac{d^2\eta}{dbdc}\,,
\end{cases}
$$

Si l'on supposait les molécules m, m', m'', ... primitivement distribuées de la même manière par rapport aux trois plans menés par la molécule m parallèlement aux plans coordonnés, les valeurs des quantités G, H, I, L, M, N, P, Q, R devraient rester les mêmes après un ou plusieurs échanges opérés entre les trois angles α, β, γ; et l'on aurait par suite

$$(41)\qquad\qquad G = H = I\,, \qquad L = M = N\,. \qquad P = Q = R\,.$$

Donc alors les équations (50) donneraient

$$(42) \begin{cases} \mathfrak{X} = (L + G)\,\dfrac{d^2\xi}{da^2} + (R + G)\left(\dfrac{d^2\xi}{db^2} + \dfrac{d^2\xi}{dc^2}\right) + 2R\left(\dfrac{d^2\eta}{dadb} + \dfrac{d^2\zeta}{dcda}\right), \\[2ex] \mathfrak{Y} = (L + G)\,\dfrac{d^2\eta}{db^2} + (R + G)\left(\dfrac{d^2\eta}{dc^2} + \dfrac{d^2\eta}{da^2}\right) + 2R\left(\dfrac{d^2\zeta}{dbdc} + \dfrac{d^2\xi}{dadb}\right), \\[2ex] \mathfrak{Z} = (L + G)\,\dfrac{d^2\zeta}{dc^2} + (R + G)\left(\dfrac{d^2\zeta}{da^2} + \dfrac{d^2\zeta}{db^2}\right) + 2R\left(\dfrac{d^2\xi}{dcda} + \dfrac{d^2\eta}{dbdc}\right). \end{cases}$$

Les formules (11), (12), (14), (16), (17), (18) et (42) sont extraites du Mémoire que j'ai présenté à l'Académie des sciences, le 1.er octobre 1827, sur l'équilibre et le mouvement intérieur d'un corps solide considéré comme un système de molécules distinctes les unes des autres.

Supposons enfin les molécules m, m', m'',.... primitivement distribuées autour de la molécule m, de manière que les valeurs des sommes comprises dans les équations (57), (58), (59) deviennent indépendantes des directions assignées aux axes des x, y et z. Alors, non-seulement les conditions (41) devront être satisfaites; mais de plus, si l'on nomme α_1, β_1, γ_1; α_2, β_2, γ_2; α_3, β_3, γ_3, les angles formés par trois demi-axes perpendiculaires entre eux avec les demi-axes des x, y et z positives, on n'altèrera pas les valeurs des sommes G, H, I, L, M, N, P, Q, R en y remplaçant les trois quantités

$$\cos\alpha, \qquad \cos\beta, \qquad \cos\gamma,$$

par les trinomes

$$\cos\alpha\cos\alpha_1+\cos\beta\cos\beta_1+\cos\gamma\cos\gamma_1, \quad \cos\alpha\cos\alpha_2+\cos\beta\cos\beta_2+\cos\gamma\cos\gamma_2, \quad \cos\alpha\cos\alpha_3+\cos\beta\cos\beta_3+\cos\gamma\cos\gamma_3.$$

On aura donc par suite

$$\begin{cases} G = S\left\{ \pm\,\dfrac{mr}{2}\,(\cos\alpha\cos\alpha_1 + \cos\beta\cos\beta_1 + \cos\gamma\cos\gamma_1)^2\,f(r) \right\}, \\[2ex] L = S\left\{ \dfrac{mr}{2}\,(\cos\alpha\cos\alpha_1 + \cos\beta\cos\beta_1 + \cos\gamma\cos\gamma_1)^4\,f(r) \right\}, \\[2ex] R = S\left\{ \dfrac{mr}{2}\,(\cos\alpha\cos\alpha_1 + \cos\beta\cos\beta_1 + \cos\gamma\cos\gamma_1)^2(\cos\alpha\cos\alpha_3 + \cos\beta\cos\beta_2 + \cos\gamma\cos\gamma_2)^2\,f(r) \right\}. \end{cases}$$

Or, si l'on développe le second membre de chacune de ces dernières équations en une suite de termes proportionnels aux sommes comprises dans la formule (31), et si l'on remplace par zéro celles des sommes en question qui renferment des puissances impaires de $\cos\alpha$, de $\cos\beta$ ou de $\cos\gamma$, on trouvera, en ayant égard aux formules (37), (38), (39) et (41),

$$
(44) \begin{cases}
G = G\left(\cos^2\alpha_1 + \cos^2\beta_1 + \cos^2\gamma_1\right), \\[4pt]
L = L\left(\cos^4\alpha_1 + \cos^4\beta_1 + \cos^4\gamma_1\right) + 6R\left(\cos^2\beta_1\cos^2\gamma_1 + \cos^2\gamma_1\cos^2\alpha_1 + \cos^2\alpha_1\cos^2\beta_1\right), \\[4pt]
R = R\left(\cos^2\beta_1\cos^2\gamma_2 + \cos^2\beta_2\cos^2\gamma_1 + \cos^2\gamma_1\cos^2\alpha_2 + \cos^2\gamma_2\cos^2\alpha_1 + \cos^2\alpha_1\cos^2\beta_2 + \cos^2\alpha_2\cos^2\beta_1\right) \\[4pt]
\quad + 4R\left(\cos\beta_1\cos\beta_2\cos\gamma_1\cos\gamma_2 + \cos\gamma_1\cos\gamma_2\cos\alpha_1\cos\alpha_2 + \cos\alpha_1\cos\alpha_2\cos\beta_1\cos\beta_2\right) \\[4pt]
\quad + L\left(\cos^2\alpha_1\cos^2\alpha_2 + \cos^2\beta_1\cos^2\beta_2 + \cos^2\gamma_1\cos^2\gamma_2\right).
\end{cases}
$$

Comme on aura d'ailleurs

$$
\cos^2\alpha_1 + \cos^2\beta_1 + \cos^2\gamma_1 = 1, \qquad \cos^2\alpha_2 + \cos^2\beta_2 + \cos^2\gamma_2 = 1,
$$

$$
\cos\alpha_1\cos\alpha_2 + \cos\beta_1\cos\beta_2 + \cos\gamma_1\cos\gamma_2 = 0,
$$

et par conséquent

$$
1 - \cos^4\alpha_1 - \cos^4\beta_1 - \cos^4\gamma_1 = \left(\cos^2\alpha_1 + \cos^2\beta_1 + \cos^2\gamma_1\right)^2 - \cos^4\alpha_1 - \cos^4\beta_1 - \cos^4\gamma_1
$$

$$
= 2\left(\cos^2\beta_1\cos^2\gamma_1 + \cos^2\gamma_1\cos^2\alpha_1 + \cos^2\alpha_1\cos^2\beta_1\right),
$$

$$
1 - \left(\cos^2\beta_1\cos^2\gamma_2 + \cos^2\beta_2\cos^2\gamma_1 + \cos^2\gamma_1\cos^2\alpha_2 + \cos^2\gamma_2\cos^2\alpha_1 + \cos^2\alpha_1\cos^2\beta_2 + \cos^2\alpha_2\cos^2\beta_1\right)
$$

$$
= \left(\cos^2\alpha_1 + \cos^2\beta_1 + \cos^2\gamma_1\right)\left(\cos^2\alpha_2 + \cos^2\beta_2 + \cos^2\gamma_2\right) - \left(\cos^2\beta_1\cos^2\gamma_2 + \cos^2\beta_2\cos^2\gamma_1 + \text{etc.}\right)
$$

$$
= \left(\cos^2\alpha_1\cos^2\alpha_2 + \cos^2\beta_1\cos^2\beta_2 + \cos^2\gamma_1\cos^2\gamma_2\right)
$$

$$
= -2\left(\cos\beta_1\cos\beta_2\cos\gamma_1\cos\gamma_2 + \cos\gamma_1\cos\gamma_2\cos\alpha_1\cos\alpha_2 + \cos\alpha_1\cos\alpha_2\cos\beta_1\cos\beta_2\right),
$$

il est clair que la première des équations (44) sera identique, tandis que la seconde et la troisième donneront $2L = 6R$, ou

$$
(45) \qquad\qquad L = 3R.
$$

Cela posé, on tirera des formules (42)

$$(46) \quad \begin{cases} \mathfrak{X} = (R + G)\left(\dfrac{d^2\xi}{da^2} + \dfrac{d^2\xi}{db^2} + \dfrac{d^2\xi}{dc^2}\right) + 2R\,\dfrac{d\upsilon}{da}\,, \\[2ex] \mathfrak{Y} = (R + G)\left(\dfrac{d^2\eta}{da^2} + \dfrac{d^2\eta}{db^2} + \dfrac{d^2\eta}{dc^2}\right) + 2R\,\dfrac{d\upsilon}{db}\,, \\[2ex] \mathfrak{Z} = (R + G)\left(\dfrac{d^2\zeta}{da^2} + \dfrac{d^2\zeta}{db^2} + \dfrac{d^2\zeta}{dc^2}\right) + 2R\,\dfrac{d\upsilon}{dc}\,, \end{cases}$$

la valeur de υ étant déterminée par l'équation

$$(47) \qquad \upsilon = \frac{d\xi}{da} + \frac{d\eta}{db} + \frac{d\zeta}{dc}\,.$$

Concevons maintenant que, dans l'état primitif du système des molécules m, $m' \dots$, et du point (a,b,c) comme centre avec un rayon l convenablement choisi, on décrive une sphère qui renferme toutes les molécules dont l'action sur la masse m a une valeur sensible. Divisons le volume $\mathcal{V}$ de cette sphère en éléments très-petits v, v', v'', etc......, mais dont chacune renferme encore un très-grand nombre de molécules. Soient $\mathfrak{M}$ la somme des masses des molécules comprises dans la sphère, et

$$(48) \qquad \Delta = \frac{\mathfrak{M}}{\mathcal{V}}\,.$$

Enfin supposons que les sommes des masses comprises sous les volumes élémentaires v, v', v'', ... soient proportionnelles à ces mêmes volumes, et représentées en conséquence par les produits $v\Delta$, $v'\Delta$, $v''\Delta$, ... Alors, si la fonction $f(r)$ est telle que, sans altérer sensiblement les sommes désignées par G et par R, on puisse faire abstraction de celles des molécules m, m', m'', ... qui sont les plus voisines de la molécule m, les valeurs de G, R, fournies par les équations (37) et (39) différeront très-peu de celles que déterminent les formules

$$(49) \quad \begin{cases} G = \dfrac{\Delta}{2}\,S[\pm r \cos^2\alpha\, f(r)\,.\,v]\,, \\[2ex] R = \dfrac{\Delta}{2}\,S[r \cos^2\alpha \cos^2\beta\, f(r)\,.\,v]\,, \end{cases}$$

quand on étend le signe S, non plus à tous les points matériels m, m', m'', ...

mais à tous les éléments v, v', v'', ... du volume $\mho$. Or, dans cette dernière hypothèse, le second membre de chacune des expressions (49) pourra être remplacé par une intégrale triple relative à trois coordonnées polaires dont l'une serait le rayon vecteur r, tandis que les deux autres représenteraient les angles formés 1.° par le rayon vecteur r avec l'axe des x, 2.° par le plan qui renferme le même rayon et l'axe des x avec le plan des x, y. Soient p, q les deux angles dont il s'agit. Chaque intégrale triple devra être prise entre les limites

$$p = 0, \qquad p = \pi; \qquad q = 0, \qquad q = 2\pi; \qquad r = 0, \qquad r = l;$$

et l'on pourra même, sans erreur sensible, remplacer la seconde limite de r ou le rayon l par l'infini positif. Cela posé, on trouvera

$$(50) \quad \begin{cases} G = \pm \dfrac{\Delta}{2} \displaystyle\int_0^\infty \int_0^{2\pi} \int_0^\pi r^3 f(r) . \cos^2\alpha \sin p\, dp\, dq\, dr, \\[2ex] R = \dfrac{\Delta}{2} \displaystyle\int_0^\infty \int_0^{2\pi} \int_0^{2\pi} r^3 f(r) . \cos^2\alpha \cos^2\beta \sin p\, dp\, dq\, dr; \end{cases}$$

et, comme on aura généralement

$$(51) \qquad \cos\alpha = \cos p, \qquad \cos\beta = \sin p \cos q, \qquad \cos\gamma = \sin p \sin q,$$

on en conclura

$$\int_0^{2\pi} \int_0^\pi \cos^2\alpha \sin p\, dp\, dq = 2\pi \int_0^\pi \cos^2 p \sin p\, dp = \frac{4\pi}{3},$$

$$\int_0^{2\pi} \int_0^\pi \cos^2\alpha \cos^2\beta \sin p\, dp\, dq = \int_0^{2\pi} \cos^2 q\, dq \int_0^\pi \cos^2 p (1 - \cos^2 p) \sin p\, dp = \pi \left(\frac{2}{3} - \frac{2}{5} \right) = \frac{4\pi}{15}.$$

Par suite les formules (49) donneront

$$(52) \quad \begin{cases} G = \pm \dfrac{2\pi}{3} \displaystyle\int_0^\infty r^3 f(r)\, dr, \\[2ex] R = \dfrac{2\pi}{15} \displaystyle\int_0^\infty r^3 f(r)\, dr = \pm \dfrac{2\pi}{15} \displaystyle\int_0^\infty [r^4 f'(r) - r^2 f(r)]\, dr. \end{cases}$$

D'ailleurs, si, pour des valeurs croissantes de la distance r, la fonction $f(r)$ décroît plus rapidement que la fraction $\dfrac{1}{r^4}$, si de plus le produit $r^4 f(r)$ s'évanouit pour $r = 0$, on trouvera, en supposant la fonction $f'(r)$ continue, et en intégrant par parties

$$(204)$$

$$(53) \qquad \int_0^\infty r^4 f'(r)\, dr = -4 \int_0^\infty r^3 f(r)\, dr .$$

On aura donc alors

$$(54) \qquad\qquad\qquad R = -G .$$

et par conséquent on tirera des formules (46)

$$(55) \qquad X = 2R\, \frac{d\upsilon}{da} , \qquad Y = 2R\, \frac{d\upsilon}{db} , \qquad Z = 2R\, \frac{d\upsilon}{dc} .$$

Lorsque les quantités, désignées dans les formules (40) et (48) par les lettres G, H, I, L, M, N, P, Q, R et Δ, deviennent constantes, c'est-à-dire, indépendantes des coordonnées a, b, c, ou, ce qui revient au même, de la place qu'occupe la molécule m, alors, en faisant, pour plus de commodité,

$$(56) \quad
\begin{cases}
A = \left\{ (L + G)\, \dfrac{d\xi}{da} + (R - G)\, \dfrac{d\eta}{db} + (Q - G)\, \dfrac{d\zeta}{dc} \right\} \Delta , \\[2ex]
B = \left\{ (R - H)\, \dfrac{d\xi}{da} + (M + H)\, \dfrac{d\eta}{db} + (P - H)\, \dfrac{d\zeta}{dc} \right\} \Delta , \\[2ex]
C = \left\{ (Q - I)\, \dfrac{d\xi}{da} + (P - I)\, \dfrac{d\eta}{db} + (N + I)\, \dfrac{d\zeta}{dc} \right\} \Delta ;
\end{cases}$$

$$(57) \quad
\begin{cases}
D = \left\{ (P + I)\, \dfrac{d\eta}{dc} + (P + H)\, \dfrac{d\zeta}{db} \right\} \Delta , \\[2ex]
E = \left\{ (Q + G)\, \dfrac{d\zeta}{da} + (Q + I)\, \dfrac{d\xi}{dc} \right\} \Delta , \\[2ex]
F = \left\{ (R + H)\, \dfrac{d\xi}{db} + (R + G)\, \dfrac{d\eta}{da} \right\} \Delta ;
\end{cases}$$

on réduit les équations (40) aux trois suivantes

$$(58) \quad \begin{cases} \mathfrak{X} = \dfrac{1}{\Delta}\left(\dfrac{dA}{da} + \dfrac{dF}{db} + \dfrac{dE}{dc} \right), \\[2ex] \mathfrak{Y} = \dfrac{1}{\Delta}\left(\dfrac{dF}{da} + \dfrac{dB}{db} + \dfrac{dD}{dc} \right), \\[2ex] \mathfrak{Z} = \dfrac{1}{\Delta}\left(\dfrac{dE}{da} + \dfrac{dD}{db} + \dfrac{dC}{dc} \right). \end{cases}$$

Dans le cas particulier où les conditions (41) et (45) sont remplies, il suffit de poser

$$(59) \qquad (R + G)\Delta = \frac{1}{2}\,k\,, \qquad (R - G)\Delta = K\,,$$

pour ramener les équations (56) et (57) à la forme

$$(60) \quad \begin{cases} A = k\,\dfrac{d\xi}{da} + K\nu\,, \qquad B = k\,\dfrac{d\eta}{db} + K\nu\,, \qquad C = k\,\dfrac{d\zeta}{dc} + K\nu\,, \\[2ex] D = \dfrac{1}{2}\,k\left(\dfrac{d\eta}{dc} + \dfrac{d\zeta}{db} \right), \quad E = \dfrac{1}{2}\,k\left(\dfrac{d\zeta}{da} + \dfrac{d\xi}{dc} \right), \quad F = \dfrac{1}{2}\,k\left(\dfrac{d\xi}{db} + \dfrac{d\eta}{da} \right). \end{cases}$$

Si, de plus, la condition (54) est vérifiée, on aura $k = 0$, et par suite

$$(61) \qquad A = B = C = K\nu\,, \qquad D = E = F = 0\,.$$

Jusqu'à présent nous avons considéré comme variables indépendantes les quatre quantités a, b, c, t. Mais il est facile de reconnaître comment on devrait modifier les diverses formules auxquelles nous sommes parvenus, si l'on voulait prendre pour variables indépendantes, avec le temps t, les coordonnées x, y, z. Soient effectivement, au bout du temps t, et dans le cas où l'on regarde a, b, c comme variables indépendantes

$$(62) \qquad \xi = F(a,b,c)\,,$$

$$(63) \qquad \frac{d\xi}{da} = \Phi(a,b,c)\,, \qquad \frac{d\xi}{db} = \mathrm{X}(a,b,c)\,, \qquad \frac{d\xi}{dc} = \Psi(a,b,c)\,.$$

On tirera des formules (4) et (62), en considérant x, y, z comme variables indépendantes,

$$(64) \qquad \frac{da}{dx} = 1 - \frac{d\xi}{dx}\,, \qquad \frac{db}{dx} = - \frac{d\eta}{dx}\,, \qquad \frac{dc}{dx} = - \frac{d\zeta}{dx}\,,$$

$$(65) \quad \frac{d\xi}{dx} = \Phi(a,b,c)\,\frac{da}{dx} + \mathrm{X}(a,b,c)\,\frac{db}{dx} + \Psi(a,b,c)\,\frac{dc}{dx}$$

$$= \Phi(a,b,c) - \left\{ \Phi(a,b,c)\,\frac{d\xi}{dx} + \mathrm{X}(a,b,c)\,\frac{d\eta}{dx} + \Psi(a,b,c)\,\frac{d\zeta}{dx} \right\}.$$

Or, si l'on continue de regarder ξ, η, ζ et leurs dérivées comme des quantités infiniment petites du premier ordre, on conclura de l'équation (65), en négligeant les infiniment petits du second ordre,

$$\frac{d\xi}{dx} = \Phi(a,b,c).$$

En raisonnant de la même manière, on établira successivement les trois formules

$$(66) \quad \frac{d\xi}{dx} = \Phi(a,b,c), \qquad \frac{d\xi}{dy} = \mathrm{X}(a,b,c), \qquad \frac{d\xi}{dz} = \Psi(a,b,c),$$

De ces dernières, comparées aux formules (63), il résulte que, si l'on prend pour variables indépendantes, au lieu de a, b, c, les trois coordonnées x, y, z, on devra aux dérivées partielles

$$\frac{d\xi}{da}, \qquad \frac{d\xi}{db}, \qquad \frac{d\xi}{dc}$$

substituer les trois suivantes

$$\frac{d\xi}{dx}, \qquad \frac{d\xi}{dy}, \qquad \frac{d\xi}{dz}.$$

D'ailleurs, si, dans les calculs que nous venons de faire, on remplace la fonction $\xi = F(a,b,c)$ par l'une des fonctions $\Phi(a,b,c)$, $\mathrm{X}(a,b,c)$, $\Psi(a,b,c)$, on prouvera encore que les dérivées

$$\frac{d\Phi(a,b,c)}{da}, \qquad \frac{d\Phi(a,b,c)}{db}, \qquad \frac{d\Phi(a,b,c)}{dc}, \qquad \frac{d\mathrm{X}(a,b,c)}{da} \qquad \text{etc...},$$

sont respectivement égales aux suivantes

$$\frac{d\Phi(a,b,c)}{dx}, \qquad \frac{d\Phi(a,b,c)}{dy}, \qquad \frac{d\Phi(a,b,c)}{dz}, \qquad \frac{d\mathrm{X}(a,b,c)}{dx}, \qquad \text{etc...};$$

et l'on en conclura que les expressions

$$\frac{d^2\xi}{da^2}\,,\qquad \frac{d^2\xi}{da\,db}\,,\qquad \frac{d^2\xi}{da\,dc}\,,\qquad \frac{d^2\xi}{db^2}\,,\qquad \text{etc}\ldots,$$

peuvent être remplacées par

$$\frac{d^2\xi}{dx^2}\,,\qquad \frac{d^2\xi}{dx\,dy}\,,\qquad \frac{d^2\xi}{dx\,dz}\,,\qquad \frac{d^2\xi}{dy^2}\,,\qquad \text{etc}\ldots.$$

Enfin les remarques précédentes ne sont pas seulement applicables à la fonction ξ, mais encore aux fonctions η, ζ, et à toutes les quantités que l'on peut considérer comme infiniment petites, par exemple, à la quantité υ. Donc en définitive, si l'on veut prendre pour variables indépendantes, avec le temps t, les coordonnées x, y, z, il suffira d'écrire partout, dans les formules (3o), (3i), (4o), (47), (56), (57) et dans celles qui s'en déduisent, x au lieu de a, y au lieu de b, z au lieu de c. Quant aux valeurs de $\mathcal{X}$, $\mathcal{Y}$, $\mathcal{Z}$, elles continueront d'être représentées [voyez les formules (28) de la page 166] par les trois expressions

$$\frac{d^2\xi}{dt^2}\,,\qquad \frac{d^2\eta}{dt^2}\,,\qquad \frac{d^2\zeta}{dt^2}\,;$$

et par conséquent on n'aura point à modifier les seconds membres des formules (34). Cela posé, admettons que, dans les formules (26), (3o) et (3i), les sommes qui renferment des puissances impaires de $\cos\alpha$, de $\cos\beta$, ou de $\cos\gamma$ s'évanouissent; on tirera des équations (52) et (4o), si le système des molécules m, $m'\ldots$ est en équilibre,

$$(67)\quad
\begin{cases}
(L+G)\dfrac{d^2\xi}{dx^2} +(R+H)\dfrac{d^2\xi}{dy^2} +(Q+I)\dfrac{d^2\xi}{dz^2} +2R\dfrac{d^2\eta}{dx\,dy} +2Q\dfrac{d^2\zeta}{dz\,dx} +X=0\,,\\[2.5ex]
(R+G)\dfrac{d^2\eta}{dx^2} +(M+H)\dfrac{d^2\eta}{dy^2} +(P+I)\dfrac{d^2\eta}{dz^2} +2P\dfrac{d^2\zeta}{dy\,dz} +2R\dfrac{d^2\xi}{dx\,dy} +Y=0\,,\\[2.5ex]
(Q+G)\dfrac{d^2\zeta}{dx^2} +(P+H)\dfrac{d^2\zeta}{dy^2} +(N+I)\dfrac{d^2\zeta}{dz^2} +2Q\dfrac{d^2\xi}{dz\,dx} +2P\dfrac{d^2\eta}{dy\,dz} +Z=0\,.
\end{cases}$$

Si, au contraire, le système est en mouvement, on tirera des formules (34) et (4o)

$$(68)\begin{cases} (L+G)\dfrac{d^2\xi}{dx^2}+(R+H)\dfrac{d^2\xi}{dy^2}+(Q+I)\dfrac{d^2\xi}{dz^2}+2R\dfrac{d^2\eta}{dxdy}+2Q\dfrac{d^2\zeta}{dzdx}+X=\dfrac{d^2\xi}{dt^2}\,,\\[2ex] (R+G)\dfrac{d^2\eta}{dx^2}+(M+H)\dfrac{d^2\eta}{dy^2}+(P+I)\dfrac{d^2\eta}{dz^2}+2P\dfrac{d^2\zeta}{dydz}+2R\dfrac{d^2\xi}{dxdy}+Y=\dfrac{d^2\eta}{dt^2}\,,\\[2ex] (Q+G)\dfrac{d^2\zeta}{dx^2}+(P+H)\dfrac{d^2\zeta}{dy^2}+(N+I)\dfrac{d^2\zeta}{dz^2}+2Q\dfrac{d^2\xi}{dzdx}+2P\dfrac{d^2\eta}{dydz}+Z=\dfrac{d^2\zeta}{dt^2}\,. \end{cases}$$

Si de plus les valeurs de G, H, I, L, M, N, P, Q, R deviennent indépendantes en chaque point des directions assignées aux axes des x, y et z, les conditions (41) et (45) seront vérifiées, et, en supposant la quantité v déterminée par l'équation (47), ou, ce qui revient au même, par la suivante

$$(69)\qquad v=\frac{d\xi}{dx}+\frac{d\eta}{dy}+\frac{d\zeta}{dz}\,,$$

on réduira les formules (67) et (68) à

$$(70)\begin{cases} (R+G)\left(\dfrac{d^2\xi}{dx^2}+\dfrac{d^2\xi}{dy^2}+\dfrac{d^2\xi}{dz^2}\right)+2R\dfrac{dv}{dx}+X=0\,,\\[2ex] (R+G)\left(\dfrac{d^2\eta}{dx^2}+\dfrac{d^2\eta}{dy^2}+\dfrac{d^2\eta}{dz^2}\right)+2R\dfrac{dv}{dy}+Y=0\,,\\[2ex] (R+G)\left(\dfrac{d^2\zeta}{dx^2}+\dfrac{d^2\zeta}{dy^2}+\dfrac{d^2\zeta}{dz^2}\right)+2R\dfrac{dv}{dz}+Z=0\,, \end{cases}$$

et à

$$(71)\begin{cases} (R+G)\left(\dfrac{d^2\xi}{dx^2}+\dfrac{d^2\xi}{dy^2}+\dfrac{d^2\xi}{dz^2}\right)+2R\dfrac{dv}{dx}+X=\dfrac{d^2\xi}{dt^2}\,,\\[2ex] (R+G)\left(\dfrac{d^2\eta}{dx^2}+\dfrac{d^2\eta}{dy^2}+\dfrac{d^2\eta}{dz^2}\right)+2R\dfrac{dv}{dy}+Y=\dfrac{d^2\eta}{dt^2}\,,\\[2ex] (R+G)\left(\dfrac{d^2\zeta}{dx^2}+\dfrac{d^2\zeta}{dy^2}+\dfrac{d^2\zeta}{dz^2}\right)+2R\dfrac{dv}{dz}+Z=\dfrac{d^2\zeta}{dt^2}\,. \end{cases}$$

Enfin, si la condition (54) est elle-même remplie, on aura, dans le cas d'équilibre du système des molécules m, m', ...,

$$(72) \qquad X + 2R\frac{dv}{dx} = 0, \qquad Y + 2R\frac{dv}{dy} = 0, \qquad Z + 2R\frac{dv}{dz} = 0,$$

et, dans le cas du mouvement,

$$(73) \qquad X + 2R\frac{dv}{dx} = \frac{d^2\xi}{dt^2}, \qquad Y + 2R\frac{dv}{dy} = \frac{d^2\eta}{dt^2}, \qquad Z + 2R\frac{dv}{dz} = \frac{d^2\zeta}{dt^2}.$$

On doit observer que la quantité v, déterminée par la formule (69), représente la dilatation qu'éprouve un volume très-petit, mais choisi de manière à renfermer avec la molécule m un grand nombre de molécules voisines, tandis que ces molécules changent de position dans l'espace. Ajoutons que les formules (72) et (73), étant semblables aux formules (63), (72) et (77) des pages 141, 143 et 144, paraissent convenir à un système de molécules qui seraient disposées de manière à constituer un fluide élastique.

Concevons maintenant que les quantités désignées par les lettres G, H, I, L, M, N, P, Q, R et Δ deviennent constantes, c'est-à-dire, indépendantes des coordonnées a, b, c ou x, y, z; alors, en supposant les valeurs de A, B, C, D, E, F déterminées par les équations (56) et (57), ou, ce qui revient au même, par les formules

$$(74) \quad \left\{ \begin{aligned} A &= \left\{ (L+G)\frac{d\xi}{dx} + (R-G)\frac{d\eta}{dy} + (Q-G)\frac{d\zeta}{dz} \right\}\Delta, \\[2mm] B &= \left\{ (R-H)\frac{d\xi}{dx} + (M+H)\frac{d\eta}{dy} + (P-H)\frac{d\zeta}{dz} \right\}\Delta, \\[2mm] C &= \left\{ (Q-I)\frac{d\xi}{dx} + (P-I)\frac{d\eta}{dy} + (N+I)\frac{d\zeta}{dz} \right\}\Delta; \end{aligned} \right.$$

$$(75) \quad \left\{ \begin{aligned} D &= \left\{ (P+I)\frac{d\eta}{dz} + (P+H)\frac{d\zeta}{dy} \right\}\Delta, \\[2mm] E &= \left\{ (Q+G)\frac{d\zeta}{dx} + (Q+I)\frac{d\xi}{dz} \right\}\Delta, \\[2mm] F &= \left\{ (R+H)\frac{d\xi}{dy} + (R+G)\frac{d\eta}{dx} \right\}\Delta; \end{aligned} \right.$$

on réduira les équations (67) aux trois suivantes :

(210)

$$(76)\quad\begin{cases}\dfrac{dA}{dx}+\dfrac{dF}{dy}+\dfrac{dE}{dz}+X\Delta=0,\\[2mm]\dfrac{dF}{dx}+\dfrac{dB}{dy}+\dfrac{dD}{dz}+Y\Delta=0,\\[2mm]\dfrac{dE}{dx}+\dfrac{dD}{dy}+\dfrac{dC}{dz}+Z\Delta=0,\end{cases}$$

Ces dernières et celles qu'on en tire, quand on y remplace X, Y, Z par

$$X-\mathfrak{X},\qquad Y-\mathfrak{Y},\qquad Z-\mathfrak{Z},$$

sont semblables aux formules (2) et (25) des pages 161 et 166. Ainsi, en vertu des suppositions admises, les équations d'équilibre ou de mouvement du système des molécules m, m', m'', etc..., coïncident avec celles qu'on obtiendrait, en considérant une masse homogène et continue, dans laquelle les pressions ou tensions, exercées au point (x, y, z), du côté des coordonnées positives, contre trois plans perpendiculaires aux axes des x, des y et des z, offriraient des projections algébriques sur ces axes respectivement égales aux quantités

$$(77)\quad\begin{cases}A,\quad F,\quad E,\\B,\quad B,\quad D,\\E,\quad D,\quad C,\end{cases}$$

que déterminent les équations (74) et (75). Si, de plus, les conditions (41) et (45) sont vérifiées, alors, en posant comme ci-dessus

$$(R+G)\Delta=\tfrac{1}{2}k,\qquad (R-G)\Delta=K,$$

on réduira les formules (74), (75) à

$$(78)\quad\begin{cases}A=k\dfrac{d\xi}{dx}+K\upsilon,\qquad B=k\dfrac{d\eta}{dy}+K\upsilon,\qquad C=k\dfrac{d\zeta}{dz}+K\upsilon,\\[2mm]D=\tfrac{1}{2}k\left(\dfrac{d\eta}{dz}+\dfrac{d\zeta}{dy}\right),\qquad E=\tfrac{1}{2}k\left(\dfrac{d\zeta}{dx}+\dfrac{d\xi}{dz}\right),\qquad F=\tfrac{1}{2}k\left(\dfrac{d\xi}{dy}+\dfrac{d\eta}{dx}\right),\end{cases}$$

et en même temps l'on fera coïncider les équations (70), (71) avec les suivantes :

$$(79) \begin{cases} \dfrac{k}{2\Delta}\left(\dfrac{d^2\xi}{dx^2} + \dfrac{d^2\xi}{dy^2} + \dfrac{d^2\xi}{dz^2}\right) + \dfrac{k+2K}{2\Delta}\dfrac{d\upsilon}{dx} + X = 0, \\[2ex] \dfrac{k}{2\Delta}\left(\dfrac{d^2\eta}{dx^2} + \dfrac{d^2\eta}{dy^2} + \dfrac{d^2\eta}{dz^2}\right) + \dfrac{k+2K}{2\Delta}\dfrac{d\upsilon}{dy} + Y = 0, \\[2ex] \dfrac{k}{2\Delta}\left(\dfrac{d^2\zeta}{dx^2} + \dfrac{d^2\zeta}{dy^2} + \dfrac{d^2\zeta}{dz^2}\right) + \dfrac{k+2K}{2\Delta}\dfrac{d\upsilon}{dz} + Z = 0; \end{cases}$$

$$(80) \begin{cases} \dfrac{k}{2\Delta}\left(\dfrac{d^2\xi}{dx^2} + \dfrac{d^2\xi}{dy^2} + \dfrac{d^2\xi}{dz^2}\right) + \dfrac{k+2K}{2\Delta}\dfrac{d\upsilon}{dx} + X = \dfrac{d^2\xi}{dt^2}, \\[2ex] \dfrac{k}{2\Delta}\left(\dfrac{d^2\eta}{dx^2} + \dfrac{d^2\eta}{dy^2} + \dfrac{d^2\eta}{dz^2}\right) + \dfrac{k+2K}{2\Delta}\dfrac{d\upsilon}{dy} + Y = \dfrac{d^2\eta}{dt^2}, \\[2ex] \dfrac{k}{2\Delta}\left(\dfrac{d^2\zeta}{dx^2} + \dfrac{d^2\zeta}{dy^2} + \dfrac{d^2\zeta}{dz^2}\right) + \dfrac{k+2K}{2\Delta}\dfrac{d\upsilon}{dz} + Z = \dfrac{d^2\zeta}{dt^2}; \end{cases}$$

c'est-à-dire, avec les formules (76), (77) de l'article précédent,

Il importe d'observer que les formules (67), (79) et (80) coïncideraient encore avec les formules (76), si l'on attribuait aux quantités désignées par

$$A, \quad B, \quad C, \quad D, \quad E, \quad F$$

non plus les valeurs que déterminent les équations (74), (75) et (78), mais ces mêmes valeurs augmentées de constantes arbitraires.

Pour réduire les équations (79) et (80) à celles qui ont été données par M. Navier comme propres à déterminer les lois d'équilibre et de mouvement des corps élastiques, il faut supposer, ainsi qu'on l'a déjà remarqué,

$$(81) \qquad\qquad k = 2K.$$

Or, pour que les valeurs de k et de K, tirées des formules (59), vérifient la condition (81), il suffit d'admettre que la quantité désignée par G peut être négligée vis-à-vis de la quantité désignée par R, ou, en d'autres termes, que le rapport

$$(82) \qquad\qquad \dfrac{G}{R}$$

a une valeur sensiblement nulle.

On voit au reste que, si l'on considère un corps élastique comme un système de points matériels qui agissent les uns sur les autres à de très-petites distances, les lois de l'équilibre ou du mouvement intérieur de ce corps seront exprimées dans beaucoup de cas par des équations différentes de celles qu'a données M. Navier. Les formules (67) et (68) paraissent spécialement applicables au cas où, l'élasticité n'étant pas la même dans les diverses directions, le corps offre trois axes d'élasticité rectangulaires entre eux, et parallèles aux axes des x, des y et des z. Les formules (70) et (71) au contraire semblent devoir s'appliquer au cas où le corps est également élastique dans tous les sens ; et alors on retrouvera les formules de M. Navier, si l'on attribue à la quantité G une valeur nulle. Ajoutons que si, dans les formules (67) et (68), en réduit à zéro non-seulement la quantité G, mais encore les quantités de même espèce H et I, ces formules deviendront respectivement

$$(83)\begin{cases} L\dfrac{d^2\xi}{dx^2} + R\dfrac{d^2\xi}{dy^2} + Q\dfrac{d^2\xi}{dz^2} + 2R\dfrac{d^2\eta}{dxdy} + 2Q\dfrac{d^2\zeta}{dzdx} + X = 0\,, \\[3mm] R\dfrac{d^2\eta}{dx^2} + M\dfrac{d^2\eta}{dy^2} + P\dfrac{d^2\eta}{dz^2} + 2P\dfrac{d^2\zeta}{dydz} + 2R\dfrac{d^2\xi}{dxdy} + Y = 0\,, \\[3mm] Q\dfrac{d^2\zeta}{dx^2} + P\dfrac{d^2\zeta}{dy^2} + N\dfrac{d^2\zeta}{dz^2} + 2Q\dfrac{d^2\xi}{dzdx} + 2P\dfrac{d^2\eta}{dydz} + Z = 0\,; \end{cases}$$

et

$$(84)\begin{cases} L\dfrac{d^2\xi}{dx^2} + R\dfrac{d^2\xi}{dy^2} + Q\dfrac{d^2\xi}{dz^2} + 2R\dfrac{d^2\eta}{dxdy} + 2Q\dfrac{d^2\zeta}{dzdx} + X = \dfrac{d^2\xi}{dt^2}\,, \\[3mm] R\dfrac{d^2\eta}{dx^2} + M\dfrac{d^2\eta}{dy^2} + P\dfrac{d^2\eta}{dz^2} + 2P\dfrac{d^2\zeta}{dydz} + 2R\dfrac{d^2\xi}{dxdy} + Y = \dfrac{d^2\eta}{dt^2}\,, \\[3mm] Q\dfrac{d^2\zeta}{dx^2} + P\dfrac{d^2\zeta}{dy^2} + N\dfrac{d^2\zeta}{dz^2} + 2Q\dfrac{d^2\xi}{dzdx} + 2P\dfrac{d^2\eta}{dydz} + Z = \dfrac{d^2\zeta}{dt^2}\,. \end{cases}$$

DE LA PRESSION OU TENSION

DANS UN SYSTÈME DE POINTS MATÉRIELS.

Dans l'article précédent, après avoir établi les équations générales d'équilibre ou de mouvement d'un système de molécules $\mathfrak{m}$, m, m', m'', etc... qui agissent les unes sur les autres à de très-petites distances, nous avons recherché ce que deviennent ces mêmes équations quand leurs coefficients vérifient les conditions qui seraient remplies, si tout plan passant par une molécule, et parallèle à l'un des plans coordonnés divisait le système en deux parties symétriques. Nous sommes ainsi parvenus aux formules (67) de la page 207, et nous avons observé que ces formules coïncident avec celles qu'on obtiendrait en considérant une masse homogène et continue, dans laquelle les tensions ou pressions exercées au point (x,y,z), du côté des coordonnées positives, contre trois plans parallèles aux plans des y,z, des z,x et des x,y, offriraient des projections algébriques respectivement égales aux valeurs de A, F, E; F, B, D; E, D, C déterminées par les équations (74) et (75), ou à ces mêmes valeurs augmentées de constantes arbitraires. Nous allons maintenant faire voir comment on peut calculer directement les tensions ou pressions exercées dans le système des molécules $\mathfrak{m}$, m, m', ... contre un plan perpendiculaire à l'un des axes coordonnés, quand on suppose que ce plan devient rigide, et qu'on lie par des droites invariables les points qu'il renferme avec ceux des points matériels m, m', ... qui sont situés d'un même côté de ce plan.

Soient toujours, à une certaine époque,

$x = a$, $y = b$, $z = c$ les coordonnées de la molécule $\mathfrak{m}$,

$a + \Delta a$, $b + \Delta b$, $c + \Delta c$ les coordonnées d'une autre molécule m,

r la distance des molécules $\mathfrak{m}$ et m,

α, β, γ les angles formés par le rayon vecteur r avec les demi-axes des coordonnées positives, et liés aux quantités Δa, Δb, Δc par les formules

$$(1) \qquad \Delta a = r\cos\alpha, \qquad \Delta b = r\cos\beta, \qquad \Delta c = r\cos\gamma,$$

$\mathfrak{m} m f(r)$ l'attraction ou la répulsion mutuelle des deux masses $\mathfrak{m}$ et m, proportionnelle d'une part à ces masses, d'autre part à une fonction de la distance r.

Soient de plus O, O', O'' trois points quelconques du plan mené par la molécule $\mathfrak{m}$ perpendiculairement à l'axe des x,

m, m', m'', les molécules situées par rapport au plan $O O' O''$ du côté des coordonnées positives,

$m_{\scriptscriptstyle \mathrm{I}}$, $m_{\scriptscriptstyle 2}$, etc... les molécules situées par rapport à ce même plan du côté des coordonnées négatives,

l une longueur très-petite, mais supérieure au rayon de la sphère d'activité sensible d'une molécule,

s un élément de la surface du plan $O O' O''$, dont les dimensions soient très-petites, mais supérieures, ainsi que la longueur l, au rayon de la sphère d'activité sensible d'une molécule,

$\wp$ le volume d'un cylindre droit qui ait pour base la surface élémentaire s, et pour hauteur la longueur l mesurée à partir du plan $O O' O''$ du côté des coordonnées négatives,

$\mathfrak{M}$ la somme des masses des molécules $m_{\scriptscriptstyle \mathrm{I}}$, $m_{\scriptscriptstyle 2}$, etc... comprises dans ce même cylindre, et

$$(2) \qquad \Delta = \frac{\mathfrak{M}}{\wp}$$

le rapport qui exprime ce qu'on peut nommer la densité du cylindre.

Soient encore

i une portion de la hauteur du cylindre, mesurée comme cette hauteur, à partir du plan $O O' O''$, et

n le nombre des molécules comprises dans la partie du cylindre qui aurait s pour base, et i pour hauteur. Enfin désignons par

$$(3) \qquad \left\{ \begin{array}{ccc} A, & F, & E, \\ F, & B, & D, \\ E, & D, & C, \end{array} \right.$$

les projections algébriques des tensions ou pressions qu'il s'agit de calculer; en sorte que A, F, E représentent, aux signes près, les composantes rectangulaires de la pression ou tension p' exercée au point (a, b, c) et du côté des x positives contre le plan $OO'O''$, dans le cas où l'on suppose les différents points de ce plan liés par des droites invariables avec les points matériels m_1, m_2, etc.... Le produit

$$p's$$

de la pression ou tension p' par la surface élémentaire s ne sera autre chose que la résultante des actions exercées par les molécules m, m', m'', etc... sur les molécules comprises dans le plan $OO'O''$, et sur celles des molécules m_1, m_2, etc... qui seront situées tout près de la surface s. Par conséquent les produits

$$(4) \qquad As, \quad Bs, \quad Cs$$

représenteront à très-peu près les projections algébriques de la résultante des actions exercées par les molécules m, m', m'',... sur les molécules comprises dans le volume $\mho$. Quant aux projections algébriques de la résultante des actions exercées sur la molécule m par les molécules m, m', m'',...., elles seront équivalentes aux sommes

$$(5) \qquad S[\pm mm\cos\alpha\, f(r)], \qquad S[\pm mm\cos\beta\, f(r)], \qquad S[\pm mm\cos\gamma\, f(r)],$$

ou, ce qui revient au même, aux produits

$$(6) \qquad mS[\pm m\cos\alpha\, f(r)], \qquad mS[\pm m\cos\beta\, f(r)], \qquad mS[\pm m\cos\gamma\, f(r)],$$

pourvu que l'on se contente d'étendre le signe S aux molécules m, m', m'',... situées par rapport au plan $OO'O''$ du côté des x positives, et que l'on réduise le double signe $\pm$ au signe $+$, si les molécules m, m s'attirent, au signe $-$ dans le cas contraire. Supposons maintenant que les diverses molécules offrent des masses égales, et se trouvent distribuées à très-peu près de la même manière, soit autour de la molécule m, soit autour de chacune des molécules m_1, m_2, etc...... Si chacune des sommes (5) renferme un certain nombre de termes correspondants à des molécules m, m',... pour lesquelles la condition

$$(7) \qquad r\cos\alpha = i$$

soit vérifiée; les expressions (4) renfermeront les termes dont il s'agit, répétés chacun autant de fois qu'il y aura dans le volume $\mho$ de molécules m_1, m_2,... séparées du plan $OO'O''$ par une distance égale ou inférieure à i. Donc, pour déduire les expressions (4) des expressions (5), il suffira de multiplier, dans chacune de ces dernières, la quantité comprise sous le signe S par le nombre n des molécules comprises dans la portion du cylindre dont i est la hauteur. On trouvera ainsi

$$(8) \quad As = S[\pm n\,\mathfrak{m}\,m\cos\alpha\,f(r)], \quad Bs = S[\pm n\,\mathfrak{m}\,m\cos\beta\,f(r)], \quad Cs = S[\pm n\,\mathfrak{m}\,m\cos\gamma\,f(r)],$$

ou, ce qui revient au même,

$$(9) \quad As = \mathfrak{m}\,S[\pm n\,m\cos\alpha\,f(r)], \quad Bs = \mathfrak{m}\,S[\pm n\,m\cos\beta\,f(r)], \quad Cs = \mathfrak{m}\,S[\pm n\,m\cos\gamma\,f(r)],$$

D'ailleurs, en vertu des notations et des suppositions admises, le nombre total des molécules comprises dans le cylindre dont la hauteur est l sera représenté par le rapport

$$(10) \qquad \frac{\mathfrak{M}}{\mathfrak{m}} = \frac{\mathfrak{V}}{\mathfrak{m}}\,\Delta = \frac{sl}{\mathfrak{m}}\,\Delta\,;$$

et par suite on aura, sans erreur sensible,

$$(11) \qquad n = \frac{\mathfrak{M}}{\mathfrak{m}}\,\frac{i}{l} = \frac{si}{\mathfrak{m}}\,\Delta\,;$$

puis on en conclura, en ayant égard à la formule (7),

$$(12) \qquad n = \frac{sr\cos\alpha}{\mathfrak{m}}\,\Delta\,.$$

Donc les formules (8) ou (9) donneront

$$(13) \quad A = \Delta.S[\pm mr\cos^2\alpha\,f(r)], \quad F = \Delta.S[\pm mr\cos\alpha\cos\beta\,f(r)], \quad E = \Delta.S[\pm mr\cos\alpha\cos\gamma\,f(r)],$$

Les sommes que renferment ces dernières équations doivent être étendues seulement aux molécules m, m', m'', ... situées par rapport au plan $OO'O''$ du côté des x positives.

Concevons à présent que l'on désigne par p_i la pression ou tension exercée au point (a, b, c), et du côté des coordonnées négatives, contre le plan $OO'O''$, dans le cas où l'on suppose les différents points de ce plan liés par des droites invariables avec les points matériels m_1, m_2, etc.... Le produit

$$p_1 s$$

de la pression ou tension p_1 par la surface élémentaire s ne sera autre chose que la résultante des actions exercées par les molécules m_1, m_2,... sur les molécules comprises dans le plan $OO'O''$ et sur celles des molécules m, m', m''... qui seront situées tout près de la surface s. D'ailleurs les actions exercées par les molécules m_1, m_2,... sur les molécules m, m', m'', ... sont égales et directement opposées aux réactions exercées par les dernières sur les premières; et il est clair qu'on n'altère pas sensiblement la résultante de ces actions ou de ces réactions, lorsqu'aux molécules m, m', m'',... ou m_1, m_2, m_3... on joint celles qui se trouvent précisément situées dans le plan $OO'O''$. Cela posé, les pressions ou tensions $p's$, $p_1 s$ supportées, dans les deux hypothèses successivement admises, par la surface élémentaire s, pourront être considérées comme deux forces égales, mais directement opposées, et l'on devra en dire autant des pressions p', p_1, exercées au point (a, b, c) contre les deux faces du plan $OO'O''$. Donc la pression ou tension p_1 aura pour projections algébriques sur les axes, non plus les trois quantités A, F, E, mais les trois suivantes

$$-A, \quad -F, \quad -E.$$

Si maintenant on applique à la détermination de ces projections algébriques les raisonnements par lesquels nous avons établi les équations (13), on sera conduit à reconnaître que ces équations subsistent encore dans le cas où l'on étend le signe S, non plus aux molécules m, m', m'', ... situées par rapport au plan $OO'O''$ du côté des x positives, mais aux molécules m_1, m_2, ... situées par rapport à ce plan du côté des x négatives. Donc, par suite, les sommes comprises dans les équations (13) sont équivalentes aux moitiés de celles qu'on obtiendrait, si l'on supposait le signe S étendu à toutes les molécules m, m', m'', ... m_1, m_2, m_3, ... situées par rapport au plan $OO'O''$ soit du côté des x positives, soit du côté des x négatives, c'est-à-dire, à très-peu près, aux moitiés de celles que l'on obtiendrait en étendant le signe S à toutes les molécules du système proposé. On aura donc, en interprétant le signe S comme on vient de le dire,

$$A = \frac{1}{2} S[\pm\, m r \cos^2 \alpha\, f(r)], \qquad B = \frac{1}{2} S[\pm\, m r \cos \alpha \cos \beta\, f(r)],$$

$$C = \frac{1}{2} S[\pm\, \cos \alpha \cos \gamma\, f(r)].$$

En appliquant des raisonnements du même genre à la recherche des projections algébriques F, B, D ou E, D, C de la pression ou tension exercée au point (a,b,c) et du côté des coordonnées positives contre un plan perpendiculaire à l'axe des y ou à l'axe des z, on trouvera définitivement

$$(14)\begin{cases} A = \frac{\Delta}{2}\, S[\pm\, mr\cos^2\alpha\, f(r)]\,, & B = \frac{\Delta}{2}\, S[\pm\, mr\cos^2\beta\, f(r)]\,, \\[2ex] \multicolumn{2}{c}{C = \frac{\Delta}{2}\, S[\pm\, mr\cos^2\gamma\, f(r)]\,,} \\[2ex] D = \frac{\Delta}{2}\, S[\pm\, mr\cos\beta\cos\gamma\, f(r)]\,, & E = \frac{\Delta}{2}\, S[\pm\, mr\cos\gamma\cos\alpha\, f(r)]\,, \\[2ex] \multicolumn{2}{c}{F = \frac{\Delta}{2}\, S[\pm\, mr\cos\alpha\cos\beta\, f(r)]\,,} \end{cases}$$

le signe S devant être étendu à toutes les molécules du système proposé.

Supposons maintenant que l'état du système de points matériels soit changé, et que les molécules $\mathfrak{m}$, m, m',... m_1, m_2,... se déplacent dans l'espace, mais de manière que la distance de deux molécules $\mathfrak{m}$ et m varie dans un rapport peu différent de l'unité. Soient d'ailleurs, comme dans l'article précédent,

$$\xi, \quad \eta, \quad \zeta$$

des fonctions de a, b, c qui représentent les déplacements très-petits et parallèles aux axes d'une molécule quelconque $\mathfrak{m}$,

$$x, \quad y, \quad z, \qquad x+\Delta x, \quad y+\Delta y, \quad z+\Delta z$$

les coordonnées des molécules $\mathfrak{m}$, m dans le nouvel état du système, et

$$r(1+\varepsilon)$$

la distance des mêmes molécules dans ce nouvel état. Enfin désignons par υ la dilatation qu'éprouve, pendant le changement d'état du système, un volume très-petit v, mais qui pourtant renferme avec la molécule $\mathfrak{m}$ un grand nombre de molécules voisines m, m',... m_1, m_2...; et soit ρ la nouvelle densité du volume élémentaire

v. Les quantités x, y, z, Δx, Δy, Δz, ε seront déterminées par les formules (4), (5), (7) de l'article précédent, et la quantité υ par l'équation (69) ou plutôt par l'équation (47) du même article, en sorte qu'on aura

$$(15) \qquad \upsilon = \frac{d\xi}{da} + \frac{d\xi}{db} + \frac{d\xi}{dc} \, .$$

On trouvera d'ailleurs

$$(16) \qquad \rho = \frac{\Delta}{1+\upsilon} \, ;$$

puis, en considérant υ comme un infiniment petit du premier ordre, on tirera de la formule (16)

$$(17) \qquad \rho = (1 - \upsilon)\Delta \, .$$

Cela posé, les valeurs de A, B, C, D, E, F, relatives au nouvel état du système seront données à très-peu près, non plus par les équations (14), mais par celles qu'on en déduit quand on substitue la densité ρ à la densité Δ, le produit $r(1+\varepsilon)$ au rayon vecteur, et les rapports

$$\frac{\Delta x}{r(1+\varepsilon)} \, , \qquad \frac{\Delta y}{r(1+\varepsilon)} \, , \qquad \frac{\Delta z}{r(1+\varepsilon)}$$

aux cosinus des angles α, β, γ. On trouvera ainsi

$$(18) \quad \left\{ \begin{aligned} & A = \frac{\rho}{2} \, S\left\{\pm m \, \frac{f[r(1+\varepsilon)]}{r(1+\varepsilon)} \Delta x^2\right\}, \qquad B = \frac{\rho}{2} \, S\left\{\pm m \, \frac{f[r(1+\varepsilon)]}{r(1+\varepsilon)} \Delta y^2\right\}, \\[2mm] & \qquad\qquad C = \frac{\rho}{2} \, S\left\{\pm m \frac{f[r(1+\varepsilon)]}{r(1+\varepsilon)} \Delta z^2\right\}, \\[2mm] & D = \frac{\rho}{2} \, S\left\{\pm m \, \frac{f[r(1+\varepsilon)]}{r(1+\varepsilon)} \Delta y \Delta z\right\}, \qquad E = \frac{\rho}{2} \, S\left\{\pm m \frac{f[r(1+\varepsilon)]}{r(1+\varepsilon)} \Delta z \Delta x\right\}, \\[2mm] & \qquad\qquad F = \frac{\rho}{2} \, S\left\{\pm m \, \frac{f[r(1+\varepsilon)]}{r(1+\varepsilon)} \Delta x \Delta y\right\}; \end{aligned} \right.$$

puis, en considérant les déplacements ξ, η, ζ comme infiniment petits du premier ordre, négligeant les infiniment petits du second ordre, et faisant pour abréger

$$(19) \qquad \pm [rf'(r) - f(r)] = f(r) \, ,$$

on conclura des formules (18) combinées avec les équations (5), (12) et (15) de l'article précédent

$$(20) \begin{cases} A = \rho\, S\left\{ \pm \dfrac{mr}{2}\left(1 + \dfrac{r f'(r) - f(r)}{f(r)}\,\varepsilon + 2\,\dfrac{\Delta \xi}{r\cos\alpha}\right)\cos^2\alpha \cdot f(r) \right\}, \\[2ex] B = \rho\, S\left\{ \pm \dfrac{mr}{2}\left(1 + \dfrac{r f'(r) - f(r)}{f(r)}\,\varepsilon + 2\,\dfrac{\Delta \eta}{r\cos\beta}\right)\cos^2\beta \cdot f(r) \right\}, \\[2ex] C = \rho\, S\left\{ \pm \dfrac{mr}{2}\left(1 + \dfrac{r f'(r) - f(r)}{f(r)}\,\varepsilon + 2\,\dfrac{\Delta \zeta}{r\cos\gamma}\right)\cos^2\gamma \cdot f(r) \right\}, \end{cases}$$

$$(21) \begin{cases} D = \rho\, S\left\{ \pm \dfrac{mr}{2}\left(1 + \dfrac{r f'(r) - f(r)}{f(r)}\,\varepsilon + \dfrac{\Delta \eta}{r\cos\beta} + \dfrac{\Delta \zeta}{r\cos\gamma}\right)\cos\beta\cos\gamma\, f(r) \right\}, \\[2ex] E = \rho\, S\left\{ \pm \dfrac{mr}{2}\left(1 + \dfrac{r f'(r) - f(r)}{f(r)}\,\varepsilon + \dfrac{\Delta \zeta}{r\cos\gamma} + \dfrac{\Delta \xi}{r\cos\alpha}\right)\cos\gamma\cos\alpha\, f(r) \right\}, \\[2ex] F = \rho\, S\left\{ \pm \dfrac{mr}{2}\left(1 + \dfrac{r f'(r) - f(r)}{f(r)}\,\varepsilon + \dfrac{\Delta \xi}{r\cos\alpha} + \dfrac{\Delta \eta}{r\cos\beta}\right)\cos\alpha\cos\beta\, f(r) \right\}; \end{cases}$$

ou, ce qui revient au même,

$$(22) \begin{cases} A = \rho\, S\left\{ \pm \dfrac{mr}{2}\left(\cos^2\alpha + 2\cos\alpha\,\dfrac{\Delta\xi}{r}\right) f(r) \right\} \\[1ex] \qquad + \rho\, S\left\{ \dfrac{mr}{2}\left(\cos\alpha\,\dfrac{\Delta\xi}{r} + \cos\beta\,\dfrac{\Delta\eta}{r} + \cos\gamma\,\dfrac{\Delta\zeta}{r}\right)\cos^2\alpha\, f(r) \right\}, \\[2ex] B = \rho\, S\left\{ \pm \dfrac{mr}{2}\left(\cos^2\beta + 2\cos\beta\,\dfrac{\Delta\eta}{r}\right) f(r) \right\} \\[1ex] \qquad + \rho\, S\left\{ \dfrac{mr}{2}\left(\cos\alpha\,\dfrac{\Delta\xi}{r} + \cos\beta\,\dfrac{\Delta\eta}{r} + \cos\gamma\,\dfrac{\Delta\zeta}{r}\right)\cos^2\beta\, f(r) \right\}, \\[2ex] C = \rho\, S\left\{ \pm \dfrac{mr}{2}\left(\cos^2\gamma + 2\cos\gamma\,\dfrac{\Delta\zeta}{r}\right) f(r) \right\} \\[1ex] \qquad + \rho\, S\left\{ \dfrac{mr}{2}\left(\cos\alpha\,\dfrac{\Delta\xi}{r} + \cos\beta\,\dfrac{\Delta\eta}{r} + \cos\gamma\,\dfrac{\Delta\zeta}{r}\right)\cos^2\gamma\, f(r) \right\} \end{cases}$$

$$(23)\begin{cases} D = \rho S\left\{\pm \frac{mr}{2}\left(\cos\beta\cos\gamma + \cos\gamma\,\frac{\Delta\eta}{r} + \cos\beta\,\frac{\Delta\zeta}{r}\right)f(r)\right\} \\[2ex] \qquad + \rho S\left\{\frac{mr}{2}\left(\cos\alpha\,\frac{\Delta\xi}{r} + \cos\beta\,\frac{\Delta\eta}{r} + \cos\gamma\,\frac{\Delta\zeta}{r}\right)\cos\beta\cos\gamma\, f(r)\right\}, \\[3ex] E = \rho S\left\{\pm \frac{mr}{2}\left(\cos\gamma\cos\alpha + \cos\alpha\,\frac{\Delta\zeta}{r} + \cos\gamma\,\frac{\Delta\xi}{r}\right)f(r)\right\} \\[2ex] \qquad + \rho S\left\{\frac{mr}{2}\left(\cos\alpha\,\frac{\Delta\xi}{r} + \cos\beta\,\frac{\Delta\eta}{r} + \cos\gamma\,\frac{\Delta\zeta}{r}\right)\cos\gamma\cos\alpha\, f(r)\right\}, \\[3ex] F = \rho S\left\{\pm \frac{mr}{2}\left(\cos\alpha\cos\beta + \cos\beta\,\frac{\Delta\zeta}{r} + \cos\alpha\,\frac{\Delta\eta}{r}\right)f(r)\right\} \\[2ex] \qquad + \rho S\left\{\frac{mr}{2}\left(\cos\alpha\,\frac{\Delta\xi}{r} + \cos\beta\,\frac{\Delta\eta}{r} + \cos\gamma\,\frac{\Delta\zeta}{r}\right)\cos\alpha\cos\beta\, f(r)\right\}. \end{cases}$$

D'ailleurs les attractions ou répulsions mutuelles des molécules m, m, m', ... m_1, m_2, ... n'étant sensibles par hypothèse qu'à de très-petites distances, on pourra, sans inconvénient, dans les formules (22) et (23), substituer aux quantités $\Delta\xi$, $\Delta\eta$, $\Delta\zeta$ les premiers termes de leurs développements en séries ordonnées suivant les puissances ascendantes de r, c'est-à-dire, des développements que fournissent les équations (18) de la page 193, et supposer en conséquence

$$(24)\begin{cases} \dfrac{\Delta\xi}{r} = \dfrac{d\xi}{da}\cos\alpha + \dfrac{d\xi}{db}\cos\beta + \dfrac{d\xi}{dc}\cos\gamma, \\[2ex] \dfrac{\Delta\eta}{r} = \dfrac{d\eta}{da}\cos\alpha + \dfrac{d\eta}{db}\cos\beta + \dfrac{d\eta}{dc}\cos\gamma, \\[2ex] \dfrac{\Delta\zeta}{r} = \dfrac{d\zeta}{da}\cos\alpha + \dfrac{d\zeta}{db}\cos\beta + \dfrac{d\zeta}{dc}\cos\gamma; \end{cases}$$

Donc les formules (22) et (23) donneront

IIIe. ANNÉE.

$$(25)\qquad A = \rho\, S\!\left(\pm\, \frac{mr}{r}\cos^2\alpha\, f(r)\right)$$

$$+\,2\rho\left\{ \frac{d\xi}{da} S\!\left(\pm \frac{mr}{2}\cos^2\alpha\, f(r)\right) + \frac{d\xi}{db} S\!\left(\pm \frac{mr}{2}\cos\alpha\cos\beta\, f(r)\right) + \frac{d\xi}{dc} S\!\left(\pm \frac{mr}{2}\cos\alpha\cos\gamma\, f(r)\right) \right\}$$

$$+\,\rho\left\{ \begin{aligned}
&\frac{d\xi}{da} S\!\left(\frac{mr}{2}\cos^4\alpha\, f(r)\right) + \frac{d\xi}{db} S\!\left(\frac{mr}{2}\cos^3\alpha\cos\beta\, f(r)\right) + \frac{d\xi}{dc} S\!\left(\frac{mr}{2}\cos^3\alpha\cos\gamma\, f(r)\right)\\[4pt]
+\;&\frac{d\eta}{da} S\!\left(\frac{mr}{r}\cos^3\alpha\cos\beta\, f(r)\right) + \frac{d\eta}{db} S\!\left(\frac{mr}{2}\cos^2\alpha\cos^2\beta\, f(r)\right) + \frac{d\eta}{dc} S\!\left(\frac{mr}{2}\cos^2\alpha\cos\beta\cos\gamma\, f(r)\right)\\[4pt]
+\;&\frac{d\zeta}{da} S\!\left(\frac{mr}{2}\cos^3\alpha\cos\gamma\, f(r)\right) + \frac{d\zeta}{db} S\!\left(\frac{mr}{2}\cos^2\alpha\cos\beta\cos\gamma\, f(r)\right) + \frac{d\zeta}{dc} S\!\left(\frac{mr}{2}\cos^2\alpha\cos^2\gamma\, f(r)\right),
\end{aligned}\right.$$

$$(26)\qquad B = \rho\, S\!\left(\pm \frac{mr}{2}\cos^2\beta\, f(r)\right)$$

$$+\,2\rho\left\{ \frac{d\eta}{da} S\!\left(\pm \frac{mr}{2}\cos\alpha\cos\beta\, f(r)\right) + \frac{d\eta}{db} S\!\left(\pm \frac{mr}{2}\cos^2\beta\, f(r)\right) + \frac{d\eta}{dc} S\!\left(\pm \frac{mr}{2}\cos\beta\cos\gamma\, f(r)\right) \right\}$$

$$+\,\rho\left\{ \begin{aligned}
&\frac{d\xi}{da} S\!\left(\frac{mr}{2}\cos^2\alpha\cos^2\beta\, f(r)\right) + \frac{d\xi}{db} S\!\left(\frac{mr}{2}\cos\alpha\cos^3\beta\, f(r)\right) + \frac{d\xi}{dc} S\!\left(\frac{mr}{r}\cos\alpha\cos^2\beta\cos\gamma\, f(r)\right)\\[4pt]
+\;&\frac{d\eta}{da} S\!\left(\frac{mr}{2}\cos\alpha\cos^3\beta\, f(r)\right) + \frac{d\eta}{db} S\!\left(\frac{mr}{2}\cos^4\beta\, f(r)\right) + \frac{d\eta}{dc} S\!\left(\frac{mr}{2}\cos^3\beta\cos\gamma\, f(r)\right)\\[4pt]
+\;&\frac{d\zeta}{da} S\!\left(\frac{mr}{2}\cos\alpha\cos^2\beta\cos\gamma\, f(r)\right) + \frac{d\zeta}{db} S\!\left(\frac{mr}{2}\cos^3\beta\cos\gamma\, f(r)\right) + \frac{d\zeta}{dc} S\!\left(\frac{mr}{2}\cos^2\beta\cos^2\gamma\, f(r)\right),
\end{aligned}\right.$$

$$(27)\qquad C = \rho\, S\!\left(\pm \frac{mr}{2}\cos^2\gamma\, f(r)\right)$$

$$+\,2\rho\left\{ \frac{d\zeta}{da} S\!\left(\pm \frac{mr}{2}\cos\alpha\cos\gamma\, f(r)\right) + \frac{d\zeta}{db} S\!\left(\pm \frac{mr}{2}\cos\beta\cos\gamma\, f(r)\right) + \frac{d\zeta}{dc} S\!\left(\pm \frac{mr}{2}\cos^2\gamma\, f(r)\right) \right\}$$

$$+\,\rho\left\{ \begin{aligned}
&\frac{d\xi}{da} S\!\left(\frac{mr}{2}\cos^2\alpha\cos^2\gamma\, f(r)\right) + \frac{d\xi}{db} S\!\left(\frac{mr}{2}\cos\alpha\cos\beta\cos^2\gamma\, f(r)\right) + \frac{d\xi}{dc} S\!\left(\frac{mr}{2}\cos\alpha\cos^3\gamma\, f(r)\right)\\[4pt]
+\;&\frac{d\eta}{da} S\!\left(\frac{mr}{2}\cos\alpha\cos\beta\cos^2\gamma\, f(r)\right) + \frac{d\eta}{db} S\!\left(\frac{mr}{2}\cos^2\beta\cos^2\gamma\, f(r)\right) + \frac{d\eta}{dc} S\!\left(\frac{mr}{2}\cos\beta\cos^3\gamma\, f(r)\right)\\[4pt]
+\;&\frac{d\zeta}{da} S\!\left(\frac{mr}{2}\cos\alpha\cos^3\gamma\, f(r)\right) + \frac{d\zeta}{db} S\!\left(\frac{mr}{2}\cos\beta\cos^3\gamma\, f(r)\right) + \frac{d\zeta}{dc} S\!\left(\frac{mr}{2}\cos^4\gamma\, f(r)\right);
\end{aligned}\right.$$

$$(28) \qquad D = \rho\, \mathrm{S}\left(\pm \frac{mr}{2} \cos\beta \cos\gamma\, f(r) \right)$$

$$+\rho \left\{ \begin{aligned} & \frac{d\alpha}{da}\, \mathrm{S}\left(\pm \frac{mr}{2} \cos\alpha\cos\gamma\, f(r) \right) + \frac{d\alpha}{db}\, \mathrm{S}\left(\pm \frac{mr}{2} \cos\beta\cos\gamma\, f(r) \right) + \frac{d\alpha}{dc}\, \mathrm{S}\left(\pm \frac{mr}{2} \cos^2\gamma\, f(r) \right) \\ & + \frac{d\zeta}{da}\, \mathrm{S}\left(\pm \frac{mr}{2} \cos\alpha\cos\beta\, f(r) \right) + \frac{d\zeta}{db}\, \mathrm{S}\left(\pm \frac{mr}{2} \cos^2\beta\, f(r) \right) + \frac{d\zeta}{dc}\, \mathrm{S}\left(\pm \frac{mr}{2} \cos\beta\cos\gamma\, f(r) \right) \end{aligned} \right.$$

$$+\rho \left\{ \begin{aligned} & \frac{d\xi}{da}\, \mathrm{S}\left(\frac{mr}{2} \cos^2\alpha\cos\beta\cos\gamma\, f(r) \right) + \frac{d\xi}{db}\, \mathrm{S}\left(\frac{mr}{2} \cos\alpha\cos^2\beta\cos\gamma\, f(r) \right) + \frac{d\xi}{dc}\, \mathrm{S}\left(\frac{mr}{2} \cos\alpha\cos\beta\cos^2\gamma\, f(r) \right) \\ & + \frac{d\alpha}{da}\, \mathrm{S}\left(\frac{mr}{2} \cos\alpha\cos^2\beta\cos\gamma\, f(r) \right) + \frac{d\alpha}{db}\, \mathrm{S}\left(\frac{mr}{2} \cos^3\beta\cos\gamma\, f(r) \right) + \frac{d\alpha}{dc}\, \mathrm{S}\left(\frac{mr}{2} \cos^2\beta\cos^2\gamma\, f(r) \right) \\ & + \frac{d\zeta}{da}\, \mathrm{S}\left(\frac{mr}{2} \cos\alpha\cos\beta\cos^2\gamma\, f(r) \right) + \frac{d\zeta}{db}\, \mathrm{S}\left(\frac{mr}{2} \cos^2\beta\cos^2\gamma\, f(r) \right) + \frac{d\zeta}{dc}\, \mathrm{S}\left(\frac{mr}{2} \cos\beta\cos^3\gamma\, f(r) \right) \;, \end{aligned} \right.$$

$$(29) \qquad E = \rho\, \mathrm{S}\left(\frac{mr}{2} \cos\gamma \cos\alpha\, f(r) \right)$$

$$+\rho \left\{ \begin{aligned} & \frac{d\alpha}{da}\, \mathrm{S}\left(\pm \frac{mr}{2} \cos^2\alpha\, f(r) \right) + \frac{d\zeta}{db}\, \mathrm{S}\left(\pm \frac{mr}{2} \cos\alpha\cos\beta\, f(r) \right) + \frac{d\zeta}{dc}\, \mathrm{S}\left(\pm \frac{mr}{2} \cos\alpha\cos\gamma\, f(r) \right) \\ & + \frac{d\xi}{da}\, \mathrm{S}\left(\pm \frac{mr}{2} \cos\alpha\cos\gamma\, f(r) \right) + \frac{d\xi}{db}\, \mathrm{S}\left(\pm \frac{mr}{2} \cos\beta\cos\gamma\, f(r) \right) + \frac{d\xi}{dc}\, \mathrm{S}\left(\frac{mr}{2} \cos^2\gamma\, f(r) \right) \end{aligned} \right.$$

$$+\rho \left\{ \begin{aligned} & \frac{d\xi}{da}\, \mathrm{S}\left(\frac{mr}{2} \cos^3\alpha\cos\gamma\, f(r) \right) + \frac{d\xi}{db}\, \mathrm{S}\left(\frac{mr}{2} \cos^2\alpha\cos\beta\cos\gamma\, f(r) \right) + \frac{mr}{2} \cos^2\alpha\cos^2\gamma\, f(r) \\ & + \frac{d\alpha}{da}\, \mathrm{S}\left(\frac{mr}{2} \cos^2\alpha\cos\beta\cos\gamma\, f(r) \right) + \frac{d\alpha}{db}\, \mathrm{S}\left(\frac{mr}{2} \cos\alpha\cos^2\beta\cos\gamma\, f(r) \right) + \frac{d\alpha}{dc}\, \mathrm{S}\left(\frac{mr}{2} \cos\alpha\cos\beta\cos^2\gamma\, f(r) \right) \\ & + \frac{d\zeta}{da}\, \mathrm{S}\left(\frac{mr}{2} \cos^2\alpha\cos^2\gamma\, f(r) \right) + \frac{d\zeta}{db}\, \mathrm{S}\left(\frac{mr}{2} \cos\alpha\cos\beta\cos^2\gamma\, f(r) \right) + \frac{d\zeta}{dc}\, \mathrm{S}\left(\frac{mr}{2} \cos\alpha\cos^3\gamma\, f(r) \right) \;, \end{aligned} \right.$$

$$(30)\qquad F = \rho\, S\left(\pm\frac{mr}{2}\cos\alpha\cos\beta\, f(r)\right)$$

$$
+\rho\left\{
\begin{aligned}
&\frac{d\xi}{da}S\left(\pm\frac{mr}{2}\cos\alpha\cos\beta\,f(r)\right)+\frac{d\xi}{db}S\left(\pm\frac{mr}{2}\cos^2\beta\,f(r)\right)+\frac{d\xi}{dc}S\left(\pm\frac{mr}{2}\cos\beta\cos\gamma\,f(r)\right)\\[4pt]
&+\frac{d\eta}{da}S\left(\pm\cos^2\alpha\,f(r)\right)+\frac{d\eta}{db}S\left(\pm\frac{mr}{2}\cos\alpha\cos\beta\,f(r)\right)+\frac{d\eta}{dc}S\left(\pm\frac{mr}{2}\cos\alpha\cos\gamma\,f(r)\right)
\end{aligned}
\right.
$$

$$
+\rho\left\{
\begin{aligned}
&\frac{d\xi}{da}S\left(\frac{mr}{2}\cos^3\alpha\cos\beta\,f(r)\right)+\frac{d\xi}{db}S\left(\frac{mr}{2}\cos^2\alpha\cos^2\beta\,f(r)\right)+\frac{d\xi}{dc}S\left(\frac{mr}{2}\cos^2\alpha\cos\beta\cos\gamma\,f(r)\right)\\[4pt]
&+\frac{d\eta}{da}S\left(\frac{mr}{2}\cos^2\alpha\cos^2\beta\,f(r)\right)+\frac{d\eta}{db}S\left(\frac{mr}{2}\cos\alpha\cos^3\beta\,f(r)\right)+\frac{d\eta}{dc}S\left(\frac{mr}{2}\cos\alpha\cos^2\beta\cos\gamma\,f(r)\right)\\[4pt]
&+\frac{d\zeta}{da}S\left(\frac{mr}{2}\cos^2\alpha\cos\beta\cos\gamma\,f(r)\right)+\frac{d\zeta}{db}S\left(\frac{mr}{2}\cos\alpha\cos^2\beta\cos\gamma\,f(r)\right)+\frac{d\zeta}{dc}S\left(\frac{mr}{2}\cos\alpha\cos\beta\cos^2\gamma\,f(r)\right)
\end{aligned}
\right.
$$

Dans ces dernières formules, les coordonnées a, b, c sont regardées comme variables indépendantes, et la valeur de ρ est toujours celle que fournit l'équation (17). Les valeurs des quantités A, B, C, D, E, F étant une fois déterminées par les formules que nous venons d'établir, on en déduira sans peine les projections algébriques de la pression ou tension p supportée au point (x, y, z) par un plan quelconque, à l'aide des équations (5) de la page 162.

Il reste maintenant à montrer les simplifications qu'admettent dans plusieurs cas les formules (13), (14), (25), (26) et suivantes.

Lorsque la fonction $f(r)$ est telle que, sans altérer sensiblement les sommes renfermées dans les formules (13) et (14), on puisse faire abstraction de celles des molécules m, m', ... m_1, m_2, ... qui sont les plus voisines de la molécule m; alors, en ayant recours aux raisonnements et aux notations dont nous nous sommes servis dans l'article précédent [pages 202 et 203], et posant de plus

$$(31)\qquad \theta = \frac{4}{3}\int_0^\infty r^3 f(r)\,dr,$$

on conclura des équations (13)

$$A = \pm \Delta^2 . \int_0^\infty \int_0^\pi \int_0^\pi r^3 \cos^2 p \sin p \, f(r) \, dp \, dq \, dr = \pm \frac{2\pi\Delta^2}{3} \int_0^\infty r^3 f(r) \, dr = \pm \frac{1}{2} \rho \Delta^2 .$$

$$F = \pm \Delta^2 . \int_0^\infty \int_0^\pi \int_0^\pi r^3 \cos p \sin^2 p \cos q \, f(r) \, dp \, dq \, dr = 0 ,$$

$$E = \pm \Delta^2 . \int_0^\infty \int_0^\pi \int_0^\pi r^3 \cos p \sin^2 p \sin q \, f(r) \, dp \, dq \, dr = 0 .$$

En calculant de la même manière les projections algébriques F, B, D, ou E, D, C de la pression ou tension exercée au point (a, b, c) dans l'état primitif du système contre un plan perpendiculaire à l'axe des y ou à l'axe des z, on trouvera définitivement

$$(32) \qquad\qquad A = B = C = \pm \varpi , \qquad D = E = F = 0 ,$$

la valeur de ϖ étant déterminée par l'équation

$$(33) \qquad\qquad \varpi = \frac{1}{2} \rho \Delta^2 .$$

On arriverait encore aux mêmes résultats en partant des formules (14). Seulement les intégrations relatives à la variable q devraient alors être effectuées entre les limites $q = 0$, $q = 2\pi$. Au reste, il suit évidemment des équations (32) et (34), 1.° que, dans l'état primitif du système, il y a pour chaque point, en vertu de l'hypothèse admise, égalité de tension ou de pression en tous sens; 2.° que, dans cet état, la pression ou tension désignée par ϖ varie, quand on passe d'un point à un autre, comme le carré de la densité. Si maintenant on substitue à l'état primitif du système proposé le nouvel état dans lequel la molécule m a pour coordonnées x, y, z; on devra, dans l'équation (33), remplacer la densité primitive Δ par la nouvelle densité ρ, et l'on aura en conséquence

$$(34) \qquad\qquad \varpi = \frac{1}{2} \rho \varrho^2 .$$

Enfin, si dans l'équation (34), on remet, au lieu de ρ, sa valeur donnée par l'équation (17), on trouvera, en négligeant les quantités infiniment petites du second ordre,

$$(34) \qquad \varpi = \frac{1}{2}\,\theta\,(1 - 2\upsilon)\,\Delta^2.$$

On voit par les détails dans lesquels nous venons d'entrer que, pour obtenir l'égalité de pression en tous sens, dans un système de molécules qui se repoussent, on n'a pas besoin d'admettre, comme l'a fait M. Poisson, une distribution particulière des molécules autour de l'une quelconque d'entre elles [voyez dans les Annales de physique et de chimie un extrait du Mémoire présenté par M. Poisson à l'Académie des Sciences, le 1.er octobre 1827]. D'ailleurs, pour faire coïncider la formule (31) avec celle que M. Laplace a donnée comme propre à déterminer la pression en un point quelconque, dans un fluide élastique en équilibre, il suffit d'imaginer que Δ représente, non la densité de la masse fluide, mais celle du calorique libre de cette masse [voyez le XII.e livre de la Mécanique céleste]; et il était facile de prévoir cette coïncidence, puisque l'hypothèse adoptée par M. Laplace consiste à regarder le ressort des gaz comme produit par la force répulsive de leur calorique libre.

Considérons à présent les valeurs de A, B, C, D, E, F que déterminent les formules (25), (26), (27), (28), (29), (30), et qui sont relatives, non à l'état primitif du système des molécules $\mathfrak{m}$, m, m', … m_1, m_2… mais au nouvel état dans lequel la molécule $\mathfrak{m}$ a pour coordonnées x, y, z. Si l'on suppose que l'état primitif soit un état d'équilibre, les seconds membres des formules (14) se réduiront à zéro, et par suite les formules (25), (26), (27), (28), (29), (30) donneront simplement

$$(36) \qquad A =$$

$$\left\{
\begin{aligned}
&\frac{d\xi}{da}\,S\!\left(\frac{mr}{2}\cos^4\!\alpha\, f(r)\right) + \frac{d\xi}{db}\,S\!\left(\frac{mr}{2}\cos^3\!\alpha\cos\beta\, f(r)\right) + \frac{d\xi}{dc}\,S\!\left(\frac{mr}{2}\cos^3\!\alpha\cos\gamma\, f(r)\right)\\[4pt]
&+\frac{d\eta}{da}\,S\!\left(\frac{mr}{2}\cos^3\!\alpha\cos\beta\, f(r)\right) + \frac{d\eta}{db}\,S\!\left(\frac{mr}{2}\cos^2\!\alpha\cos^2\!\beta\, f(r)\right) + \frac{d\eta}{dc}\,S\!\left(\frac{mr}{2}\cos^2\!\alpha\cos\beta\cos\gamma\, f(r)\right)\\[4pt]
&+\frac{d\zeta}{da}\,S\!\left(\frac{mr}{2}\cos^2\!\alpha\cos\gamma\, f(r)\right) + \frac{d\zeta}{db}\,S\!\left(\frac{mr}{2}\cos^2\!\alpha\cos\beta\cos\gamma\, f(r)\right) + \frac{d\zeta}{dc}\!\left(\frac{mr}{2}\cos^2\!\alpha\cos^2\!\gamma\, f(r)\right),
\end{aligned}
\right.$$

$$(35) \qquad B = \text{etc…},$$

$$(36) \qquad C = \text{etc…};$$

$$(57) \qquad\qquad D =$$

$$\rho \left\{ \begin{aligned} & \frac{d\xi}{da} S\left(\frac{mr}{2}\cos^2\alpha\cos\beta\cos\gamma\, f(r)\right) + \frac{d\xi}{db} S\left(\frac{mr}{2}\cos\alpha\cos^2\beta\cos\gamma\, f(r)\right) + \frac{d\xi}{dc} S\left(\frac{mr}{2}\cos\alpha\cos\beta\cos^2\gamma\, f(r)\right) \\[2mm] & + \frac{d\eta}{da} S\left(\frac{mr}{2}\cos\alpha\cos^2\beta\cos\gamma\, f(r)\right) + \frac{d\eta}{db} S\left(\frac{mr}{2}\cos^3\beta\cos\gamma\, f(r)\right) + \frac{d\eta}{dc} S\left(\frac{mr}{2}\cos^2\beta\cos^2\gamma\, f(r)\right) \\[2mm] & + \frac{d\zeta}{da} S\left(\frac{mr}{2}\cos\alpha\cos\beta\cos^2\gamma\, f(r)\right) + \frac{d\zeta}{db} S\left(\frac{mr}{2}\cos^2\beta\cos^2\gamma\, f(r)\right) + \frac{d\zeta}{dc} S\left(\frac{mr}{2}\cos\beta\cos^3\gamma\, f(r)\right) \end{aligned} \right\}.$$

$$(57) \qquad\qquad E = \text{etc...},$$

$$(57) \qquad\qquad F = \text{etc.....}$$

Il importe d'observer que, dans les équations (56), (57), on pourra, sans erreur sensible, et en négligeant seulement des quantités infiniment petites du second ordre, remplacer la densité ρ par la densité primitive Δ.

Supposons maintenant que les sommes comprises dans les formules (25), (26), (27), (28), (29), (50) vérifient les conditions qui seraient remplies, si tout plan passant par une molécule et parallèle à l'un des plans coordonnés divisait le système en deux parties symétriques; c'est-à-dire que, parmi les sommes dont il s'agit, toutes celles qui renferment des puissances impaires de $\cos\alpha$, de $\cos\beta$ ou de $\cos\gamma$ s'évanouissent. Alors, en attribuant aux quantités $G, H, I, L, M, N, P, Q, R$ les valeurs que déterminent les formules (57), (58), (59) de la page 199, on trouvera

$$(58) \quad \left\{ \begin{aligned} A &= \rho\left\{ G\left(1 + 2\frac{d\xi}{da}\right) + L\frac{d\xi}{da} + R\frac{d\eta}{db} + Q\frac{d\zeta}{dc} \right\}, \\[2mm] B &= \rho\left\{ H\left(1 + 2\frac{d\eta}{db}\right) + R\frac{d\xi}{da} + M\frac{d\eta}{db} + P\frac{d\zeta}{dc} \right\}, \\[2mm] C &= \rho\left\{ I\left(1 + 2\frac{d\zeta}{dc}\right) + Q\frac{d\xi}{da} + P\frac{d\eta}{db} + R\frac{d\zeta}{dc} \right\}; \end{aligned} \right.$$

$$(59) \quad \left\{ \begin{aligned} D &= \rho\left\{ (P + I)\frac{d\eta}{dc} + (P + H)\frac{d\zeta}{db} \right\}, \\[2mm] E &= \rho\left\{ (Q + G)\frac{d\zeta}{da} + (Q + I)\frac{d\xi}{dc} \right\}, \\[2mm] F &= \rho\left\{ (R + H)\frac{d\xi}{db} + (R + G)\frac{d\eta}{da} \right\}. \end{aligned} \right.$$

Dans le même cas, en admettant que l'état primitif du système soit un état d'équilibre, on tirera des formules (56) et (57), dans lesquelles on peut remplacer ρ par Δ,

$$(40) \quad \left\{ \begin{aligned} A &= \left(L \frac{d\xi}{da} + R \frac{d\eta}{db} + Q \frac{d\zeta}{dc} \right) \Delta, \\[1em] B &= \left(R \frac{d\xi}{da} + M \frac{d\eta}{db} + P \frac{d\zeta}{dc} \right) \Delta, \\[1em] C &= \left(Q \frac{d\xi}{da} + P \frac{d\eta}{db} + N \frac{d\zeta}{dc} \right) \Delta; \end{aligned} \right.$$

$$(41) \quad \left\{ \begin{aligned} D &= P \left(\frac{d\eta}{dc} + \frac{d\zeta}{db} \right) \Delta, \\[1em] E &= Q \left(\frac{d\zeta}{da} + \frac{d\xi}{dc} \right) \Delta, \\[1em] F &= R \left(\frac{d\xi}{db} + \frac{d\eta}{da} \right) \Delta. \end{aligned} \right.$$

Supposons encore que les valeurs des quantités G, H, I, L, M, N, P, Q, R vérifient les conditions (41) de l'article précédent, savoir,

$$(42) \qquad G = H = I, \qquad L = M = N, \qquad P = Q = R;$$

ce qui arrivera, par exemple, si, dans l'état primitif, les molécules m, m', m'', ... m_1, m_2, ... ont été distribuées de la même manière par rapport à trois plans menés par le point (a, b, c) perpendiculairement aux axes des x, y, et z. Alors on tirera des équations (40) et (41) combinées avec la formule (15)

$$(43) \quad \left\{ \begin{aligned} A &= \left\{ (L - R) \frac{d\xi}{da} + R\upsilon \right\} \Delta, \\[1em] B &= \left\{ (L - R) \frac{d\eta}{db} + R\upsilon \right\} \Delta, \\[1em] C &= \left\{ (L - R) \frac{d\zeta}{dc} + R\upsilon \right\} \Delta; \end{aligned} \right.$$

$$(44) \quad \begin{cases} D = R\left(\dfrac{d\eta}{dc} + \dfrac{d\zeta}{db}\right)\Delta, \\[1.5em] E = R\left(\dfrac{d\zeta}{da} + \dfrac{d\xi}{dc}\right)\Delta, \\[1.5em] F = R\left(\dfrac{d\xi}{db} + \dfrac{d\eta}{da}\right)\Delta. \end{cases}$$

Enfin, si l'on suppose les molécules m, m',... m_1, m_2,... primitivement distri-buées autour de la molécule m de manière que les valeurs des sommes comprises dans les équations (37), (38), (39) de la page 199 deviennent indépendantes des directions assignées aux axes rectangulaires des x, y et z, on aura, en vertu de la formule (45) de l'article précédent,

$$(45) \qquad L = 5R.$$

Par suite les formules (43) se réduiront à

$$(46) \quad \begin{cases} A = R\left(\nu + 2\,\dfrac{d\xi}{da}\right)\Delta, \\[1.5em] B = R\left(\nu + 2\,\dfrac{d\eta}{db}\right)\Delta, \\[1.5em] C = R\left(\nu + 2\,\dfrac{d\zeta}{dc}\right)\Delta. \end{cases}$$

Lorsque, dans les équations (46) et (44), on pose, pour abréger,

$$(47) \qquad R\Delta = K,$$

et que l'on y remet pour ν sa valeur tirée de la formule (15), ces équations deviennent respectivement

$$(48) \quad \begin{cases} A = K\left(3\,\dfrac{d\xi}{da} + \dfrac{d\eta}{db} + \dfrac{d\zeta}{dc}\right), \quad B = K\left(\dfrac{d\xi}{da} + 3\,\dfrac{d\eta}{db} + \dfrac{d\zeta}{dc}\right), \quad C = K\left(\dfrac{d\xi}{da} + \dfrac{d\eta}{db} + 3\,\dfrac{d\zeta}{dc}\right), \\[1.5em] D = K\left(\dfrac{d\eta}{dc} + \dfrac{d\zeta}{db}\right), \qquad E = K\left(\dfrac{d\zeta}{da} + \dfrac{d\xi}{dc}\right), \qquad F = K\left(\dfrac{d\xi}{db} + \dfrac{d\eta}{da}\right); \end{cases}$$

Pour faire apprécier l'utilité des formules que l'on vient d'établir, considérons un corps solide et homogène dont l'état primitif ait été précisément son état naturel, et dont le nouvel état corresponde à des déplacements très-petits des diverses molécules. Si l'on fait abstraction de la force répulsive du calorique pour lui-même, si d'ailleurs on suppose que tout plan parallèle à l'un des plans coordonnés divise une portion très-petite du corps, envisagée comme un système de points matériels, en deux parties symétriques; les projections algébriques des pressions ou tensions, exercées au point (x,y,z) contre trois plans perpendiculaires aux axes des x, y et z, seront déterminées, dans le nouvel état du corps, par les équations (38) et (39). De plus, comme les pressions exercées contre la surface se réduiront à zéro dans l'état naturel, les seconds membres des équations (14) auront des valeurs nulles. Par conséquent les quantités G, H, I s'évanouiront, et les formules (38), (39) coïncideront avec les formules (40), (41). Ces dernières paraissent effectivement propres à déterminer la pression ou tension qui a lieu en chaque point d'un corps solide, lorsque l'élasticité n'est pas la même dans tous les sens, et que le corps offre trois axes d'élasticité rectangulaires entre eux.

Quand l'élasticité redevient la même dans tous les sens, les conditions (42) et (45) étant remplies, les valeurs de A, B, C, D, E, F, données par les formules (40) et (41), se réduisent à celles que fournissent les équations (48). Si l'on substitue ces mêmes valeurs dans les formules (3) de la page 162, on retrouvera précisément les équations données par M. Navier, dans le Mémoire présenté à l'Académie des Sciences le 14 mai 1821, et déduites par M. Poisson, dans le Mémoire déjà cité, d'une analyse qui doit s'accorder sur quelques points avec celle que nous venons d'exposer, et en différer sur quelques autres. C'est du moins ce que nous pouvons présumer, à la lecture de l'extrait que M. Poisson a donné de son Mémoire dans les Annales de Physique et de Chimie.

Revenons maintenant aux formules (38) et (39). En supposant la densité Δ constante, et négligeant les infiniment petits du second ordre, on tirera de ces formules combinées avec l'équation (15)

$$
(49)\begin{cases}
A = \left\{ (L + G)\,\frac{d\xi}{da} + (R - G)\,\frac{d\eta}{db} + (Q - G)\,\frac{d\zeta}{dc} + G \right\}\Delta, \\[2ex]
B = \left\{ (R - H)\,\frac{d\xi}{da} + (M + H)\,\frac{d\eta}{db} + (P - H)\,\frac{d\zeta}{dc} + H \right\}\Delta, \\[2ex]
C = \left\{ (Q - I)\,\frac{d\xi}{da} + (P - I)\,\frac{d\eta}{db} + (N + I)\,\frac{d\zeta}{dc} + I \right\}\Delta;
\end{cases}
$$

$$
(50)\begin{cases}
D = \left\{ (P + I)\,\frac{d\eta}{dc} + (P + H)\,\frac{d\zeta}{db} \right\}\Delta, \\[2ex]
E = \left\{ (Q + G)\,\frac{d\zeta}{da} + (Q + I)\,\frac{d\xi}{dc} \right\}\Delta, \\[2ex]
F = \left\{ (R + H)\,\frac{d\xi}{db} + (R + G)\,\frac{d\eta}{da} \right\}\Delta.
\end{cases}
$$

Lorsque les conditions (42) et (45) sont remplies, en faisant, comme dans l'article précédent,

$$(51) \qquad (R+G)\Delta = \frac{1}{2}k, \qquad (R-G)\Delta = K,$$

et ayant égard à la formule (15), on trouve simplement

$$(52) \quad \begin{cases} A = k\dfrac{d\xi}{da} + Kv + \dfrac{k-2K}{4}, \quad B = k\dfrac{d\eta}{db} + Kv + \dfrac{k-2K}{4}, \quad C = k\dfrac{d\zeta}{dc} + Kv + \dfrac{k-2K}{4}, \\[2ex] D = \dfrac{1}{2}k\left(\dfrac{d\eta}{dc} + \dfrac{d\zeta}{db}\right), \quad E = \dfrac{1}{2}k\left(\dfrac{d\zeta}{da} + \dfrac{d\xi}{dc}\right), \quad F = \dfrac{1}{2}k\left(\dfrac{d\xi}{db} + \dfrac{d\eta}{da}\right). \end{cases}$$

Les valeurs de A, B, C, D, E, F fournies par les équations (49) et (50) ou par les équations (52) coïncident les unes avec les valeurs de A, B, C déterminées par les équations (56) ou (60) de l'article précédent, et augmentées des quantités $G\Delta$, $H\Delta$, $I\Delta$ ou de la quantité $\dfrac{k-2K}{4}$, les autres avec les valeurs de D, E, F déterminées par les formules (57) ou (60) du même article.

Lorsque la fonction $f(r)$ est telle que, sans altérer sensiblement les sommes désignées par R et G dans les formules (51), on puisse faire abstraction de celles des molécules m, m', m_1, m_2, ... qui sont les plus voisines de la molécule $\mathfrak{m}$, on a [voyez les pages 203 et 204]

$$(53) \qquad G = -R = \pm\frac{2\pi\Delta}{3}\int_0^\infty r^3 f(r)\,dr.$$

Donc alors on tire des formules (51) combinées avec la formule (31)

$$(54) \qquad k = 0, \qquad K = 2R\Delta = \mp\,\emptyset\Delta^2;$$

et par suite les équations (52) se réduisent, comme on devait s'y attendre, aux formules (32), la valeur de ϖ étant déterminée par l'équation (35).

Dans le cas où les quantités G, H, I, L, M, N, P, Q, R et Δ sont constantes, c'est-à-dire, indépendantes des coordonnées a, b, c, les valeurs de A, B, C, D, E, F, fournies par les équations (49) et (50), peuvent être évidemment substituées, dans les formules (58) de l'article précédent, aux valeurs de A, B, C, D, E, F déterminées par les équations (56) et (57) du même article. Il y a plus; si l'on substitue la valeur de ρ déduite des formules (15) et (17) dans les seconds membres des équations (25), (26), (27), (28), (29), (30), ou, ce qui revient au même, dans les premiers termes de ces seconds membres, attendu que les autres termes étant infiniment petits du second ordre, on peut y remplacer, sans erreur sensible, ρ par Δ; si d'ailleurs on suppose constantes la densité Δ et les différentes sommes indiquées par le signe S dans les équations dont il s'agit, les valeurs des quantités désignées par $\mathfrak{X}_2$, $\mathfrak{Y}_2$, $\mathfrak{Z}_2$ dans les équations (51) de la page 196 pourront s'écrire comme il suit :

$$(55) \quad \left\{ \begin{aligned} \mathfrak{X}_2 &= \frac{1}{\Delta} \left\{ \frac{dA}{da} + \frac{dF}{db} + \frac{dE}{dc} \right\}, \\[2mm] \mathfrak{Y}_2 &= \frac{1}{\Delta} \left\{ \frac{dF}{da} + \frac{dB}{db} + \frac{dD}{dc} \right\}, \\[2mm] \mathfrak{Z}_2 &= \frac{1}{\Delta} \left\{ \frac{dE}{da} + \frac{dD}{db} + \frac{dC}{dc} \right\}. \end{aligned} \right.$$

Donc alors, en admettant que les conditions (15) et (55) de l'article précédent se trouvent remplies, on aura encore, comme on devait s'y attendre [v. la page 205],

$$(56) \quad \left\{ \begin{aligned} \mathfrak{X} &= \frac{1}{\Delta} \left\{ \frac{dA}{da} + \frac{dF}{db} + \frac{dE}{dc} \right\}, \\[2mm] \mathfrak{Y} &= \frac{1}{\Delta} \left\{ \frac{dF}{da} + \frac{dB}{db} + \frac{dD}{dc} \right\}. \\[2mm] \mathfrak{Z} &= \frac{1}{\Delta} \left\{ \frac{dE}{da} + \frac{dD}{db} + \frac{dC}{dc} \right\}. \end{aligned} \right.$$

Dans les diverses formules ci-dessus établies, on a considéré comme variables indépendantes les quatre quantités a, b, c, t. Si l'on suppose au contraire que l'on prenne pour variables indépendantes, avec le temps t, les coordonnées x, y, z, il faudra, en vertu des principes développés dans l'article précédent, remplacer les dérivées

$$(57) \quad \frac{d\xi}{da}, \ \frac{d\xi}{db}, \ \frac{d\xi}{dc}; \quad \frac{d\eta}{da}, \ \frac{d\eta}{db}, \ \frac{d\eta}{dc}; \quad \frac{d\zeta}{da}, \ \frac{d\zeta}{db}, \ \frac{d\zeta}{dc};$$

par les suivantes

$$(58) \qquad \frac{d\xi}{dx}, \qquad \frac{d\xi}{dy}, \qquad \frac{d\xi}{dz}; \qquad \frac{d\eta}{dx}, \qquad \frac{d\eta}{dy}, \qquad \frac{d\eta}{dz}; \qquad \frac{d\zeta}{dx}, \qquad \frac{d\zeta}{dy}, \qquad \frac{d\zeta}{dz}$$

Alors on trouvera, comme à la page 165,

$$(59) \qquad \upsilon = \frac{d\xi}{dx} + \frac{d\eta}{dy} + \frac{d\zeta}{dz}.$$

De plus, si l'on désigne par

$$(60) \qquad \Delta = f(a,b,c)$$

la densité mesurée au point (a,b,c) dans l'état primitif du système des molécules m, m', m'', ... m_1, m_2, ... on tirera de l'équation (16) combinée avec les équations (8) de l'article précédent

$$(61) \qquad \rho = \frac{f(a,b,c)}{1+\upsilon} = \frac{f(x-\xi, y-\eta, z-\zeta)}{1+\upsilon};$$

puis, en négligeant les infiniment petits du second ordre, on obtiendra la formule

$$(62) \qquad \rho = (1-\upsilon)f(x,y,z) - \xi \frac{d f(x,y,z)}{dx} - \eta \frac{d f(x,y,z)}{dy} - \zeta \frac{d f(x,y,z)}{dz},$$

qui coïncide avec l'équation (21) de la page 165. Cela posé, il est facile de reconnaître ce que deviendront, dans la nouvelle hypothèse, les valeurs de A, B, C, D, E, F déterminées par les équations (25) et suivantes. On conclura en particulier des formules (40) et (41)

$$(63) \qquad \left\{ \begin{aligned} A &= \left\{ L \frac{d\xi}{dx} + R \frac{d\eta}{dy} + Q \frac{d\zeta}{dz} \right\} \Delta, \\[2ex] B &= \left\{ R \frac{d\xi}{dx} + M \frac{d\eta}{dy} + P \frac{d\zeta}{dz} \right\} \Delta, \\[2ex] C &= \left\{ Q \frac{d\xi}{dx} + P \frac{d\eta}{dy} + N \frac{d\zeta}{dz} \right\} \Delta. \end{aligned} \right.$$

(234)

$$(64) \quad \left\{ \begin{aligned} D &= P\left\{\frac{d\eta}{dz} + \frac{d\zeta}{dy}\right\}\Delta\,, \\[1em] E &= Q\left\{\frac{d\zeta}{dx} + \frac{d\xi}{dz}\right\}\Delta\,, \\[1em] F &= R\left\{\frac{d\zeta}{dy} + \frac{d\eta}{dx}\right\}\Delta\,; \end{aligned} \right.$$

puis des formules (48)

$$(65) \quad \left\{ \begin{aligned} A &= K\left\{3\frac{d\xi}{dx} + \frac{d\eta}{dy} + \frac{d\zeta}{dz}\right\}, \quad B = K\left\{\frac{d\xi}{dx} + 3\frac{d\eta}{dy} + \frac{d\zeta}{dz}\right\}, \quad C = K\left\{\frac{d\xi}{dx} + \frac{d\eta}{dy} + 3\frac{d\zeta}{dz}\right\}, \\[1em] D &= K\left\{\frac{d\eta}{dz} + \frac{d\zeta}{dz}\right\}, \qquad E = K\left\{\frac{d\zeta}{dx} + \frac{d\xi}{dz}\right\}, \qquad F = K\left\{\frac{d\xi}{dy} + \frac{d\eta}{dx}\right\}. \end{aligned} \right.$$

Il est bon d'observer que les trois premières des équations (65) peuvent s'écrire comme il suit :

$$(66) \qquad A = K\left(2\frac{d\xi}{dx} + \upsilon\right), \qquad B = K\left(2\frac{d\eta}{dy} + \upsilon\right), \qquad C = K\left(2\frac{d\zeta}{dz} + \upsilon\right).$$

Lorsqu'à l'aide des méthodes exposées dans cet article, on a déterminé les projections algébriques des pressions ou tensions exercées en un point quelconque d'un système de molécules contre trois plans perpendiculaires aux axes coordonnés, il suffit de substituer les valeurs de ces projections algébriques dans les formules (2) et (25) des pages 161 et 166 pour obtenir les équations qui expriment les lois d'équilibre ou de mouvement du système. Si l'on combine en particulier ces formules avec les équations (63) et (64), et si l'on suppose constantes les quantités L, M, N, P, Q, R, Δ, alors, en divisant tous les termes par la densité

$$p = (1 - \upsilon)\Delta\,,$$

et négligeant les infiniment petits du second ordre, on retrouvera les formules (83), (84) de l'article précédent, savoir,

$$(67) \begin{cases} L\dfrac{d^2\xi}{dx^2} + R\dfrac{d^2\xi}{dy^2} + Q\dfrac{d^2\xi}{dz^2} + 2R\dfrac{d^2\eta}{dxdy} + 2Q\dfrac{d^2\zeta}{dzdx} + X = 0, \\[2ex] R\dfrac{d^2\eta}{dx^2} + M\dfrac{d^2\eta}{dy^2} + P\dfrac{d^2\eta}{dz^2} + 2P\dfrac{d^2\zeta}{dydz} + 2R\dfrac{d^2\xi}{dxdy} + Y = 0, \\[2ex] Q\dfrac{d^2\zeta}{dx^2} + P\dfrac{d^2\zeta}{dy^2} + N\dfrac{d^2\zeta}{dz^2} + 2Q\dfrac{d^2\xi}{dzdx} + 2P\dfrac{d^2\eta}{dydz} + Z = 0; \end{cases}$$

et

$$(68) \begin{cases} L\dfrac{d^2\xi}{dx^2} + R\dfrac{d^2\xi}{dy^2} + Q\dfrac{d^2\xi}{dz^2} + 2R\dfrac{d^2\eta}{dxdy} + 2Q\dfrac{d^2\zeta}{dzdx} + X = \dfrac{d^2\xi}{dt^2}, \\[2ex] R\dfrac{d^2\eta}{dx^2} + M\dfrac{d^2\eta}{dy^2} + P\dfrac{d^2\eta}{dz^2} + 2P\dfrac{d^2\zeta}{dydz} + 2R\dfrac{d^2\xi}{dxdy} + Y = \dfrac{d^2\eta}{dt^2}, \\[2ex] Q\dfrac{d^2\zeta}{dx^2} + P\dfrac{d^2\zeta}{dy^2} + N\dfrac{d^2\zeta}{dz^2} + 2Q\dfrac{d^2\xi}{dzdx} + 2P\dfrac{d^2\eta}{dydz} + Z = \dfrac{d^2\zeta}{dt^2}. \end{cases}$$

Ces dernières, ainsi que les formules (63) et (64), paraissent spécialement applicables à un corps solide qui offre trois axes d'élasticité rectangulaires entre eux. Quand l'élasticité redevient la même dans tous les sens, alors les conditions (42) et (45) étant remplies, les formules (67), (68) se réduisent aux suivantes :

$$(69) \begin{cases} R\left(3\dfrac{d^2\xi}{dx^2} + \dfrac{d^2\xi}{dy^2} + \dfrac{d^2\xi}{dz^2} + 2\dfrac{d^2\eta}{dxdy} + 2\dfrac{d^2\zeta}{dzdx}\right) + X = 0, \\[2ex] R\left(\dfrac{d^2\eta}{dx^2} + 3\dfrac{d^2\eta}{dy^2} + \dfrac{d^2\eta}{dz^2} + 2\dfrac{d^2\zeta}{dydz} + 2\dfrac{d^2\xi}{dxdy}\right) + Y = 0, \\[2ex] R\left(\dfrac{d^2\zeta}{dx^2} + \dfrac{d^2\zeta}{dy^2} + 3\dfrac{d^2\zeta}{dz^2} + 2\dfrac{d^2\xi}{dzdx} + 2\dfrac{d^2\eta}{dydz}\right) + Z = 0; \end{cases}$$

$$(70) \begin{cases} R\left(3\dfrac{d^2\xi}{dx^2} + \dfrac{d^2\xi}{dy^2} + \dfrac{d^2\xi}{dz^2} + 2\dfrac{d^2\eta}{dxdy} + 2\dfrac{d^2\zeta}{dzdx}\right) + X = \dfrac{d^2\xi}{dt^2}, \\[2ex] R\left(\dfrac{d^2\eta}{dx^2} + 3\dfrac{d^2\eta}{dy^2} + \dfrac{d^2\eta}{dz^2} + 2\dfrac{d^2\zeta}{dydz} + 2\dfrac{d^2\xi}{dxdy}\right) + Y = \dfrac{d^2\eta}{dt^2}, \\[2ex] R\left(\dfrac{d^2\zeta}{dx^2} + \dfrac{d^2\zeta}{dy^2} + 3\dfrac{d^2\zeta}{dz^2} + 2\dfrac{d^2\xi}{dzdx} + 2\dfrac{d^2\eta}{dydz}\right) + Z = \dfrac{d^2\zeta}{dt^2}; \end{cases}$$

c'est-à-dire à celles que M. Navier a données dans le Mémoire de 1821.

Nous observerons encore que, si l'on substitue dans les formules (2) et (25) des pages 161 et 166, les valeurs de A, B, C, D, E, F déterminées par les équations (52) et (55), en supposant la densité Δ constante, on obtiendra six nouvelles formules qui coïncideront, eu égard à la seconde des équations (54), avec les formules (72) et (75) de l'article précédent.

P. S. Pour établir les formules (15) [page 216] et celles qui s'en déduisent, on a supposé que les diverses molécules m, m, m',... m_i, m_2,... offraient des masses égales, et se trouvaient distribuées à très-peu près de la même manière autour de l'une quelconque d'entre elles. Ces suppositions paraissent exiger que la densité ρ varie très-peu d'un point à un autre; ce qui arrivera, par exemple, si la densité Δ, relative à l'état naturel, est une quantité constante, et si ρ diffère très-peu de Δ. Elles paraissent exiger encore que les différentes sommes indiquées par le signe S soient sensiblement constantes, c'est-à-dire indépendantes des coordonnées a, b, c, et que celles des mêmes sommes qui renferment un nombre impair de facteurs égaux aux quantités $\cos\alpha$, $\cos\beta$, $\cos\gamma$ s'évanouissent. Effectivement, lorsque ces conditions sont remplies, les valeurs de A, B, C, D, E, F trouvées dans cet article vérifient, comme on l'a vu, les formules (56), et par conséquent les formules (58) de l'article précédent.

Si les conditions dont il s'agit cessaient d'être vérifiées, les formules obtenues dans cet article pourraient ne plus s'accorder avec celles de l'article précédent, et alors elles devraient être rejetées. Ainsi les calculs que nous venons de faire peuvent devenir insuffisants pour l'établissement des véritables équations de l'équilibre ou du mouvement d'un système de molécules dans des cas auxquels les formules de l'article précédent seraient encore applicables.

SUR QUELQUES THÉORÊMES

RELATIFS A LA CONDENSATION

A LA DILATATION DES CORPS.

Considérons un corps solide ou fluide qui, venant à changer de forme par l'effet d'une cause quelconque, passe d'un premier état naturel ou artificiel à un second état distinct du premier. Rapportons d'ailleurs tous les points de l'espace à trois axes rectangulaires, et supposons que la molécule m, correspondante aux coordonnées x, y, z dans le second état du corps, soit précisément celle qui, dans le premier état, avait pour coordonnées les trois différences

$$x - \xi, \quad y - \eta, \quad z - \zeta.$$

Si l'on prend x, y, z pour variables indépendantes, ξ, η, ζ seront des fonctions de x, y, z qui serviront à mesurer les déplacements du point que l'on considère parallèlement aux axes coordonnés. De plus, si, dans le second état du corps, on désigne par

$$x + \Delta x, \quad y + \Delta y, \quad z + \Delta z$$

les coordonnées d'une molécule m' voisine de m, les coordonnées de m' relatives au premier état seront représentées par

$$x + \Delta x - \left(\xi + \frac{d\xi}{dx} \Delta x + \frac{d\xi}{dy} \Delta y + \frac{d\xi}{dz} \Delta z + \dots \right), \quad y + \Delta y - \left(\eta + \frac{d\eta}{dx} \Delta x + \frac{d\eta}{dy} \Delta y + \frac{d\eta}{dz} \Delta z + \dots \right),$$

$$z + \Delta z - \left(\zeta + \frac{d\zeta}{dx} \Delta x + \frac{d\zeta}{dy} \Delta y + \frac{d\zeta}{dz} \Delta z + \dots \right).$$

Cela posé, soient r_0 et r les rayons vecteurs menés de la molécule m à la molécule m' dans le premier et dans le second état du corps. Soient en outre

III.ᵉ ANNÉE. 31

(258)

$$x_0 , \quad \beta_0 , \quad \gamma_0 \qquad \text{et} \qquad \alpha , \quad \beta , \quad \gamma$$

les angles formés par les rayons vecteurs r_0, r avec les demi-axes des coordonnées positives; et faisons

$$(1) \qquad r = r_0(1 + \varepsilon).$$

ε servira de mesure à ce que nous avons nommé la condensation ou la dilatation *linéaire* du corps suivant la direction du rayon vecteur r [voyez le II.ᵉ volume, page 61]; et l'on aura

$$(2) \qquad r\cos\alpha = \Delta x , \qquad r\cos\beta = \Delta y , \qquad r\cos\gamma = \Delta z .$$

On trouvera pareillement, en considérant la quantité r comme infiniment petite, et négligeant les infiniment petits du second ordre,

$$(3) \quad \left\{ \begin{aligned}
r_0\cos\alpha_0 &= \Delta x - \left(\frac{d\xi}{dx} \Delta x + \frac{d\xi}{dy} \Delta y + \frac{d\xi}{dz} \Delta z \right) , \\[2mm]
r_0\cos\beta_0 &= \Delta y - \left(\frac{d\eta}{dx} \Delta x + \frac{d\eta}{dy} \Delta y + \frac{d\eta}{dz} \Delta z \right) , \\[2mm]
r_0\cos\gamma_0 &= \Delta z - \left(\frac{d\zeta}{dx} \Delta x + \frac{d\zeta}{dy} \Delta y + \frac{d\zeta}{dz} \Delta z \right) ;
\end{aligned} \right.$$

ou, ce qui revient au même,

$$(4) \quad \left\{ \begin{aligned}
r_0\cos\alpha_0 &= r \left(\cos\alpha - \frac{d\xi}{dx} \cos\alpha - \frac{d\xi}{dy} \cos\beta - \frac{d\xi}{dz} \cos\gamma \right) , \\[2mm]
r_0\cos\beta_0 &= r \left(\cos\beta - \frac{d\eta}{dx} \cos\alpha - \frac{d\eta}{dy} \cos\beta - \frac{d\eta}{dz} \cos\gamma \right) , \\[2mm]
r_0\cos\gamma_0 &= r \left(\cos\gamma - \frac{d\zeta}{dx} \cos\alpha - \frac{d\zeta}{dy} \cos\beta - \frac{d\zeta}{dz} \cos\gamma \right) ;
\end{aligned} \right.$$

puis on tirera des équations (4) combinées avec la formule (1)

$$(5) \qquad \left(\frac{1}{1+\varepsilon}\right)^2 = \left(\frac{r_0}{r}\right)^2 = \left(\cos\alpha - \frac{d\xi}{dx}\cos\alpha - \frac{d\xi}{dy}\cos\beta - \frac{d\xi}{dz}\cos\gamma\right)^2$$

$$+ \left(\cos\beta - \frac{d\eta}{dx}\cos\alpha - \frac{d\eta}{dy}\cos\beta - \frac{d\eta}{dz}\cos\gamma\right)^2$$

$$+ \left(\cos\gamma - \frac{d\zeta}{dx}\cos\alpha - \frac{d\zeta}{dy}\cos\beta - \frac{d\zeta}{dz}\cos\gamma\right)^2.$$

Donc, si l'on fait pour abréger, comme à la page 62 du second volume,

$$(6) \quad \begin{cases} A = \left(\dfrac{d\xi}{dx} - 1\right)^2 + \left(\dfrac{d\eta}{dx}\right)^2 + \left(\dfrac{d\zeta}{dx}\right)^2, \\[2mm] B = \left(\dfrac{d\xi}{dy}\right)^2 + \left(\dfrac{d\eta}{dy} - 1\right)^2 + \left(\dfrac{d\zeta}{dy}\right)^2, \\[2mm] C = \left(\dfrac{d\xi}{dz}\right)^2 + \left(\dfrac{d\eta}{dz}\right)^2 + \left(\dfrac{d\zeta}{dz} - 1\right)^2, \end{cases}$$

$$(7) \quad \begin{cases} D = \dfrac{d\xi}{dy}\dfrac{d\xi}{dz} + \left(\dfrac{d\eta}{dy} - 1\right)\dfrac{d\eta}{dz} + \dfrac{d\zeta}{dy}\left(\dfrac{d\zeta}{dz} - 1\right), \\[2mm] E = \dfrac{d\xi}{dz}\left(\dfrac{d\xi}{dx} - 1\right) + \dfrac{d\eta}{dz}\dfrac{d\eta}{dx} + \left(\dfrac{d\zeta}{dz} - 1\right)\dfrac{d\zeta}{dx}, \\[2mm] F = \left(\dfrac{d\xi}{dx} - 1\right)\dfrac{d\xi}{dy} + \dfrac{d\eta}{dx}\left(\dfrac{d\eta}{dy} - 1\right) + \dfrac{d\zeta}{dx}\dfrac{d\zeta}{dy}, \end{cases}$$

on aura simplement

$$(8) \qquad \left(\frac{1}{1+\varepsilon}\right)^2 = A\cos^2\alpha + B\cos^2\beta + C\cos^2\gamma + 2D\cos\beta\cos\gamma + 2E\cos\gamma\cos\alpha + 2F\cos\alpha\cos\beta$$

Les équations (5) et (8), qui coïncident l'une et l'autre avec la formule 12 de la page 165, fournissent le moyen d'exprimer la condensation ou dilatation linéaire mesurée par ε en fonction des angles α, β, γ. Ajoutons que, si, à partir de la molécule m, on porte sur la direction du rayon vecteur r une longueur équivalente à $1 + \varepsilon$, on aura, en désignant par

$$x + \mathrm{x}, \qquad y + \mathrm{y}, \qquad z + \mathrm{z}$$

les coordonnées de l'extrémité de cette longueur

$$(9) \qquad \frac{x}{\cos\alpha} = \frac{y}{\cos\beta} = \frac{z}{\cos\gamma} = \pm (1 + \varepsilon) ;$$

et qu'en conséquence la formule (8) donnera

$$(10) \qquad Ax^2 + By^2 + Cz^2 + 2Dyz + 2Ezx + 2Fxy = 1.$$

Donc l'extrémité de la longueur $1 + \varepsilon$ sera située sur la surface de l'ellipsoïde représenté par l'équation (10). Enfin, si par cette extrémité on mène une normale à l'ellipsoïde, les angles λ, μ, ν compris entre cette normale et les demi-axes des coordonnées positives seront déterminés par la formule

$$(11) \qquad \frac{\cos\lambda}{A\cos\alpha + F\cos\beta + E\cos\gamma} = \frac{\cos\mu}{F\cos\alpha + B\cos\beta + D\cos\gamma} = \frac{\cos\nu}{E\cos\alpha + D\cos\beta + C\cos\gamma}.$$

Lorsque le rayon vecteur r est dirigé suivant l'un des axes de l'ellipsoïde, la dilatation ou condensation mesurée par ε se réduit à l'une de celles que nous avons nommées condensations ou dilatations principales : et, comme, dans ce cas, la normale se confond elle-même avec le rayon r, on tire de la formule (11), en y remplaçant λ par α, μ par β, et ν par γ,

$$(12) \qquad \frac{A\cos\alpha + F\cos\beta + E\cos\gamma}{\cos\alpha} = \frac{F\cos\alpha + B\cos\beta + D\cos\gamma}{\cos\beta} = \frac{E\cos\alpha + D\cos\beta + C\cos\gamma}{\cos\gamma}.$$

Observons encore qu'après avoir déduit ε de l'équation (8), on pourra, quelles que soient les valeurs de α, β, γ, déterminer les angles $\alpha_0, \beta_0, \gamma_0$, à l'aide des équations (4), ou, ce qui revient au même, à l'aide de la formule

$$(13) \quad \frac{\cos\alpha_0}{\cos\alpha - \frac{d\xi}{dx}\cos\alpha - \frac{d\xi}{dy}\cos\beta - \frac{d\xi}{dz}\cos\gamma} = \frac{\cos\beta_0}{\cos\beta - \frac{d\eta}{dx}\cos\alpha - \frac{d\eta}{dy}\cos\beta - \frac{d\eta}{dz}\cos\gamma}$$

$$= \frac{\cos\gamma_0}{\cos\gamma - \frac{d\zeta}{dx}\cos\alpha - \frac{d\zeta}{dy}\cos\beta - \frac{d\zeta}{dz}\cos\gamma} = 1 + \varepsilon.$$

Concevons maintenant que dans le premier état du corps on mène par la molécule m un plan perpendiculaire au rayon vecteur r_0, et soient $m_1, m_2,$ etc... des molécules choisies arbitrairement dans le plan dont il s'agit. Désignons d'ailleurs par

a_0 , b_0 , c_0 et par   a , b , c   les angles que le rayon vecteur mené de la molécule
m à la molécule m_1 forme dans le premier et dans le second état du corps avec les
demi-axes des coordonnées positives. On aura nécessairement

$$(14) \qquad \cos\alpha_0 \cos a_0 + \cos\beta_0 \cos b_0 + \cos\gamma_0 \cos c_0 = 0 .$$

De plus, les angles a_0 , b_0 , c_0 , a , b , c   devant être liés entre eux de la même
manière que les angles α_0 , β_0 , γ_0 , α , β , γ ,   on aura encore

$$(15) \quad \frac{\cos a_0}{\cos a - \frac{d\xi}{dx}\cos a - \frac{d\xi}{dy}\cos b - \frac{d\xi}{dz}\cos c} = \frac{\cos b_0}{\cos b - \frac{d\eta}{dx}\cos a - \frac{d\eta}{dy}\cos b - \frac{d\eta}{dz}\cos c}$$

$$= \frac{\cos c_0}{\cos c - \frac{d\zeta}{dx}\cos a - \frac{d\zeta}{dy}\cos b - \frac{d\zeta}{dz}\cos c} .$$

Or, si dans l'équation (14) on remplace les quantités

$$\cos\alpha_0 , \qquad \cos\beta_0 , \qquad \cos\gamma_0 ; \qquad \cos a_0 , \qquad \cos b_0 , \qquad \cos c_0$$

par les dénominateurs des fractions comprises dans les formules (15) et (15), on en
tirera, eu égard aux équations (6) et (7),

$$(16) \quad (A\cos\alpha + F\cos\beta + E\cos\gamma)\cos a + (F\cos\alpha + B\cos\beta + D\cos\gamma)\cos b + (E\cos\alpha + D\cos\beta + C\cos\gamma)\cos c = 0 ;$$

puis on conclura de cette dernière combinée avec la formule (11)

$$(17) \qquad \cos a \cos\lambda + \cos b \cos\mu + \cos c \cos\nu = 0 .$$

Donc, dans le nouvel état du corps, le rayon vecteur mené de la molécule m à la
molécule m_1 formera un angle droit avec la normale menée par l'extrémité de la longueur $1 + \varepsilon$ à l'ellipsoïde que représente l'équation (10), ou, en d'autres termes,
ce rayon vecteur sera parallèle au plan tangent à l'ellipsoïde; et, comme on pourra en
dire autant de tout rayon vecteur qui joindra la molécule m à l'une des molécules
m_1 , m_2 , ... il est clair qu'un plan unique, parallèle au plan tangent, renfermera
toutes ces molécules. D'ailleurs l'ellipsoïde représenté par l'équation (10) est semblable
à celui dans lequel se transforme une portion infiniment petite du corps comprise sous
une surface sphérique dont le centre coïncide avec la molécule m , tandis que le corps
se condense ou se dilate; et les axes des deux ellipsoïdes sont non-seulement proportionnels, mais encore dirigés suivant les mêmes droites, d'où il résulte que les plans tangents

menés à ces deux ellipsoïdes par des points situés sur un seul diamètre sont parallèles entre eux. On peut donc énoncer la proposition suivante.

1.er Théorème. *Supposons qu'un corps se condense ou se dilate par l'effet d'une cause quelconque. Concevons d'ailleurs que l'on construise, dans l'état primitif du corps, une sphère infiniment petite, qui ait pour centre la molécule m, et qui renferme en outre un grand nombre de molécules voisines, puis, dans le second état du corps, l'ellipsoïde dans lequel cette sphère s'est transformée. Les molécules primitivement situées près de la molécule m 1.° sur un diamètre de la sphère, 2.° dans un plan perpendiculaire à ce diamètre, se trouveront transportées, après le changement d'état du corps 1.° sur le diamètre de l'ellipsoïde correspondant au diamètre donné de la sphère, 2.° dans le plan diamétral parallèle aux plans tangents menés à l'ellipsoïde par les extrémités du nouveau diamètre.*

Au reste, pour établir directement le théorème qui précède, il suffit d'observer qu'après le changement d'état du corps, les molécules primitivement situées, près de la molécule m, dans un plan tangent à la sphère, doivent évidemment se trouver transportées dans le plan tangent à l'ellipsoïde, et que d'autre part des molécules très-voisines, primitivement comprises dans des plans parallèles, devront encore être, après le changement d'état, renfermées dans des plans de cette espèce.

Si la molécule m' est tellement choisie que, dans le second état du corps, le rayon vecteur r mené de m à m' coïncide avec un des axes de l'ellipsoïde, la dilatation ou condensation mesurée suivant le rayon vecteur r sera l'une des dilatations ou condensations principales, et dans le même cas, mais dans ce cas seulement, les molécules m_1, m_2, ... primitivement situées près de m sur le plan perpendiculaire à la droite qui joignait les points matériels m, m', se trouveront encore sur un plan perpendiculaire au rayon r. Il est aisé d'en conclure que des molécules primitivement comprises dans une surface normale à la droite qui joignait les points matériels m, m', jouiront de la même propriété dans le nouvel état du corps, si dans cet état le rayon vecteur mené de m à m' est l'un de ceux suivant lesquels se mesurent les condensations ou dilatations principales. On peut d'ailleurs considérer, dans les deux états du corps, la distance très-petite qui sépare les points m et m' comme l'élément d'une courbe qui couperait à angles droits la surface ci-dessus mentionnée; et l'on est ainsi conduit à la proposition suivante.

2.° Théorème. *Quand un corps se dilate ou se condense, pour que des molécules primitivement situées 1.° sur une certaine surface, 2.° sur une courbe normale à cette surface, se trouvent encore, après leur déplacement, sur une surface et sur une courbe qui se coupent à angles droits, il est nécessaire et il suffit que la tangente menée à la seconde courbe, par le point où celle-ci rencontre la seconde surface, offre l'une des directions suivant lesquelles se mesurent les dilatations ou condensations principales.*

Considérons maintenant un corps solide élastique dont la surface libre soit soumise en chacun de ses points à une pression normale, par exemple, à la pression atmosphérique; et supposons que, pour établir les équations d'équilibre ou de mouvement de ce corps, on ait recours aux principes ci-dessus développés [pages 167 et suiv.], où, ce qui revient au même, aux principes exposés dans le précédent article, en se bornant toutefois au cas où l'élasticité reste la même dans tous les sens. Alors, en chaque point du corps pris dans un état distinct de l'état naturel, trois directions désignées sous le nom de *principales* et perpendiculaires entre elles, correspondront en même temps aux trois pressions ou tensions principales et aux trois condensations ou dilatations principales. D'ailleurs, en un point quelconque de la surface libre, la pression extérieure, étant par hypothèse normale à cette surface, sera nécessairement une pression principale. Donc la condensation en dilatation linéaire mesurée très-près de cette surface et suivant une direction normale sera l'une des condensations ou dilatations principales. On arriverait encore évidemment à la même conclusion, si la pression extérieure supportée par la surface libre du corps élastique se réduisait à zéro. Cela posé, on déduira immédiatement du théorème 2 une nouvelle proposition dont voici l'énoncé.

3.ᵉ Théorème. *Si, l'élasticité d'un corps étant la même dans tous les sens, la surface libre de ce corps est soumise à une pression normale ou à une pression nulle, tandis que ce corps passera de l'état naturel à un nouvel état, une droite comprise entre deux molécules situées près de la surface libre, et primitivement normale à cette surface, ne cessera pas de la couper à angles droits.*

Concevons à présent que le corps élastique se réduise dans son état naturel à une plaque très-mince et comprise entre deux plans parallèles qui soient soumis à des pressions normales. Supposons de plus que, cette plaque venant à changer d'état, sa forme varie très-peu, et de manière que les déplacements des molécules soient très-petits. Les deux plans parallèles qui terminaient primitivement la plaque se transformeront en deux surfaces courbes dont les courbures principales seront très-petites en chaque point; et l'épaisseur de la plaque, mesurée après le changement d'état, sur l'une quelconque des droites normales à l'une de ces deux surfaces courbes, différera très-peu de l'épaisseur primitive, c'est-à-dire, de la distance qui séparait d'abord les deux plans ci-dessus mentionnés. Ajoutons qu'en vertu du troisième théorème les diverses molécules primitivement situées sur une perpendiculaire commune aux deux plans dont il s'agit se trouveront transportées sur un petit arc de courbe qui coupera ces deux surfaces courbes à angles droits. D'ailleurs ce petit arc de courbe se confondra sensiblement avec sa corde, et de telle sorte que, si l'on regarde l'épaisseur de la plaque comme une quantité infiniment petite du premier ordre, la distance entre l'arc et la corde sera infiniment petite du second ordre. Il y a plus : on pourra en dire autant d'un élément de l'arc en question et de la corde de cet élément; d'où il suit que cette dernière corde prolongée sera sensiblement normale aux deux surfaces courbes. On pourra donc énoncer encore le théorème suivant.

4.º Théorème. *Si une plaque élastique très-mince et primitivement comprise entre deux plans parallèles, se condense ou se dilate, mais de manière que sa forme varie très-peu, deux molécules primitivement situées sur une perpendiculaire commune aux deux plans se trouveront, après le changement de forme de la plaque, sur une droite sensiblement normale aux deux surfaces qui remplaceront ces mêmes plans.*

Si l'on supposait la plaque élastique primitivement comprise, non entre deux plans parallèles, mais entre deux surfaces courbes séparées l'une de l'autre par une distance très-petite et constante dans toute l'étendue de la plaque, alors, en raisonnant toujours de la même manière, on obtiendrait, au lieu du 4.º théorème, la proposition suivante.

5.º Théorème. *Si une plaque élastique, primitivement courbe, mais très-mince et d'une épaisseur constante, se dilate ou se condense de manière que sa forme varie très-peu, deux molécules primitivement situées sur une droite sensiblement normale aux deux surfaces qui terminaient la plaque, se trouveront encore, après le changement de forme de ces deux surfaces, sur une droite qui pourra être considérée comme perpendiculaire à l'une et à l'autre.*

En terminant cet article, nous ferons observer que, si un corps subit à différentes époques des changements de forme quelconques, la dilatation ou condensation définitive d'un volume très-petit, qui renfermerait néanmoins avec la molécule m un grand nombre de molécules voisines, se déduira sans peine des dilatations ou condensations successivement éprouvées par ce volume aux époques dont il s'agit. En effet, soient v_1, v_2, ... les quantités propres à mesurer ces dernières dilatations ou condensations, en sorte que le volume en question varie à une première époque dans le rapport de 1 à $1 + v_1$, à une seconde époque de 1 à $1 + v_2$, etc.... Le même volume aura définitivement varié dans le rapport de l'unité au produit $(1 + v_1)(1 + v_2)$.... Donc si l'on nomme v la quantité propre à mesurer la dilatation ou condensation définitive de ce volume, on aura

$$(18) \qquad 1 + v = (1 + v_1)(1 + v_2)\dots$$

Si les changements de forme successivement éprouvés par le corps sont peu considérables, alors v_1, v_2, ... v seront des quantités très-petites, et la formule (18) donnera sensiblement

$$(19) \qquad v = v_1 + v_2 + \text{etc.}\dots$$

L'équation (19) comprend un théorème dont voici l'énoncé.

6.º Théorème. *Si un corps subit à différentes époques des changements de forme très-peu sensibles, la dilatation ou condensation définitive qu'éprouvera le volume d'un des éléments de ce corps sera la somme des dilatations ou condensations successivement éprouvées par le même volume.*

SUR L'ÉQUILIBRE ET LE MOUVEMENT

D'UNE LAME SOLIDE.

§ 1.er *Considérations générales.*

Considérons une plaque solide qui offre dans l'état naturel une épaisseur très-petite, et qui se trouve alors comprise entre deux surfaces cylindriques très-voisines l'une de l'autre. Supposons en outre que cette plaque s'étende indéfiniment dans le sens de sa longueur, c'est-à-dire, dans la direction des génératrices des deux cylindres, mais qu'elle soit terminée, dans le sens de sa largeur, par deux plans parallèles à ces génératrices. Un élément de la plaque, renfermé entre deux plans très-voisins et perpendiculaires aux génératrices dont il s'agit, sera ce que nous nommerons une lame solide; et par suite la longueur de cette lame coïncidera précisément avec la largeur de la plaque. Concevons maintenant que la plaque, et les lames solides dont elle se compose, viennent à changer de forme, mais de manière que les surfaces qui la terminent ne cessent pas d'être cylindriques, et que des molécules, primitivement situées sur une parallèle aux génératrices des deux cylindres, satisfassent encore à la même condition après leur déplacement. Supposons d'ailleurs que, dans le nouvel état de la plaque, on applique aux molécules qui la constituent des forces accélératrices données, et aux surfaces cylindriques qui la terminent des pressions extérieures normales à ces surfaces. Enfin admettons que, les forces accélératrices étant dirigées comme les pressions dans des plans perpendiculaires aux génératrices des deux cylindres, les directions et les intensités de ces forces et pressions, ainsi que la nature et la densité de la plaque, soient les mêmes pour tous les points situés sur une parallèle à ces génératrices. Les équations d'équilibre ou de mouvement de la plaque, qui seront en même temps celles de chacune des lames qui la composent, coïncideront évidemment avec les équations d'équilibre ou de mouvement de la section faite dans la plaque par un plan perpendiculaire aux génératrices des cylindres. Donc, pour déduire ces équations des formules qui expriment généralement les lois de l'équilibre ou du mouvement d'un corps solide, c'est-à-dire, des formules (2) ou (25) des pages 161 ou 166, il suffira de faire abstraction de l'une de trois dimensions de ce corps. Cela posé, rapportons tous les points de l'espace à trois axes rectangulaires des x, y, z, et prenons pour axe des z une droite parallèle aux génératrices des surfaces cylindriques qui terminent la plaque. Soient d'ailleurs, dans l'état d'équilibre ou de mouvement de cette plaque,

m une molécule comprise dans le plan des x , y ,

x , y les coordonnées de cette molécule,

ς la densité de la plaque au point (x, y) ,

ς la force accélératrice appliquée à la molécule m ,

X , Y les projections algébriques de la force φ sur les axes des x et y ,

p' , p'' les pressions ou tensions exercées au point (x, y) contre des plans perpendiculaires à l'axe des x et à l'axe des y ,

A , F les projections algébriques de la pression ou tension p' sur les axes des x et y ,

F , B les projections algébriques de la pression ou tension p'' sur les mêmes axes. On trouvera, s'il y a équilibre,

$$(1) \qquad \frac{dA}{dx} + \frac{dF}{dy} + \rho X = 0 , \qquad \frac{dF}{dx} + \frac{dB}{dy} + \rho Y = 0 .$$

Si, au contraire, la plaque se meut, alors, en désignant par ψ la force accélératrice qui serait capable de produire le mouvement effectif de la molécule m , et par $\mathfrak{X}$ $\mathfrak{Y}$ les projections algébriques de cette force sur les axes coordonnés, on trouvera

$$(2) \qquad \frac{dA}{dx} + \frac{dF}{dy} + \rho (X - \mathfrak{X}) = 0 , \qquad \frac{dF}{dx} + \frac{dB}{dy} + \rho (Y - \mathfrak{Y}) = 0 .$$

Dans l'un et l'autre cas, si l'on nomme

α , β les angles compris entre les demi-axes des coordonnées positives et un autre demi-axe OO' mené arbitrairement par le point (x, y) ,

p la pression ou tension exercée au point (x, y) contre le plan perpendiculaire à ce demi-axe et du côté qui le regarde,

λ , μ les angles formés par la force p avec les demi-axes des x et y positives, on aura, en vertu des formules (3) de la page 161,

$$(3) \qquad p \cos\lambda = A \cos\alpha + F \cos\beta , \qquad p \cos\mu = F \cos\alpha + A \cos\beta .$$

Enfin, si l'on suppose le point (x, y) situé sur l'une des surfaces cylindriques qui terminent la plaque, et si l'on fait coïncider le demi-axe OO' avec la normale à cette surface, les valeurs précédentes de $p \cos\lambda$, $p \cos\mu$ devront se confondre, au signe près, avec les projections algébriques de la pression extérieure appliquée à cette surface dans une direction normale. Donc, si l'on désigne alors par P la pression extérieure correspondante au point (x, y) , on aura encore

(4)
$$A\cos\alpha + F\cos\beta = -P\cos\alpha, \qquad F\cos\alpha + B\cos\beta = -P\cos\beta.$$

On ne doit pas oublier que ces dernières formules subsistent seulement pour les points situés sur les surfaces cylindriques ci-dessus mentionnées.

Il reste à faire voir comment des équations (1), (2) et (4) on peut déduire celles qui déterminent à un instant quelconque, dans l'état d'équilibre ou de mouvement, la forme de la plaque ou plutôt de la section faite par le plan des x, y, et en particulier les divers changements de forme de la ligne qui, étant comprise dans ce même plan, divisait primitivement l'épaisseur de la plaque en deux parties égales. Toutefois, comme la détermination de cette ligne, que nous appellerons ligne moyenne, s'effectue de diverses manières, et entraîne des calculs plus ou moins étendus, suivant que l'on considère une lame élastique ou non élastique, naturellement plane ou naturellement courbe, d'une épaisseur constante ou d'une épaisseur variable, nous renverrons le développement de ces calculs aux paragraphes suivants.

---

§ 2. *Équations d'équilibre ou de mouvement d'une lame naturellement droite et d'une épaisseur constante.*

Concevons que, dans l'état naturel de la plaque ci-dessus mentionnée, les deux surfaces cylindriques qui la terminent se réduisent à deux plans parallèles, séparés l'un de l'autre par une très-petite distance. Chacune des lames qui composeront cette plaque sera ce qu'on peut appeler une lame naturellement droite et d'une épaisseur constante. Cela posé, représentons par $2h$ l'épaisseur naturelle de la plaque, et prenons pour plan des x, y celui qui divisait primitivement cette épaisseur en deux parties égales. Supposons d'ailleurs que, dans le passage de l'état naturel à l'état de mouvement, les déplacements des molécules soient très-petits. La ligne moyenne de la section faite par le plan des x, y, après avoir coïncidé dans l'état naturel avec l'axe des x, deviendra, en vertu du changement de forme de la plaque, une courbe plane, mais dont l'ordonnée sera très-petite. Désignons par $f(x)$ cette ordonnée. Soit de plus r la différence entre l'ordonnée y d'une molécule quelconque m correspondante à l'abscisse x et l'ordonnée $f(x)$ de la ligne moyenne, en sorte qu'on ait généralement

(5)
$$y = f(x) + r.$$

Soient enfin

(6)
$$x - \xi, \qquad y - z,$$

les coordonnées primitives de la molécule m qui, dans l'état d'équilibre ou de mouvement, coïncide avec le point (x,y). ξ, η seront des fonctions de x, y qui serviront à mesurer les déplacements de cette molécule parallèlement aux axes; et, si l'on considère ces déplacements comme infiniment petits du premier ordre, la fonction $f(x)$ sera encore une quantité infiniment petite, ainsi que sa dérivée $f'(x)$. Il est aisé d'en conclure que, si l'on veut prendre pour variables indépendantes x et r au lieu de x et y, il suffira d'écrire, dans les formules (1) et (2), la lettre r à la place de la lettre y. Soient effectivement, dans le cas où l'on regarde x, y comme variables indépendantes,

$$(7) \qquad A = F(x,y),$$

$$(8) \qquad \frac{dA}{dx} = \Phi(x,y), \qquad \frac{dA}{dy} = \mathrm{X}(x,y).$$

On tirera des formules (5) et (7), en regardant x et r comme variables indépendantes,

$$(9) \qquad \frac{dy}{dx} = f'(x), \qquad \frac{dy}{dr} = 1,$$

et

$$(10) \qquad \frac{dA}{dx} = \Phi(x,y) + \mathrm{X}(x,y)\frac{dy}{dx}, \qquad \frac{dA}{dr} = \mathrm{X}(x,y)\frac{dy}{dr},$$

ou, ce qui revient au même,

$$(11) \qquad \frac{dA}{dx} = \Phi(x,y) + \mathrm{X}(x,y)f'(x), \qquad \frac{dA}{dr} = \mathrm{X}(x,y).$$

Donc, en négligeant vis-à-vis de $\Phi(x,y)$ le terme $\mathrm{X}(x,y)f'(x)$ qui est infiniment petit, on aura simplement

$$(12) \qquad \frac{dA}{dx} = \Phi(x,y), \qquad \frac{dA}{dr} = \mathrm{X}(x,y).$$

Or, de ces dernières équations, comparées aux formules (8), il résulte que, si l'on prend pour variables indépendantes x et r au lieu de x et y, on devra aux dérivées partielles

$$\frac{dA}{dx}, \qquad \frac{dA}{dy}$$

substituer les suivantes

$$\frac{dA}{dx} \, , \qquad \frac{dA}{dr} \, .$$

Cette conclusion demeurant exacte, tandis que l'on remplace la lettre A par la lettre B ou par la lettre F, on tirera des équations (1) et (2) 1.°, en supposant que la plaque soit en équilibre,

$$(13) \qquad \frac{dA}{dx} + \frac{dF}{dr} + \rho X = 0 \, , \qquad \frac{dF}{dx} + \frac{dB}{dr} + \rho Y = 0 \, ,$$

2.° en supposant que la plaque se meuve,

$$(14) \qquad \frac{dA}{dx} + \frac{dF}{dr} + \rho (X - \mathcal{X}) = 0 \, , \qquad \frac{dF}{dx} + \frac{dB}{dr} + \rho (Y - \mathcal{Y}) = 0 \, ,$$

Ajoutons que les formules (28) de la page 166, qui fournissent des valeurs très-approchées de $\mathcal{X}$, $\mathcal{Y}$ dans le cas où l'on considère x et y comme variables indépendantes, subsisteront encore à très-peu près, quand on regardera comme indépendantes les variables x et r. Donc aux équations (14) on pourra substituer celles-ci

$$(15) \qquad \frac{dA}{dx} + \frac{dF}{dr} + \rho X = \rho \frac{d^2 \xi}{dt^2} \, , \qquad \frac{dF}{dx} + \frac{dB}{dr} + \rho Y = \rho \frac{d^2 \eta}{dt^2} \, .$$

Quant aux formules (4), il résulte des suppositions admises qu'elles donneront à très-peu près pour $r = -h$ et pour $r = h$

$$(16) \qquad\qquad F = 0 \, , \qquad B = -P \, .$$

En effet, dans l'état naturel de la plaque, la section faite par le plan des x, y était renfermée entre deux droites parallèles à l'axe des x, et représentées par les équations

$$(17) \qquad\qquad y = -h \, , \qquad y = h \, .$$

Or les deux courbes, dans lesquelles ces deux droites se transforment en vertu des déplacements infiniment petits des molécules, diffèrent très-peu de ces mêmes droites. Donc, si l'on désigne par α, β les angles que forme la normale à l'une de ces courbes avec les demi-axes des x et y positives, on aura sensiblement, c'est-à-dire, en négligeant des quantités infiniment petites,

$$(18) \qquad\qquad \cos\alpha = 0 \, , \qquad \cos\beta = 1 \, .$$

D'ailleurs les angles dont il s'agit sont évidemment ceux que comprennent les formules (4), et qui déterminent la direction de la normale à l'une des surfaces cylindriques entre lesquelles la plaque se trouve définitivement renfermée. Donc les formules (4), qui subsistent pour tous les points de chacune de ces surfaces, se réduiront sensiblement aux équations (16). Enfin, comme une droite primitivement perpendiculaire à l'axe des x, et propre à mesurer la demi-épaisseur de la plaque dans l'état naturel, changera très-peu de longueur et de direction, en vertu des déplacements infiniment petits des molécules, il est clair que, dans l'état d'équilibre ou de mouvement, $-h$ et $+h$ seront à très-peu près les valeurs de r correspondantes aux deux courbes qui remplaceront les lignes primitivement représentées par les équations (17).

Concevons maintenant que, dans les équations (13), (15) et (16), on développe les quantités

$$A, \quad F, \quad B, \quad X, \quad Y, \quad \xi, \quad \eta,$$

considérées comme fonctions de x et de r, suivant les puissances ascendantes de la variable r; et soient en conséquence

$$(19) \qquad A = A_0 + A_1 r + A_2 \frac{r^2}{2} + \text{etc.} \ldots,$$

$$(20) \quad F = F_0 + F_1 r + F_2 \frac{r^2}{2} + F_3 \frac{r^3}{2.3} + \text{etc.}, \quad B = B_0 + B_1 r + B_2 \frac{r^2}{2} + B_3 \frac{r^3}{2.3} + \text{etc.},$$

$$(21) \quad X = X_0 + X_1 r + X_2 \frac{r^2}{2} + \text{etc.}, \qquad Y = Y_0 + Y_1 r + Y_2 \frac{r^2}{2} + \text{etc.},$$

$$(22) \quad \xi = \xi_0 + \xi_1 r + \xi_2 \frac{r^2}{2} + \text{etc.}, \qquad \eta = \eta_0 + \eta_1 r + \eta_2 \frac{r^2}{2} + \text{etc.},$$

$A_0, F_0, B_0, X_0, Y_0, \xi_0, \eta_0; A_1, F_1, B_1, X_1, Y_1, \xi_1, \eta_1;$ etc., désignant des fonctions de la seule variable x. Supposons d'ailleurs constantes la pression P et la densité Δ relative à l'état naturel de la plaque. La densité ρ, infiniment peu différente de Δ, pourra elle-même être regardée comme constante; et les formules (13), qui doivent subsister quel que soit r, donneront

$$(23) \qquad \frac{dA_0}{dx} + F_1 + \rho X_0 = 0, \qquad \frac{dA_1}{dx} + F_2 + \rho X_1 = 0, \qquad \text{etc.},$$

$$(24) \quad \frac{dF_0}{dx} + B_1 + \rho Y_0 = 0, \quad \frac{dF_1}{dx} + B_2 + \rho Y_1 = 0, \quad \frac{dF_2}{dx} + B_3 + \rho Y_2 = 0, \text{etc.};$$

tandis que l'on tirera des formules (15)

$$(25) \quad \frac{dA_0}{dx} + F_1 + \rho X_0 = \rho \frac{d^2\xi_0}{dt^2}, \qquad \frac{dA_1}{dx} + F_2 + \rho X_1 = \rho \frac{d^2\xi_1}{dt^2}, \qquad \text{etc.},$$

$$(26) \quad \frac{dF_0}{dx} + B_1 + \rho Y_0 = \rho \frac{d^2\eta_0}{dt^2}, \quad \frac{dF_1}{dx} + B_2 + \rho Y_1 = \rho \frac{d^2\eta_1}{dt^2}, \quad \frac{dF_2}{dx} + B_3 + \rho Y_2 = \rho \frac{d^2\eta_2}{dt^2}, \text{etc.}$$

Mais les formules (16), qui doivent être vérifiées seulement pour $r = -h$ et pour $r = h$, donneront

$$(27) \quad \begin{cases} F_0 + F_2 \dfrac{h^2}{2} + \text{etc.} = 0, \qquad F_1 + F_3 \dfrac{h^2}{6} + \text{etc.} = 0; \\[2ex] B_0 + B_2 \dfrac{h^2}{2} + \text{etc.} = -P, \quad B_1 + B_3 \dfrac{h^2}{6} + \text{etc.} = 0. \end{cases}$$

Il est important d'observer que, dans les formules précédentes,

$$A_0, \qquad F_0, \qquad B_0, \qquad \xi_0, \qquad \eta_0,$$

représentent les valeurs de

$$A, \qquad F, \qquad B, \qquad \xi, \qquad \eta$$

qui correspondent à une valeur nulle de r. Donc

$$A_0, \qquad F_0 \qquad \text{et} \qquad F_0, \qquad B_0$$

expriment les projections algébriques des pressions ou tensions exercées contre des plans perpendiculaires aux axes des x et y en un point de la ligne moyenne; et ξ_0, η_0 expriment les déplacements de ce point mesurés à partir de sa position primitive parallèlement aux mêmes axes. Or le second de ces déplacements ne sera évidemment autre chose que l'ordonnée de la ligne moyenne, en sorte qu'on aura identiquement

$$(28) \qquad \eta_0 = f(x).$$

Quant aux quantités

$$A_1, \quad F_1, \quad B_1, \quad \xi_1, \quad \eta_1; \quad A_2, \quad F_2, \quad B_2, \quad \xi_2, \quad \eta_2; \quad \text{etc.},$$

elles exprimeront les valeurs de

$$\frac{dA}{dr}\,,\quad \frac{dF}{dr}\,,\quad \frac{dB}{dr}\,,\quad \frac{d\xi}{dr}\,,\quad \frac{d\eta}{dr}\,;\qquad \frac{d^2A}{dr^2}\,,\quad \frac{d^2F}{dr^2}\,,\quad \frac{d^2B}{dr^2}\,,\quad \frac{d^2\xi}{dr^2}\,,\quad \frac{d^2\eta}{dr^2}\,;\ \text{etc.,}$$

correspondantes à $r = 0$. Enfin

$$(29)\qquad X_0\,,\ X_1\,,\ X_2\,,\ \text{etc...};\qquad Y_0\,,\ Y_1\,,\ Y_2\,,\ \text{etc...,}$$

représenteront ce que deviennent pour $r = 0$, les quantités

$$(30)\qquad X\,,\ \frac{dX}{dr}\,,\ \frac{d^2X}{dr^2}\,,\ \text{etc.}\,;\qquad Y\,,\ \frac{dY}{dr}\,,\ \frac{d^2Y}{dr^2}\,,\ \text{etc.}$$

D'ailleurs, si X, Y considérées comme fonctions des variables x, y sont continues par rapport à ces variables, les expressions (30) différeront très-peu des fonctions qu'indiquent les notations

$$(31)\qquad X\,,\ \frac{dX}{dy}\,,\ \frac{d^2X}{dy^2}\,,\ \text{etc.}\,;\qquad Y\,,\ \frac{dY}{dy}\,,\ \frac{d^2Y}{dy^2}\,,\ \text{etc.}\,,$$

dans le cas où l'on regarde x, y comme variables indépendantes. Donc, pour obtenir les valeurs très-approchées des quantités (29), il suffira de poser, dans les expressions (31), $r = 0$, ou à très-peu près $y = 0$. L'erreur commise alors, étant du même ordre que les déplacements ξ, η, . devra être considérée comme infiniment petite.

Il reste à montrer ce que deviennent les formules (23), (24), (25), (26) et (27), dans le cas où la quantité h est très-petite. Or, si l'on néglige dans une première approximation tous les termes qui ont pour facteur h^2, comme on devra le faire effectivement, si, h étant du même ordre que les déplacements ξ, η, on attribue au temps t une valeur peu considérable, on tirera des formules (27)

$$(32)\qquad F_0 = 0\,,\qquad B_0 = -P\,;\qquad F_1 = 0\,,\qquad B_1 = 0\,;$$

puis des formules (23) et (24)

$$(33)\qquad\qquad \frac{dA_0}{dv} + \rho X_0 = 0\,,\qquad Y_0 = 0\,,$$

tandis que les formules (25) et (26) donneront

$$(34)\qquad\qquad \frac{dA_0}{dx} + \rho X_0 = \rho\,\frac{d^2\xi_0}{dt^2}\,,\qquad Y_0 = \frac{d^2\eta_0}{dt^2}\,.$$

La première des formules (33) détermine, dans le cas d'équilibre, la valeur de la pression ou tension A_0. Quant à la seconde de ces formules, elle exprime qu'une lame naturellement droite, et d'une épaisseur constante, mais très-petite, ne peut rester en équilibre après un changement de forme presque insensible, à moins que les forces accélératrices appliquées aux diverses molécules ne soient dirigées à très-peu près dans le sens de la longueur de cette lame. C'est ce qu'il était facile de prévoir. Ajoutons que les formules (33), une fois admises, entraînent les formules (34) dont la seconde détermine, pour des valeurs peu considérables de t, l'ordonnée z_0 de la ligne moyenne, quand la plaque est en mouvement.

La pression A_0 n'est que le premier terme du développement de la pression A suivant les puissances ascendantes de r. Si l'on veut déterminer, dans le cas d'équilibre, le coefficient A_1 du second terme de ce même développement, il faudra recourir à une approximation nouvelle, en supposant que la quantité h, quoique fort petite, devienne très-supérieure aux valeurs numériques des déplacements ξ, r, et conserver, dans la première des formules (24), les termes proportionnels au carré de h. Si d'ailleurs on continue de négliger les puissances de h d'un degré supérieur au second, les formules (27) pourront être réduites aux suivantes :

$$(35) \quad F_0 = -\frac{h^2}{2}F_2 \; ; \quad B_0 = -P - \frac{h^2}{2}B_2 \; ; \quad F_1 = -\frac{h^2}{6}F_3 \; , \quad B_1 = -\frac{h^2}{6}B_3 \; .$$

Or on conclura de celles-ci combinées avec la seconde des équations (25) et avec les deux dernières des équations (24)

$$(36) \quad F_0 = \frac{h^2}{2}\left(\frac{dA_1}{dx} + \rho X_1\right) , \qquad B_0 = -P + \frac{h^2}{2}\rho Y_1 ,$$

$$(37) \quad B_1 = \frac{h^2}{6}\left\{ -\frac{d^2 A_1}{dx^2} + \rho\left(Y_2 - \frac{dX_1}{dx}\right)\right\} .$$

Par suite, la première des équations (24) donnera

$$(38) \quad \frac{h^2}{3}\frac{d^2 A_1}{dx^2} + \rho\left\{ Y_0 + \frac{h^2}{6}\left(Y_2 + 2\frac{dX_1}{dx}\right)\right\} = 0 ,$$

ou, ce qui revient au même,

$$(39) \quad \frac{d^2 A_1}{dx^2} + \rho\left(\frac{3Y_0}{h^2} + \frac{1}{2}Y_2 + \frac{dX_1}{dx}\right) = 0 .$$

Il est bon d'observer que, la quantité Y_0 devant être, dans le cas d'équilibre, très-petite et du même ordre que h^2, le rapport $\dfrac{3Y_0}{h^2}$ que renferme la formule (39), ne sera pas nécessairement très-considérable, comme on pourrait le croire au premier abord; et qu'en conséquence la fonction A_1, déterminée par cette formule, conservera généralement une valeur finie, comparable à celle de A_0. Comme d'autre part la variable r, comprise dans les équations (19), (20), etc., est une quantité du même ordre que h, tandis que les valeurs de F_1, B_1 fournies par les équations (55) sont proportionnelles au carré de h, on conclura des équations (19) et (20), 1.° en négligeant, dans le développement de A, les puissances de h supérieures à la première,

$$(40) \qquad A = A_0 + A_1 r,$$

2.° en négligeant, dans les développements de F et de B, les puissances de h supérieures à la seconde,

$$(41) \quad F = F_0 + F_2 \frac{r^2}{2} = F_0\left(1 - \frac{r^2}{h^2}\right), \quad B = B_0 + B_2 \frac{r^2}{2} = B_0\left(1 - \frac{r^2}{h^2}\right) - P\frac{r^2}{h^2},$$

ou, ce qui revient au même,

$$(42) \quad F = \frac{1}{2}\left(\frac{dA_1}{dx} + \rho X_1\right)(h^2 - r^2), \quad B = -P + \frac{1}{2}\rho Y_1(h^2 - r^2).$$

Ainsi, après avoir déterminé les fonctions A_0, A_1, à l'aide des deux équations

$$(43) \quad \frac{dA_0}{dx} + \rho X_0 = 0, \quad \frac{d^2A_1}{dx^2} + \rho\left(\frac{3Y_0}{h^2} + \frac{1}{2}Y_2 + \frac{dX_1}{dx}\right) = 0,$$

il suffira de recourir aux formules (40) et (42), pour obtenir les valeurs approchées des pressions A, F, E relatives à l'état d'équilibre.

Si de l'état d'équilibre on passe à l'état de mouvement, il faudra, dans les équations (42) et (43), remplacer les quantités

$$(44) \qquad X_0, \quad X_1; \quad Y_0, \quad Y_1, \quad Y_2,$$

par les différences

$$(45) \quad X_0 - \frac{d^2\xi_0}{dt^2}, \quad X_1 - \frac{d^2\xi_1}{dt^2}; \quad Y_0 - \frac{d^2\eta_0}{dt^2}, \quad Y_1 - \frac{d^2\eta_1}{dt^2}, \quad Y_2 - \frac{d^2\eta_2}{dt^2}.$$

On trouvera donc alors, en négligeant les termes proportionnels au carré de h,

$$(46)\quad
\begin{cases}
\dfrac{dA_0}{dx} + \rho X_0 = \rho\,\dfrac{d^2\xi_0}{dt^2}\,, \\[2ex]
\dfrac{d^2A_1}{dx^2} + \rho\left(\dfrac{5Y_0}{h^2} + \dfrac{1}{2}\,Y_2 + \dfrac{dX_1}{dx}\right) = \rho\left(\dfrac{5}{h^2}\,\dfrac{d^2\eta_0}{dt^2} + \dfrac{1}{2}\,\dfrac{d^2\eta_2}{dt^2} + \dfrac{d^2\xi_1}{dx\,dt^2}\right);
\end{cases}$$

et, en négligeant les termes proportionnels au cube de h,

$$(47)\quad F = \frac{1}{2}\left\{\frac{dA_1}{dx} + \rho\left(X_1 - \frac{d^2\xi_1}{dt^2}\right)\right\}(h^2-r^2),\quad B = -P + \frac{1}{2}\rho\left(Y_1 - \frac{d^2\eta_1}{dt^2}\right)(h^2-r^2).$$

Quant à la valeur approchée de A, elle continuera d'être déterminée par l'équation (40), l'erreur étant du même ordre que h^2.

Dans le cas particulier où la force accélératrice φ est supposée nulle, ses projections algébriques X, Y, et par suite les quantités X_0, X_1; Y_0, Y_1, Y_2 s'évanouissent. Donc alors les équations (46) et (47) se réduisent aux suivantes :

$$(48)\quad \frac{dA_0}{dx} = \rho\,\frac{d^2\xi_0}{dt^2}\,,\qquad \frac{d^2A_1}{dx^2} = \frac{5}{h^2}\rho\,\frac{d^2\left\{\eta_0 + \dfrac{h^2}{6}\left(\eta_2 + 2\dfrac{d\xi_1}{dx}\right)\right\}}{dt^2}\,,$$

$$(49)\quad F = \frac{1}{2}\left(\frac{dA_1}{dx} - \rho\,\frac{d^2\xi_1}{dt^2}\right)(h^2 - r^2),\qquad B = -P - \frac{1}{2}\rho\,\frac{d^2\eta_1}{dt^2}(h^2 - r^2).$$

Nous ajouterons ici une remarque importante. Si, après avoir divisé la plaque, prise dans l'état d'équilibre ou de mouvement, en lames solides, on désigne par l la largeur d'une de ces lames, la section faite dans cette lame par un plan perpendiculaire à l'axe des x, et correspondant à l'abscisse x, supportera une tension ou pression dont les projections algébriques sur les axes des x et y seront représentées à très-peu près par les produits

$$(50)\quad
\begin{cases}
l\displaystyle\int_{-h}^{h} A\,dr = l.\displaystyle\int_{-h}^{h}(A_0 + A_1 r)\,dr = 2A_0\,hl\,, \\[2ex]
l\displaystyle\int_{-h}^{h} F\,dr = l.\displaystyle\int_{-h}^{h} F_0\left(1 - \dfrac{r^2}{h^2}\right)dr = \dfrac{4}{3}\,F_0\,hl\,,
\end{cases}$$

et dont le point d'application aura pour ordonnée la valeur de y déterminée par la formule

$$(51) \qquad y = z_0 + \frac{l . \int_{-h}^{h} A r \, dr}{l . \int_{-h}^{h} A \, dr} = z_0 + \frac{h^2}{3} \frac{A_1}{A_0} .$$

Cela posé, le produit

$$(52) \qquad 2 A_0 h l (y - z_0) = \frac{2}{3} A_1 h^3 l$$

représentera, au signe près, le moment* de la pression ou tension ci-dessus mentionnée par rapport à l'axe qui, étant perpendiculaire au plan des x, y, renferme le point de la ligne moyenne correspondant à l'abscisse x. De plus, ce moment sera du même ordre que le produit $\frac{4}{3} F_0 h l$, qui représente la projection algébrique de la force sur l'axe des y, c'est-à-dire de l'ordre de h^3; puisque la quantité F_0 déterminée par l'une des formules

$$F_0 = \frac{h^2}{2} \left(\frac{d A_1}{d x} + \rho X_1 \right) , \qquad F_0 = \frac{h^2}{2} \left(\frac{d A_1}{d x} + \rho X_1 - \rho \frac{d^2 \xi_1}{d t^2} \right) ,$$

sera de l'ordre de h^2. Quant à la projection de la même force sur l'axe des x, elle sera de l'ordre de h seulement; d'où l'on peut conclure que la direction de cette force formera un très-petit angle avec l'axe des x.

Pour appliquer les diverses équations que nous venons d'établir à la détermination des changements de forme qu'éprouvent la plaque ou lame proposée, et la ligne moyenne de la section faite par le plan des x, y, il est nécessaire de tenir compte des relations qui existent entre les tensions ou pressions A, F, E et les déplacements ξ, η. Or ces relations dépendent de la nature de la plaque et de la matière dont elle est formée. Si l'on considère en particulier une lame élastique et homogène, dont l'élasticité soit la même dans tous les sens, alors, en adoptant les principes énoncés dans l'un des précédents articles [pages 177 et 178], et prenant x, y pour variables indépendantes, on aura, en vertu des formules (67) et (70) de la page 178,

$$(55) \qquad A = k \frac{d\xi}{dx} + K \upsilon , \qquad F = \frac{1}{2} \kappa \left(\frac{d\xi}{dy} + \frac{d\eta}{dx} \right) , \qquad B = k \frac{d\eta}{dy} + K \upsilon ,$$

---

* Ce qu'on appelle le moment d'une force par rapport à un axe n'est autre chose que le produit de cette force par la plus courte distance entre l'axe et la droite suivant laquelle elle agit.

k , K désignant deux quantités constantes, et υ la dilatation du volume donnée par l'équation

$$(54) \qquad \upsilon = \frac{d\xi}{dx} + \frac{d\eta}{dy} .$$

Par suite, si l'on fait, pour plus de commodité,

$$(55) \qquad k + K = \theta K ,$$

et si l'on prend pour variables indépendantes x et r, au lieu de x et y, on aura

$$(56) \qquad \frac{A}{K} = \theta \frac{d\xi}{dx} + \frac{d\eta}{dr} , \qquad \frac{F}{K} = \frac{\theta-1}{2}\left(\frac{d\xi}{dr} + \frac{d\eta}{dx}\right), \qquad \frac{B}{K} = \frac{d\xi}{dx} + \theta \frac{d\eta}{dr} .$$

Lorsque, dans les formules (56), on substitue aux fonctions A, F, E, ξ, η leurs développements ordonnés suivant les puissances ascendantes de la variable r, alors, en égalant entre eux les coefficients des puissances semblables de r, on trouve

$$(57) \qquad
\begin{cases}
\dfrac{A_0}{K} = \theta \dfrac{d\xi_0}{dx} + \eta_1 , & \dfrac{F_0}{K} = \dfrac{\theta-1}{2}\left(\dfrac{d\eta_0}{dx} + \xi_1\right), & \dfrac{B_0}{K} = \dfrac{d\xi_0}{dx} + \theta \eta_1 , \\[3mm]
\dfrac{A_1}{K} = \theta \dfrac{d\xi_1}{dx} + \eta_2 , & \dfrac{F_1}{K} = \dfrac{\theta-1}{2}\left(\dfrac{d\eta_1}{dx} + \xi_2\right), & \dfrac{B_1}{K} = \dfrac{d\xi_1}{dx} + \theta \eta_2 ;
\end{cases}$$

puis, en combinant les formules (57) avec les équations (52), on en conclut

$$(58) \qquad
\begin{cases}
\xi_1 = -\dfrac{d\eta_0}{dx} , & \eta_1 = -\dfrac{1}{\theta}\left(\dfrac{d\xi_0}{dx} + \dfrac{P}{K}\right), \\[3mm]
\xi_2 = -\dfrac{d\eta_1}{dx} = \dfrac{1}{\theta}\dfrac{d^2\xi_0}{dx^2} , & \eta_2 = -\dfrac{1}{\theta}\dfrac{d\xi_1}{dx} = \dfrac{1}{\theta}\dfrac{d^2\eta_0}{dx^2} .
\end{cases}$$

Les valeurs précédentes de ξ_1, η_1, ξ_2, η_2 sont exactes, aux quantités près de l'ordre de h^2. En substituant ces mêmes valeurs dans les deux premières des formules (57), on en tire

$$(59) \qquad A_0 = \left(\theta - \frac{1}{\theta}\right) K \frac{d\xi_0}{dx} - \frac{P}{\theta} , \qquad A_1 = -\left(\theta - \frac{1}{\theta}\right) K \frac{d^2\eta_0}{dx^2} .$$

Cela posé, les équations (43), qui sont relatives à l'équilibre d'une lame solide, donneront, pour une lame élastique,

$$(60) \qquad \Omega^2 \, \frac{d^2 \xi_0}{dx^2} + X_0 = 0,$$

$$(61) \qquad \Omega^2 \, \frac{d^4 \eta_0}{dx^4} = \frac{3}{h^2} \, Y_0 + \frac{1}{2} \, Y_2 + \frac{dX_1}{dx},$$

Ω désignant une constante positive déterminée par la formule

$$(62) \qquad \Omega^2 = \left(2 - \frac{1}{\theta} \right) \frac{K}{\rho} .$$

Observons d'ailleurs que, si, après avoir multiplié pour h^2 les deux membres de l'équation (61), on négligeait les termes proportionnels au carré de h , on se trouverait immédiatement ramené à la seconde des formules (55).

On pourrait douter, au premier abord, que les équations (60), (61), dans lesquelles ξ_0 , η_0 désignent de très-petites longueurs, fussent applicables à des cas où la force accélératrice φ ne serait pas elle-même très-petite. Mais, pour dissiper ce doute, il suffit d'observer que la quantité K et par suite le coefficient Ω^2 sont généralement très-considérables. Il en résulte que la valeur de $\frac{d^2 \xi_0}{dx^2}$, tirée de l'équation (60), sera peu différente de zéro et du même ordre que $\frac{\varphi}{\Omega^2}$. Ajoutons que l'on pourra encore en dire autant de la valeur de $\frac{d^4 \eta_0}{dx^4}$, si, comme nous l'avons supposé, Y_0 est une quantité très-petite du même ordre que h^2 . Quant à la quantité h^2 , il faudra, comme on l'a dit, qu'elle soit de beaucoup supérieure aux valeurs numériques des inconnues ξ_0 , η_0 , et par conséquent à la valeur numérique de $\frac{\varphi}{\Omega^2}$, afin que l'on puisse continuer d'omettre les termes proportionnels aux carrés de ces inconnues ou de leurs dérivées, tout en conservant les termes proportionnels au carré de h . Donc la force φ devra rester très-petite par rapport au produit $\Omega^2 h^2$. Mais il suffit, pour cela, que, le produit Ωh ayant une valeur très-considérable, φ conserve une valeur finie.

Les équations (60) et (61) sont les seules qui subsistent pour tous les points de la ligne moyenne dans une lame élastique, homogène, naturellement droite et en équilibre. Chacune d'elles détermine séparément l'une des deux inconnues ξ_0 , η_0 qui représentent, dans l'état d'équilibre, le déplacement d'un point de la ligne moyenne parallèlement à l'axe des x , et l'ordonnée de cette ligne. Ajoutons que, ces deux inconnues étant ainsi déterminées aux quantités près de l'ordre de h^2 , les valeurs de A , ξ , η se déduiront avec le même degré d'approximation, 1.º de l'équation (40) réunie aux formules (59), 2.º des formules (58) combinées avec les formules (22) ou plutôt avec les suivantes

$$(63) \qquad \xi = \xi_0 + \xi_1 r, \qquad \eta = \eta_0 + \eta_1 r.$$

On trouvera de cette manière, en ayant égard à la formule (62) ,

$$(64) \qquad \xi = \xi_0 - r \frac{d\eta_0}{dx} , \qquad \eta = \eta_0 - \frac{r}{\theta}\left(\frac{d\xi_0}{dx} + \frac{P}{K}\right) ,$$

et

$$(65) \qquad A = \rho\,\Omega^2\left(\frac{d\xi_0}{dx} - r\frac{d^2\eta_0}{dx^2}\right) - \frac{P}{\theta} .$$

Quant aux valeurs approchées de F et de B , elles seront données par les équations (42) et (59), ou, ce qui revient au même par les formules

$$(66) \qquad F = \frac{1}{2}\rho\left(X_1 - \Omega^2\frac{d^3\eta_0}{dx^3}\right)(h^2 - r^2) , \qquad B = -P + \frac{1}{2}\rho\,Y_1(h^2 - r^2) ,$$

et seront exactes aux quantités près de l'ordre de h^3.

Nous avons ici supposé que l'on commençait par déterminer, à l'aide des équations différentielles (60) et (61) les valeurs inconnues ξ_0, η_0. Mais, pour effectuer complètement cette détermination, il est nécessaire de fixer les valeurs des six constantes arbitraires que renferment les intégrales générales de ces équations différentielles. On y parviendra sans peine, si les extrémités de la lame élastique sont toutes deux fixes, ou l'une fixe et l'autre libre, en assujétissant les inconnues ξ_0, η_0 aux conditions nouvelles que nous allons indiquer.

Concevons que, dans l'état naturel de la lame élastique, les extrémités de la ligne moyenne coïncident avec l'origine et avec un point situé sur l'axe des x à la distance a de cette origine; en sorte que ces extrémités correspondent aux abscisses

$$x = 0 , \qquad x = a .$$

Supposons d'ailleurs la lame terminée dans le sens de sa longueur par deux plans perpendiculaires à la ligne moyenne. Enfin imaginons que les extrémités de cette lame deviennent fixes, ou plutôt que, les extrémités de la ligne moyenne étant fixes, les points renfermés dans les deux plans dont il s'agit soient assujétis de manière à n'en point sortir. Alors on aura, pour $x = 0$ et pour $x = a$, non-seulement

$$(67) \qquad \xi_0 = 0 , \qquad\qquad (68) \qquad \eta_0 = 0 ,$$

mais encore $\xi = 0$, quel que soit r, et par conséquent

$$(69) \qquad \frac{d\eta_0}{dx} = 0 .$$

Or les trois conditions qui précèdent, et qui doivent être vérifiées pour deux valeurs différentes de x, fournissent le moyen de déterminer les six constantes arbitraires que comportent les valeurs générales des inconnues ξ_0, η_0.

Supposons encore que la lame élastique offre une extrémité fixe, par exemple, celle qui correspond à $x = 0$, mais que l'autre extrémité correspondante à $x = a$ soit libre. Alors les conditions (67), (68), (69) devront être vérifiées pour la valeur zéro de x, qui correspond à l'extrémité fixe. De plus, si l'on considère un point (x, y) renfermé dans le plan mené par l'autre extrémité perpendiculairement à la ligne moyenne, les projections algébriques de la pression exercée en ce point contre le plan seront sensiblement équivalentes aux quantités A, F données par les équations (65) et (66). Donc, si ce plan est soumis à la pression extérieure et normale P, les valeurs de A et de F, tirées des équations (65) et (66), devront pour $x = a$ satisfaire, quel que soit r, aux deux formules

$$(70) \qquad A = -P, \qquad F = 0 ,$$

qui entraîneront les trois conditions

$$(71) \qquad \Omega^2 \frac{d\xi_0}{dx} = - \frac{\theta - 1}{\theta} \frac{P}{\rho} .$$

$$(72) \qquad \frac{d^2\eta_0}{dx^2} = 0 , \qquad \Omega^2 \frac{d^3\eta_0}{dx^3} = X_1 .$$

Or, à l'aide de ces conditions réunies aux formules (67), (68), (69), on pourra déterminer encore les deux constantes arbitraires que comporte l'intégrale de l'équation (60), et les quatre constantes arbitraires que comporte l'intégrale de l'équation (61).

Si les deux extrémités de la lame élastique devenaient libres, les conditions (71) et (72) devraient être vérifiées pour $x = a$ aussi bien que pour $x = 0$. Mais, après avoir déterminé, à l'aide des conditions relatives à $x = 0$, les constantes arbitraires introduites dans la valeur de ξ_0 par une première intégration, ou dans la valeur de η_0 par deux intégrations successives, il faudrait renoncer à déterminer les trois autres constantes arbitraires; et les conditions relatives à $x = a$ fourniraient seulement des relations qui devraient exister, dans le cas d'équilibre, entre les forces accélératrices et la pression P. Il était facile, au reste, de prévoir ces résultats, attendu qu'on ne trouble pas l'équilibre d'une lame élastique dont les extrémités sont libres, lorsqu'on la déplace très-peu, en faisant tourner cette lame sur elle-même, ou en transportant l'une de ses extrémités sur une droite parallèle soit à l'axe des x, soit à l'axe des y.

Si la lame élastique, ayant ses extrémités libres, se trouvait terminée dans le sens de sa longueur par deux plans perpendiculaires, non plus à la ligne moyenne, mais à deux droites comprises dans le plan des x, y, et qui, prolongées en dehors de la lame, formeroient avec les demi-axes des x et y positives, la première les angles α', β', la seconde les angles α'', β''; les valeurs de A, F et B, tirées des formules (65) et (66), devraient vérifier, pour $x = o$ et pour $x = a$, non plus les formules (70), mais celles que l'on déduit des équations (4), quand on y remplace successivement les angles α, β par α', β' et par α'', β''. On aurait donc alors, pour $x = o$,

$$(73) \qquad A\cos\alpha' + F\cos\beta' = -P\cos\alpha', \qquad F\cos\alpha' + B\cos\beta' = -P\cos\beta',$$

et pour $x = a$,

$$(74) \qquad A\cos\alpha'' + F\cos\beta'' = -P\cos\alpha'', \qquad F\cos\alpha'' + B\cos\beta'' = -P\cos\beta''.$$

D'ailleurs, la quantité F, qui est du même ordre que h^2, pouvant être négligée vis-à-vis de A, la première des formules (73) ou (74) se réduirait encore à

$$A = -P,$$

et entraînerait 1.° la condition (71), 2.° la première des conditions (72). Mais la seconde des conditions (72) se trouverait remplacée par celle que l'on déduit de la seconde des formules (73) ou (74), combinée avec les formules (66), c'est-à-dire, par l'une des deux suivantes :

$$(75) \qquad \Omega^2 \frac{d^3 \eta_0}{dx^3} = X_1 + Y_1 \frac{\cos\beta'}{\cos\alpha'},$$

$$(76) \qquad \Omega^2 \frac{d^3 \eta_0}{dx^3} = X_1 + Y_1 \frac{\cos\beta''}{\cos\alpha''}.$$

Il serait encore facile de voir ce qui arriverait, si l'un des plans qui terminent la lame élastique supportait une pression différente de F. Ainsi, par exemple, concevons que le plan correspondant à $x = o$ reste perpendiculaire à la ligne moyenne, et supporte en chaque point une pression normale désignée par $\mathcal{P}$. Alors il faudra substituer $\mathcal{P}$

à P, dans la première des formules (70), et en conséquence la formule (71) devra être remplacée par la suivante :

$$(77) \qquad \Omega^2 \frac{d\xi_0}{dx} = \frac{1}{\rho}\left(\frac{P}{0} - \mathscr{P}\right).$$

Il est essentiel de remarquer qu'en vertu des formules (59) et (62) la première des expressions (50) et l'expression (52) deviennent respectivement

$$(78) \qquad 2\left(\rho\,\Omega^2\,\frac{d\xi_0}{dx} - \frac{P}{0}\right)hl,$$

$$(79) \qquad -\frac{2}{3}\,\rho\,\Omega^2\,\frac{d^2\eta_0}{dx^2}\,h^3 l.$$

Donc les produits (78) et (79) représentent, dans une lame élastique dont la largeur est l, 1.° la projection algébrique sur l'axe des x de la pression ou tension supportée par un plan perpendiculaire à cet axe, 2.° le moment de cette pression ou tension par rapport à une droite qui, étant perpendiculaire au plan des x, y, renfermerait le point de la ligne moyenne correspondant à l'abscisse x. D'ailleurs, si l'on nomme ι le rayon de courbure de cette ligne, on aura

$$\frac{1}{\iota} = \pm\,\frac{\dfrac{d^2\eta_0}{dx^2}}{\left\{1 + \left(\dfrac{d\eta_0}{dx}\right)^2\right\}^{\frac{3}{2}}};$$

et l'on en conclura, en négligeant les infiniment petits du second ordre,

$$(80) \qquad \frac{1}{\iota} = \pm\,\frac{d^2\eta_0}{dx^2}.$$

Donc l'expression (79) pourra être réduite à

$$(81) \qquad \pm\,\frac{2}{3}\,\rho\,\Omega^2\,\frac{h^3 l}{\iota}.$$

Par conséquent le moment ci-dessus mentionné sera en raison directe de la largeur de la lame élastique, du cube de son épaisseur, et de la courbure $\dfrac{1}{\iota}$ de la ligne moyenne. Ainsi se trouve vérifiée l'hypothèse admise par Jacques Bernoulli dans la solution que ce géomètre a donnée du problême de la lame élastique. Mais on doit ajouter qu'il ne tenait aucun compte de la seconde des expressions (50), c'est-à-dire de la tension dirigée dans un sens perpendiculaire à la longueur de la lame élastique. Or cette tension, qui, à la vérité, est fort petite par rapport à celle qui se trouve dirigée suivant la longueur de la lame [voyez la page 256], reste néanmoins comparable au moment dont nous avons parlé; et cette circonstance, qui a une influence marquée sur les valeurs des coefficients que renferment les équations déduites de la théorie de Jacques Bernoulli, oblige, dans plusieurs cas, à modifier la forme même de ces équations.

Concevons à présent que la lame élastique vienne à se mouvoir. Alors, dans les équations (60) et (61), on devra remplacer les quantités (44) par les différences (45). Par suite les valeurs générales de ξ_0 et de η_0 devront satisfaire aux équations

$$(82) \qquad \Omega^2 \frac{d^2\xi_0}{dx^2} + X_0 = \frac{d^2\xi_0}{dt^2},$$

$$(83) \qquad \Omega^2 \frac{d^4\eta_0}{dx^4} + \frac{3}{h^2}\frac{d^2\eta_0}{dt^2} + \frac{1}{2}\frac{d^2\eta_2}{dt^2} + \frac{d^3\xi_1}{dx\,dt^2} = \frac{3}{h^2}Y_0 + \frac{1}{2}Y_2 + \frac{dA_1}{dx},$$

dont la dernière, combinée avec les formules (58), donnera

$$(84) \qquad \Omega^2 \frac{h^2}{3}\frac{d^4\eta_0}{dx^4} + \frac{d^2\left\{\eta_0 - \frac{h^2}{3}\left(1 - \frac{1}{2\theta}\right)\frac{d^2\eta_0}{dx^2}\right\}}{dt^2} = Y + \frac{h^2}{6}\left(Y_2 + 2\frac{dA_1}{dx}\right).$$

Si l'on fait d'ailleurs, pour abréger,

$$(85) \qquad \Omega^2 \frac{h^2}{3} = \Theta^2,$$

$$(86) \qquad \eta_0 - \frac{h^2}{3}\left(1 - \frac{1}{2\theta}\right)\frac{d^2\eta_0}{dx^2} = y,$$

et, si dans les produits

$$\Omega^2 \frac{h^2}{3}\frac{d^4\eta_0}{dx^4}, \qquad \frac{h^3}{3}\left(1 - \frac{1}{2\theta}\right)\frac{d^2\eta_0}{dx^2},$$

on néglige les termes de l'ordre de h^2, on tirera de la formule (84)

$$(87) \qquad \Theta^2 \frac{d^4y}{dx^4} + \frac{d^2y}{dt^2} = Y_0 + \frac{h^2}{6}\left(Y_2 + 2\frac{dX_1}{dx}\right),$$

et de la formule (86)

$$(88) \qquad \eta_0 = y + \frac{h^2}{3}\left(1 - \frac{1}{2\delta}\right)\frac{d^2 y}{dx^2} \,.$$

Les équations (82), (87) et (88) permettent de déterminer à une époque quelconque, pendant le mouvement de la lame élastique, les valeurs des inconnues ξ_0, η_0 dont la seconde représente l'ordonnée de la ligne moyenne. Ajoutons que cette ordonnée, étant très-peu différente de la fonction y, en vertu de la formule (88), pourra être substituée à y sans erreur sensible; en sorte qu'on aura encore à très peu près

$$(89) \qquad \Theta^2 \frac{d^4 \eta_0}{dx^4} + \frac{d^2 \eta_0}{dt^2} = Y_0 + \frac{h^2}{6}\left(Y_2 + 2\frac{dX_1}{dx}\right).$$

Outre les équations (82) et (89), qui subsistent, pendant le mouvement de la lame élastique, pour tous les points de la ligne moyenne, il en est d'autres qui sont relatives aux extrémités de cette ligne. Supposons que ces extrémités correspondent toujours aux abscisses $x = 0$, $x = a$, et que la lame soit terminée, dans le sens de sa longueur, par deux plans perpendiculaires à la ligne moyenne. Alors, si cette lame a ses deux extrémités libres, les inconnues ξ_0, η_0 devront vérifier, pour $x = 0$ et pour $x = a$, la condition (71) et la première des conditions (72). Quant à la seconde des conditions (69), elle devra être remplacée par la suivante :

$$(90) \qquad \Omega^2 \frac{d^3 \eta_0}{dx^3} = X_1 - \frac{d^2 \xi_1}{dt^2} \,,$$

de laquelle on tirera, en la combinant avec les formules (58), (89), et négligeant les termes qui auront pour facteur h^2 ou Θ^2,

$$(91) \qquad \Omega^2 \frac{d^3 \eta_0}{dx^3} = X_1 + \frac{dY_0}{dx} \,.$$

Si, au contraire, une des extrémités de la lame élastique, par exemple, l'extrémité qui coïncide avec l'origine, devient fixe, les inconnues ξ_0, η_0 vérifieront, pour $x = 0$, les conditions (67), (68) et (69). Enfin, si les deux extrémités deviennent fixes, ces mêmes conditions devront être remplies non-seulement pour $x = 0$, mais encore pour $x = a$. Ajoutons que, dans le cas où, les extrémités étant libres, les plans qui terminent la lame cessent d'être perpendiculaires à la ligne moyenne, on doit à la condition (91) substituer celle que l'on déduit de la formule (75) ou (76) quand on y remplace X_1 par

$$(92) \qquad X_1 + \frac{dY_0}{dx} \,.$$

et Y_1 par la différence

$$(93) \qquad Y_1 - \frac{d^2 n_1}{dt^2} = Y_1 + \frac{1}{\varrho}\frac{d^3 \xi_0}{dx\,dt^2} = Y_1 + \frac{1}{\varrho}\frac{dX_0}{dx} + \frac{\Omega^2}{\varrho}\frac{d^3 \xi_0}{dx^3}.$$

On a donc alors, pour $x = 0$,

$$(94) \qquad \Omega^2 \frac{d^3 n_0}{dx^3} = X_1 + \frac{dY_0}{dx} + \left(Y_1 + \frac{1}{\varrho}\frac{d^3 \xi_0}{dx\,dt^2}\right)\frac{\cos \beta'}{\cos \alpha'},$$

et, pour $x = a$,

$$(95) \qquad \Omega^2 \frac{d^3 n_0}{dx^3} = X_1 + \frac{dY_0}{dx} + \left(Y_1 + \frac{1}{\varrho}\frac{d^3 \xi_0}{dx\,dt^2}\right)\frac{\cos \beta''}{\cos \alpha''}.$$

Les diverses conditions que nous venons d'indiquer fournissent le moyen de déterminer les fonctions arbitraires que renferment les valeurs générales des inconnues ξ_0,
n_0 déduites des équations (82) et (89). Ces inconnues étant ainsi calculées, aux quantités près de l'ordre de h^2, les valeurs de A_0, A_1, ξ, n et A se déduiront,
avec le même degré d'approximation, des formules (59), (64), (65). Quant aux valeurs
approchées de F et de B, elles seront données, non plus par les équations (66),
mais par celles qu'on en tire, en substituant aux quantités X_1, Y_1, les expressions
(92), (93). Par conséquent on trouvera, en négligeant seulement les quantités de l'ordre
de h^3,

$$(96)\quad F = \frac{1}{2}\rho\left(X_1 + \frac{dY_0}{dx} - \Omega^2\frac{d^3 n_0}{dx^3}\right)(h^2 - r^2),\quad B = -P + \frac{1}{2}\rho\left(Y_1 + \frac{1}{\varrho}\frac{dX_0}{dx} + \frac{\Omega^2}{\varrho}\frac{d^3 n_0}{dx^2}\right)(h^2 - r^2).$$

Lorsque la force φ est constante et constamment parallèle à elle-même, ses projections algébriques X, Y se réduisent à des quantités constantes, et l'on a

$$X_0 = X,\quad X_1 = 0;\qquad Y_0 = Y,\quad Y_1 = 0,\quad Y_2 = 0.$$

Par suite, les équations (60), (61) qui sont relatives à l'état d'équilibre de la lame élastique, deviennent

$$(97) \qquad \Omega^2 \frac{d^2 \xi_0}{dx^2} + X = 0,$$

$$(98) \qquad \Theta^2 \frac{d^4 n_0}{dx^4} = Y,$$

et les équations (82), (89), qui sont relatives à l'état de mouvement, donnent

(266)

$$(99) \qquad \Omega^2 \frac{d^2\xi_0}{dx^2} + X = \frac{d^2\xi_0}{dt^2} \,,$$

$$(100) \qquad \Theta^2 \frac{d^4\eta_0}{dx^4} + \frac{d^2\eta_0}{dt^2} = Y \,.$$

Alors aussi les conditions (72), (75), (76), (91) se réduisent à

$$(101) \qquad \frac{d^2\eta_0}{dx^2} = 0 \,, \qquad \frac{d^3\eta_0}{dx^3} = 0 \,;$$

et les conditions (94), (95) aux deux suivantes :

$$(102) \qquad \Omega^2 \frac{d^3\eta_0}{dx^3} = \frac{1}{\theta} \frac{d^3\xi_0}{dx\,dt^2} \frac{\cos\beta'}{\cos\alpha'} \,,$$

$$(103) \qquad \Omega^2 \frac{d^3\eta_0}{dx^3} = \frac{1}{\theta} \frac{d^3\xi_0}{dx\,dt^2} \frac{\cos\beta''}{\cos\alpha''} \,.$$

Quant aux valeurs de ξ, η, A, elles seront toujours déterminées par les formules (64), (65). Mais les valeurs de F, E, déterminées par les formules (96), deviendront

$$(104) \quad F = -\frac{1}{2} \rho\Omega^2 \frac{d^3\eta_0}{dx^3} (h^2 - r^2) \,, \qquad B = -P + \frac{1}{2\theta} \rho\Omega^2 \frac{d^3\eta_0}{dx^3} (h^2 - r^2) \,.$$

Dans le cas particulier où la force accélératrice φ s'évanouit, les équations (99) et (100) deviennent

$$(105) \qquad \Omega^2 \frac{d^2\xi_0}{dx^2} = \frac{d^2\xi_0}{dt^2} \,,$$

$$(106) \qquad \Theta^2 \frac{d^4\eta_0}{dx^4} + \frac{d^2\eta_0}{dt^2} = 0 \,.$$

Au reste, pour établir en même temps l'équation (106) et les formules (101), il suffirait de recourir au principe adopté par Jacques Bernoulli, et ci-dessus rappelé, ainsi que nous l'avons fait dans notre premier Mémoire sur l'application du calcul des résidus aux questions de physique mathématique [pages 45 et 46].

Si l'on considère un corps élastique comme un système de molécules qui agissent l'une sur l'autre à de très-petites distances, alors, en supposant que l'élasticité reste la même dans tous les sens, et que les pressions supportées par la surface libre du corps dans l'état naturel se réduisent à zéro, on obtiendra, entre les constantes désignées par k et par K dans la formule (55), la relation

$$(107) \qquad k = 2K.$$

On aura donc par suite

$$(108) \qquad \theta = 3 \, ;$$

et, en faisant pour abréger

$$(109) \qquad \frac{K}{\rho} = R \, ,$$

on tirera de la formule (62)

$$(110) \qquad \Omega = 2 \, \frac{\sqrt{2R}}{\sqrt{3}} \, .$$

Dans la même hypothèse, la formule (71) deviendra

$$(111) \qquad \Omega^2 \frac{d\xi_0}{dx} = -\frac{2}{3} \frac{P}{\rho} \, .$$

tandis que les formules (102), (103) donneront

$$(112) \qquad \Omega^3 \frac{d^3\eta_0}{dx^3} = \frac{1}{3} \frac{d^3\xi_0}{dx\,dt^2} \frac{\cos\beta'}{\cos\alpha'} \, ,$$

$$(113) \qquad \Omega^3 \frac{d^3\eta_0}{dx^3} = \frac{1}{3} \frac{d^3\xi_0}{dx\,dt^2} \frac{\cos\beta''}{\cos\alpha''} \, ,$$

Il resterait à intégrer les diverses formules auxquelles nous sommes parvenus. Or cette intégration ne présente aucune difficulté, lorsqu'on a recours aux méthodes exposées dans le Mémoire sur l'application du calcul des résidus aux questions de physique mathématique. C'est, au reste, ce que nous montrerons plus en détail dans un autre article, nous bornant pour le moment aux observations suivantes.

Si la lame élastique, étant terminée par deux plans perpendiculaires à la ligne moyenne, a ses deux extrémités fixes et une vitesse initiale nulle en chaque point, la valeur de ξ_0 déterminée à l'aide des formules (105) et (67) sera semblable à l'ordonnée d'une corde un peu écartée de la position d'équilibre, c'est-à-dire à la valeur de z déduite des formules (94) et (95) du Mémoire déjà cité. Donc, en remplaçant, dans la formule (101) de ce Mémoire, z par ξ_0, et h par Ω, on trouvera

$$(114) \qquad \xi_0 = \frac{1}{a} \, S \cos \frac{n\pi \Omega t}{a} \, \sin \frac{n\pi x}{a} \int_0^a \sin \frac{n\pi \mu}{a} f(\mu) d\mu \, ,$$

le signe S s'étendant à toutes les valeurs entières positives ou négatives de n, et la fonction $f(x)$ désignant la valeur initiale de ξ_0. Dans le même cas, la valeur de n_0, déterminée à l'aide des formules (106), (68) et (69), sera ce que devient la valeur de z donnée par la formule (245) du Mémoire, quand on remplace la constante k par Θ. On aura donc

$$(115) \qquad n_0 =$$

$$\frac{4}{a} \, S \cos \Theta \, r^2 t \, \frac{(1 - e^{-ar}\cos ar)(e^{rx} - \cos rx - \sin rx) - e^{ar}\sin ar(e^{-rx} - \cos rx + \sin rx)}{(e^{ar} - e^{-ar})\cos ar - (e^{ar} + e^{-ar})\sin ar} \int_0^a e^{-r\mu} f(\mu) d\mu \, ,$$

r désignant une variable nouvelle, $f(x)$ la valeur initiale de n_0, et le signe S s'étendant à toutes les racines réelles positives de l'équation

$$(116) \qquad (e^{ar} + e^{-ar})\cos ar = 2 \, .$$

Si la lame élastique ayant ses deux extrémités libres, la pression P s'évanouit, la valeur de ξ_0, déterminée à l'aide de l'équation (105) et de la formule (71) ou plutôt de la suivante

$$(117) \qquad \frac{d\xi_0}{dx} = 0 \, ,$$

sera ce que devient la valeur de z donnée par l'équation (300) du Mémoire quand on réduit les coordonnées x, y, z à une seule, et que l'on remplace h par Ω. On aura donc alors

$$(118) \qquad \xi_0 = \frac{1}{a} \, S \cos \frac{n\pi \Omega t}{a} \, \cos \frac{n\pi x}{a} \int_0^a \cos \frac{n\pi \mu}{a} f(\mu) d\mu \, ,$$

le signe S s'étendant à toutes les valeurs entières positives ou négatives de n. Enfin si l'une des extrémités de la lame élastique est fixe et l'autre libre, la valeur de n_0, déterminée à l'aide de l'équation (106), des conditions (68), (69) qui devront être remplies pour $x = 0$, et des conditions (101) qui devront être remplies pour $x = a$, sera ce que devient la valeur de u donnée par la formule (249) du Mémoire, quand on substitue à la constante k la constante Θ. On aura donc

$$(119) \qquad n_0 =$$

$$\frac{4}{a} \, S \cos \Theta \, r^2 t \, \frac{(1 + e^{-ar}\cos ar)(e^{rx} - \cos rx - \sin rx) + e^{-ar}\sin ar(e^{-rx} - \cos rx + \sin rx)}{(e^{ar} - e^{-ar})\cos ar - (e^{ar} + e^{-ar})\sin ar} \int_0^a e^{-r\mu} f(\mu) d\mu \, ,$$

le signe S s'étendant à toutes les racines de l'équation

$$(120) \qquad (e^{ar} + e^{-ar})\cos ar + 2 = 0.$$

Lorsque la longueur a de la lame élastique devient infinie, les équations (114), (118) se réduisent l'une et l'autre à

$$(121) \qquad \xi_0 = \frac{f(x+\Omega t)+f(x-\Omega t)}{2}.$$

Par suite, si la valeur initiale $f(x)$ de l'inconnue ξ_0 est supposée sensiblement nulle dans tous les points distincts de l'origine des coordonnées, la valeur de la même inconnue au bout du temps t sera encore nulle à très-peu près pour tous les points dont les abscisses ne vérifieront pas une des deux formules

$$x = -\Omega t, \qquad x = \Omega t.$$

Il est aisé d'en conclure que le son se propagera dans la lame élastique proposée avec la vitesse

$$\Omega = 2 \frac{\sqrt{2R}}{\sqrt{3}}.$$

D'ailleurs, si l'on déduit des formules (70) de la page 235 la vitesse du son dans un corps solide élastique qui ne soit sollicité par aucune force motrice, on trouvera cette dernière vitesse égale à $\sqrt{3a}$. Donc les deux vitesses dont il s'agit sont entre elles dans le rapport de $\sqrt{8}$ à $\sqrt{9}$, ou, ce qui revient au même, dans le rapport de $2\sqrt{2}$ à 3. D'autre part, si l'on nomme T le temps d'une vibration longitudinale de la lame élastique, T sera évidemment la plus petite des valeurs positives de t pour lesquelles l'inconnue ξ_0, déterminée par la formule (114) ou (118), reprend sa valeur initiale, c'est-à-dire, la plus petite de celles qui vérifient, quel que soit n, la condition

$$\cos \frac{n\pi\Omega t}{a} = 1.$$

En d'autres termes, T sera la plus petite racine positive de l'équation

$$\cos \frac{\pi\Omega t}{a} = 1;$$

et l'on aura en conséquence

$$(122) \qquad T = \frac{2a}{\Omega}.$$

Donc, si l'on désigne par N le rapport $\frac{1}{T}$ ou le nombre des vibrations longitudinales exécutées pendant l'unité de temps par la lame élastique, on trouvera

$$(123) \qquad N = \frac{\Omega}{2a}.$$

Ce résultat était déjà connu.

Quant à la durée des vibrations transversales correspondantes au son le plus grave que la lame élastique puisse rendre, elle sera évidemment la plus petite des valeurs de t, pour lesquelles l'ordonnée n_0 reprend sa valeur initiale, quand on réduit le second membre de la formule (115) ou (119) à un seul terme, savoir à celui qui renferme la plus petite racine positive de l'équation (116) ou (120). Cette durée sera donc déterminée par la formule

$$\Theta r^2 t = 2\pi,$$

de laquelle on tire, en ayant égard à l'équation (85),

$$(124) \qquad \frac{1}{t} = \frac{\Theta r^2}{2\pi} = \frac{\Omega h r^2}{2\pi\sqrt{3}} = \frac{a^2 r^2}{\pi\sqrt{3}} \frac{h}{a} N.$$

D'ailleurs, si l'on fait pour abréger

$$4 a^4 r^4 = s,$$

les équations (116), (120), que l'on peut écrire comme il suit :

$$\frac{1}{4}\left(e^{ar(1+\sqrt{-1})} + e^{-ar(1+\sqrt{-1})} + e^{ar(1-\sqrt{-1})} + e^{-ar(1-\sqrt{-1})} \right) = 1 ,$$

$$\frac{1}{4}\left(e^{ar(1+\sqrt{-1})} + e^{-ar(1+\sqrt{-1})} + e^{ar(1-\sqrt{-1})} + e^{-ar(1-\sqrt{-1})} \right) = -1 ,$$

deviendront simplement

$$1 - \frac{s}{5.6.7.8} + \frac{s^2}{5.6.7.8.9.10.11.12} - \text{etc.} = 0 ,$$

$$2 - \frac{s}{1.2.3.4} + \frac{s^2}{1.2.3.4.5.6.7.8} - \text{etc.} = 0 ,$$

et les plus petites valeurs positives de s propres à les vérifier seront

$$s = 5.6.7.8 \times 1{,}1918186\ldots = 2002{,}255\ldots ,$$

$$s = 2.2.3.4 \times 1{,}0301968\ldots = 49{,}44944\ldots$$

Or, en substituant l'une après l'autre les valeurs précédentes de s dans l'équation (124) présentée sous la forme

$$\frac{1}{t} = \frac{1}{2\pi} \left(\frac{s}{3}\right)^{\frac{1}{2}} \frac{h}{a} N ,$$

on trouvera en premier lieu

$$(125) \qquad \frac{1}{t} = (2{,}055858\ldots) \frac{2h}{a} N ,$$

et en second lieu

$$(126) \qquad \frac{1}{t} = (0{,}3230798\ldots) \frac{2h}{a} N .$$

Ces deux dernières formules déterminent le nombre des vibrations transversales correspondantes au son le plus grave et exécutées, pendant l'unité de temps, par la lame élastique, 1.° dans le cas où les deux extrémités sont fixes, 2.° dans le cas où l'une des extrémités est fixe, et l'autre libre.

Si l'on voulait déterminer le nombre des vibrations exécutées par la lame pendant l'unité de temps, et correspondantes non au son le plus grave, mais à ceux qui l'avoisinent, il faudrait substituer, dans la formule (124), celles des racines positives de l'équation (116) ou (120) qui suivent immédiatement la plus petite. Or on déterminera sans peine des valeurs fort approchées de ces racines, en observant que, pour des valeurs un peu considérables de r, l'équation (116) ou (120) donne à très-peu près

$$(127) \qquad \cos ar = 0 ,$$

Donc les racines positives de l'équation (116) ou (120), abstraction faite des plus petites, se réduiront sensiblement aux racines positives de l'équation (127), c'est-à-dire, aux valeurs de r déterminées par la formule

$$ar = (2n + 1) \frac{\pi}{2} ,$$

dans laquelle n désigne un nombre entier quelconque. Si, pour plus d'exactitude, on suppose, dans l'équation (116) ou (120),

$$(128) \qquad ar = (2n + 1) \frac{\pi}{2} + i ,$$

alors, en négligeant le carré de i, on conclura de l'équation (116)

$$(129) \quad i = (-1)^{n+1} \frac{2}{e^{(2n+1)\frac{\pi}{2}} + e^{-(2n+1)\frac{\pi}{2}}} = (-1)^{n+1} 2 e^{-(2n+1)\frac{\pi}{2}} \left(1 - e^{-(2n+1)\pi} + \dots \right),$$

et de l'équation (120)

$$(130) \quad i = (-1)^{n} \frac{2}{e^{(2n+1)\frac{\pi}{2}} + e^{-(2n+1)\frac{\pi}{2}}} = (-1)^{n} 2 e^{-(2n+1)\frac{\pi}{2}} \left(1 - e^{-(2n+1)\pi} + \dots \right).$$

On tirera d'ailleurs des formules (124) et (128)

$$(131) \qquad \frac{1}{t} = \frac{(2n+1)^2 \pi}{8\sqrt{3}} \left\{ 1 + \frac{2i}{(2n+1)\pi} \right\}^2 \frac{2h}{a} N.$$

Si maintenant on pose successivement $n = 1$, $n = 2$, $n = 3$, etc....., dans les formules (129), (130) et (131), on trouvera 1.°, en admettant que la lame ait ses deux extrémités fixes,

$$\frac{1}{t} = (2,0561\dots) \frac{2h}{a} N, \quad \frac{1}{t} = (5,66700\dots) \frac{2h}{a} N, \quad \frac{1}{t} = (11,10957\dots) \frac{2h}{a} N, \text{ etc...;}$$

2.° en admettant que les deux extrémités soient l'une fixe et l'autre libre

$$\frac{1}{t} = (2,024\dots) \frac{2h}{a} N, \quad \frac{1}{t} = (5,66924\dots) \frac{2h}{a} N, \quad \frac{1}{t} = (11,10945\dots) \frac{2h}{a} N, \text{ etc....}$$

Le premier des nombres compris dans les équations précédentes, savoir 2,0561......... diffère très-peu du nombre 2,055838..... que renferme l'équation (125); d'où il suit que la formule (131) fournit sans erreur sensible même le nombre des vibrations correspondantes au son le plus grave dans une lame dont les extrémités sont libres. Ajoutons que, dans le cas où n devient supérieur à 2, on peut remplacer i par zéro dans la formule (131), et réduire cette formule à

$$(132) \qquad \frac{1}{t} = \frac{(2n+1)^2 \pi}{8\sqrt{3}} \frac{2h}{a} N.$$

Quant au nombre des vibrations transversales que la lame exécuterait, si ses deux extrémités devenaient libres, il est aisé de voir qu'il sera encore déterminé par les formules (116) et (124). En effet, dans ce dernier cas, l'équation (106) doit être intégrée de manière que les conditions (101) soient vérifiées non-seulement pour $x = 0$, mais encore pour $x = a$. D'ailleurs, si l'on fait pour plus de commodité

$$\frac{d^2 n_0}{dx^2} = H,$$

on tirera de l'equation (106) différenciée deux fois de suite par rapport à x

$$\Theta^2 \frac{d^4 H}{dx^4} + \frac{d^2 H}{dt^2} = 0,$$

tandisque les conditions (101) se réduiront à

$$H = 0, \qquad \frac{dH}{dx} = 0,$$

De plus, $f(x)$ étant la valeur initiale de n_0, $f''(x)$ sera la valeur initiale de H. Cela posé, il est clair que, pour obtenir la valeur de l'inconnue H, dans le cas où les deux extrémités de la lame élastique sont libres, et les vitesses initiales nulles, il suffit de remplacer $f(\mu)$ par $f''(\mu)$ dans le second membre de l'équation (115). On obtiendra ensuite la valeur de n_0 par le moyen de la formule

$$n_0 - f(x) = \int_0^x \int_0^x H \, dx^2,$$

et l'on conclura de cette dernière que le nombre des vibrations transversales exécutées pendant l'unité de temps par la lame élastique est une des valeurs de $\dfrac{1}{t}$ déterminées par les formules (116) et (124).

Par des raisonnements semblables à ceux dont nous venons de faire usage, on pourrait encore déduire de la formule (114) la valeur de ξ_0 relative au cas où la lame a ses deux extrémités libres, et l'on trouverait toujours le nombre N des vibrations longitudinales égal au rapport $\dfrac{\Omega}{2a}$.

Il importe d'observer que le nombre N des vibrations longitudinales est, en vertu de la formule (123), indépendant de l'épaisseur $2h$ de la lame élastique, tandis que le nombre des vibrations transversales, ou la valeur de $\dfrac{1}{t}$ déterminée par l'équation (124), est proportionnel à cette épaisseur. Donc, lorsque l'épaisseur est très-petite, les vibrations transversales s'exécutent beaucoup plus lentement que les autres, en sorte qu'au bout d'un temps peu considérable et comparable à la durée d'une vibration longitudinale, l'ordonnée n_0 de la ligne moyenne diffère très-peu de l'ordonnée initiale $f(x)$. On ne doit donc pas être surpris de voir les équations (115) et (119) se réduire à

$$n_0 = f(x),$$

lorsqu'on néglige le carré de h ou de $\Theta = \dfrac{\Omega h}{\sqrt{3}}$, et que l'on suppose en conséquence

$$\cos\Theta\, r^2 t = 1.$$

Au reste il était facile de prévoir ces divers résultats à l'inspection des équations différentielles (82) et (89). Effectivement l'équation (82) qui détermine généralement les vibrations longitudinales d'une lame élastique, est indépendante de l'épaisseur $2h$ de cette lame, tandis que l'équation (89), qui détermine les vibrations transversales, renferme dans son second membre le carré de h, et dans son premier membre le carré de la constante Θ proportionnelle à h. Si l'on néglige h^2 et par suite Θ^2, l'équation (89) se réduira simplement à la seconde des formules (34). Il y a plus, on pourra dans les formules (34) remplacer Y_0 par zéro. En effet, pour que les déplacements des molécules restent très-petits, comme on le suppose, pendant toute la durée du mouvement, il est nécessaire que la lame élastique s'écarte très-peu d'une position d'équilibre, et qu'en conséquence Y_0 soit une quantité très-petite du même ordre que h^2. Donc, en négligeant h^2, on devra négliger aussi Y_0, et réduire la seconde des formules (34) à

$$\frac{d^2 n_0}{dt^2} = 0.$$

Si d'ailleurs on suppose nulle la vitesse initiale d'un point quelconque de la ligne moyenne, et par conséquent la valeur de $\dfrac{dn_0}{dt}$ correspondante à $t = 0$, alors, en désignant par $f(x)$ la valeur initiale de n_0, on tirera de l'équation précédente

$$n_0 = f(x).$$

Si l'on supposait la valeur initiale de $\dfrac{dn_0}{dt}$ différente de zéro, en la désignant par $F(x)$, et négligeant le carré de h, on trouverait

$$\frac{dn_0}{dx} = F(x), \qquad n_0 = f(x) + t F(x).$$

Ces dernières formules, qui ne doivent être employées que pour des valeurs peu considérables de t, expriment que, dans le cas où l'épaisseur de la lame est très-petite, la vitesse d'un point de la ligne moyenne, dans un sens perpendiculaire à cette ligne, demeure sensiblement constante pendant la durée d'une vibration longitudinale. Cela tient à ce que, dans l'hypothèse admise, les vibrations transversales s'exécuteront, comme on l'a déjà dit, beaucoup plus lentement que les autres. Mais, si le temps croît et devient comparable à la durée d'une vibration transversale, il ne sera plus permis de négliger le carré de la quantité h et de la constante Θ qui, dans les intégrales générales des équations (89) et (106), se trouvera multipliée sous les signes sinus ou cosinus par la variable t.

On pourrait imaginer diverses hypothèses en vertu desquelles les conditions relatives aux extrémités de la lame seraient représentées non plus par les formules (67), (68), (69) ou (71), (72), (75), etc., mais par des formules nouvelles. Ainsi, par exemple, si les extrémités de la ligne moyenne, en devenant fixes, prenaient des positions distinctes de celles qu'elles occupaient dans l'état naturel, les valeurs de ξ_0, n_0 correspondantes à ces extrémités, se réduiraient non pas à zéro, mais à des quantités constantes. On pourrait supposer encore que les extrémités de la ligne moyenne sont assujéties à rester sur des courbes données, ou que les plans qui terminent la lame supportent des pressions ou tensions dirigées d'une manière quelconque et données en chaque point, etc... Dans ces différents cas, la recherche des formules qui devront être substituées à celles que nous avons obtenues, se déduira sans peine des principes que nous avons exposés.

Enfin il est clair qu'on tirera aisément des formules (114), (115), etc., les valeurs de x pour lesquelles les inconnues ξ_0, n_0 s'évanouiront, quel que soit t, et par conséquent le nombre ainsi que la position des points qui resteront immobiles pendant les vibrations longitudinales ou transversales de la lame élastique.

Supposons maintenant que l'on considère non plus une lame élastique, mais une lame solide entièrement dénuée d'élasticité. Alors, en adoptant les principes énoncés dans l'un des précédents articles [pages 185 et 186], et faisant pour abréger

$$k + K = \theta K, \qquad \Omega^2 = \left(\theta - \frac{1}{\theta} \right) \frac{K}{\rho}, \qquad \Theta^2 = \Omega^2 \frac{h^2}{3},$$

on reconnaîtra que les formules (82) et (89) doivent être remplacées par celles que l'on en déduit, quand on substitue dans les premiers membres aux inconnues ξ_0, n_0 leurs dérivées relatives à t, savoir,

$$\frac{d\xi_0}{dt}, \qquad \frac{dn_0}{dt}.$$

Donc, si l'on pose

$$(128) \qquad \frac{d\xi_0}{dt} = u_0, \qquad \frac{d\eta_0}{dt} = v_0,$$

les inconnues u_0, v_0, qui représenteront au bout du temps t les projections algébriques de la vitesse d'un point situé sur la ligne moyenne, devront satisfaire, quel que soit x, aux équations

$$\Omega^2 \frac{d^2 u_0}{dx^2} + X_0 = \frac{du_0}{dt},$$

$$\Theta^2 \frac{d^4 v_0}{dx^4} + \frac{dv_0}{dt} = Y_0 + \frac{h^2}{6}\left(Y_2 + 2\frac{dX_1}{dx}\right).$$

Dans le même cas, si la force accélératrice φ s'évanouit, on aura simplement

$$\Omega^2 \frac{d^2 u_0}{dx^2} = \frac{du_0}{dt},$$

$$\Theta^2 \frac{d^4 v_0}{dx^4} + \frac{dv_0}{dt} = 0.$$

Il sera également facile de trouver les conditions qui devront être remplies aux deux extrémités de la lame solide, et l'on pourra ensuite déterminer les valeurs des inconnues à l'aide des méthodes développées dans le Mémoire déjà cité.

Parmi les formules obtenues dans ce paragraphe, celles qui sont relatives à l'équilibre ou au mouvement d'une lame élastique sollicitée par une force accélératrice constante et constamment parallèle à elle-même coïncident avec des formules déjà connues, et particulièrement avec celles que renferme le Mémoire d'Euler, intitulé : *Investigatio motuum quibus laminæ et virgæ elasticæ contremiscunt* [voy. les *Acta Academiæ petropolitanæ* pour l'année 1779]. Elles doivent donc s'accorder aussi avec celles que renferme le Mémoire présenté par M. Poisson à l'Académie des Sciences, le 14 avril dernier[*]. En effet, après avoir annoncé, dans les Annales de chimie, qu'il déduit de la considération des forces moléculaires les équations relatives soit à tous les points, soit aux extrémités des cordes et des verges, des membranes et des plaques élastiques, M. Poisson ajoute : *Parmi ces équations, celles qui répondent au contour d'une plaque élastique pliée d'une manière quelconque, et*

---

[*] Ce beau Mémoire, dans lequel M. Poisson a déduit le premier de la considération des forces moléculaires les équations relatives à l'équilibre ou au mouvement des cordes, des verges, des membranes et des plaques élastiques, s'imprime en ce moment, et doit paraître dans le tome VIII des Mémoires de l'Académie des Sciences.

celles qui appartiennent à tous les points d'une plaque ou d'une membrane qui est restée plane n'avaient pas encore été données ; les autres coïncident avec les équations trouvées par différents moyens. Il paraît d'ailleurs par ce passage que M. Poisson s'est occupé seulement des lames et des plaques élastiques d'une épaisseur constante qui, étant naturellement planes, ne cessent de l'être qu'autant qu'elles sont pliées et courbées par l'action d'une cause extérieure. Lorsqu'une lame ou plaque est dénuée d'élasticité, ou naturellement courbe, ou d'une épaisseur variable, on parvient à des équations d'équilibre ou de mouvement qui sont très-distinctes des équations déjà connues, et ne sont pas indiquées dans le passage cité. C'est ce que montrent les calculs ci-dessus effectués, et ceux que nous développerons ci-après ou dans de nouveaux articles.

---

§ 3. *Equations d'équilibre ou de mouvement d'une lame naturellement droite, mais d'une épaisseur variable.*

Dans le paragraphe précédent, nous avons regardé comme constante l'épaisseur $2h$ de la lame solide. Supposons maintenant que cette épaisseur soit variable ; mais admettons, pour plus de simplicité, qu'étant toujours très-petite, elle se trouve primitivement divisée en deux parties égales par l'axe des x. h deviendra une fonction de x, et la section faite dans la lame solide par le plan des x, y sera renfermée dans l'état naturel entre deux courbes représentées par les équations (17). D'ailleurs, si l'on suppose y fonction de x, les angles α, β, formés par la normale à la courbe dont x et y sont les coordonnées avec les demi-axes des x et y positives, se trouveront déterminés par l'équation

$$\cos \alpha\, dx + \cos \beta\, dy = 0 , \qquad \text{ou} \qquad \cos \alpha + \cos \beta\, \frac{dy}{dx} = 0 .$$

Donc, si cette courbe se confond avec l'une de celles que représentent les équations (17), on aura

$$(133) \qquad \cos \alpha + \cos \beta\, \frac{dh}{dx} = 0, \qquad \text{ou} \qquad \cos \alpha - \cos \beta\, \frac{dh}{dx} = 0 .$$

De plus, si l'on continue de regarder comme infiniment petits les déplacements des molécules, et si l'on détermine toujours la variable r par l'équation (5), les formules (133) subsisteront encore sans erreur sensible, après les déplacements dont il s'agit, la première pour $r = -h$, la seconde pour $r = h$. Par conséquent on tirera des formules (4) 1.° pour $r = -h$

$$(134) \qquad A \frac{dh}{dx} + F = - P \frac{dh}{dx}, \qquad F \frac{dh}{dx} + B = - P,$$

2.° pour $\quad r = h$

$$(135) \qquad A \frac{dh}{dx} - F = - P \frac{dh}{dx}, \qquad F \frac{dh}{dx} - B = P.$$

Enfin, si l'on développe les quantités A, F, B, X, Y, z, n suivant les puissances ascendantes de r, à l'aide des équations (19), (20), (21), (22), on trouvera, au lieu des formules (27),

$$(136) \quad \begin{cases} F_0 + F_2 \dfrac{h^2}{2} + \ldots + (A_1 + \ldots) h \dfrac{dh}{dx} = 0, & F_1 + F_3 \dfrac{h^2}{6} + \ldots + \left(A_0 + A_2 \dfrac{h^2}{2} + \ldots \right) \dfrac{1}{h} \dfrac{dh}{dx} = - \dfrac{P}{h} \dfrac{dh}{dx}, \\[2ex] B_0 + B_2 \dfrac{h^2}{2} + \ldots + (F_1 + \ldots) h \dfrac{dh}{dx} = - P, & B_1 + B_3 \dfrac{h^2}{6} + \ldots + \left(F_0 + F_2 \dfrac{h^2}{2} + \ldots \right) \dfrac{1}{h} \dfrac{dh}{dx} = 0 \, ; \end{cases}$$

puis on en conclura, en négligeant dans une première approximation les termes du même ordre que la fonction h et sa dérivée $\dfrac{dh}{dx}$,

$$(137) \qquad F_0 = 0, \qquad B_0 = - P; \qquad F_1 = - (A_0 + P) \frac{1}{h} \frac{dh}{dx}, \qquad B_1 = 0.$$

Cela posé, la première des formules (33) et la premiè[re] [des] formules (34) devront être remplacées par les suivantes :

$$(138) \qquad \frac{dA_0}{dx} - (A_0 + P) \frac{1}{h} \frac{dh}{dx} + \rho X_0 = 0,$$

$$(139) \qquad \frac{dA_0}{dx} - (A_0 + P) \frac{1}{h} \frac{dh}{dx} + \rho X_0 = \rho \frac{d^2 z_0}{dt^2}.$$

Quant à la seconde des équations (33), elle continuera d'être fournie, ainsi que la seconde des équations (34), par la première approximation. Mais elle acquerra de nouveaux termes, et offrira le moyen de déterminer la valeur de A_1, si l'on a recours à une approximation nouvelle. Concevons en effet, que, dans les formules (136), on conserve les termes proportionnels au carré de h. On tirera de ces formules

$$(140) \begin{cases} F_0 = -\dfrac{h^2}{2} F_1 - A_1 h \dfrac{dh}{dx}, \qquad B_0 = -P - \dfrac{h^2}{2} B_1 - F_1 h \dfrac{dh}{dx}, \\[2ex] F_1 = -(A_0 + P) \dfrac{1}{h} \dfrac{dh}{dx} - \dfrac{h^2}{6} F_3 - \dfrac{1}{2} A_1 h \dfrac{dh}{dx}, \\[2ex] B_1 = -\dfrac{h^2}{6} B_3 - F_0 \dfrac{1}{h} \dfrac{dh}{dx} - \dfrac{1}{2} F_2 h \dfrac{dh}{dx} = -\dfrac{h}{6} B_3 + A_1 \dfrac{dh^2}{dx^2}; \end{cases}$$

puis on conclura de celles-ci combinées avec la première et la seconde des équations (23), la seconde et la troisième des équations (24), et l'équation (158)

$$(141) \begin{cases} F_0 = \dfrac{h^2}{2} \left(\dfrac{dA}{dx} + \rho X_1 \right) - A_1 h \dfrac{dh}{dx}, \\[2ex] B_0 = -P + \dfrac{h^2}{2} \rho \left(Y_1 + Y_0 \dfrac{1}{h} \dfrac{dh}{dx} \right) + (A_0 + P) \left(\dfrac{dh^2}{dx^2} - \dfrac{h}{2} \dfrac{d^2h}{dx^2} \right), \\[2ex] B_1 = \dfrac{h^2}{6} \left\{ \rho \left(Y_2 - \dfrac{dX_1}{dx} \right) - \dfrac{d^2 A_1}{dx^2} \right\} + A_1 \dfrac{dh^2}{dx^2}. \end{cases}$$

Par suite la première des équations (24) donnera

$$(142) \quad \dfrac{h^2}{3} \dfrac{d^2 A_1}{dx^2} - A_1 h \dfrac{d^2 h}{dx^2} + \rho \left\{ Y_0 + \dfrac{h^2}{6} \left(Y_2 + 2 \dfrac{dX_1}{dx} \right) + X_1 h \dfrac{dh}{dx} \right\} = 0,$$

ou, ce qui revient au même,

$$(143) \quad \dfrac{d^2 A_1}{dx^2} - \dfrac{3}{h} A_1 \dfrac{d^2 h}{dx^2} + \rho \left(\dfrac{3}{h^2} Y_0 + \dfrac{1}{2} Y_2 + \dfrac{dX_1}{dx} + \dfrac{3}{h} X_1 \dfrac{dh}{dx} \right) = 0.$$

De plus, comme la variable r, comprise dans les équations (19), (20), etc..., est une quantité du même ordre que h, on conclura de ces équations, combinées avec les formules (140), 1.° en négligeant, dans le développement de A, les puissances de h supérieures à la première,

$$(40) \qquad\qquad A = A_0 + A_1 r ;$$

2.° en négligeant, dans les développements de F et de B, les puissances de h supérieures à la seconde,

$$(144) \quad \left\{ \begin{aligned}
F &= F_0 + F_1 r + F_2 \frac{r^2}{2} = F_0\left(1 - \frac{r^2}{h^2}\right) - \frac{r}{h}(P + A_0 + A_1 r)\frac{dh}{dx}, \\[2mm]
B &= B_0 + B_2 \frac{r^2}{2} = B_0\left(1 - \frac{r^2}{h^2}\right) - P\frac{r^2}{h^2} - F_1\frac{r^2}{h}\frac{dh}{dx} \\[2mm]
&= B_0\left(1 - \frac{r^2}{h^2}\right) - \frac{r^2}{h^2}\left\{P - (A_0 + P)\frac{dh^2}{dx^2}\right\}.
\end{aligned} \right.$$

Enfin, si l'on substitue dans les équations (144) les valeurs de F_0 et B_0 tirées des formules (141), on trouvera

$$(145) \quad \left\{ \begin{aligned}
F &= \frac{1}{2}\left(\frac{dA_1}{dx} + \rho X_1\right)(h^2 - r^2) - A_1 h\frac{dh}{dx} - (A_0 + P)\frac{r}{h}\frac{dh}{dx}, \\[2mm]
B &= -P + \frac{1}{2}\rho\left(Y_1 + X_0\frac{1}{h}\frac{dh}{dx} - \frac{A_0 + P}{\rho}\frac{1}{h}\frac{d^2 h}{dx^2}\right)(h^2 - r^2) + (A_0 + P)\frac{dh^2}{dx^2}.
\end{aligned} \right.$$

Les équations (143), (145) sont relatives à une lame solide en équilibre. Si de l'état d'équilibre on passe à l'état de mouvement, il faudra dans ces équations remplacer les quantités (44) par les quantités (45). On trouvera donc alors, en négligeant les termes proportionnels au carré de h,

$$(146) \quad \frac{d^2 A_1}{dx^2} - \frac{3}{h}A_1\frac{d^2 h}{dx^2} + \rho\left(\frac{3Y_0}{h^2} + \frac{1}{2}Y_2 + \frac{dX_1}{dx} + \frac{3}{h}X_1\frac{dh}{dx}\right)$$

$$= \rho\left(\frac{3}{h^2}\frac{d^2 \eta_0}{dt^2} + \frac{1}{2}\frac{d^2 \eta_2}{dt^2} + \frac{d^3 \xi_1}{dx\,dt^2} + \frac{3}{h}\frac{d^2 \xi_1}{dt^2}\frac{dh}{dx}\right),$$

et, en négligeant les termes proportionnels au cube de h,

$$(147) \quad \left\{ \begin{aligned}
F &= \frac{1}{2}\left\{\frac{dA_1}{dx} + \rho\left(X_1 - \frac{d^2 \xi_1}{dt^2}\right)\right\}(h^2 - r^2) - A_1 h\frac{dh}{dx} - (A_0 + P)\frac{r}{h}\frac{dh}{dx}, \\[2mm]
B &= -P + \frac{\rho}{2}\left\{Y_1 - \frac{d^2 \eta_1}{dt^2} + \left(X_0 - \frac{d^2 \xi_0}{dt^2}\right)\frac{1}{h}\frac{dh}{dx} - \frac{A_0 + P}{\rho}\frac{1}{h}\frac{d^2 h}{dx^2}\right\}(h^2 - r^2) + (A_0 + P)\frac{dh^2}{dx^2}.
\end{aligned} \right.$$

Quant à la valeur approchée de A, elle continuera d'être déterminée par l'équation (40), l'erreur étant du même ordre que h^2.

Supposons maintenant que la lame proposée devienne élastique, et que son élasticité soit la même dans tous les sens. Alors, en adoptant les mêmes notations que dans le second paragraphe, et combinant les formules (57) avec les équations (137), on retrouvera les valeurs de ξ_1, n_1, n_2 données par les formules (58), et les valeurs de A_0, A_1 données par les formules (59), ou, ce qui revient au même, par les suivantes :

$$(148) \qquad A_0 = \rho \Omega^2 \frac{d\xi_0}{dx} - \frac{P}{\theta}, \qquad A_1 = - \rho \Omega^2 \frac{d^2 n_0}{dx^2},$$

Ω désignant toujours une constante positive propre à vérifier l'équation (62). Mais la quantité ξ_2 acquerra une valeur nouvelle, savoir :

$$(149) \qquad \xi_2 = \frac{1}{\theta} \frac{d^2 \xi_0}{dx^2} - \frac{2}{\theta - 1} \frac{A_0 + P}{K} \frac{1}{h} \frac{dh}{dx},$$

ou, ce qui revient au même,

$$(150) \qquad \xi_2 = \frac{1}{\theta} \frac{d^2 \xi_0}{dx^2} - \frac{2}{\theta} \left\{ (\theta + 1) \frac{d\xi_0}{dx} + \frac{P}{K} \right\} \frac{1}{h} \frac{dh}{dx}.$$

Cela posé, s'il y a équilibre, les équations (138) et (143) donneront

$$(151) \qquad \Omega^2 \left(\frac{d^2 \xi_0}{dx^2} - \frac{1}{h} \frac{dh}{dx} \frac{d\xi_0}{dx} \right) + X_0 - \frac{\theta - 1}{\theta} \frac{P}{\rho} \frac{1}{h} \frac{dh}{dx} = 0,$$

et

$$(152) \qquad \Omega^2 h \left(\frac{h}{3} \frac{d^4 n_0}{dx^4} - \frac{d^2 h}{dx^2} \frac{d^2 n_0}{dx^2} \right) = Y_0 + \frac{h^2}{6} \left(Y_2 + 2 \frac{dX_1}{dx} \right) + h \frac{dh}{dx} X_1.$$

Si, au contraire, la lame élastique se meut, on tirera des équations (139) et (146). combinées avec les formules (58) et (148),

$$(153) \qquad \Omega^2 \left(\frac{d^2 \xi_0}{dx^2} - \frac{1}{h} \frac{dh}{dx} \frac{d\xi_0}{dx} \right) + X_0 - \frac{\theta - 1}{\theta} \frac{P}{\rho h} \frac{dh}{dx} = \frac{d^2 \xi_0}{dt^2},$$

et

$$(154) \quad
\begin{aligned}
\Omega^2 h & \left(\frac{h}{3} \frac{d^4 n_0}{dx^4} - \frac{d^2 h}{dx^2} \frac{d^2 n_0}{dx^2} \right) + \frac{d^2 \xi_0}{dt^2} - h \frac{dh}{dx} \frac{d^3 n_0}{dx dt^2} - \frac{h^2}{3} \left(1 - \frac{1}{2\theta} \right) \frac{d^4 \xi_0}{dx^2 dt^2} \\
& = Y_0 + \frac{h^2}{6} \left(Y_2 + 2 \frac{dX_1}{dx} \right) + h \frac{dh}{dx} X_1.
\end{aligned}$$

D'ailleurs, en faisant, pour abréger,

$$(155) \qquad n_0 - h \frac{dh}{dx} \frac{dn_0}{dx} - \frac{h^2}{3}\left(1 - \frac{1}{20}\right)\frac{d^2 n_0}{dx^4} = y ,$$

et négligeant les termes de l'ordre de h^2, on conclura de l'équation (154)

$$(156) \quad \Omega^2 h \left(\frac{h}{3}\frac{d^4 y}{dx^4} - \frac{d^2 h}{dx^2}\frac{d^2 y}{dx^2}\right) + \frac{d^2 y}{dt^2} = Y_0 + \frac{h^2}{6}\left(Y_2 + 2 \frac{dX_1}{dx}\right) + h \frac{dh}{dx} X_1 .$$

Donc, puisqu'en vertu de la formule (155) l'ordonnée n_0 de la ligne moyenne sera très-peu différente de la fonction y, on aura encore à très-peu près

$$(157) \quad \Omega^2 h \left(\frac{h}{3}\frac{d^4 n_0}{dx^4} - \frac{d^2 h}{dx^2}\frac{d^2 n_0}{dx^2}\right) + \frac{d^2 n_0}{dt^2} = Y_0 + \frac{h^2}{6}\left(Y_2 + 2 \frac{dX_1}{dx}\right) + h \frac{dh}{dx} X_1 .$$

Ajoutons que les valeurs approchées des déplacements ε, n et de la pression A continueront d'être déterminées, comme dans le second paragraphe, par les équations (64) et (65). Quant aux valeurs approchées des pressions F et B, elles se déduiront des formules (145), (147) combinées avec les formules (58), (148), et seront, dans le cas d'équilibre,

$$(158) \quad \left\{ \begin{aligned} F &= \frac{1}{2}\rho\left(X_1 - \Omega^2 \frac{d^3 n_0}{dx^3}\right)(h^2 - r^2) + \rho \Omega^2 h \frac{dh}{dx}\frac{d^2 n_0}{dx^2} - \rho\left(\Omega^2 \frac{d\xi_0}{dx} + \frac{\theta-1}{\theta}\frac{P}{\rho}\right)\frac{r}{h}\frac{dh}{dx} , \\[2ex] B &= -P + \frac{1}{2}\rho\left\{Y_1 + X_0 \frac{1}{h}\frac{dh}{dx} - \left(\Omega^2 \frac{d\xi_0}{dx} + \frac{\theta-1}{\theta}\frac{P}{\rho}\right)\frac{1}{h}\frac{d^2 h}{dx^2}\right\}(h^2 - r^2) \\[2ex] &\quad + \left(\Omega^2 \frac{d\xi_0}{dx} + \frac{\theta-1}{\theta}\frac{P}{\rho}\right)\frac{dh^2}{dx^2} . \end{aligned} \right.$$

Observons de plus que, pour tirer des formules (158) les valeurs approchées des pressions F, B dans le cas du mouvement, il suffira de substituer aux quantités X_0, X_1, Y_1 les différences

$$X_0 - \frac{d^2 \xi_0}{dt^2} \qquad X_1 - \frac{d^2 \xi_1}{dt^2} = X_1 + \frac{d^2 n_0}{dx\,dt^2} , \qquad Y_1 - \frac{d^2 n_1}{dt^2} = Y_1 + \frac{1}{\theta}\frac{d^3 \xi_0}{dx\,dt^2} ,$$

et que la seconde de ces différences, en vertu de l'équation (157), sera sensiblement équivalente à l'expression (92). On aura donc, dans le cas du mouvement,

$$(159)\begin{cases} F = \frac{1}{2}\rho\left(X_1 + \frac{dY_0}{dx} - \omega^2\frac{d^2\eta_0}{dx^2}\right)(h^2 - r^2) + \rho\omega^2 h\frac{dh}{dx}\frac{d^2\eta_0}{dx^2} - \rho\left(\Omega^2\frac{d^2\xi_0}{dx^2} + \frac{\theta-1}{\theta}\frac{P}{\rho}\right)\frac{r}{h}\frac{dh}{dx}, \\[2ex] B = -P + \frac{1}{2}\rho\left(Y_1 + \frac{1}{\theta}\frac{d^3\xi_0}{dx\,dt^2}\right) + \left(X_0 - \frac{d^2\eta_0}{dt^2}\right)\frac{1}{h}\frac{dh}{dx} - \left(\omega^2\frac{d^2\xi_0}{dx} + \frac{\theta-1}{\theta}\frac{P}{\rho}\right)\frac{1}{h}\frac{d^2h}{dx^2} \\[2ex] \qquad + \rho\left(\omega^2\frac{d^2\xi_0}{dx} + \frac{\theta-1}{\theta}\frac{P}{\rho}\right)\frac{dh^2}{dx^2}. \end{cases}$$

Les équations (151) et (152) ou (155) et (157) sont les seules qui subsistent dans le cas d'équilibre ou de mouvement, pour tous les points de la ligne moyenne, entre les inconnues ξ_0, η_0 et les variables indépendantes x, t. Mais, pour déterminer complètement ces inconnues, et fixer les valeurs des constantes arbitraires ou des fonctions arbitraires introduites par les intégrations, il sera nécessaire de joindre aux équations dont il s'agit les conditions relatives aux deux extrémités de la lame élastique. Si, cette lame étant terminée par deux plans perpendiculaires à la ligne moyenne, et correspondants aux abscisses $x = 0$, $x = a$, les deux extrémités sont fixes, alors, pour chacune de ces abscisses, les inconnues ξ_0, η_0 devront satisfaire aux conditions (67), (68), (69). Mais, si la seconde extrémité devient libre, alors pour $x = a$, les formules (70) devront être vérifiées, quel que soit r, et entraîneront 1.° la condition (71), 2.° les conditions (72) dont la dernière devra être remplacée, quand il y aura mouvement, par la condition (91). Si les deux extrémités étaient libres, les conditions (71) et (72) ou (91) devraient être vérifiées pour $x = 0$, ainsi que pour $x = a$: mais elles ne suffiraient plus dans le cas d'équilibre pour déterminer toutes les constantes arbitraires; ce qu'il était facile de prévoir. Enfin, si, les deux extrémités étant libres, la lame élastique se trouvait terminée par deux plans perpendiculaires non plus à la ligne moyenne, mais à deux droites comprises dans le plan des x, y, qui, prolongées en dehors de la lame, formeraient avec les demi-axes des x et y positifs, la première les angles α', β', la seconde les angles α'', β'', alors, en raisonnant comme dans le paragraphe précédent, on établirait encore pour chaque extrémité la condition (71) et la première des conditions (72). Mais la seconde des conditions (72) devrait être remplacée, dans le cas d'équilibre, par l'une des formules

$$(160)\qquad \omega^2\frac{d^3\eta_0}{dx^3} = X_1 + \left(Y_1 + X_0\frac{1}{h}\frac{dh}{dx}\right)\frac{\cos\beta'}{\cos\alpha'},$$

$$(161)\qquad \Omega^2\frac{d^3\eta_0}{dx^3} = X_1 + \left(Y_1 + X_0\frac{1}{h}\frac{dh}{dx}\right)\frac{\cos\beta''}{\cos\alpha''},$$

et dans le cas de mouvement, par l'une des suivantes

$$(162) \quad \Omega^2 \frac{d^3 n_0}{dx^3} = X_1 + \frac{dY_0}{dx} + \left\{ Y_1 + \frac{1}{0} \frac{d^3 \xi_0}{dx\, dt^2} + \left(X_0 - \frac{d^2 \xi_0}{dt^2} \right) \frac{1}{h} \frac{dh}{dx} \right\} \frac{\cos\beta'}{\cos\alpha'} ,$$

$$(163) \quad \Omega^2 \frac{d^3 n_0}{dx^3} = X_1 + \frac{dY_0}{dx} + \left\{ Y_1 + \frac{1}{0} \frac{d^3 \xi_0}{dx\, dt^2} + \left(X_0 - \frac{d^2 \xi_0}{dt^2} \right) \frac{1}{h} \frac{dh}{dx} \right\} \frac{\cos\beta''}{\cos\alpha''} .$$

Si, les plans qui terminent la lame élastique étant perpendiculaires à la ligne moyenne, l'un de ces plans supportait une pression $\mathcal{P}$ différente de P, alors, pour chacun des points situés dans le plan dont il s'agit, l'inconnue ξ_0 devrait satisfaire, non plus à la condition (71), mais à la condition (77).

Dans le cas particulier où la force accélératrice φ et la pression P s'évanouissent, on tire des équations (153), (157)

$$(164) \qquad \Omega^2 \left(\frac{d^2 \xi_0}{dx^2} - \frac{1}{h} \frac{dh}{dx} \frac{d\xi_0}{dx} \right) = \frac{d^2 \xi_0}{dt^2} ,$$

$$(165) \qquad \Omega^2 h \left(\frac{h}{3} \frac{d^4 n_0}{dx^4} - \frac{d^2 h}{dx^2} \frac{d^2 n_0}{dx^2} \right) + \frac{d^2 n_0}{dt^2} = 0 ,$$

Dans le même cas, les conditions (72), (160) et (161) coïncident avec les conditions (101), tandis que les formales (162), (163) se réduisent à

$$(166) \qquad \Omega^2 \frac{d^3 n_0}{dx^3} = \left(\frac{1}{0} \frac{d^3 \xi_0}{dx\, dt^2} - \frac{1}{h} \frac{dh}{dx} \frac{d^2 \xi_0}{dt^2} \right) \frac{\cos\beta'}{\cos\alpha'} ,$$

$$(167) \qquad \Omega^2 \frac{d^3 n_0}{dx^3} = \left(\frac{1}{0} \frac{d^3 \xi_0}{dx\, dt^2} - \frac{1}{h} \frac{dh}{dx} \frac{d^2 \xi_0}{dt^2} \right) \frac{\cos\beta''}{\cos\alpha''} .$$

Lorsqu'on suppose

$$(168) \qquad h = b(1 + cx) ,$$

b et c désignant deux quantités constantes, les deux courbes représentées par les équations (17) se réduisent à deux droites, et par suite les surfaces cylindriques qui terminent la plaque donnée dans l'état naturel se réduisent à deux plans. Dans cette hypothèse, les équations (164), (165) deviennent respectivement

$$(169) \qquad \Omega^2 \left(\frac{d^2 \xi_0}{dx^2} - \frac{c}{1+cx} \frac{d\xi_0}{dx} \right) = \frac{d^2 \xi_0}{dt^2} ,$$

$$(170) \qquad \frac{\Omega^2 b^2}{3} (1 + cx)^2 \frac{d^4 n_0}{dx^4} + \frac{d^2 n_0}{dt^2} = 0 ,$$

Nous renverrons l'intégration de ces dernières à un autre article.

§ 4. *Equations d'équilibre ou de mouvement d'une lame naturellement courbe et d'une épaisseur constante.*

Considérons, comme dans le paragraphe 2, une lame solide dont l'épaisseur constante soit représentée par $2h$. Mais supposons que la ligne moyenne de la section faite par le plan des x, y coïncide dans l'état naturel avec une certaine courbe, qui change de forme tandis que les molécules se déplacent. Soient d'ailleurs, dans l'état d'équilibre ou de mouvement de la lame solide,

m une molécule comprise dans le plan des x, y,

x, y les coordonnées de la molécule m,

r la normale abaissée de la molécule m sur la ligne moyenne, et prise avec le signe
$+$ ou avec le signe $-$, suivant que la molécule m est située d'un côté ou
d'un autre par rapport à cette ligne,

$\mathbf{x}, \mathbf{y}$ les coordonnées du point où la normale dont il s'agit rencontre la ligne moyenne,

s l'arc de la ligne moyenne, mesuré à partir de l'une des extrémités jusqu'au point
$(\mathbf{x}, \mathbf{y})$,

τ l'inclinaison de la ligne moyenne par rapport à l'axe des x, c'est-à-dire, celle des
racines de l'équation

$$(171) \qquad \operatorname{tang} \tau = \frac{d\mathbf{y}}{d\mathbf{x}},$$

qui offre la plus petite valeur numérique. On trouvera, pourvu que l'extrémité de l'arc s et le sens dans lequel on compte positivement la normale r soient convenablement choisis,

$$(172) \qquad \frac{d\mathbf{x}}{ds} = \cos\tau, \qquad \frac{d\mathbf{y}}{ds} = \sin\tau,$$

$$(173) \qquad x = \mathbf{x} - r\sin\tau, \qquad y = \mathbf{y} + r\cos\tau.$$

Cela posé, si l'on prend pour variables indépendantes r et s au lieu de x et y, on aura

$$(174) \quad \begin{cases} \dfrac{dx}{ds} = \left(1 - r\dfrac{d\tau}{ds}\right)\cos\tau, \qquad \dfrac{dy}{ds} = \left(1 - r\dfrac{d\tau}{ds}\right)\sin\tau, \\[2ex] \dfrac{dx}{dr} = -\sin\tau, \qquad \dfrac{dy}{dr} = \cos\tau. \end{cases}$$

Par suite les dérivées de A, B, F prises par rapport aux variables x, y, et renfermées dans les équations (1), seront déterminées par des formules semblables à celles-ci :

$$(175)\quad \frac{dA}{ds} = \left(1 - r\,\frac{d\tau}{ds}\right)\left(\frac{dA}{dx}\cos\tau + \frac{dA}{dy}\sin\tau\right),\quad \frac{dA}{dr} = -\frac{dA}{dx}\sin\tau + \frac{dA}{dy}\cos\tau,$$

en sorte qu'on aura

$$(176)\quad \frac{dA}{dx} = -\frac{dA}{dr}\sin\tau + \frac{\frac{dA}{ds}\cos\tau}{1 - r\frac{d\tau}{ds}},\quad \frac{dA}{dy} = \frac{dA}{dr}\cos\tau + \frac{\frac{dA}{ds}\sin\tau}{1 - r\frac{d\tau}{ds}}.$$

Donc les équations (1) donneront

$$(177)\quad \begin{cases} -\dfrac{dA}{dr}\sin\tau + \dfrac{dF}{dr}\cos\tau + \dfrac{\frac{dA}{ds}\cos\tau + \frac{dF}{ds}\sin\tau}{1 - r\frac{d\tau}{ds}} + \rho X = 0, \\[4ex] -\dfrac{dF}{dr}\sin\tau + \dfrac{dB}{dr}\cos\tau + \dfrac{\frac{dF}{ds}\cos\tau + \frac{dB}{ds}\sin\tau}{1 - r\frac{d\tau}{ds}} + \rho Y = 0. \end{cases}$$

De même on tirera des équations (2)

$$(178)\quad \begin{cases} -\dfrac{dA}{dr}\sin\tau + \dfrac{dF}{dr}\cos\tau + \dfrac{\frac{dA}{ds}\cos\tau + \frac{dF}{ds}\sin\tau}{1 - r\frac{d\tau}{ds}} + \rho(X - \mathfrak{X}) = 0, \\[4ex] -\dfrac{dF}{dr}\sin\tau + \dfrac{dB}{dr}\cos\tau + \dfrac{\frac{dF}{ds}\cos\tau + \frac{dB}{ds}\sin\tau}{1 - r\frac{d\tau}{ds}} + \rho(Y - \mathfrak{Y}) = 0; \end{cases}$$

puis, en admettant, comme dans le paragraphe 2, que les déplacements des molécules sont très-petits, on en conclura

$$(179)\quad \begin{cases} -\dfrac{dA}{dr}\sin\tau + \dfrac{dF}{dr}\cos\tau + \dfrac{\frac{dA}{ds}\cos\tau + \frac{dF}{ds}\sin\tau}{1 - r\frac{d\tau}{ds}} + \rho X = \rho\dfrac{d^2\xi}{dt^2}, \\[4ex] -\dfrac{dF}{dr}\sin\tau + \dfrac{dB}{dr}\cos\tau + \dfrac{\frac{dF}{ds}\cos\tau + \frac{dB}{ds}\sin\tau}{1 - r\frac{d\tau}{ds}} + \rho Y = \rho\dfrac{d^2\eta}{dt^2}. \end{cases}$$

Les formules (177) et (179) subsisteront, quels que soient r et s, les premières dans l'état d'équilibre, les autres dans l'état de mouvement de la lame courbe. Quant aux formules (4), elles devront être vérifiées, lorsqu'en attribuant à la variable r une des valeurs $-h$, $+h$, on remplacera $\cos\alpha$ par $-\sin\tau$ et $\cos\beta$ par $\cos\tau$. Donc les pressions A, F, B devront satisfaire, pour $r = -h$ et pour $r = h$, aux deux conditions

$$(180) \qquad (A + P)\sin\tau - F\cos\tau = 0, \qquad F\sin\tau - (B + P)\cos\tau = 0.$$

Concevons maintenant que, dans les équations (177), (179), (180), on développe les quantités A, F, B, X, Y, ξ, η considérées comme fonctions de s et de r suivant les puissances ascendantes de la variable r, et que ces développements continuent d'être représentés par les seconds membres des formules (19), (20), (21), (22). Supposons d'ailleurs constantes la pression P et la densité Δ relative à l'état naturel de la lame solide. La densité ρ, infiniment peu différente de Δ, pourra elle-même être regardée comme constante, et les formules (177) deviendront

$$(181) \quad \left\{ \begin{aligned} &F_1\cos\tau - A_1\sin\tau + (F_2\cos\tau - A_2\sin\tau)r + (F_3\cos\tau - A_3\sin\tau)\frac{r^2}{2} + \text{etc.}\dots \\[6pt] &+ \left\{ \frac{dA_0}{ds}\cos\tau + \frac{dF_0}{ds}\sin\tau + \left(\frac{dA_1}{ds}\cos\tau + \frac{dF_1}{ds}\sin\tau\right)r + .. \right\} \left(1 + r\frac{d\tau}{ds} + ..\right) + \rho(X_0 + X_1 r + ..) = 0, \\[8pt] &B_1\cos\tau - F_1\sin\tau + (B_2\cos\tau - F_2\sin\tau)r + (B_3\cos\tau - F_3\sin\tau)\frac{r^2}{2} + \text{etc.}\dots \\[6pt] &+ \left\{ \frac{dF_0}{ds}\cos\tau + \frac{dB_0}{ds}\sin\tau + \left(\frac{dF_1}{ds}\cos\tau + \frac{dB_1}{ds}\sin\tau\right)r + .. \right\} \left(1 + r\frac{d\tau}{ds} + ..\right) + \rho(Y_0 + Y_1 r + ..) = 0. \end{aligned} \right.$$

Donc, puisque ces formules doivent subsister, quel que soit r, on aura

$$(182) \quad \left\{ \begin{aligned} &F_1\cos\tau - A_1\sin\tau + \frac{dA_0}{ds}\cos\tau + \frac{dF_0}{ds}\sin\tau + \rho X_0 = 0, \\[6pt] &F_2\cos\tau - A_2\sin\tau + \frac{dA_1}{ds}\cos\tau + \frac{dF_1}{ds}\sin\tau + \left(\frac{dA_0}{ds}\cos\tau + \frac{dF_0}{ds}\sin\tau\right)\frac{d\tau}{ds} + \rho X_1 = 0, \\[6pt] &\text{etc.}\dots, \end{aligned} \right.$$

$$(183) \begin{cases} B_1\cos\tau - F_1\sin\tau + \dfrac{dF_0}{ds}\cos\tau + \dfrac{dB_0}{ds}\sin\tau + \rho\, Y_0 = 0\,, \\[2ex] B_2\cos\tau - F'_2\sin\tau + \dfrac{dF'_1}{ds}\cos\tau + \dfrac{dB_1}{ds}\sin\tau + \left(\dfrac{dF_0}{ds}\cos\tau + \dfrac{dB_0}{ds}\sin\tau\right)\dfrac{d\tau}{ds} + \rho\,Y_1 = 0\,, \\[2ex] \text{etc.\dots} \end{cases}$$

Mais les formules (180), qui devront être vérifiées seulement pour $r = -h$ et pour $r = h$, donneront

$$(184) \begin{cases} (A_0+P)\sin\tau - F_0\cos\tau + \dfrac{h^2}{2}(A_2\sin\tau - F_2\cos\tau)+\ldots = 0,\quad A_1\sin\tau - F_1\cos\tau + \dfrac{h^2}{6}(A_3\cos\tau - F_3\sin\tau)+\ldots = 0, \\[2ex] F_0\sin\tau - (B_0+P)\cos\tau + \dfrac{h^2}{2}(F_2\sin\tau - B_2\cos\tau)+\ldots = 0,\quad F_1\sin\tau - B_1\cos\tau + \dfrac{h^2}{6}(F_3\sin\tau - B_3\cos\tau)+\ldots = 0. \end{cases}$$

Les équations (183), (184) sont relatives à l'état d'équilibre de la lame courbe. Si cette lame était en mouvement, il faudrait remplacer, dans ces mêmes équations, les quantités

$$(185) \qquad X_0,\quad X_1,\quad X_2,\ldots\ldots,\qquad Y_0,\quad Y_1,\quad Y_2,\ldots\ldots$$

par les différences

$$(186)\quad X_0 - \frac{d^2\xi_0}{dt^2},\ X_1 - \frac{d^2\xi_1}{dt^2},\ X_2 - \frac{d^2\xi_2}{dt^2},\ldots\ Y_0 - \frac{d^2\eta_0}{dt^2},\ Y_1 - \frac{d^2\eta_1}{dt^2},\ Y_2 - \frac{d^2\eta_2}{dt^2},\ldots$$

Il est important d'observer que, dans les formules précédentes, A_0, F_0 et F_0, B_0 expriment, comme dans le paragraphe 2, les projections algébriques des pressions ou tensions exercées au point (x, y) de la ligne moyenne contre des plans perpendiculaires aux axes des x et y, tandis que ξ_0, η_0 expriment les déplacements de ce point mesurés à partir de sa position primitive parallèlement aux mêmes axes. Quant aux quantités (185) qui représentent ce que deviennent, pour $r = 0$, les fonctions

$$X,\quad \frac{dX}{dr},\quad \frac{d^2X}{dr^2},\ldots;\quad Y,\quad \frac{dY}{dr},\quad \frac{d^2Y}{dr^2},\ldots$$

dans le cas où l'on considère comme variables indépendantes l'arc s de la ligne moyenne et la distance r mesurée à partir de cette ligne; on pourra facilement les déterminer en faisant abstraction du changement de forme de la ligne moyenne qui n'aura sur les valeurs de ces mêmes quantités qu'une influence insensible.

Il reste à montrer ce que deviennent les formules (182), (183), (184), dans le cas où la quantité h est très-petite. Or, si l'on néglige, dans une première approximation tous les termes qui ont pour facteur h^2, on tirera des formules (184)

$$(187) \qquad (A_0 + P)\sin\tau - F_0\cos\tau = 0\,, \qquad F_0\sin\tau - (B_0 + P)\cos\tau = 0\,,$$

$$(188) \qquad A_1\sin\tau - F_1\cos\tau = 0\,, \qquad F_1\sin\tau - B_1\cos\tau = 0\,,$$

puis des formules (182), (183)

$$(189) \qquad \frac{dA_0}{ds}\cos\tau + \frac{dF_0}{ds}\sin\tau + \rho X_0 = 0\,, \quad \frac{dF_0}{ds}\cos\tau + \frac{dB_0}{ds}\sin\tau + \rho Y_0 = 0\,.$$

Si maintenant on élimine entre les formules (187), (189) les pressions A_0, F_0, B_0, on en déduira une équation de condition entre les forces accélératrices X_0, Y_0. Pour effectuer l'élimination, transportons d'abord dans les formules (189) les valeurs de A_0 et de B_0 tirées des formules (187). On trouvera ainsi

$$(190) \qquad \frac{dF_0}{ds} - F_0\cot\tau\,\frac{d\tau}{ds} + \rho X_0\sin\tau = 0\,, \quad \frac{dF_0}{ds} + F_0\tang\tau\,\frac{d\tau}{ds} + \rho Y_0\cos\tau = 0\,;$$

puis, en faisant, pour abréger,

$$(191) \qquad \frac{d\tau}{ds} = \frac{1}{v}\,,$$

on tirera des formules (190)

$$(192) \qquad F_0 = \rho v(X_0\sin\tau - Y_0\cos\tau)\sin\tau\cos\tau\,, \qquad \frac{dF_0}{ds} + \rho(X_0\sin^3\tau + Y_0\cos^3\tau) = 0\,,$$

et par suite

$$(193) \qquad \frac{d[v(X_0\sin\tau - Y_0\cos\tau)]}{ds} + X_0\cos\tau + Y_0\sin\tau = 0\,.$$

Donc une lame naturellement courbe, et d'une épaisseur constante mais très-petite, ne peut rester en équilibre après un changement de forme presque insensible, à moins que les forces accélératrices appliquées aux divers points de cette lame ne soient telles que l'équation (193) se trouve à très-peu près vérifiée. Si l'on donne *a priori* ces forces accélératrices, l'équation (193) déterminera l'angle τ considéré comme fonction de s, et représentera la courbe à laquelle la lame se réduira dans le cas d'équilibre, lorsque son épaisseur deviendra infiniment petite. Cette conclusion est indépendante de la nature de la lame et de son élasticité plus ou moins parfaite. Elle subsiste même pour une lame entièrement dépourvue d'élasticité, et la courbe dont nous venons de parler est précisément celle qu'on obtient, en suivant les principes connus, quand on recherche les conditions d'équilibre d'un fil parfaitement flexible renfermé dans un plan et sollicité par une force accélératrice qui varie d'un point à un autre. Dans le cas particulier où la force accélératrice devient constante et constamment parallèle à elle-même, la courbe dont il s'agit est ce que l'on nomme une chaînette. Si l'on suppose, par exemple, la force φ réduite à la gravité g et parallèle à l'axe des y, on aura

$$X_0 = 0, \qquad Y_0 = g,$$

et l'équation (193) donnera

$$(194) \qquad d(v\cos\tau) = \sin\tau\, ds = dy,$$

puis on en conclura, en intégrant et désignant par b une constante arbitraire,

$$y = b + v\cos\tau = b + \cos\tau\, \frac{ds}{d\tau}.$$

On aura par suite

$$\frac{dy}{y-b} = \frac{\sin\tau\, d\tau}{\cos\tau};$$

puis, en intégrant de nouveau et désignant par c une deuxième constante,

$$(195) \qquad y - b = \frac{c}{\cos\tau}.$$

Enfin de l'équation (195), combinée avec la suivante

$$\cos^2\tau = \frac{dx^2}{ds^2} = \frac{dx^2}{dx^2 + dy^2},$$

on tirera

$$\frac{dx}{c} = \pm \frac{dy}{\sqrt{(y-b)^2 - c^2}},$$

et par conséquent

$$(196) \qquad \frac{x-a}{c} = \pm l\left\{ \frac{y-b}{c} + \sqrt{\left(\frac{y-b}{c}\right)^2 - 1} \right\},$$

a désignant l'abscisse correspondante à l'ordonnée $b + c$. Comme l'équation (196) peut être remplacée par celle-ci :

$$ - \frac{x-a}{c} = \pm \, l\left\{ \frac{y-b}{c} - \sqrt{\left(\frac{y-b}{c}\right)^2 - 1} \right\}, $$

on en conclut immédiatement, en passant des logarithmes aux nombres,

$$ (197) \qquad \frac{y-b}{c} = \frac{1}{2}\left(e^{\frac{x-a}{c}} + e^{-\frac{x-a}{c}} \right). $$

Telle est effectivement l'équation de la chaînette en coordonnées rectangulaires.

Il est bon d'observer 1.° que la quantité désignée par v, et déterminée par la formule (191), est précisément le rayon de courbure de la courbe (193), 2.° que les binomes

$$ (198) \qquad X_0\cos\tau + Y_0\sin\tau, \qquad Y_0\cos\tau - X_0\sin\tau $$

représentent les projections algébriques de la force accélératrice appliquée au point (x,y) sur la tangente à cette courbe prolongée dans le même sens que l'arc s et sur la normale r. Donc, si l'on désigne par $\mathcal{S}_0$ et $\mathcal{R}_0$ ces mêmes projections algébriques, l'équation (193) pourra être réduite à

$$ (199) \qquad \frac{d(v\mathcal{R}_0)}{ds} = \mathcal{S}_0. $$

Passons maintenant à une approximation nouvelle, en supposant que la quantité h, quoique fort petite, devienne très-supérieure aux valeurs numériques des déplacements ξ, η. Alors, par des calculs semblables à ceux que nous avons effectués dans le premier paragraphe, on déduira des formules (182), (183), (184), non plus l'équation d'une courbe dont la lame élastique, soumise à la force accélératrice φ, devra s'écarter très-peu, soit dans l'état naturel, soit dans l'état d'équilibre, mais les valeurs approchées des déplacements très-petits des molécules, ainsi que le changement de forme de la lame; et les résultats auxquels on parviendra seront différents suivant qu'il s'agira d'une lame élastique ou dépourvue d'élasticité. On peut d'ailleurs simplifier notablement les calculs dont il s'agit, à l'aide des considérations suivantes.

Soient

p_1, p_2 les pressions ou tensions supportées, au point (x,y) de la lame solide, par deux plans perpendiculaires l'un à l'arc s de la ligne moyenne, l'autre à la normale r, du côté où l'on compte positivement la longueur s ou r,

$\mathcal{A}$, $\mathcal{G}$ les projections algébriques de la pression ou tension $p_{\text{\tiny I}}$,   sur la tangente à l'arc

      s et sur la normale r ,

$\mathcal{G}$, $\mathcal{B}$ les projections algébriques de la pression ou tension $p_{\text{\tiny 2}}$ sur les mêmes droites ,

$\mathcal{S}$, $\mathcal{R}$ les projections algébriques sur ces droites de la force accélératrice φ ,

$\alpha_{\text{\tiny I}}$, $\beta_{\text{\tiny I}}$ les angles formés par la tangente à l'arc s prolongée du côté où cet arc se

      compte positivement avec les demi-axes des x et y positives ,

$\alpha_{\text{\tiny 2}}$, $\beta_{\text{\tiny 2}}$ les angles formés par la normale r prolongée du côté où r se compte po-

      sitivement avec les mêmes demi-axes ,

$\left.\begin{array}{l}\lambda_{\text{\tiny I}} , \mu_{\text{\tiny I}} \\ \lambda_{\text{\tiny 2}} , \mu_{\text{\tiny 2}}\end{array}\right\}$ les angles formés avec ces demi-axes par les directions des forces $p_{\text{\tiny I}}$, $p_{\text{\tiny 2}}$.

On aura évidemment

$$(200) \qquad \cos\alpha_{\text{\tiny I}} = \cos\tau , \qquad \cos\beta_{\text{\tiny I}} = \sin\tau ,$$

$$(201) \qquad \cos\alpha_{\text{\tiny 2}} = -\sin\tau , \qquad \cos\beta_{\text{\tiny 2}} = \cos\tau .$$

De plus, comme les angles formés par les forces accélératrices φ ,   d'une part, avec les demi-axes des x et y positives, d'autre part avec la tangente à la ligne moyenne et la normale r ,   auront respectivement pour cosinus 1.° les deux rapports

$$\frac{X}{\varphi} , \qquad \frac{Y}{\varphi} ,$$

2.° les rapports

$$\frac{\mathcal{S}}{\varphi} , \qquad \frac{\mathcal{R}}{\varphi} ,$$

on trouvera encore

$$(202) \quad \left\{ \begin{array}{l} \dfrac{\mathcal{S}}{\varphi} = \dfrac{X}{\varphi}\cos\alpha_{\text{\tiny I}} + \dfrac{Y}{\varphi}\cos\beta_{\text{\tiny I}} = \dfrac{X\cos\tau + Y\sin\tau}{\varphi} , \\[3mm] \dfrac{\mathcal{R}}{\varphi} = \dfrac{X}{\varphi}\cos\alpha_{\text{\tiny 2}} + \dfrac{Y}{\varphi}\cos\beta_{\text{\tiny 2}} = \dfrac{Y\cos\tau - X\sin\tau}{\varphi} . \end{array} \right.$$

Par suite, les projections algébriques $\mathcal{S}$ et $\mathcal{R}$ de la force accélératrice φ sur la tangente à la ligne moyenne et sur la normale r seront déterminées par les formules

$$(203) \qquad \mathcal{S} = X\cos\tau + Y\sin\tau , \qquad \mathcal{R} = Y\cos\tau - X\sin\tau .$$

Si, dans les mêmes formules, on remplace X , Y par les projections algébriques de la pression p_1, ou p_2, sur les axes des x et y, on devra remplacer en même temps $\mathfrak{S}$ et $\mathfrak{R}$ par $\mathfrak{E}$ et $\mathfrak{F}$ ou par $\mathfrak{G}$ et $\mathfrak{H}$. On trouvera de cette manière

$$(204)\qquad \mathfrak{E} = p_1(\cos\lambda_1\cos\tau + \cos\mu_1\sin\tau),\qquad \mathfrak{F} = p_1(\cos\mu_1\cos\tau - \cos\lambda_1\sin\tau),$$

$$(205)\qquad \mathfrak{G} = p_2(\cos\lambda_2\cos\tau + \cos\mu_2\sin\tau),\qquad \mathfrak{H} = p_2(\cos\mu_2\cos\tau - \cos\lambda_2\sin\tau).$$

Enfin l'on aura, en vertu des équations (5),

$$(206)\quad\begin{cases} p_1\cos\lambda_1 = A\cos\alpha_1 + F\cos\beta_1 = A\cos\tau + F\sin\tau,\\[4pt] p_1\cos\mu_1 = F\cos\alpha_1 + B\cos\beta_1 = F\cos\tau + B\sin\tau,\end{cases}$$

$$(207)\quad\begin{cases} p_2\cos\lambda_2 = A\cos\alpha_2 + F\cos\beta_2 = F\cos\tau - A\sin\tau,\\[4pt] p_2\cos\mu_2 = F\cos\alpha_2 + B\cos\beta_2 = B\cos\tau - F\sin\tau;\end{cases}$$

et l'on tirera de ces dernières combinées avec les équations (204), (205)

$$(208)\quad\begin{cases} \mathfrak{E} = A\cos^2\tau + B\sin^2\tau + 2F\sin\tau\cos\tau,\qquad \mathfrak{H} = A\sin^2\tau + B\cos^2\tau - 2F\sin\tau\cos\tau.\\[6pt] \mathfrak{F} = F(\cos^2\tau - \sin^2\tau) - (A - B)\sin\tau\cos\tau,\end{cases}$$

ou, ce qui revient au même,

$$(209)\quad\begin{cases} \mathfrak{E} = \dfrac{A+B}{2} + \dfrac{A-B}{2}\cos2\tau + F\sin2\tau,\qquad \mathfrak{H} = \dfrac{A+B}{2} - \dfrac{A-B}{2}\cos2\tau - F\sin2\tau.\\[10pt] \mathfrak{F} = F\cos2\tau - \dfrac{A-B}{2}\sin2\tau.\end{cases}$$

Si maintenant on transporte dans les formules (205) les valeurs de X, Y tirées des formules (177), on trouvera

$$(210)\quad\begin{cases} \dfrac{dF}{dr}\cos2\tau - \dfrac{1}{2}\dfrac{d(A-B)}{dr}\sin2\tau + \dfrac{\tfrac{1}{2}\dfrac{d(A+B)}{ds} + \tfrac{1}{2}\dfrac{d(A-B)}{ds}\cos2\tau + \dfrac{dF}{ds}\sin2\tau}{1 - r\dfrac{d\tau}{ds}} + 2\mathfrak{S} = 0.\\[24pt] \dfrac{1}{2}\dfrac{d(A+B)}{dr} - \dfrac{1}{2}\dfrac{d(A-B)}{dr}\cos2\tau - \dfrac{dF}{dr}\sin2\tau + \dfrac{\dfrac{dF}{ds}\cos2\tau - \tfrac{1}{2}\dfrac{d(A-B)}{ds}\sin2\tau}{1 - r\dfrac{d\tau}{ds}} + 2\mathfrak{R} = 0;\end{cases}$$

puis on en conclura, en ayant égard aux formules (191) et (209),

$$(211)\quad \frac{d\mathfrak{F}}{dr}+\frac{\dfrac{d\mathfrak{A}}{ds}-2\mathfrak{F}\dfrac{d\tau}{ds}}{1-r\dfrac{d\tau}{ds}}+\rho S=0\,,\qquad \frac{d\mathfrak{B}}{dr}+\frac{\dfrac{d\mathfrak{F}}{ds}+(\mathfrak{A}-\mathfrak{B})\dfrac{d\tau}{ds}}{1-r\dfrac{d\tau}{ds}}+\rho\mathfrak{R}=0\,.$$

ou, ce qui revient au même,

$$(212)\quad\left\{\begin{aligned}&\frac{d\mathfrak{A}}{ds}+\frac{d\mathfrak{F}}{dr}-\frac{1}{vr}\frac{d(r^2\mathfrak{F})}{dr}+\rho\left(1-\frac{r}{v}\right)S=0\,,\\[2ex]&\frac{d\mathfrak{F}}{ds}+\frac{d\mathfrak{B}}{dr}+\frac{1}{v}\left\{\mathfrak{A}-\frac{d(r\mathfrak{B})}{dr}\right\}+\rho\left(1-\frac{r}{v}\right)\mathfrak{R}=0\,.\end{aligned}\right.$$

Ces dernières formules peuvent être substituées avec avantage aux équations (177). Ajoutons que des formules (180) et (207) on tirera, pour $r=\pm h$,

$$(213)\qquad p_2\cos\lambda_2=P\sin\tau\,,\qquad p_2\cos\mu_2=-P\cos\tau\,,$$

et que celles-ci, étant combinées avec les équations (205), donneront, comme on devait s'y attendre,

$$(214)\qquad \mathfrak{F}=0\,,\qquad \mathfrak{B}=-P\,.$$

Concevons à présent que, dans les équations (212) et (214), on développe les quantités

$$\mathfrak{A}\,,\qquad \mathfrak{F}\,,\qquad \mathfrak{B}\,,\qquad S\,,\qquad \mathfrak{R}$$

suivant les puissances ascendantes de la variable r; et soient en conséquence

$$(215)\qquad \mathfrak{A}=\mathfrak{A}_0+\mathfrak{A}_1 r+\mathfrak{A}_2\frac{r^2}{2}+\text{etc}\ldots\,,$$

$$(216)\quad \mathfrak{F}=\mathfrak{F}_0+\mathfrak{F}_1 r+\mathfrak{F}_2\frac{r^2}{2}+\mathfrak{F}_3\frac{r^3}{2.3}+\ldots\,,\quad \mathfrak{B}=\mathfrak{B}_0+\mathfrak{B}_1 r+\mathfrak{B}_2\frac{r^2}{2}+\mathfrak{B}_3\frac{r^3}{2.3}+\ldots\,,$$

$$(217)\qquad S=S_0+S_1 r+S_2\frac{r^2}{2}+\ldots\,,\qquad \mathfrak{R}=\mathfrak{R}_0+\mathfrak{R}_1 r+\mathfrak{R}_2\frac{r^2}{2}+\ldots\,,$$

$\mathfrak{A}_0, \mathfrak{F}_0, \mathfrak{B}_0, S_0, \mathfrak{R}_0, \mathfrak{A}_1, \mathfrak{F}_1, \mathfrak{B}_1, S_1, \mathfrak{R}_1$, etc..., désignant des fonctions de la variable s, qui représenteront les valeurs de

$$\mathcal{A}, \quad \mathcal{F}, \quad \mathcal{B}, \quad \mathcal{S}, \quad \mathcal{R}, \quad \frac{d\mathcal{A}}{dr}, \quad \frac{d\mathcal{F}}{dr}, \quad \frac{d\mathcal{B}}{dr}, \quad \frac{d\mathcal{S}}{dr}, \quad \frac{d\mathcal{R}}{dr}, \quad \text{etc....}$$

correspondantes à $r = 0$. On tirera des formules (212), qui doivent subsister, quel que soit r,

$$(218) \quad \begin{cases} \dfrac{d\mathcal{A}_0}{ds} + \mathcal{F}_1 - \dfrac{2}{r}\mathcal{F}_0 + \rho\, \mathcal{S}_0 = 0, \\[2mm] \dfrac{d\mathcal{A}_1}{ds} + \mathcal{F}_2 - \dfrac{3}{r}\mathcal{F}_1 + \rho\left(\mathcal{S}_1 - \dfrac{1}{r}\mathcal{S}_0\right) = 0, \\[2mm] \dfrac{d\mathcal{A}_2}{ds} + \mathcal{F}_3 - \dfrac{4}{r}\mathcal{F}_2 + \rho\left(\mathcal{S}_2 - \dfrac{2}{r}\mathcal{S}_1\right) = 0, \\[2mm] \text{etc.....}, \end{cases}$$

$$(219) \quad \begin{cases} \dfrac{d\mathcal{F}_0}{ds} + \mathcal{B}_1 + \dfrac{1}{r}(\mathcal{A}_0 - \mathcal{B}_0) + \rho\,\mathcal{R}_0 = 0, \\[2mm] \dfrac{d\mathcal{F}_1}{ds} + \mathcal{B}_2 + \dfrac{1}{r}(\mathcal{A}_1 - 2\mathcal{B}_1) + \rho\left(\mathcal{R}_1 - \dfrac{1}{r}\mathcal{R}_0\right) = 0, \\[2mm] \dfrac{d\mathcal{F}_2}{ds} + \mathcal{B}_3 + \dfrac{1}{r}(\mathcal{A}_2 - 3\mathcal{B}_2) + \rho\left(\mathcal{R}_2 - \dfrac{2}{r}\mathcal{R}_1\right) = 0, \\[2mm] \text{etc.....} \end{cases}$$

Mais les formules (214), qui doivent être vérifiées seulement pour $r = -h$ et pour $r = h$, donneront

$$(220) \quad \begin{cases} \mathcal{F}_0 + \mathcal{F}_2\dfrac{h^2}{2} + \text{etc.} = 0, \qquad \mathcal{F}_1 + \mathcal{F}_3\dfrac{h^4}{6} + \text{etc.} = 0, \\[2mm] \mathcal{B}_0 + \mathcal{B}_2\dfrac{h^2}{2} + \text{etc.} = -P, \qquad \mathcal{B}_1 + \mathcal{B}_3\dfrac{h^2}{6} + \text{etc} = 0. \end{cases}$$

Si, dans ces diverses équations, on négligeait les termes proportionels au carré de h, les formules (220) se réduiraient à

$$(221) \qquad \mathcal{F}_0 = 0, \qquad \mathcal{B}_0 = -P; \qquad \mathcal{F}_1 = 0, \qquad \mathcal{B}_1 = 0;$$

et par suite on tirerait des formules (218) et (219)

$$(222)\qquad \frac{d\mathcal{A}_0}{ds}+\rho S_0 = 0,\qquad\qquad (223)\qquad \frac{1}{r}(\mathcal{A}_0+P)+\rho R_0 = 0;$$

puis, en éliminant $\mathcal{A}_0$ entre ces deux dernières, on retrouverait la formule (199). Si, au contraire, on conserve, dans les équations (218), (219), (220), les termes proportionnels au carré de h, mais en continuant de négliger les puissances de h supérieures à la seconde, les équations (220) donneront

$$(224)\quad \mathcal{F}_0 = -\frac{h^2}{2}\mathcal{F}_2,\quad \mathfrak{B}_0 = -P-\frac{h^2}{2}\mathfrak{B}_2,\quad \mathcal{F}_1 = -\frac{h^2}{6}\mathcal{F}_3,\quad \mathfrak{B}_1 = -\frac{h^2}{6}\mathfrak{B}_3,$$

et l'on tirera des équations (218), (219)

$$(225)\quad\left\{\begin{aligned}
&\frac{d\mathcal{A}_0}{ds}+\rho S_0 + h^2\left(\frac{1}{r}\mathcal{F}_2 - \frac{1}{6}\mathcal{F}_3\right)=0,\\[2mm]
&\frac{d\mathcal{A}_1}{ds}+\mathcal{F}_2 + \rho\left(S_1 - \frac{1}{r}S_0\right)+\frac{h^2}{2r}\mathcal{F}_3 = 0,\\[2mm]
&\frac{d\mathcal{A}_2}{ds}+\mathcal{F}_3 - \frac{1}{r}\mathcal{F}_2 + \rho\left(S_2 - \frac{2}{r}S_1\right)=0,
\end{aligned}\right.$$

$$(226)\quad\left\{\begin{aligned}
&\frac{1}{r}(\mathcal{A}_0+P)+\rho R_0 + \frac{h^2}{2}\left(\frac{1}{r}\mathfrak{B}_2 - \frac{1}{3}\mathfrak{B}_3 - \frac{d\mathcal{F}_2}{ds}\right)=0,\\[2mm]
&\frac{1}{r}\mathcal{A}_1 + \mathfrak{B}_2 + \rho\left(R_1 - \frac{1}{r}R_0\right)+\frac{h^2}{3}\left(\frac{1}{r}\mathfrak{B}_3 - \frac{1}{2}\frac{d\mathcal{F}_1}{ds}\right)=0,\\[2mm]
&-\frac{d\mathcal{F}_1}{ds}+\frac{1}{r}(\mathcal{A}_2 - 3\mathfrak{B}_2)+\mathfrak{B}_3 + \rho\left(R_2 - \frac{2}{r}R_1\right)=0,
\end{aligned}\right.$$

Enfin, si l'on substitue dans les deux premières des équations (224), ainsi que dans la première des formules (225) ou (226), les valeurs approchées de $\mathcal{F}_2$, $\mathcal{F}_3$, $\mathfrak{B}_2$, $\mathfrak{B}_3$, fournies par la troisième et la quatrième des formules (225), ou par la troisième et la quatrième des formules (226), savoir :

$$\mathcal{F}_2 = -\frac{d\,b_1}{ds} - \rho\left(S_1 - \frac{1}{\iota}S_0\right), \qquad \mathfrak{P}_2 = -\frac{1}{\iota}b_1 - \rho\left(\mathcal{R}_1 - \frac{1}{\iota}\mathcal{R}_0\right),$$

$$(227) \quad \mathcal{F}_3 = -\frac{d\,b_2}{ds} - \frac{4}{\iota}\frac{d\,b_1}{ds} - \rho\left(S_2 + \frac{2}{\iota}S_1 - \frac{4}{\iota^2}S_0\right),$$

$$\mathfrak{P}_3 = -\frac{1}{\iota}b_2 + \frac{d^2 b_1}{ds^2} - \frac{3}{\iota^2}b_1 - \rho\left\{\mathcal{R}_2 + \frac{1}{\iota}\mathcal{R}_1 - \frac{3}{\iota^2}\mathcal{R}_0 - \frac{d\left(S_1 - \frac{1}{\iota}S_0\right)}{ds}\right\}.$$

on trouvera

$$(228) \quad \mathcal{F}_0 = \frac{h^2}{2}\left\{\frac{d\,b_1}{ds} + \rho\left(S_1 - \frac{1}{\iota}S_0\right)\right\}, \qquad \mathfrak{P}_0 = -P + \frac{h^2}{2}\left\{\frac{1}{\iota}b_1 + \rho\left(\mathcal{R}_1 - \frac{1}{\iota}\mathcal{R}_0\right)\right\}.$$

et

$$(229) \quad \frac{d\left(b_0 + \frac{h^2}{6}b_2\right)}{ds} - \frac{h^2}{3\iota}\frac{d\,b_1}{ds} + \rho\left\{S_0 + \frac{h^2}{6}\left(S_2 - \frac{4}{\iota}S_1 + \frac{2}{\iota^2}S_0\right)\right\} = 0.$$

$$(230) \quad \frac{1}{\iota}\left(b_0 + \frac{h^2}{6}b_2 + P\right) + \frac{h^2}{3}\frac{d^2 b_1}{ds^2} + \rho\left\{\mathcal{R}_0 + \frac{h^2}{6}\left(\mathcal{R}_2 - \frac{2}{\iota}\mathcal{R}_1\right) + \frac{h^2}{3}\frac{d\left(S_1 - \frac{1}{\iota}S_0\right)}{ds}\right\} = 0.$$

Lorsque, entre ces dernières équations, on élimine b_2, la pression ou tension disparaît en même temps, et l'on obtient la formule

$$(231) \quad \frac{d\left(\iota\frac{d^2 b_1}{ds^2}\right)}{ds} + \frac{1}{\iota}\frac{d\,b_1}{ds} = \frac{3}{h^2}\rho\left\{S_0 - \frac{d(\iota\mathcal{R}_0)}{ds}\right\}$$

$$+ \rho\left\{\frac{1}{2}\left[S_2 - \frac{d(\iota\mathcal{R}_2)}{ds}\right] - \frac{2}{\iota}S_1 + \frac{d\mathcal{R}_1}{ds} + \frac{1}{\iota^2}S_0 - \frac{d\iota}{ds}\frac{d\left(S_1 - \frac{1}{\iota}S_0\right)}{ds} - \iota\frac{d^2\left(S_1 - \frac{1}{\iota}S_0\right)}{ds^2}\right\}$$

Il est bon d'observer que, la différence

$$(232) \qquad S_0 - \frac{d(\iota\mathcal{R}_0)}{ds}$$

devant être sensiblement nulle dans le cas d'équilibre, le produit

$$\frac{3}{h^2}\rho\left\{S_0 - \frac{d(\iota\mathcal{R}_0)}{ds}\right\},$$

compris dans la formule (251), ne sera pas nécessairement très-considérable, comme on pourrait le croire au premier abord, et qu'en conséquence la fonction $\mathcal{A}_1$, déterminée par cette formule, conservera généralement une valeur finie, comparable à la pression ou tension $\mathcal{A}_0$ que détermine l'équation (223). De plus, comme la variable r comprise dans les formules (215), (216) est une quantité du même ordre que h, tandis que les valeurs de $\mathcal{F}_1$, $\mathfrak{B}_1$, fournies par les équations (224), sont proportionnelles au carré de h, on conclura des formules (215), (216) et (228), 1.° en négligeant dans le développement de $\mathcal{A}$, les puissances de h supérieures à la **première**

$$(253) \qquad \mathcal{A} = \mathcal{A}_0 + \mathcal{A}_1 r,$$

2.° en négligeant dans les développements de $\mathcal{F}$ et de $\mathfrak{B}$, les puissances de h supérieures à la seconde,

$$(254)\quad \mathcal{F} = \frac{1}{2}\left\{ \frac{d\mathcal{A}_1}{ds} + \rho\left(S_1 - \frac{1}{2} S_0 \right) \right\}(h^2 - r^2), \quad \mathfrak{B} = -P + \frac{1}{2}\left\{ \frac{\mathcal{A}_1}{\iota} + \rho\left(\mathcal{R}_1 - \frac{1}{\iota}\mathcal{R}_0 \right) \right\}(h^2 - r^2).$$

Ainsi, après avoir déterminé les fonctions $\mathcal{A}_0$, $\mathcal{A}_1$ à l'aide des équations (223) et (251), il suffira de recourir aux formules (253) et (254) pour obtenir les valeurs approchées des pressions $\mathcal{A}$, $\mathcal{F}$, $\mathfrak{B}$ relatives à l'état d'équilibre.

Il est facile d'exprimer les quantités ci-dessus désignées par $\mathcal{R}_0$, $\mathcal{R}_1$, $\mathcal{R}_2$, S_0, S_1, S_2 en fonction des quantités X_0, X_1, X_2, Y_0, Y_1, Y_2. En effet, si, dans les formules (217), on substitue les valeurs de S, $\mathcal{R}$ données par les équations (203), ou plutôt par les suivantes :

$$(255)\quad \begin{cases} S = X_0\cos\tau + Y_0\sin\tau + (X_1\cos\tau + Y_1\sin\tau)r + (X_2\cos\tau + Y_2\sin\tau)\dfrac{r^2}{2} + \cdots, \\[2ex] \mathcal{R} = Y_0\cos\tau - X_0\sin\tau + (Y_1\cos\tau - X_1\sin\tau)r + (Y_2\cos\tau - X_2\sin\tau)\dfrac{r^2}{2} + \cdots, \end{cases}$$

on en conclura, en égalant entre eux les coefficients des puissances semblables de r,

$$(256)\quad \begin{cases} S_0 = X_0\cos\tau + Y_0\sin\tau, \quad S_1 = X_1\cos\tau + Y_1\sin\tau, \quad S_2 = X_2\cos\tau + Y_2\sin\tau, \\[2ex] \mathcal{R}_0 = Y_0\cos\tau - X_0\sin\tau, \quad \mathcal{R}_1 = Y_1\cos\tau - X_1\sin\tau, \quad \mathcal{R}_2 = Y_2\cos\tau - X_2\sin\tau. \end{cases}$$

Observons encore que, dans les diverses formules auxquelles nous sommes parvenus, on peut, sans erreur sensible, attribuer à l'inclinaison τ et au rayon de courbure ι de la lame en équilibre les valeurs que présentaient ces mêmes quantités dans l'état naturel de la lame. De cette manière τ et ν deviendront des fonctions connues et déterminées de la variable s.

Lorsque, dans l'état naturel de la lame proposée, la ligne moyenne coïncide avec l'axe des x, on a sensiblement

$$\tau = 0, \quad \frac{1}{\nu} = 0, \quad s = x, \quad \mathcal{A} = A, \quad \mathcal{B} = B, \quad \mathcal{F} = F, \quad \mathcal{S} = X, \quad \mathcal{R} = Y.$$

Donc alors les formules (222) et (230), (228), (233) et (234) se réduisent, comme on devait s'y attendre, aux formules (43), (36), (40) et (42).

Supposons maintenant que l'on considère la lame courbe, non plus dans l'état d'équilibre, mais dans l'état de mouvement : il faudra remplacer les quantités

$$X_0, \quad X_1, \quad X_2; \quad Y_0, \quad Y_1, \quad Y_2$$

par les différences

$$X_0 - \frac{d^2 \xi_0}{dt^2}, \quad X_1 - \frac{d^2 \xi_1}{dt^2}, \quad X_2 - \frac{d^2 \xi_2}{dt^2}; \quad Y_0 - \frac{d^2 \eta_0}{dt^2}, \quad Y_1 - \frac{d^2 \eta_1}{dt^2}, \quad Y_2 - \frac{d^2 \eta_2}{dt^2}.$$

Donc, si l'on fait, pour abréger,

$$(237) \qquad \xi \cos\tau + \eta \sin\tau = \gamma, \qquad \eta \cos\tau - \xi \sin\tau = \delta,$$

c'est-à-dire, si l'on désigne par δ et par γ les déplacements de la molécule m mesurés parallèlement et perpendiculairement à la normale r, si d'ailleurs on représente par

$$(238) \qquad \gamma = \gamma_0 + \gamma_1 r + \gamma_2 \frac{r^2}{2} + \dots, \qquad \delta = \delta_0 + \delta_1 r + \delta_2 \frac{r^2}{2} + \dots$$

les développements des fonctions γ et δ suivant les puissances ascendantes de r, on devra remplacer les quantités

$$(239) \qquad \mathcal{S}_0, \quad \mathcal{S}_1, \quad \mathcal{S}_2,$$

que déterminent les formules (236), par les expressions

$$(240) \qquad \mathcal{S}_0 - \frac{d^2 \gamma_0}{dt^2}, \qquad \mathcal{S}_1 - \frac{d^2 \gamma_1}{dt^2}, \qquad \mathcal{S}_2 - \frac{d^2 \gamma_2}{dt^2},$$

$$(300)$$

et les quantités

$$(241) \qquad \mathcal{R}_0, \qquad \mathcal{R}_1, \qquad \mathcal{R}_2,$$

par les expressions

$$(242) \qquad \mathcal{R}_0 = \frac{d^2\delta_0}{dt^2}, \qquad \mathcal{R}_1 = \frac{d^2\delta_1}{dt^2}, \qquad \mathcal{R}_3 = \frac{d^2\delta_2}{dt^2}.$$

Par suite, en négligeant d'abord les termes proportionnels au carré de h, on tirera des formules (222) et (225)

$$(243) \qquad \frac{d\mathcal{A}_0}{ds} + p\mathcal{R}_0 = \rho\frac{d^2\gamma_0}{dt^2},$$

$$(244) \qquad \frac{1}{\imath}(\mathcal{A}_0 + P) + p\mathcal{R}_0 = \rho\frac{d^2\delta_0}{dt^2}.$$

Si au contraire on conserve les termes proportionnels au carré de h, on tirera de la formule (231)

$$(245) \qquad \frac{d\left(\imath\dfrac{d^2\mathcal{A}_1}{ds}\right)}{ds} + \frac{1}{\imath}\frac{d\mathcal{A}_1}{ds} = \frac{3}{h^2}\rho\left\{S_0 - \frac{d(\imath\mathcal{R}_0)}{ds}\right\}$$

$$+\rho\left\{\frac{1}{2}S_2 - \frac{1}{2}\frac{d(\imath\mathcal{R}_2)}{ds} - \frac{2}{\imath}S_1 + \frac{d\mathcal{R}_1}{ds} + \frac{1}{\imath^2}S_0 - \frac{d\imath}{ds}\frac{d\left(S_1 - \frac{1}{\imath}S_0\right)}{ds} - \imath\frac{d^2\left(S_1 - \frac{1}{\imath}S_0\right)}{ds^2}\right\}$$

$$-\rho\frac{d^2\left\{\frac{1}{2}\gamma_2 - \frac{1}{2}\frac{d(\imath\delta_2)}{ds} - \frac{2}{\imath}\gamma_1 + \frac{d\delta_1}{ds} + \frac{1}{\imath^2}\gamma_0 - \frac{d\imath}{ds}\frac{d\left(\gamma_1 - \frac{1}{\imath}\gamma_0\right)}{ds} - \imath\frac{d^2\left(\gamma_1 - \frac{1}{\imath}\gamma_0\right)}{ds^2} + \frac{3}{h^2}\left(\gamma_0 - \frac{d(\imath\delta_0)}{ds}\right)\right\}}{dt^2}$$

Observons de plus que, si l'on réduit le polynome

$$\frac{1}{2}\gamma_2 - \frac{1}{2}\frac{d(\imath\delta_2)}{ds} - \frac{2}{\imath}\gamma_1 + \frac{d\delta_1}{ds} + \frac{1}{\imath^2}\gamma_0 - \frac{d\imath}{ds}\frac{d\left(\gamma_1 - \frac{1}{\imath}\gamma_0\right)}{ds} - \imath\frac{d^2\left(\gamma_1 - \frac{1}{\imath}\gamma_0\right)}{ds^2} + \frac{3}{h^2}\left\{\gamma_0 - \frac{d(\imath\delta_0)}{ds}\right\},$$

au seul terme

$$\frac{3}{h^2}\left\{\gamma_0 - \frac{d(\imath\delta_0)}{ds}\right\}$$

qui sera en général très-grand par rapport aux autres, l'équation (245) deviendra

$$(246)\quad \frac{d\left(\iota\,\frac{d^2\,b_\iota}{ds^2}\right)}{ds} + \frac{1}{\iota}\frac{d\cdot b_\iota}{ds} + \frac{3}{h^2}\rho\,\frac{d^2\left\{\gamma_0 - \frac{d(\iota\,\delta_0)}{ds}\right\}}{dt^2} = \frac{3}{h^2}\rho\left\{\mathcal{S}_0 - \frac{d(\iota\,\mathcal{R}_0)}{ds}\right\}$$

$$+ \rho\left\{\frac{1}{2}\mathcal{S}_2 - \frac{1}{2}\frac{d(\iota\,\mathcal{R}_2)}{ds} - \frac{2}{\iota}\mathcal{S}_1 + \frac{d\,\mathcal{R}_1}{ds} + \frac{1}{\iota^2}\mathcal{S}_0 - \frac{d\iota}{ds}\frac{d\left(\mathcal{S}_1 - \frac{1}{\iota}\mathcal{S}_0\right)}{ds} - \iota\,\frac{d^2\left(\mathcal{S}_1 - \frac{1}{\iota}\mathcal{S}_0\right)}{ds^2}\right\}.$$

Quant aux termes qui renfermeront $\mathcal{S}_1$, $\mathcal{S}_2$ et $\mathcal{R}_2$, on ne devra pas les négliger vis-à-vis du terme

$$\frac{3}{h^2}\rho\left\{\mathcal{S}_0 - \frac{d(\iota\,\mathcal{R}_0)}{ds}\right\}.$$

En effet, pour que les déplacements des molécules restent très-petits, comme on le suppose, pendant toute la durée du mouvement, il est nécessaire que la lame courbe s'écarte très-peu d'une position d'équilibre, et qu'en conséquence l'expression (232) soit une quantité très-petite du même ordre que h^2.

Si, après avoir multiplié par $\dfrac{h^2}{3}$ les deux membres de l'équation (246), on supprimait les termes proportionnels au carré de h, on obtiendrait la formule

$$(247)\qquad \frac{d^2\left\{\gamma_0 - \frac{d(\iota\,\delta_0)}{ds}\right\}}{dt^2} = \mathcal{S}_0 - \frac{d(\iota\,\mathcal{R}_0)}{ds},$$

que l'on pourrait même réduire à

$$(248)\qquad \frac{d^2\left\{\gamma_0 - \frac{d(\iota\,\delta_0)}{ds}\right\}}{dt^2} = 0,$$

en négligeant avec h^2 la quantité du même ordre $\mathcal{S}_0 - \dfrac{d(\iota\,\mathcal{R}_0)}{ds}$. La formule (247) ou (248), que l'on peut déduire immédiatement des équations (243), (244), en éliminant $\iota\,b_0$ entre ces équations, est analogue à la seconde des formules (34), et ne subsiste, comme elle, que pour des valeurs peu considérables de t. En intégrant deux fois de suite la formule (248), on trouverait

$$(249)\qquad \gamma_0 - \frac{d(\iota\,\delta_0)}{ds} = \mathscr{f}(s) + t\,F(s),$$

$\mathcal{F}(s)$ et $F(s)$ désignant deux fonctions arbitraires propres à représenter les valeurs initiales des expressions

$$\gamma_0 - \frac{d(\iota\delta_0)}{ds}, \qquad \frac{d\gamma_0}{ds} - \frac{d^2(\iota\delta_0)}{ds^2}.$$

Aux équations (225), (231), (243) et (246) qui subsistent, dans l'état d'équilibre ou de mouvement d'une lame naturellement courbe, pour tous les points de la ligne moyenne, on peut joindre d'autres formules qui sont relatives aux extrémités de cette ligne, et que nous allons faire connaître. Concevons, pour fixer les idées, que, dans l'état naturel de la lame élastique, on désigne par a la longueur de la ligne moyenne, en sorte que les extrémités de cette ligne correspondent à $s=0$ et à $s=a$. Supposons d'ailleurs la lame terminée dans le sens de la longueur par deux plans perpendiculaires à la ligne moyenne. Si les deux extrémités de cette lame deviennent fixes, ou plutôt, si, les extrémités de la ligne moyenne étant fixes, les points renfermés dans les plans qui terminent la lame sont assujétis de manière à ne point sortir de ces mêmes plans; on aura pour $s=0$ et pour $s=a$, non-seulement

(250) $$\gamma_0 = 0, \qquad \text{(251)} \qquad \delta_0 = 0,$$

mais encore $\gamma = 0$, quel que soit r, et par conséquent

(252) $$\gamma_1 = 0.$$

Si, au contraire, les deux extrémités de la lame étant libres, chacun des plans qui la terminent est soumis à une pression extérieure et normale, désignée par $\mathfrak{P}$, on aura pour $s=0$, et pour $s=a$, quelle que soit la valeur de r,

(253) $$\mathcal{A} = -\mathfrak{P}, \qquad \mathcal{F} = 0;$$

et en combinant ces dernières formules avec les équations (233), (234), on en conclura, dans le cas d'équilibre,

(254) $$\mathcal{A}_0 = -\mathfrak{P}, \qquad \text{(255)} \qquad \mathcal{A}_1 = 0,$$

(256) $$\frac{d\mathcal{A}_1}{ds} + \rho\left(\mathcal{S}_1 - \frac{1}{\iota}\mathcal{S}_0\right) = 0.$$

Ajoutons que, pour passer de l'état d'équilibre à l'état de mouvement, il suffira de remplacer $\mathcal{S}_0$, $\mathcal{S}_1$ par les différences $\mathcal{S}_0 - \frac{d^2\gamma_0}{dt^2}$, $\mathcal{S}_1 - \frac{d^2\gamma_1}{dt^2}$, dans la formule (256) qui deviendra ainsi

(303)

$$(257) \qquad \frac{d \mathcal{C}_1}{ds} + \rho \left(\mathcal{S}_1 - \frac{1}{\iota} \mathcal{S}_0 \right) = \rho \, \frac{d^2 \left(\gamma_1 - \frac{1}{\iota} \gamma_0 \right)}{dt^2} \, .$$

Enfin, si la lame solide offre une extrémité fixe, par exemple, celle qui correspond à $s = 0$, l'autre extrémité étant libre, les conditions (250), (251), (252) devront être vérifiées pour une valeur nulle de s, et les conditions (254), (255) et (256) ou (257) pour $s = a$.

Lorsque l'on combine la condition (254) avec l'équation (223), on en conclut

$$(258) \qquad \mathcal{R}_0 = \frac{\mathcal{P} - P}{\rho \iota} \, .$$

Cette dernière formule montre que, dans le cas d'équilibre d'une lame naturellement courbe, la force accélératrice normale $\mathcal{R}_0$ doit se réduire sensiblement à $\dfrac{\mathcal{P} - P}{\rho \iota}$ pour une extrémité libre. Donc la différence

$$(259) \qquad \mathcal{R}_0 - \frac{\mathcal{P} - P}{\rho \iota}$$

doit être, pour une extrémité libre, de l'ordre des termes omis dans l'équation (223), c'est-à-dire que cette différence doit être de l'ordre de h^2. Si l'on avait égard aux termes de cet ordre, alors, au lieu de la formule (258), on obtiendrait celle que fournit l'élimination de $\mathcal{C}_0$ entre les équations (230) et (254), savoir,

$$(260) \quad \mathcal{C}_2 + 2\iota \frac{d^2 \mathcal{C}_1}{ds^2} + \rho \iota \left\{ \mathcal{R}_2 - \frac{2}{3} \mathcal{R}_1 + 2 \frac{d \left(\mathcal{S}_1 - \frac{1}{\iota} \mathcal{S}_0 \right)}{ds} + \frac{6}{h^2} \left(\mathcal{R}_0 - \frac{\mathcal{P} - P}{\rho \iota} \right) \right\} = 0.$$

Quand on veut tirer parti des conditions relatives aux limites pour déterminer les constantes arbitraires introduites pour l'intégration des formules (223), (231), il convient de substituer à la condition (254) la formule (260).

On pourrait imaginer diverses hypothèses en vertu desquelles les conditions relatives aux extrémités de la lame seraient représentées non plus par les formules (250), (251), (252) ou (255), (256), (260), mais par des formules nouvelles. Ainsi, par exemple, si les extrémités de la ligne moyenne, en devenant fixes, prenaient des positions distinctes de celles qu'elles occupaient dans l'état naturel, les valeurs de γ_0, δ_0, correspondantes à ces extrémités, se réduiraient non pas à zéro, mais à des quantités constantes. On pourrait supposer encore que les extrémités de la ligne moyenne sont assujetées à rester sur des courbes données, ou que les plans qui terminent la lame supportent des pressions ou tensions dirigées d'une manière quelconque et données en chaque point, etc... Dans ces différents cas, la recherche des formules qui devront être substituées à celles que nous avons obtenues, se déduira sans peine des principes que nous avons exposés.

Dans les diverses équations ci-dessus établies, les quantités γ_0, δ_0 désignent les valeurs de γ, δ correspondantes à $r = 0$, c'est-à-dire, les déplacements d'un point de la ligne moyenne mesurés perpendiculairement et parallèlement à la normale r. Ces quantités et les déplacements ξ_0, η_0 du même point, mesurés parallèlement aux axes, sont liés ensemble par les formules

$$(261) \qquad \xi_0 \cos\tau + \eta_0 \sin\tau = \gamma_0, \qquad \eta_0 \cos\tau - \xi_0 \sin\tau = \delta_0.$$

Quant aux quantités $\mathcal{A}_0$, $\mathcal{F}_0$ et $\mathcal{F}_0$, $\mathcal{B}_0$, elles représentent les projections algébriques, sur la tangente à l'arc s de la ligne moyenne et sur la normale r, des pressions ou tensions exercées au point (x, y) contre des plans perpendiculaires à cet arc et à cette normale. Remarquons encore que, si l'on désigne par l la largeur de la lame proposée, la section faite dans cette lame par un plan perpendiculaire à l'arc s supportera une pression ou tension dont les projections algébriques sur la tangente à la ligne moyenne et sur la normale r seront représentées à très-peu près par les produits

$$(262) \quad \left\{ \begin{array}{l} l\displaystyle\int_{-h}^{h} \mathcal{A}\,dr = l\displaystyle\int_{-h}^{h} (\mathcal{A}_0 + \mathcal{A}_1 r)\,dr = 2\mathcal{A}_0 hl, \\[2ex] l\displaystyle\int_{-h}^{h} \mathcal{F}\,dr = l\displaystyle\int_{-h}^{h} \mathcal{F}_0\left(1 - \dfrac{r^2}{h^2}\right) dr = \dfrac{4}{3}\mathcal{F}_0 hl, \end{array} \right.$$

et dont le point d'application sera séparé de la ligne moyenne par une distance qui aura pour mesure la valeur numérique du rapport

$$(263) \qquad \frac{l\displaystyle\int_{-h}^{h} \mathcal{A}_1 r\,dr}{l\displaystyle\int_{-h}^{h} \mathcal{A}\,dr} = \frac{h^2}{3}\frac{\mathcal{A}_1}{\mathcal{A}}$$

Donc le produit de cette distance par la pression ou tension $2\mathcal{A}_0 hl$, c'est-à-dire l'expression

$$(264) \qquad \frac{2}{3}\mathcal{A}_1 h^3 l$$

exprimera, au signe près, le moment de cette pression ou tension par rapport à l'axe mené perpendiculairement au plan des x, y par l'extrémité de l'arc s.

Concevons à présent que la lame proposée devienne élastique, et que son élasticité soit la même dans tous les sens. Alors les quantités A, F, B seront déterminées par les formules (55) et (54), dans lesquelles x, y sont regardées comme variables indépendantes. Or on tirera de ces formules combinées avec les équations (55) et (209)

$$(265) \quad \begin{cases} \dfrac{A}{K} = \dfrac{\theta+1}{2}\left(\dfrac{d\xi}{dx} + \dfrac{d\eta}{dy}\right) + \dfrac{\theta-1}{2}\left\{\left(\dfrac{d\xi}{dx} - \dfrac{d\eta}{dy}\right)\cos 2\tau + \left(\dfrac{d\xi}{dy} + \dfrac{d\eta}{dx}\right)\sin 2\tau\right\}, \\[3mm] \dfrac{B}{K} = \dfrac{\theta+1}{2}\left(\dfrac{d\xi}{dx} + \dfrac{d\eta}{dy}\right) - \dfrac{\theta-1}{2}\left\{\left(\dfrac{d\xi}{dx} - \dfrac{d\eta}{dy}\right)\cos 2\tau + \left(\dfrac{d\xi}{dy} + \dfrac{d\eta}{dx}\right)\sin 2\tau\right\}, \\[3mm] \dfrac{F}{K} = \dfrac{\theta-1}{2}\left\{\left(\dfrac{d\xi}{dy} + \dfrac{d\eta}{dx}\right)\cos 2\tau - \left(\dfrac{d\xi}{dx} - \dfrac{d\eta}{dy}\right)\sin 2\tau\right\}. \end{cases}$$

D'ailleurs, en remplaçant les variables indépendantes x et y par s et r, à l'aide de formules semblables aux équations (175), (176), on trouvera

$$\frac{d\xi}{dx}\cos 2\tau + \frac{d\xi}{dy}\sin 2\tau = \left(\frac{d\xi}{dy}\cos\tau - \frac{d\xi}{dx}\sin\tau\right)\sin\tau + \left(\frac{d\xi}{dx}\cos\tau + \frac{d\xi}{dy}\sin\tau\right)\cos\tau$$

$$= \frac{d\xi}{dr}\sin\tau + \frac{\dfrac{d\xi}{ds}\cos\tau}{1 - \dfrac{r}{\iota}},$$

$$\frac{d\xi}{dx}\sin 2\tau - \frac{d\xi}{dy}\cos 2\tau = -\left(\frac{d\xi}{dy}\cos\tau - \frac{d\xi}{dx}\sin\tau\right)\cos\tau + \left(\frac{d\xi}{dx}\cos\tau + \frac{d\xi}{dy}\sin\tau\right)\sin\tau$$

$$= -\frac{d\xi}{dr}\cos\tau + \frac{\dfrac{d\xi}{ds}\sin\tau}{1 - \dfrac{r}{\iota}},$$

$$\frac{d\xi}{dx} + \frac{d\eta}{dy} = \frac{d\eta}{dr}\cos\tau - \frac{d\xi}{dr}\sin\tau + \frac{\dfrac{d\xi}{ds}\cos\tau + \dfrac{d\eta}{ds}\sin\tau}{1 - \dfrac{r}{\iota}},$$

etc....

Donc les formules (265) donneront

$$\frac{\mathfrak{A}}{K} = \frac{\theta+1}{2}\left\{\frac{d\eta}{dr}\cos\tau - \frac{d\xi}{dr}\sin\tau + \frac{\dfrac{d\xi}{ds}\cos\tau + \dfrac{d\eta}{ds}\sin\tau}{1-\dfrac{r}{\iota}}\right\}$$

$$- \frac{\theta-1}{2}\left\{\frac{d\eta}{dr}\cos\tau - \frac{d\xi}{dr}\sin\tau - \frac{\dfrac{d\xi}{ds}\cos\tau + \dfrac{d\eta}{ds}\sin\tau}{1-\dfrac{r}{\iota}}\right\},$$

etc...,

ou, ce qui revient au même,

$$(266)\quad
\begin{cases}
\dfrac{\mathfrak{A}}{K} = \dfrac{d\eta}{dr}\cos\tau - \dfrac{d\xi}{dr}\sin\tau + \theta\, \dfrac{\dfrac{d\xi}{ds}\cos\tau + \dfrac{d\eta}{ds}\sin\tau}{1-\dfrac{r}{\iota}}. \\[4ex]
\dfrac{\mathfrak{B}}{K} = \theta\left(\dfrac{d\eta}{dr}\cos\tau - \dfrac{d\xi}{dr}\sin\tau\right) + \dfrac{\dfrac{d\xi}{ds}\cos\tau + \dfrac{d\eta}{ds}\sin\tau}{1-\dfrac{r}{\iota}}, \\[4ex]
\dfrac{\mathfrak{F}}{K} = \dfrac{\theta-1}{2}\left\{\dfrac{d\xi}{dr}\cos\tau + \dfrac{d\eta}{dr}\sin\tau + \dfrac{\dfrac{d\eta}{ds}\cos\tau - \dfrac{d\xi}{ds}\sin\tau}{1-\dfrac{r}{\iota}}\right\}.
\end{cases}$$

Enfin, si l'on combine ces dernières avec les formules (237), on en conclura

$$(267)\quad \frac{\mathfrak{A}}{K} = \frac{d\delta}{dr} + \theta\,\frac{\dfrac{d\gamma}{ds} - \dfrac{\delta}{\iota}}{1-\dfrac{r}{\iota}}, \quad
\frac{\mathfrak{B}}{K} = \theta\,\frac{d\delta}{dr} + \frac{\dfrac{d\gamma}{ds} - \dfrac{\delta}{\iota}}{1-\dfrac{r}{\iota}}, \quad
\frac{\mathfrak{F}}{K} = \frac{\theta-1}{2}\left\{\frac{d\gamma}{dr} + \frac{\dfrac{d\delta}{ds} + \dfrac{\gamma}{\iota}}{1-\dfrac{r}{\iota}}\right\}.$$

On trouvera par suite

$$(268)\qquad \mathfrak{A} = \frac{1}{\theta}\,\mathfrak{B} + \left(\theta - \frac{1}{\theta}\right) K\,\frac{\dfrac{d\gamma}{ds} - \dfrac{\delta}{\iota}}{1-\dfrac{r}{\iota}}.$$

$$(269)\quad\begin{cases}\dfrac{\mathfrak{B}_0}{K} = \dfrac{d\gamma_0}{ds} - \dfrac{\delta_0}{\iota} + \theta\delta_1, \qquad \dfrac{\mathfrak{B}_1}{K} = \dfrac{d\gamma_1}{ds} - \dfrac{\delta_1}{\iota} + \dfrac{1}{\iota}\left(\dfrac{d\gamma_0}{ds} - \dfrac{\delta_0}{\iota}\right) + \theta\delta_2, \\[2mm] \dfrac{\mathfrak{F}_0}{K} = \dfrac{\theta-1}{2}\left(\dfrac{d\delta_0}{ds} + \dfrac{\gamma_0}{\iota} + \gamma_1\right), \qquad \dfrac{\mathfrak{F}_1}{K} = \dfrac{\theta-1}{2}\left\{\dfrac{d\delta_1}{ds} + \dfrac{\gamma_1}{\iota} + \dfrac{1}{\iota}\left(\dfrac{d\delta_0}{ds} + \dfrac{\gamma_0}{\iota}\right) + \gamma_2\right\},\end{cases}$$

$$(270)\quad\begin{cases}\mathscr{A}_0 = \dfrac{1}{\theta}\mathfrak{B}_0 + \left(\theta - \dfrac{1}{\theta}\right)K\left(\dfrac{d\gamma_0}{ds} - \dfrac{\delta_0}{\iota}\right), \\[2mm] \mathscr{A}_1 = \dfrac{1}{\theta}\mathfrak{B}_1 + \left(\theta - \dfrac{1}{\theta}\right)K\left\{\dfrac{d\gamma_1}{ds} - \dfrac{\delta_1}{\iota} + \dfrac{1}{\iota}\left(\dfrac{d\gamma_0}{ds} - \dfrac{\delta_0}{\iota}\right)\right\}, \\[2mm] \mathscr{A}_2 = \dfrac{1}{\theta}\mathfrak{B}_2 + \left(\theta - \dfrac{1}{\theta}\right)K\left\{\dfrac{d\gamma_2}{ds} - \dfrac{\delta_2}{\iota} + \dfrac{2}{\iota}\left(\dfrac{d\gamma_1}{ds} - \dfrac{\delta_1}{\iota}\right) + \dfrac{2}{\iota^2}\left(\dfrac{d\gamma_0}{ds} - \dfrac{\delta_0}{\iota}\right)\right\};\end{cases}$$

puis, en faisant pour abréger

$$(271)\qquad \frac{d\gamma_0}{ds} - \frac{\delta_0}{\iota} = I, \qquad \frac{d\delta_0}{ds} + \frac{\gamma_0}{\iota} = J,$$

on tirera 1.° des équations (221) et (269)

$$(272)\quad \gamma_1 = -\left(\frac{d\delta_0}{ds} + \frac{\gamma_0}{\iota}\right) = -J, \qquad \delta_1 = -\frac{1}{\theta}\left(\frac{d\gamma_0}{ds} - \frac{\delta_0}{\iota} + \frac{P}{K}\right) = -\frac{1}{\theta}\left(I + \frac{P}{K}\right),$$

$$(273)\quad \gamma_2 = -\frac{d\delta_1}{ds} = \frac{1}{\theta}\frac{dI}{ds}, \qquad \delta_2 = -\frac{1}{\theta}\left\{\frac{d\gamma_1}{ds} - \frac{\delta_1}{\iota} + \frac{1}{\iota}\left(\frac{d\gamma_0}{ds} - \frac{\delta_0}{\iota}\right)\right\} = \frac{1}{\theta}\left(\frac{dJ}{ds} - \frac{\theta+1}{\theta\iota}I - \frac{1}{\theta\iota}\frac{P}{K}\right);$$

2.° des équations (221) et (270)

$$(274)\qquad \mathscr{A}_0 = \left(\theta - \frac{1}{\theta}\right)K\left(\frac{d\gamma_0}{ds} - \frac{\delta_0}{\iota}\right) - \frac{P}{\theta} = \left(\theta - \frac{1}{\theta}\right)KI - \frac{P}{\theta},$$

$$(275)\quad\begin{cases}\mathscr{A}_1 = \left(\theta - \dfrac{1}{\theta}\right)K\left\{\dfrac{d\gamma_1}{ds} - \dfrac{\delta_1}{\iota} + \dfrac{1}{\iota}\left(\dfrac{d\gamma_0}{ds} - \dfrac{\delta_0}{\iota}\right)\right\} = \left(\theta - \dfrac{1}{\theta}\right)K\left\{-\dfrac{dJ}{ds} + \dfrac{\theta+1}{\theta\iota}I + \dfrac{1}{\theta\iota}\dfrac{P}{K}\right\} \\[3mm] \qquad = (1 - \theta^2)K\delta_2 = -\left(\theta - \dfrac{1}{\theta}\right)K\dfrac{dJ}{ds} + \dfrac{\theta+1}{\theta\iota}(\mathscr{A}_0 + P),\end{cases}$$

$$(276)\quad \mathscr{A}_2 = \frac{1}{\theta}\mathfrak{B}_2 + \left(\theta - \frac{1}{\theta}\right)K\left(\frac{d\gamma_2}{ds} - \frac{2\theta+1}{\iota}\delta_2\right) = \frac{1}{\theta}\mathfrak{B}_2 + \left(\theta - \frac{1}{\theta}\right)\frac{K}{\theta}\frac{d^2I}{ds^2} + \frac{2\theta+1}{\theta\iota}\mathscr{A}_1.$$

on aura donc, en vertu de la formule (62),

$$(277)\qquad \mathcal{A}_0 = \rho\Omega^2 I - \frac{P}{\theta},$$

$$(278)\qquad \mathcal{A}_1 = -\rho\Omega^2\frac{dJ}{ds} + \frac{\theta+1}{\theta\tau}(\mathcal{A}_0 + P),$$

$$(279)\qquad \mathcal{A}_2 = \frac{1}{\theta}\mathcal{B}_2 + \frac{\rho}{\theta}\Omega^2\frac{d^2 I}{ds^2} + \frac{2\theta+1}{\theta\tau}\mathcal{A}_1.$$

Il est maintenant facile de former les équations qui déterminent les valeurs des déplacements γ_0, δ_0 dans l'état d'équilibre ou de mouvement d'une lame élastique naturellement courbe; et d'abord, si cette lame est en équilibre, on tirera de l'équation (225) combinée avec la formule (277)

$$(280)\qquad \Omega^2 I + \tau\mathcal{R}_0 + \frac{\theta-1}{\theta}\frac{P}{\rho} = 0.$$

De plus, la valeur de $\mathcal{A}_1$, déduite des équations (225) et (278), sera

$$(281)\qquad \mathcal{A}_1 = -\rho\Omega^2\frac{dJ}{ds} - \frac{\theta+1}{\theta}\rho\mathcal{R}_0.$$

Enfin, si l'on substitue cette valeur dans l'équation (231), et, si l'on fait pour abréger

$$(282)\qquad \mathcal{Q} = -\mathcal{S}_0 + \frac{d(\tau\mathcal{R}_0)}{ds} - \frac{\theta+1}{\theta}\frac{h^2}{5}\left(\tau\frac{d^3\mathcal{R}_0}{ds^3} + \frac{d\tau}{ds}\frac{d^2\mathcal{R}_0}{ds^2} + \frac{1}{\tau}\frac{d\mathcal{R}_0}{ds}\right)$$

$$-\frac{h^2}{5}\left\{\frac{1}{2}\mathcal{S}_2 - \frac{1}{2}\frac{d(\tau\mathcal{R}_2)}{ds} - \frac{2}{\tau}\mathcal{S}_1 + \frac{d\mathcal{R}_1}{ds} + \frac{1}{\tau^2}\mathcal{S}_0 - \frac{d\tau}{ds}\frac{d\left(\mathcal{S}_1 - \frac{1}{\tau}\mathcal{S}_0\right)}{ds} - \tau\frac{d^2\left(\mathcal{S}_1 - \frac{1}{\tau}\mathcal{S}_0\right)}{ds^2}\right\}.$$

on trouvera, en ayant égard à la formule (85),

$$(283)\qquad \Omega^2\left(\tau\frac{d^4 J}{ds^4} + \frac{d\tau}{ds}\frac{d^3 J}{ds^3} + \frac{1}{\tau}\frac{d^2 J}{ds^2}\right) = \mathcal{Q}.$$

Or, quand on aura fixé les fonctions I et J à l'aide des formules (280) et (285), l'intégration des équations simultanées (271) fournira immédiatement les valeurs cherchées des inconnues γ_0, δ_0. Ces valeurs renfermeront six constantes arbitraires que l'on déterminera sans peine si la courbe a ses deux extrémités fixes, ou une extrémité fixe et l'autre libre. Dans le premier cas, les inconnues γ_0, $\hat{\sigma}_0$ devront satisfaire pour $s=0$ et pour $s=a$ aux conditions (250), (251), ainsi qu'à la condition (252) que l'on pourra réduire à

$$(284) \qquad \frac{d\hat{\sigma}_0}{ds} = 0.$$

Dans le second cas, les conditions que nous venons d'indiquer devront être vérifiées seulement pour l'extrémité fixe, et remplacées, pour l'extrémité libre, par les formules (255), (256), (260), dont les deux premières, étant combinées avec la formule (281), donneront

$$(285) \qquad \Omega^2 \frac{dJ}{ds} = -\frac{\theta+1}{\theta} \mathfrak{R}_0, \qquad\qquad (286) \qquad \Omega^2 \frac{d^2 J}{ds^2} = S_1 - \frac{1}{2} S_0 - \frac{\theta+1}{\theta} \frac{d\mathfrak{R}_0}{ds}.$$

D'autre part, comme on tirera de l'équation (279) réunie à la seconde des équations (227) et à l'équation (280),

$$(287) \qquad \varepsilon\hat{\iota}_2 = \frac{\rho}{\theta}\left(\Omega^2 \frac{d^2 I}{ds^2} - \mathfrak{R}_1 + \frac{1}{2}\mathfrak{R}_0\right) + \frac{2}{2}\varepsilon\hat{\iota}_1 = \frac{2}{2}\cdot\iota_1 - \frac{\rho}{\theta}\left\{\frac{d^2(\iota\mathfrak{R}_0)}{ds^2} + \mathfrak{R}_1 - \frac{1}{2}\mathfrak{R}_0\right\},$$

la formule (260), combinée avec les formules (255) et (281), donnera

$$(288) \qquad \Omega^2 \frac{d^3 J}{ds^3} = \frac{1}{2}\mathfrak{R}_2 - \frac{1}{2}\mathfrak{R}_1 + \frac{d\left(S_1 - \frac{1}{2}S_0\right)}{ds} + \frac{3}{h^2}\left(\mathfrak{R}_0 - \frac{\mathcal{Q}-P}{\rho\iota}\right)$$

$$- \frac{1}{2\theta\iota}\left(\mathfrak{R}_1 - \frac{1}{2}\mathfrak{R}_0 + \frac{d^2(\iota\mathfrak{R}_0)}{ds^2}\right) - \frac{\theta+1}{\theta}\frac{d^2\mathfrak{R}_0}{ds^2}.$$

Si les deux extrémités de lame élastique devenaient libres, les conditions (285), (286), (288) devraient être remplies pour $s=0$ et pour $s=a$. Mais on ne pourrait en déduire que les valeurs de trois des quatre constantes arbitraires introduites dans le calcul par l'intégration de l'équation (283). La quatrième constante et celles que fournirait l'intégration des équations (271) resteraient indéterminées; ce qu'il était facile de prévoir.

Il importe d'observer qu'à l'équation différentielle (283), qui est du quatrième ordre et détermine la fonction J, on pourrait substituer une équation différentielle du sixième ordre qui déterminerait immédiatement l'inconnue γ_0. En effet, si, dans la formule (280), on remet pour I sa valeur, on en tirera

$$(289) \qquad \frac{d\gamma_0}{ds} - \frac{\delta_0}{\iota} + \frac{1}{\Omega^2}\left(\iota \mathcal{R}_0 + \frac{\theta-1}{\theta}\frac{P}{\rho} \right) = 0 ,$$

puis, en éliminant δ_0 entre l'équation (289) et la seconde des équations (271), on trouvera

$$(290) \qquad J = \iota\,\frac{d^2\gamma_0}{ds^2} + \frac{d\iota}{ds}\frac{d\gamma_0}{ds} + \frac{1}{\iota}\gamma_0 + \frac{1}{\Omega^2}\left\{ \frac{d(\iota^2\mathcal{R}_0)}{ds} + \frac{\theta-1}{\theta}\frac{P}{\rho}\frac{d\iota}{ds} \right\} .$$

Or, si l'on substitue le second membre de la formule (290) au lieu de J dans l'équation (282), on obtiendra évidemment une équation différentielle du sixième ordre entre les variables γ_0 et s. On pourra de même introduire l'inconnue γ_0 à la place de la fonction I dans les conditions (285), (286), (288), qui se rapportent à une extrémité libre de la lame élastique. Enfin il est clair que les conditions (250), (251), (284), relatives à une extrémité fixe, pourront être, en vertu de la formule (289), réduites aux trois suivantes :

$$(291) \qquad \gamma_0 = 0 , \quad \frac{d\gamma_0}{ds} + \frac{1}{\Omega^2}\left(\iota \mathcal{R}_0 + \frac{\theta-1}{\theta}\frac{P}{\rho} \right) = 0 , \quad \frac{d^2\gamma_0}{ds^2} + \frac{1}{\Omega^2}\frac{d(\iota\mathcal{R}_0)}{ds} = 0 .$$

Par conséquent, si la lame a ses deux extrémités fixes, ou une de ses extrémités fixes et l'autre libre, on pourra effectuer directement la détermination des six constantes arbitraires introduites par l'intégration de l'équation différentielle du sixième ordre en γ_0.

Au reste, ce qu'il y a de mieux à faire, pour simplifier les calculs relatifs à l'équilibre d'une lame élastique courbe, c'est de substituer à la fonction J, dans la formule (283), non pas l'inconnue γ_0, mais la fonction

$$(292) \qquad \mathfrak{J} = \frac{d^2J}{ds^2} .$$

En effet, on obtient de cette manière, au lieu de la formule (283), l'équation différentielle

$$(293) \qquad \Theta^2\left(\iota\,\frac{d^2\mathfrak{J}}{ds^2} + \frac{d\iota}{ds}\frac{d\mathfrak{J}}{ds} + \frac{1}{\iota}\mathfrak{J} \right) = \mathcal{Q} ,$$

qui est du second ordre seulement

Il est aisé de reconnaître quelle est la quantité qui, dans les calculs précédents, se trouve représentée par J. En effet, l'inclinaison τ de la ligne moyenne au point (x, y) vérifie, dans l'état d'équilibre de la lame solide, l'équation (171). D'ailleurs,

$_0$, n_0 désignant les déplacements parallèles aux axes du point dont il s'agit, les différences $x - \xi_0$, $y - n_0$ représentent précisément les coordonnées initiales du même
point. Cela posé, si l'on nomme $\tau - \eta$ l'inclinaison primitive de la ligne moyenne en
ce point, on aura évidemment

$$(294) \qquad \tang(\tau - \eta) = \frac{dy - dn_0}{dx - d\xi_0} ,$$

ou à très-peu près

$$\tang\tau - \frac{\eta}{\cos^2\tau} = \frac{dy}{dx}\left(1 - \frac{dn_0}{dy} + \frac{d\xi_0}{dx}\right) = \tang\tau\left(1 - \frac{dn_0}{\sin\tau\,ds} + \frac{d\xi_0}{\cos\tau\,ds}\right) ;$$

puis on en conclura, en ayant égard aux formules (261) et (271),

$$(295) \qquad \eta = \cos\tau\, dn_0 - \sin\tau\, d\xi_0 = \frac{d\delta_0}{ds} + \frac{\gamma_0}{\iota} = J .$$

Ainsi J représente, au signe près, la variation qu'éprouve l'angle τ , tandis que
la lame courbe passe de l'état naturel à l'état d'équilibre. Ajoutons que, la courbure
de la ligne moyenne étant représentée, dans l'état d'équilibre, par

$$\frac{1}{\iota} = \frac{d\tau}{ds} ,$$

la différence

$$\frac{d\tau}{ds} - \frac{d\eta}{ds} = \frac{d\tau}{ds} - \frac{dJ}{ds}$$

exprimera la courbure de la même ligne dans l'état naturel. Donc la quantité

$$(296) \qquad \frac{dJ}{ds}$$

représentera, au signe près, la variation qu'éprouvera la courbure de la ligne moyenne,
en raison des déplacements des molécules situées sur cette ligne.

Observons encore que, si, dans l'expression (264), on substitue la valeur de $\mathcal{A}$,
tirée de la formule (281), le résultat de cette substitution, savoir,

$$(297) \qquad -\frac{2}{3}\, \rho \Omega^2 h^3 l\, \frac{dJ}{ds} - \frac{2}{3}\, \frac{\theta+1}{\theta}\, \rho h^3 l \mathcal{R}_0$$

représentera, au signe près, ce qu'on peut appeler le moment d'élasticité de la lame

courbe, c'est-à-dire, le moment de la pression ou tension exercée contre un plan perpendiculaire à la ligne moyenne par rapport à un axe tracé dans ce plan de manière à
rencontrer cette ligne. Dans le cas particulier où la force accélératrice normale $\mathcal{R}_0$
s'évanouit, l'expression (297), prise en signe contraire, se réduit à

$$(298) \qquad \frac{2}{3}\rho\,\Omega^2 h^3 l\,\frac{dJ}{ds}\,.$$

Donc alors le moment d'élasticité est proportionnel non-seulement à la largeur et au cube
de l'épaisseur de la lame, mais encore à $\dfrac{dJ}{ds}$, c'est-à-dire, au changement de courbure de la ligne moyenne. Ce résultat s'accorde avec l'hypothèse admise par Euler dans
les *Novi Commentarii* et les *Acta Academiæ petropolitanæ* pour les années 1764 et 1779.

Concevons maintenant que la lame élastique vienne à se mouvoir. Alors, en négligeant
les termes proportionnels au carré de h , et observant que l'expression (252) est de
l'ordre de h^2 , on tirera des équations (243), (244), combinées avec la formule (277),

$$(299) \qquad \Omega^2\,\frac{dI}{ds} + \frac{d(\imath\,\mathcal{R}_0)}{ds} = \frac{d^2\gamma_0}{dt^2}\,,$$

$$(300) \qquad \Omega^2 I + \imath\,\mathcal{R}_0 + \frac{\theta-1}{\theta}\,\frac{P}{\rho} = \imath\,\frac{d^2\delta_0}{dt^2}\,;$$

puis on conclura de celles-ci, en ayant égard à la première des formules (271),

$$(301) \qquad \Omega^2\left(\frac{d^2 I}{ds^2} - \frac{1}{\imath^2}I\right) + \frac{d^2(\imath\,\mathcal{R}_0)}{ds^2} - \frac{1}{\imath}\left(\mathcal{R}_0 + \frac{\theta-1}{\theta}\,\frac{P}{\rho\imath}\right) = \frac{d^2 I}{dt^2}\,,$$

ou, ce qui revient au même,

$$(302) \qquad \Omega^2\left\{\frac{d^2\left(\frac{d\gamma_0}{ds} - \frac{\delta_0}{\imath}\right)}{ds^2} - \frac{1}{\imath^2}\left(\frac{d\gamma_0}{ds} - \frac{\delta_0}{\imath}\right)\right\} + \frac{d^2(\imath\,\mathcal{R}_0)}{ds^2} - \frac{1}{\imath}\left(\mathcal{R}_0 + \frac{\theta-1}{\theta}\,\frac{P}{\rho\imath}\right) = \frac{d^2\left(\frac{d\gamma_0}{ds} - \frac{\delta_0}{\imath}\right)}{dt^2}\,.$$

En joignant à l'équation (301) ou (302) l'équation (248) ou (249), on pourra déterminer celles des vibrations de la lame élastique courbe qui seront indépendantes de
l'épaisseur de la lame. Si l'on veut, au contraire, déterminer les vibrations qui dépendent de cette épaisseur, il faudra joindre à la formule (300) l'équation (245) ou (246).
De plus, comme la valeur de $\mathcal{R}_0$ relative au mouvement de la lame élastique sera
évidemment fournie non plus par la formule (281), mais par la suivante

$$(303) \qquad \mathfrak{X}_t = -\,\rho\,\Omega^2\,\frac{dJ}{ds} - \frac{\theta+1}{\theta}\,\rho\left(\mathfrak{R}_0 - \frac{d^2\delta_0}{dt^2}\right),$$

l'équation (246) deviendra

$$\Omega^2\,\frac{h^2}{3}\left(\imath\,\frac{d^4J}{ds^4} + \frac{d\imath}{ds}\,\frac{d^3J}{ds^3} + \frac{1}{\imath}\,\frac{d^2J}{ds^2}\right) - \frac{d^2\left\{\gamma_0 - \dfrac{d(\imath\delta_0)}{ds} + \dfrac{\theta+1}{\theta}\,\dfrac{h^2}{3}\left(\imath\,\dfrac{d^3\delta_0}{ds^3} + \dfrac{d\imath}{ds}\,\dfrac{d^2\delta_0}{ds^2} + \dfrac{1}{\imath}\,\dfrac{d\delta_0}{ds}\right)\right\}}{dt^2} = \mathfrak{Q}.$$

et pourra être réduite à

$$(304) \qquad \Omega^2\,\frac{h^2}{3}\left(\imath\,\frac{d^4J}{ds^4} + \frac{d\imath}{ds}\,\frac{d^3J}{ds^3} + \frac{1}{\imath}\,\frac{d^2J}{ds^2}\right) - \frac{d^2\left\{\gamma_0 - \dfrac{d(\imath\delta_0)}{ds}\right\}}{dt^2} = \mathfrak{Q}.$$

Lorsque, dans les formules (300) et (304), on substitue les valeurs de I et J tirées des formules (271), on obtient deux équations aux différences partielles, l'une du premier ordre, l'autre du cinquième, savoir,

$$(305) \qquad \Omega^2\left(\frac{d\gamma_0}{ds} - \frac{\delta_0}{\imath}\right) + \imath\mathfrak{R}_0 + \frac{\theta-1}{\theta}\,\frac{P}{\rho} = \imath\,\frac{d^2\delta_0}{dt^2},$$

$$(306) \qquad \Omega^2\,\frac{h^2}{3}\left\{\imath\,\frac{d^4\left(\dfrac{d\delta_0}{ds}+\dfrac{\gamma_0}{\imath}\right)}{ds^4} + \frac{d\imath}{ds}\,\frac{d^3\left(\dfrac{d\delta_0}{ds}+\dfrac{\gamma_0}{\imath}\right)}{ds^3} + \frac{1}{\imath}\,\frac{d^2\left(\dfrac{d\delta_0}{ds}+\dfrac{\gamma_0}{\imath}\right)}{ds^2}\right\} - \frac{d^2\left\{\gamma_0 - \dfrac{d(\imath\delta_0)}{ds}\right\}}{dt^2} = \mathfrak{Q}.$$

Si l'on substituait directement dans l'équation (245) la valeur de $\mathfrak{X}_t$, fournie par l'équation (303), alors, en ayant égard aux formules (272), (273), on trouverait

$$(307) \qquad \Omega^2\,\frac{h^2}{3}\left\{\imath\,\frac{d^4J}{ds^4} + \frac{d\imath}{ds}\,\frac{d^3J}{ds^3} + \frac{1}{\imath}\,\frac{d^2J}{ds^2}\right\} - \frac{d^2\left\{\gamma_0 - \dfrac{d(\imath\delta_0)}{ds}\right\}}{dt^2} = \mathfrak{Q}$$

$$+\,\frac{h^2}{3}\,\frac{d^2\left\{\dfrac{\theta-1}{2\theta}\left(\imath\,\dfrac{d^2J}{ds^2} + \dfrac{d\imath}{ds}\,\dfrac{dJ}{ds}\right) + \dfrac{5}{\imath}\,J + \dfrac{1}{2\theta^2}\,\dfrac{dI}{ds} + \dfrac{1}{\theta}\left(\imath\,\dfrac{d^3\delta_0}{ds^3} + \dfrac{d\imath}{ds}\,\dfrac{d^2\delta_0}{ds^2} + \dfrac{1}{\imath}\,\dfrac{d\delta_0}{ds}\right)\right\}}{dt^2}.$$

Pour revenir de cette dernière à l'équation (304), il suffira de négliger, dans le second membre, le terme qui renferme le facteur h^2. Or, c'est ce que l'on pourra faire sans erreur sensible, la quantité h étant supposée très-petite. Mais il ne sera pas permis de négliger de même, dans le premier membre de l'équation (307), le terme proportionnel au carré de h, attendu que dans ce terme le facteur très petit h^2 est multiplié par un facteur très-grand Ω^2. Ainsi se trouve légitimée la réduction de la formule (245) à la formule (246), et de l'équation (307) à l'équation (304) ou (306).

Les équations (305) et (306) subsistent pour tous les points de la ligne moyenne entre les deux inconnues γ_0, δ_0 considérées comme fonctions de s et de t. Si d'ailleurs la lame élastique a ses deux extrémités fixes, les mêmes inconnues devront satisfaire pour $s = 0$ et pour $s = a$ aux conditions (250), (251) et (284). Si, au contraire, les deux extrémités sont libres, on aura pour chacune d'elles, en vertu des formules (254), (255), (257), combinées avec les formules (272), (277) et (278),

$$(308)\quad
\begin{cases}
\Omega^2 I = \dfrac{1}{\rho}\left(\dfrac{P}{\theta} - \mathcal{P}\right), \qquad
\Omega^2 \dfrac{dJ}{ds} = \dfrac{\theta+1}{\theta}\dfrac{P-\mathcal{P}}{\rho\iota}, \\[3ex]
\Omega^2\left(\dfrac{d^2 J}{ds^2} - \dfrac{\theta+1}{\theta\iota}\dfrac{dI}{ds}\right) - \dfrac{d^2\left(\dfrac{d\delta_0}{ds}+\dfrac{2\gamma_0}{\iota}\right)}{dt^2} = \mathcal{S}_1 - \dfrac{1}{\iota}\mathcal{S}_0 - \dfrac{\theta+1}{\theta\iota}\dfrac{P-\mathcal{P}}{\rho\iota}\dfrac{d\upsilon}{ds},
\end{cases}$$

ou, ce qui revient au même,

$$(309)\quad
\begin{cases}
\Omega^2\left(\dfrac{d\gamma_0}{ds} - \dfrac{\delta_0}{\iota}\right) = \dfrac{1}{\rho}\left(\dfrac{P}{\theta}-\mathcal{P}\right), \qquad
\Omega^2 \dfrac{d\left(\dfrac{d\delta_0}{ds}+\dfrac{\gamma_0}{\iota}\right)}{ds} = \dfrac{\theta+1}{\theta}\dfrac{P-\mathcal{P}}{\rho\iota}, \\[3ex]
\Omega^2 \dfrac{d^2\left(\dfrac{d\delta_0}{ds}+\dfrac{\gamma_0}{\iota}\right)}{ds^2} - \dfrac{\theta+1}{\theta\iota}\Omega^2\dfrac{d\left(\dfrac{d\gamma_0}{ds}-\dfrac{\delta_0}{\iota}\right)}{ds} - \dfrac{d^2\left(\dfrac{d\delta_0}{ds}+\dfrac{2\gamma_0}{\iota}\right)}{dt^2} = \mathcal{S}_1 - \dfrac{1}{\iota}\mathcal{S}_0 - \dfrac{\theta+1}{\theta\iota}\dfrac{P-\mathcal{P}}{\rho\iota}\dfrac{d\upsilon}{ds}.
\end{cases}$$

Enfin, si l'une des extrémités, par exemple, celle qui coïncide avec l'origine de l'arc s était fixe, et l'autre extrémité libre, les conditions (250), (251), (284) devraient être remplies pour une valeur nulle de s, et les conditions (309) pour $s = a$.

Lorsque les forces accélératrices $\mathcal{R}$, $\mathcal{S}$ et la pression P s'évanouissent, les équations (280) et (293), relatives à l'état d'équilibre de la lame courbe deviennent respectivement

$$(310)\qquad I = 0, \qquad\qquad (311)\qquad \frac{d\left(\iota\dfrac{d\mathfrak{J}}{ds}\right)}{ds} + \frac{1}{\iota}\mathfrak{J} = 0.$$

D'ailleurs, si l'on intègre l'équation (311), après avoir multiplié son premier membre par $2\iota\, d\mathfrak{J}$, on trouvera

$$\iota^2 \frac{d\mathfrak{J}^2}{ds^2} + \mathfrak{J}^2 = c^2,$$

c désignant une constante arbitraire, ou, ce qui revient au même,

$$(312) \qquad \frac{d\mathfrak{z}}{\sqrt{c^2 - \mathfrak{z}^2}} = \pm \frac{ds}{v} \, ;$$

puis, en intégrant de nouveau, on aura

$$(313) \qquad \arccos \frac{\mathfrak{z}}{c} = \mp \int \frac{ds}{v} \, ,$$

et par suite

$$(314) \qquad \mathfrak{z} = \frac{d^2 J}{ds^2} = c \cos \left\{ \int \frac{ds}{v} \right\} \, .$$

Afin de montrer une application des formules précédentes, concevons que la lame courbe offre pour ligne moyenne, dans l'état naturel, un arc de cercle, et que l'on rende ses deux extrémités fixes, après avoir déplacé la seconde, c'est-à-dire, celle qui correspond à $s = a$ d'une quantité très-petite. Si les points renfermés dans les plans qui terminent la lame circulaire sont assujétis de manière à n'en point sortir, les inconnues γ_0, δ_0 devront vérifier, pour $s = o$, les conditions (250), (251), (284), et pour $s = a$, la condition (284) avec deux autres de la forme

$$(315) \qquad \gamma_0 = i, \qquad \delta_0 = j,$$

i, j désignant deux quantités dont les valeurs numériques soient très-petites. De plus, comme le rayon de courbure v de la lame prise dans l'état naturel sera une quantité constante, on tirera de l'équation (314), en représentant par $\mathfrak{C}$ une constante nouvelle et arbitraire,

$$(316) \qquad \frac{d^2 J}{ds^2} = c \cos \left(\mathfrak{C} + \frac{s}{v} \right) \, ;$$

puis, en effectuant deux intégrations successives, en observant d'ailleurs que la fonction

$$J = \frac{d\delta_0}{ds} + \frac{\gamma_0}{v}$$

doit se réduire 1.° à zéro pour $s = o$, 2.° à $\dfrac{i}{v}$ pour $s = a$, et, en faisant pour abréger

$$\mathfrak{C}' = c v^2 \cos \mathfrak{C}, \qquad \mathfrak{C}'' = c v^2 \sin \mathfrak{C},$$

on trouvera

$$(517)\quad J = \frac{d\delta_0}{ds} + \frac{\gamma_0}{\iota} = \frac{is}{a\iota} + c\iota^2 \left\{ \left[\cos\mathcal{C} - \cos\left(\mathcal{C} + \frac{s}{\iota}\right)\right] - \frac{s}{a}\left[\cos\mathcal{C} - \cos\left(\mathcal{C} + \frac{a}{\iota}\right)\right] \right\},$$

ou, ce qui revient au même,

$$(518)\quad \frac{d\delta_0}{ds} + \frac{\gamma_0}{\iota} = \frac{is}{a\iota} + \mathcal{C}'\left\{1 - \cos\frac{s}{\iota} - \frac{s}{a}\left(1 - \cos\frac{a}{\iota}\right)\right\} + \mathcal{C}''\left(\sin\frac{s}{\iota} - \frac{s}{a}\sin\frac{a}{\iota}\right).$$

Si maintenant on élimine γ_0 entre l'équation (518) et l'équation (510) présentée sous la forme

$$(519)\quad \frac{d\gamma_0}{ds} - \frac{\delta_0}{\iota} = 0,$$

on en conclura

$$(520)\quad \frac{d^2\delta_0}{ds^2} + \frac{1}{\iota^2}\delta_0 = \frac{i}{a\iota} + \mathcal{C}'\left\{\frac{1}{\iota}\sin\frac{s}{\iota} - \frac{1}{\iota}\left(1 - \cos\frac{a}{\iota}\right)\right\} + \mathcal{C}''\left(\frac{1}{\iota}\cos\frac{s}{\iota} - \frac{1}{a}\sin\frac{a}{\iota}\right);$$

puis en effectuant l'intégration à l'aide de la méthode exposée dans le second volume [page 51], et observant que δ_0 et $\frac{d\delta_0}{ds}$ doivent s'évanouir pour $s = 0$, on trouvera

$$(521)\quad \delta_0 = \mathcal{E}\,\frac{\int_0^s e^{r(s-z)}\left\{\frac{i}{a\iota} + \mathcal{C}'\left[\frac{1}{\iota}\sin\frac{z}{\iota} - \frac{1}{\iota}\left(1 - \cos\frac{a}{\iota}\right)\right] + \mathcal{C}''\left(\frac{1}{\iota}\cos\frac{z}{\iota} - \frac{1}{a}\sin\frac{a}{\iota}\right)\right\}dz}{\left(\left(r^2 + \frac{1}{\iota^2}\right)\right)},$$

ou, ce qui revient au même,

$$\delta_0 = \int_0^s \left\{\frac{i}{a} + \mathcal{C}'\left[\sin\frac{z}{\iota} - \frac{\iota}{a}\left(1 - \cos\frac{a}{\iota}\right)\right] + \mathcal{C}''\left(\cos\frac{z}{\iota} - \frac{\iota}{a}\sin\frac{a}{\iota}\right)\right\}\sin\frac{s-z}{\iota}\,dz\,;$$

et par conséquent

$$(522)\quad \left\{\begin{aligned} \delta_0 &= \frac{i\iota}{a}\left(1 - \cos\frac{s}{\iota}\right) \\ &+ \mathcal{C}'\iota\left\{\frac{1}{2}\left(\sin\frac{s}{\iota} - \frac{s}{\iota}\cos\frac{s}{\iota}\right) - \frac{\iota}{a}\left(1 - \cos\frac{a}{\iota}\right)\left(1 - \cos\frac{s}{\iota}\right)\right\} + \mathcal{C}''\iota\left\{\frac{1}{2}\frac{s}{\iota}\sin\frac{s}{\iota} - \frac{\iota}{a}\sin\frac{a}{\iota}\left(1 - \cos\frac{s}{\iota}\right)\right\} \end{aligned}\right.$$

Cela posé, l'équation (518) donnera

$$(323) \qquad \gamma_0 = \frac{i}{a}\left(s - \iota\sin\frac{s}{\iota}\right)$$

$$+\mathcal{C}'\iota\left\{1-\cos\frac{s}{\iota}-\frac{1}{2}\frac{s}{\iota}\sin\frac{s}{\iota}-\frac{1}{a}\left(s-\iota\sin\frac{s}{\iota}\right)\left(1-\cos\frac{a}{\iota}\right)\right\}+\mathcal{C}''\iota\left\{\frac{1}{2}\left(\sin\frac{s}{\iota}-\frac{s}{\iota}\cos\frac{s}{\iota}\right)-\frac{1}{a}\left(s-\iota\sin\frac{s}{\iota}\right)\sin\frac{a}{\iota}\right\}.$$

D'ailleurs, par hypothèse, δ_0 doit se réduire à j et $\dfrac{d\delta_0}{ds}$ à zéro pour $s = a$.
Donc les constantes arbitraires $\mathcal{C}$, $\mathcal{C}'$ vérifieront les deux formules

$$(324)\begin{cases}\mathcal{C}'\left\{\dfrac{1}{2}\left(\sin\dfrac{a}{\iota}-\dfrac{a}{\iota}\cos\dfrac{a}{\iota}\right)-\dfrac{\iota}{a}\left(1-\cos\dfrac{a}{\iota}\right)^2\right\}+\mathcal{C}''\left\{\dfrac{1}{2}\dfrac{a}{\iota}-\dfrac{\iota}{a}\left(1-\cos\dfrac{a}{\iota}\right)\right\}\sin\dfrac{a}{\iota}=\dfrac{j}{\iota}-\dfrac{i}{a}\left(1-\cos\dfrac{a}{\iota}\right),\\[3mm]\mathcal{C}'\left\{\dfrac{1}{2}\dfrac{a}{\iota}-\dfrac{\iota}{a}\left(1-\cos\dfrac{a}{\iota}\right)\right\}\sin\dfrac{a}{\iota}+\mathcal{C}''\left\{\dfrac{1}{2}\left(\sin\dfrac{a}{\iota}+\dfrac{a}{\iota}\cos\dfrac{a}{\iota}\right)-\dfrac{\iota}{a}\sin^2\dfrac{a}{\iota}\right\}=-\dfrac{i}{a}\sin\dfrac{a}{\iota}.\end{cases}$$

Il ne reste plus qu'à tirer de ces dernières les valeurs de $\mathcal{C}'$, $\mathcal{C}''$, et à les substituer dans les équations (322), (323), pour obtenir les valeurs complètement déterminées des deux inconnues γ_0, δ_0.

Il est bon d'observer qu'en vertu de la formule (318), on a

$$(325)\quad \frac{dJ}{ds}=\frac{d^2\delta_0}{ds^2}+\frac{1}{\iota}\frac{d\gamma_0}{ds}=\frac{i}{a\iota}+\frac{\mathcal{C}'}{\iota}\left\{\sin\frac{s}{\iota}-\frac{\iota}{a}\left(1-\cos\frac{a}{\iota}\right)\right\}+\frac{\mathcal{C}''}{\iota}\left\{\cos\frac{s}{\iota}-\frac{\iota}{a}\sin\frac{a}{\iota}\right\}.$$

Telle est la valeur générale de la quantité $\dfrac{dJ}{ds}$, c'est-à-dire, du changement de courbure qu'éprouve la lame circulaire à l'extrémité de l'arc s, dans le passage de l'état naturel à l'état d'équilibre.

Si, dans les formules (324), on suppose

$$(326)\qquad a = 2\pi\iota,$$

elles donneront

$$(327)\qquad \mathcal{C}'=-\frac{j}{\pi\iota}, \qquad \mathcal{C}''=0.$$

Donc alors on tirera des équations (322), (323) et (325)

$$(328) \quad \left\{ \begin{aligned}
\gamma_0 &= \frac{i}{2\pi}\left(\frac{s}{\iota} - \sin\frac{s}{\iota}\right) + \frac{j}{2\pi}\left\{\frac{s}{\iota}\sin\frac{s}{\iota} - 2\left(1 - \cos\frac{s}{\iota}\right)\right\}, \\[2ex]
\delta_0 &= \frac{i}{2\pi}\left(1 - \cos\frac{s}{\iota}\right) + \frac{j}{2\pi}\left(\frac{s}{\iota}\cos\frac{s}{\iota} - \sin\frac{s}{\iota}\right);
\end{aligned} \right.$$

$$(329) \qquad \frac{dJ}{ds} = \frac{i}{2\pi\iota^2} - \frac{j}{\pi\iota^2}\sin\frac{s}{\iota}.$$

Les équations (328) et (329) déterminent la figure que prend la ligne moyenne d'un anneau élastique d'une très-petite épaisseur, lorsqu'à l'aide d'une section faite perpendiculairement à cette ligne, on la transforme en une portion de spirale dont les extrémités sont très-voisines, et qu'après avoir rendu ces extrémités fixes, on laisse l'équilibre s'établir. Si, dans la dernière de ces équations, on pose $s = 0$, $s = \pi\iota$, ou $s = 2\pi\iota$, on trouvera

$$(330) \qquad \frac{dJ}{ds} = \frac{i}{2\pi\iota^2}.$$

Par conséquent, dans l'hypothèse admise, la différence entre la courbure de la spirale et la courbure primitive de la ligne moyenne de l'anneau sera la même aux deux extrémités de la spirale que dans le point situé à égale distance de ces extrémités. Cette différence est d'ailleurs indépendante de la quantité j, c'est-à-dire, du déplacement relatif d'une extrémité par rapport à l'autre mesuré dans le sens du rayon ι.

Si la lame élastique se réduisait à un demi-anneau, on tirerait des formules (324), en y supposant $a = \pi\iota$,

$$(331) \qquad \ominus' = \frac{2}{\iota}\,\frac{\pi j - 2i}{\pi^2 - 8}, \qquad \ominus'' = 0;$$

et par suite les formules (322), (323), (325) donneraient

$$(332) \quad \left\{ \begin{aligned}
\gamma_0 &= \frac{i}{\pi}\left(\frac{s}{\iota} - \sin\frac{s}{\iota}\right) + \frac{\pi j - 2i}{\pi^2 - 8}\left\{2\left(1 - \cos\frac{s}{\iota}\right) - \frac{s}{\iota}\sin\frac{s}{\iota} - \frac{4}{\pi}\left(\frac{s}{\iota} - \sin\frac{s}{\iota}\right)\right\}, \\[2ex]
\delta_0 &= \frac{i}{\pi}\left(1 - \cos\frac{s}{\iota}\right) + \frac{\pi j - 2i}{\pi^2 - 8}\left\{\sin\frac{s}{\iota} - \frac{s}{\iota}\cos\frac{s}{\iota} - \frac{4}{\pi}\left(1 - \cos\frac{s}{\iota}\right)\right\},
\end{aligned} \right.$$

$$(333) \qquad \frac{dJ}{ds} = \frac{i}{\pi\iota^2} + \frac{\pi j - 2i}{(\pi^2 - 8)\iota^2}\left(2\sin\frac{s}{\iota} - \frac{4}{\pi}\right).$$

Si le rayon ι devenait infiniment grand, ou, en d'autres termes, si la lame élastique était droite, les formules (310), (319), (322), etc... deviendraient inexactes. En effet, l'équation (280) n'entraîne l'équation (310) que dans le cas où le rayon ι conserve une valeur finie. Dans le cas contraire, l'équation (280) se réduit à $\mathcal{R}_0 = 0$, ou, ce qui revient au même, à la seconde des formules (33), et devient identique pour une valeur nulle de la force accélératrice. Alors aussi, en faisant coïncider dans l'état naturel la ligne moyenne avec l'axe des x, on trouve $\tau = 0$, $s = x$, $\xi_0 = \gamma_0$, $z_0 = \delta_0$, et il faut remplacer les équations (310), (311) par les formules

$$(334) \qquad \frac{d^2\xi_0}{dx^2} = 0 , \qquad\qquad (335) \qquad \frac{d^4\eta_0}{dx^4} = 0 ,$$

auxquelles se réduisent, quand X et Y s'évanouissent, les équations (97), (98) du § 1.er. Or, en intégrant les formules (334) et (335) de manière que l'on ait 1.° pour $x = 0$

$$(336) \qquad \xi_0 = 0 , \qquad \eta_0 = 0 , \qquad \frac{d\eta_0}{dx} = 0 ,$$

2.° pour $x = a$

$$(337) \qquad \xi_0 = i , \qquad \eta_0 = j , \qquad \frac{d\eta_0}{dx} = 0 ,$$

on en tirera

$$(338) \qquad \xi_0 = i \frac{x}{a} , \qquad\qquad (339) \qquad \eta_0 = j \, \frac{3ax^2 - 2x^3}{a^3} .$$

L'équation (339), qui représente, dans l'état d'équilibre, la ligne moyenne d'une lame élastique naturellement droite, est celle d'une parabole cubique. Ce résultat était facile à prévoir d'après la forme de l'équation (335).

Si l'on suppose en même temps que les quantités $\mathcal{R}$, $\mathcal{S}$, P, $\mathcal{Q}$ s'évanouissent, et que la lame courbe se meuve, les équations (299), (300), (301) et (304) donneront

$$(340) \qquad \Omega^2 \frac{dI}{ds} = \frac{d^2\gamma_0}{dt^2} , \qquad\qquad (341) \qquad \Omega^2 I = \iota \frac{d^2\delta_0}{dt^2} ,$$

$$(342) \qquad \Omega^2 \left(\frac{d^2 I}{ds^2} - \frac{1}{\iota^2} I \right) = \frac{d^2 I}{dt^2} ,$$

$$(343) \qquad \Omega^2 \frac{h^2}{3} \left(\iota \frac{d^4 J}{ds^4} + \frac{d\iota}{ds} \frac{d^3 J}{ds^3} + \frac{1}{\iota} \frac{d^2 J}{ds^2} \right) = \frac{d^2 \left\{ \gamma_0 - \dfrac{d(\iota\delta_0)}{ds} \right\}}{dt^2} .$$

Dans le même cas, les formules (308), qui devront être vérifiées pour une extrémité libre de la lame élastique, deviendront respectivement

$$(344) \quad I = 0, \qquad\qquad (345) \quad \frac{dJ}{ds} = 0,$$

$$(346) \quad \Omega^2 \left(\frac{d^2 J}{ds^2} - \frac{\theta+1}{\theta\upsilon} \frac{dI}{ds} \right) - \frac{d^2 \left(\frac{d\delta_0}{ds} + \frac{2\gamma_0}{\upsilon} \right)}{dt^2} = 0.$$

Il importe d'observer qu'en vertu de l'équation (341) la condition (344) peut être remplacée par la suivante :

$$(347) \quad \frac{d^2 \delta_0}{dt^2} = 0.$$

La valeur de I tirée de la formule (341), savoir,

$$(348) \quad I = \frac{\upsilon}{\Omega^2} \frac{d^2 \delta_0}{ds^2},$$

est évidemment très-petite par rapport à l'expression

$$(349) \quad \upsilon \frac{d^4 J}{ds^4} + \frac{d\upsilon}{ds} \frac{d^3 J}{ds^3} + \frac{1}{\upsilon} \frac{d^2 J}{ds^2} = \frac{3}{\Omega^2 h^2} \frac{d^2 \left(\gamma_0 - \frac{d(\upsilon\delta_0)}{ds} \right)}{dt^2},$$

lorsque, pendant la durée du mouvement, les quantités

$$\frac{d^2 \delta_0}{dt^2}, \qquad \frac{d^2 \left(\gamma_0 - \frac{d(\upsilon\delta_0)}{ds} \right)}{dt^2}.$$

restent comparables entre elles. Supposons qu'il en soit ainsi ; ce qui exige que la valeur initiale de

$$I = \frac{d\gamma_0}{ds} - \frac{\delta_0}{\upsilon}$$

demeure très-petite, quand on la compare aux valeurs des déplacements γ_0, δ_0. On pourra, dans la combinaison des deux formules (348), (349), réduire la première à

$$(350) \quad I = 0,$$

ou, ce qui revient au même, à

$$(351) \qquad \frac{d\gamma_0}{ds} = \frac{\delta_0}{\iota} .$$

Par suite, la seconde des formules (271) donnera

$$(352) \qquad J = \iota \frac{d^2\gamma_0}{ds^2} + \frac{d\iota}{ds} \frac{d\gamma_0}{ds} + \frac{1}{\iota} \gamma_0 ;$$

puis on tirera de l'équation (349), combinée avec les formules (85) et (351),

$$(353) \qquad \Theta^2 \left(\iota \frac{d^4 J}{ds^4} + \frac{d\iota}{ds} \frac{d^3 J}{ds^3} + \frac{1}{\iota} \frac{d^2 J}{ds^2} \right) = \frac{d^2 \left(\gamma_0 - 2\iota \frac{d\iota}{ds} \frac{d\gamma_0}{ds} - \iota^2 \frac{d^2\delta_0}{ds^2} \right)}{dt^2} .$$

Dans la même hypothèse, la condition (346) deviendra

$$(354) \qquad \frac{d^2 J}{ds^2} = \frac{1}{\Omega^2} \frac{d^2 \left(\frac{d\delta_0}{ds} + \frac{2\gamma_0}{\iota} \right)}{dt^2} ,$$

et l'on pourra même, sans erreur sensible, la réduire simplement à

$$(355) \qquad \frac{d^2 J}{ds^2} = 0 .$$

Si, dans la formule (353), on substitue la valeur de J donnée par l'équation (352), on obtiendra entre l'inconnue γ_0 et les variables indépendantes s, t une équation aux différences partielles linéaire et du sixième ordre. Si de plus la ligne moyenne de la lame élastique prise dans l'état naturel se réduit à un arc de cercle, le rayon de courbure ι sera constant, et l'équation linéaire dont il s'agit se présentera sous la forme

$$(356) \qquad \Theta^2 \left(\iota^2 \frac{d^6\gamma_0}{ds^6} + 2 \frac{d^4\gamma_0}{ds^4} + \frac{1}{\iota^2} \frac{d^2\gamma_0}{ds^2} \right) = \frac{d^2 \left(\gamma_0 - v^2 \frac{d^2\gamma_0}{ds^2} \right)}{dt^2} .$$

Pour montrer une application des formules que nous venons d'établir, considérons une lame élastique circulaire dont les extrémités soient libres, et la vitesse initiale nulle en chaque point. Supposons en outre que les forces accélératrices s'évanouissent, et que, la lame étant un peu écartée d'une position d'équilibre, on veuille déterminer les vibrations indépendantes de l'épaisseur de cette lame. On devra intégrer l'équation (342) de manière que la condition (344) soit vérifiée pour $s = 0$ et pour $s = a$. Si d'ailleurs on désigne par $f(s)$ et $f(s)$ les valeurs initiales de γ_0 et de δ_0,

$$ f'(s) - \frac{1}{\iota}\, f(s) $$

sera la valeur initiale de I, et les formules (76), (77) du Mémoire sur l'application du calcul des résidus aux questions de physique mathématique donneront

$$ (557) \qquad I = \frac{1}{a}\, S \cos \frac{\Omega \left(n^2\pi^2\iota^2 + a^2\right)^{\frac{1}{2}} t}{a\iota} \sin \frac{n\pi s}{a} \int_0^a \sin \frac{n\pi\mu}{a} \left\{ f'(\mu) - \frac{1}{\iota}\, f(\mu) \right\} d\mu , $$

le signe S s'étendant à toutes les valeurs entières positives ou négatives de n. On tirera ensuite des formules (340) et (341)

$$ (558) \qquad \gamma_0 = f(s) + \Omega^2 \int_0^t \int_0^t \frac{dI}{ds}\, dt^2 , $$

et

$$ (559) \qquad \delta_0 = f(s) + \frac{\Omega^2}{\iota} \int_0^t \int_0^t I\, dt^2 , $$

ou, ce qui revient au même,

$$ (360) \qquad\qquad \gamma_0 = f(s) $$

$$ + S \frac{n\pi\iota^2}{n^2\pi^2\iota^2 + a^2} \left\{ 1 - \cos \frac{\Omega\left(n^2\pi^2\iota^2 + a^2\right)^{\frac{1}{2}} t}{a\iota} \right\} \cos \frac{n\pi s}{a} \int_0^a \sin \frac{n\pi\mu}{a} \left\{ f'(\mu) - \frac{1}{\iota}\, f(\mu) \right\} d\mu , $$

et

$$ (361) \qquad\qquad \delta_0 = f(s) $$

$$ + S \frac{a\iota}{n^2\pi^2\iota^2 + a^2} \left\{ 1 - \cos \frac{\Omega\left(n^2\pi^2\iota^2 + a^2\right)^{\frac{1}{2}} t}{a\iota} \right\} \sin \frac{n\pi s}{a} \int_0^a \sin \frac{n\pi\mu}{a} \left\{ f'(\mu) - \frac{1}{\iota}\, f(\mu) \right\} d\mu . $$

Il est facile de trouver la relation qui doit exister entre les fonctions $f(s)$ et $f(s)$ pour que la valeur de I se réduise à un seul terme, et se présente sous la forme

$$ (362) \qquad\qquad I = \frac{\mathbb{C}}{a} \cos \frac{\Omega\left(\mathrm{n}^2\pi^2\iota^2 + a^2\right)^{\frac{1}{2}} t}{a\iota} \sin \frac{\mathrm{n}\pi s}{a} , $$

n désignant une valeur particulière de n, et $\mathbb{C}$ une quantité constante. En effet, pour obtenir cette relation, il suffit de poser $t = 0$, dans l'équation (362), qui donne alors

$$(363) \qquad f'(s) - \frac{1}{\iota} f(s) = \frac{\mathfrak{C}}{a} \sin \frac{\mathfrak{n}\pi s}{a} \, .$$

Ajoutons que, si dans les formules (357), (360), (361) on substitue la valeur de

$$f'(\mu) - \frac{1}{\iota} f(\mu)$$

tirée de l'équation (363), savoir,

$$\frac{\mathfrak{C}}{a} \sin \frac{\mathfrak{n}\pi\mu}{a},$$

ces formules coïncideront, la première avec l'équation (362), et les deux dernières avec les deux suivantes:

$$(364) \qquad \gamma_0 = f(s) + \mathfrak{C}\,\frac{\mathfrak{n}\pi\iota^2}{\mathfrak{n}^2\pi^2\iota^2+a^2}\left\{1 - \cos\frac{\Omega(\mathfrak{n}^2\pi^2\iota^2+a^2)\,t}{a\iota}\right\}\cos\frac{\mathfrak{n}\pi s}{a} \, ,$$

$$(365) \qquad \delta_0 = f(s) + \mathfrak{C}\,\frac{a\iota}{\mathfrak{n}^2\pi^2\iota^2+a^2}\left\{1 - \cos\frac{\Omega(\mathfrak{n}^2\pi^2\iota^2+a^2)\,t}{a\iota}\right\}\sin\frac{\mathfrak{n}\pi s}{a} \, .$$

Les équations (364), (365) expriment un mouvement régulier de la lame élastique circulaire, dans lequel les mêmes vibrations se reproduisent périodiquement, la durée d'une vibration étant la valeur de t donnée par la formule

$$(366) \qquad \frac{\Omega(\mathfrak{n}^2\pi^2\iota^2+a^2)t}{a\iota} = 2\pi \, .$$

Le son correspondant à un mouvement de cette espèce a pour mesure le nombre N des vibrations exécutées pendant l'unité de temps, ou, ce qui revient au même, la valeur de $\frac{1}{t}$ déduite de la formule (366). Or on tire de cette formule, en écrivant n au lieu de $\mathfrak{n}$,

$$(367) \qquad N = \frac{1}{t} = \frac{\Omega}{2a}\left(n^2 + \frac{a^2}{\pi^2\iota^2}\right)^{\frac{1}{2}};$$

puis, en posant

$$(368) \qquad \frac{a}{\iota} = \varpi \, ,$$

on en conclut

$$(369) \qquad N = \frac{\Omega}{2a}\left(n^2 + \frac{\varpi^2}{\pi^2}\right)^{\frac{1}{2}} \, .$$

Dans l'équation (368), ϖ représente l'angle au centre qui correspond à l'arc de cercle avec lequel coïncide la ligne moyenne de la lame élastique. Si l'on veut déduire de cette même équation les nombres de vibrations relatifs aux sons les plus graves que puissent fournir des mouvements réguliers du genre de ceux dont il est ici question, il faudra prendre successivement $n = 0$, $n = 1$, $n = 2$, etc..., et l'on trouvera en conséquence

$$(370) \qquad N = \frac{\Omega}{2a}\left(1 + \frac{\varpi^2}{\pi^2}\right)^{\frac{1}{2}}, \qquad N = \frac{\Omega}{2a}\left(4 + \frac{\varpi^2}{\pi^2}\right)^{\frac{1}{2}}, \qquad N = \frac{\Omega}{2a}\left(9 + \frac{\varpi^2}{\pi^2}\right)^{\frac{1}{2}}, \qquad \text{etc....}$$

Si la lame devenait droite, on aurait $\varpi = 0$, et la première des équations (370), réduite à

$$N = \frac{\Omega}{2a},$$

coïnciderait, comme on devait s'y attendre, avec l'équation (125).

Si la ligne moyenne de la lame est un arc de 50 degrés (nouvelle division), on aura $\varpi = \frac{\pi}{4}$, et les formules (370) donneront

$$(371) \qquad N = \frac{\Omega}{2a}\frac{\sqrt{17}}{4}, \qquad N = \frac{\Omega}{2a}\frac{\sqrt{65}}{4}, \qquad N = \frac{\Omega}{2a}\frac{\sqrt{145}}{4}, \qquad \text{etc....}$$

On trouvera de même, 1.° en supposant l'arc a de 100 degrés, ou $\varpi = \frac{\pi}{2}$,

$$(372) \qquad N = \frac{\Omega}{2a}\frac{\sqrt{5}}{2}, \qquad N = \frac{\Omega}{2a}\frac{\sqrt{17}}{2}, \qquad N = \frac{\Omega}{2a}\frac{\sqrt{37}}{2}, \qquad \text{etc...;}$$

2.° en supposant l'arc a équivalent à la demi-circonférence, ou $\varpi = \pi$,

$$(373) \qquad N = \frac{\Omega}{2a}\sqrt{2}, \qquad N = \frac{\Omega}{2a}\sqrt{5}, \qquad N = \frac{\Omega}{2a}\sqrt{10}, \qquad \text{etc...;}$$

3.° en supposant l'arc a équivalent aux trois quarts de la circonférence, ou $\varpi = \frac{3\pi}{2}$,

$$(374) \qquad N = \frac{\Omega}{2a}\frac{\sqrt{13}}{2}, \qquad N = \frac{\Omega}{2a}\frac{5}{2}, \qquad N = \frac{\Omega}{2a}\frac{3\sqrt{5}}{2}, \qquad \text{etc...;}$$

4.° enfin, en supposant l'arc a équivalent à la circonférence entière,

$$(375) \qquad N = \frac{\Omega}{2a}\sqrt{5}\,, \qquad N = \frac{\Omega}{2a}2\sqrt{2}\,, \qquad N = \frac{\Omega}{2a}\sqrt{13} \qquad \text{etc....}$$

Il suit de la formule (369) que l'angle ϖ restant le même, chacun des sons rendus par une lame élastique circulaire, dans le genre de mouvement que nous considérons, varie en raison inverse de la longueur de la lame. Si, au contraire, la longueur a demeure constante, le nombre N sera d'autant plus grand, et le son d'autant plus aigu que l'angle ϖ aura une valeur plus considérable. De plus l'inspection des formules (371), (372), (373), (374), (375) conduira immédiatement aux propositions que je vais énoncer.

Si l'on courbe plus ou moins une lame élastique, de manière que la ligne moyenne prenne successivement la forme d'un demi-quart de cercle, d'un quart de cercle, d'un demi-cercle, de trois quarts de cercle, ou d'un cercle entier,

1.° le son le plus grave rendu par le cercle entier sera semblable au deuxième son du demi-cercle, et plus élevé d'une octave que le premier son du quart de cercle,

2.° le deuxième son du cercle entier sera plus élevé d'une octave que le premier son du demi-cercle,

3.° le troisième son du cercle entier sera plus élevé d'une octave que le premier son de l'arc équivalent aux trois quarts de la circonférence,

4.° le deuxième son du quart de cercle sera plus élevé d'une octave que le premier son du demi-quart de cercle,

etc.....

En général, parmi les sons que rendra le cercle entier, ceux qui correspondront à des nombres pairs seront plus élevés d'une octave que les divers sons rendus par le demi-cercle, ceux qui correspondront à des nombres multiples de 3 seront plus élevés d'une octave que les sons rendus par l'arc équivalent aux trois quarts de la circonférence, enfin ceux qui correspondront à des nombres multiples de 4 seront plus élevés de deux octaves que les divers sons rendus par le quart du cercle.

Remarquons encore que les déplacements γ_0 et δ_0, déterminés par les équations (364) et (365), deviendront indépendants du temps t, le premier pour les valeurs de s propres à vérifier la formule

$$(376) \qquad \cos\frac{n\pi s}{a} = 0\,,$$

le second pour les valeurs de s qui vérifieront la formule

$$(377) \qquad \sin \frac{\mathrm{\Pi} \pi s}{a} = 0 .$$

Or, en remplaçant dans ces formules $\mathrm{\Pi}$ par n, et supposant $s =$ ou $< a$, on tirera de la première

$$(378) \qquad s = \frac{a}{2n} , \quad s = 3\frac{a}{2n} , \ldots\ldots\ldots\ldots s = (2n - 3)\frac{a}{2n} , \quad s = (2n - 1)\frac{a}{2n} ,$$

et de la seconde

$$(379) \qquad s = 0 , \quad s = \frac{a}{n} , \quad s = 2\frac{a}{n} , \ldots\ldots s = (n - 2)\frac{a}{n} , \quad s = (n - 1)\frac{a}{n} , \quad s = a.$$

Donc les vibrations correspondantes au n^{me} son de la lame élastique circulaire sont telles que des points situés sur la ligne moyenne de manière à diviser cette ligne en n parties égales n'éprouvent aucun déplacement dans le sens du rayon r, et que les points situés aux milieux de ces mêmes parties n'éprouvent aucun déplacement dans le sens de la longueur de la lame.

On pourrait encore intégrer facilement l'équation (356) à l'aide des formules que j'ai données dans le Mémoire sur l'application du calcul des résidus, etc..., et l'on déterminerait ainsi, comme je l'expliquerai dans un autre article, celles des vibrations de la lame élastique circulaire qui dépendent de l'épaisseur de la lame. J'ajouterai que les résultats numériques ci-dessus exposés se trouvent parfaitement conformes à des expériences qu'un très-habile physicien, M. Savart, a bien voulu entreprendre sur ma demande, et que j'aurai plus tard occasion de rapporter. Enfin j'observerai que les méthodes dont je viens de faire usage pour trouver les équations d'équilibre d'une lame élastique ou non élastique, droite ou courbe, d'épaisseur constante ou variable, s'appliquent avec le même succès à la théorie de l'équilibre ou du mouvement des surfaces ou des verges, naturellement planes ou naturellement courbes. C'est ce que l'on verra dans la suite de cet ouvrage.

ADDITION A L'ARTICLE PRÉCÉDENT.

Dans les divers paragraphes de l'article que l'on vient de lire, quand il a été question d'appliquer à l'équilibre ou au mouvement des lames élastiques les formules relatives à l'équilibre ou au mouvement d'une lame solide quelconque, naturellement plane ou naturellement courbe, d'une épaisseur constante ou d'une épaisseur variable, nous avons toujours supposé les pressions A, F, B exprimées en fonction des déplacements ξ, η à l'aide des équations (53) et (54). Si l'on remplaçait les équations (53) par la première, la seconde et la sixième des équations (52) de la page 251, ou même, pour plus de généralité, par les suivantes

$$(380) \quad A = k \frac{d\xi}{dx} + K\vartheta + \Pi, \qquad F = \frac{1}{2} k \left(\frac{d\xi}{dy} + \frac{d\eta}{dx}\right), \qquad B = k \frac{d\eta}{dy} + K\vartheta + \Pi,$$

en d'autres termes, si l'on supposait

$$(381) \quad A = K\left(\vartheta \frac{d\xi}{dx} + \frac{d\eta}{dy}\right) + \Pi, \qquad F = \frac{\vartheta-1}{2} K \left(\frac{d\xi}{dy} + \frac{d\eta}{dx}\right), \qquad B = K\left(\frac{d\xi}{dx} + \vartheta \frac{d\eta}{dy}\right) + \Pi,$$

Π désignant une quantité constante, plusieurs formules de l'article précédent devraient subir des modifications que nous allons indiquer en peu de mots.

Observons d'abord qu'en substituant les valeurs de A, F, B fournies par les équations (380) dans les formules (1), (2) et (4) ou dans celles qui s'en déduisent immédiatement, par exemple, dans les formules (16), (70), (134), (135), (180), on obtiendra précisément les résultats auxquels on parviendrait si, dans ces mêmes formules, on substituait directement les valeurs de A, F, B fournies par les équations (53) et (54), après avoir ajouté à chacune des pressions P, $\mathcal{P}$ la quantité Π supposée constante, c'est-à-dire indépendante de x et y. Il est aisé d'en conclure que, parmi les formules de l'article précédent, celles qui ne renferment aucune des quantités A, $\mathfrak{A}$, B, $\mathfrak{B}$, A_0, $\mathfrak{A}_0$, B_0, $\mathfrak{B}_0$ continueront de subsister sans aucune modification, si elles ne renferment pas non plus les pressions P, $\mathcal{P}$, et que, dans le cas contraire, il suffira, pour modifier convenablement ces formules, d'y remplacer P, $\mathcal{P}$ par $P + \Pi$, $\mathcal{P} + \Pi$.

SUR L'ÉQUILIBRE ET LE MOUVEMENT

D'UNE PLAQUE SOLIDE.

§ 1.ᵉʳ *Considérations générales*

Considérons une plaque solide qui, dans l'état naturel, se trouve comprise entre deux surfaces courbes très-voisines l'une de l'autre. Supposons d'ailleurs qu'après un changement de forme de cette plaque on applique aux molécules qui la constituent des forces accélératrices données et aux surfaces qui la terminent des pressions extérieures normales à ces surfaces. Enfin rapportons tous les points de l'espace à trois axes rectangulaires des x, y, z, et soient, dans l'état d'équilibre ou de mouvement de la plaque,

m une molécule quelconque,

x, y, z les coordonnées de cette molécule,

ρ la densité de la plaque au point (x, y, z),

φ la force accélératrice appliquée à la molécule m,

p', p'', p''' les pressions ou tensions exercées au point (x, y, z) contre des plans perpendiculaires à l'axe des x, à l'axe des y et à l'axe des z,

A, F, E les projections algébriques de la pression ou tension p' ⎫

F, B, D les projections algébriques de la pression ou tension p'' ⎬ sur les axes

E, D, C les projections algébriques de la pression ou tension p''' ⎭ coordonnés.

On trouvera, s'il y a équilibre [voyez la page 161],

$$
(1)
\begin{cases}
\dfrac{dA}{dx} + \dfrac{dF}{dy} + \dfrac{dE}{dz} + \rho X = 0, \\[2ex]
\dfrac{dF}{dx} + \dfrac{dB}{dy} + \dfrac{dD}{dz} + \rho Y = 0, \\[2ex]
\dfrac{dE}{dx} + \dfrac{dD}{dy} + \dfrac{dC}{dz} + \rho Z = 0.
\end{cases}
$$

Si, au contraire, la plaque se meut, alors, en désignant par φ la force accélératrice capable de produire le mouvement effectif de la molécule m, et par $\mathfrak{X}$, $\mathfrak{Y}$, $\mathfrak{Z}$ les projections algébriques de cette force sur les axes coordonnés, on trouvera [voyez la page 166]

$$
(2)\quad
\begin{cases}
\dfrac{dA}{dx} + \dfrac{dF}{dy} + \dfrac{dE}{dz} + \rho\,(X - \mathfrak{X}) = 0\,, \\[2ex]
\dfrac{dF}{dx} + \dfrac{dB}{dy} + \dfrac{dD}{dz} + \rho\,(Y - \mathfrak{Y}) = 0\,, \\[2ex]
\dfrac{dE}{dx} + \dfrac{dD}{dy} + \dfrac{dC}{dz} + \rho\,(Z - \mathfrak{Z}) = 0\,.
\end{cases}
$$

Dans l'un et l'autre cas, si l'on nomme

α, β, γ les angles compris entre les demi-axes des coordonnées positives, et un autre demi-axe OO' mené arbitrairement par le point (x, y, z),

p la pression ou tension exercée au point (x, y, z) contre le plan perpendiculaire à ce demi-axe et du côté qui le regarde,

λ, μ, ν les angles formés par la direction de la force p avec les demi-axes des coordonnées positives, on aura [voyez la page 162]

$$
(3)\quad
\begin{cases}
p\cos\lambda = A\cos\alpha + F\cos\beta + E\cos\gamma\,, \\[1.5ex]
p\cos\mu = F\cos\alpha + B\cos\beta + D\cos\gamma\,, \\[1.5ex]
p\cos\nu = E\cos\alpha + D\cos\beta + C\cos\gamma\,.
\end{cases}
$$

Enfin, si l'on suppose le point (x, y, z) situé sur l'une des surfaces courbes qui terminent la plaque, et si l'on fait coïncider le demi-axe OO' avec la normale à cette surface, les valeurs précédentes de $p\cos\lambda$, $p\cos\mu$, $p\cos\nu$ devront se confondre, au signe près, avec les projections algébriques de la pression extérieure appliquée à cette surface dans une direction normale. Donc, si l'on désigne alors par P la pression extérieure correspondante au point (x, y, z), on aura encore

$$
(4)\quad
\begin{cases}
A\cos\alpha + F\cos\beta + E\cos\gamma = -\,P\cos\alpha\,, \\[1.5ex]
F\cos\alpha + B\cos\beta + D\cos\gamma = -\,P\cos\beta\,, \\[1.5ex]
E\cos\alpha + D\cos\beta + C\cos\gamma = -\,P\cos\gamma\,.
\end{cases}
$$

On ne doit pas oublier que ces dernières formules subsistent seulement pour les points situés sur les surfaces ci-dessus mentionnées.

Il reste à faire voir comment des équations (1), (2) et (4) on peut déduire celles qui déterminent à un instant quelconque, dans l'état d'équilibre ou de mouvement, la forme de la plaque, et en particulier les divers changements de forme de la surface courbe qui divisait primitivement l'épaisseur de la plaque en deux parties égales. Toutefois, comme la détermination de cette surface, que nous appellerons surface moyenne, s'effectue de diverses manières, et entraîne des calculs plus ou moins étendus, suivant que l'on considère une plaque élastique ou non élastique, d'une épaisseur constante ou d'une épaisseur variable, nous renverrons le développement de ces calculs aux paragraphes suivants.

----

§ 2. *Équations d'équilibre ou de mouvement d'une plaque naturellement plane et d'une épaisseur constante.*

Concevons que, dans l'état naturel de la plaque, les deux surfaces courbes qui la terminent se réduisent à deux plans parallèles séparés l'un de l'autre par une très-petite distance. Désignons par $2i$ cette distance ou l'épaisseur naturelle de la plaque, et prenons pour plan des x, y celui qui divisait primitivement cette épaisseur en deux parties égales. Supposons d'ailleurs que, dans le passage de l'état naturel à l'état d'équilibre ou de mouvement, les déplacements des molécules soient très-petits. La surface moyenne, après avoir coïncidé dans l'état naturel avec le plan des x, y, se courbera, en vertu du changement de forme de la plaque; mais son ordonnée restera très-petite. Représentons par $f(x,y)$ cette ordonnée. Soient de plus x, y, z les coordonnées d'une molécule quelconque m de la plaque, et s la différence entre les ordonnées $z \cdot f(x,y)$ comptées sur une même droite perpendiculaire au plan des x, y, en sorte qu'on ait généralement

$$(5) \qquad z = f(x,y) + s.$$

Soient enfin

$$(6) \qquad x - \xi, \qquad y - \eta, \qquad z - \zeta$$

les coordonnées primitives de la molécule m. ξ, η, ζ seront des fonctions de x, y, z, qui serviront à mesurer les déplacements de cette molécule parallèlement aux axes; et, si l'on considère ces déplacements comme infiniment petits du premier ordre, la fonction $f(x,y)$ sera encore une quantité infiniment petite, ainsi que ses dérivées relatives à x et à y. Il est aisé d'en conclure, par des raisonnements semblables à ceux dont nous avons fait usage dans l'article précédent [page 248], que, si l'on veut prendre pour variables indépendantes x, y et s au lieu de x, y et z, il suffira d'écrire dans les formules (1) et (2) la lettre s à la place de la lettre z. Ajoutons que, dans cette hypothèse, les formules (28) de la page 166 continueront de fournir des valeurs très-approchées de $\mathfrak{X}$, $\mathfrak{Y}$, $\mathfrak{Z}$. Par suite on trouvera, en supposant que la plaque reste en équilibre,

$$(7) \quad \begin{cases} \dfrac{dA}{dx} + \dfrac{dF}{dy} + \dfrac{dE}{ds} + \rho X = 0, \\[2mm] \dfrac{dF}{dx} + \dfrac{dB}{dy} + \dfrac{dD}{ds} + \rho Y = 0, \\[2mm] \dfrac{dE}{dx} + \dfrac{dD}{dy} + \dfrac{dC}{ds} + \rho Z = 0, \end{cases}$$

et, en supposant que la plaque se meuve,

$$(8) \quad \begin{cases} \dfrac{dA}{dx} + \dfrac{dF}{dy} + \dfrac{dE}{ds} + \rho X = \rho\,\dfrac{d^2\xi}{dt^2}, \\[2mm] \dfrac{dF}{dx} + \dfrac{dB}{dy} + \dfrac{dD}{ds} + \rho Y = \rho\,\dfrac{d^2\eta}{dt^2}, \\[2mm] \dfrac{dE}{dx} + \dfrac{dD}{dy} + \dfrac{dC}{ds} + \rho Z = \rho\,\dfrac{d^2\zeta}{dt^2}. \end{cases}$$

Quant aux formules (4), il résulte des suppositions admises qu'elles donneront à très-peu près pour $s = -i$, et pour $s = i$,

$$(9) \qquad E = 0, \qquad D = 0. \qquad C = -P.$$

En effet, dans l'état naturel, la plaque était renfermée entre deux plans parallèles au plan des x, y et représentés par les équations

$$(10) \qquad z = -i, \qquad z = i.$$

Or, en vertu des déplacements infiniment petits des molécules, ces deux plans se transforment en des surfaces courbes dont ils diffèrent très-peu. Donc, si l'on désigne par α, β, γ les angles que forme la normale à l'une de ces surfaces avec les demi-axes des x, y et z positives, on aura sensiblement, c'est-à-dire, en négligeant des quantités infiniment petites,

$$(11) \qquad \cos\alpha = 0, \qquad \cos\beta = 0, \qquad \cos\gamma = 1.$$

Il est d'ailleurs évident que ces dernières formules permettront de réduire les équations (4) aux équations (9). Enfin, comme une droite primitivement perpendiculaire au plan des x, y, et propre à mesurer la demi-épaisseur de la plaque dans l'état naturel, changera très-peu de longueur et de direction en vertu des déplacements des molécules, il est clair que, dans l'état d'équilibre ou de mouvement, $-i$, $+i$ seront à très-peu près les valeurs de s correspondantes aux deux surfaces qui termineront la plaque.

Concevons maintenant que, dans les formules (7) et (9), on développe les quantités

$$A, \quad B, \quad C; \qquad D, \quad E, \quad F; \qquad X, \quad Y, \quad Z,$$

considérées comme fonctions de x, y et s, suivant les puissances ascendantes de la variable s; et soient en conséquence

$$(12) \quad A = A_0 + A_1 s + A_2 \frac{s^2}{2} + \ldots, \quad B = B_0 + B_1 s + B_2 \frac{s^2}{2} + \ldots, \quad C = C_0 + C_1 s + C_2 \frac{s^2}{2} + C_3 \frac{s^3}{6} + \ldots;$$

$$(13) \quad D = D_0 + D_1 s + D_2 \frac{s^2}{2} + D_3 \frac{s^3}{6} + \ldots, \quad E = E_0 + E_1 s + E_2 \frac{s^2}{2} + E_3 \frac{s^3}{6} + \ldots, \quad F = F_0 + F_1 s + F_2 \frac{s^2}{2} + \ldots;$$

$$(14) \quad X = X_0 + X_1 s + X_2 \frac{s^2}{2} + \ldots, \quad Y = Y_0 + Y_1 s + Y_2 \frac{s^2}{2} + \ldots, \quad Z = Z_0 + Z_1 s + Z_2 \frac{s^2}{2} + \ldots\ldots\ldots\ldots$$

Supposons d'ailleurs constantes la pression P et la densité Δ relative à l'état naturel de la plaque. La densité ρ, infiniment peu différente de Δ, pourra elle-même être regardée comme constante, et les formules (7), qui doivent subsister, quel que soit s, donneront

$$(15) \left\{ \begin{array}{l} \dfrac{dA_0}{dx} + \dfrac{dF_0}{dy} + E_1 + \rho X_0 = 0, \quad \dfrac{dA_1}{dx} + \dfrac{dF_1}{dy} + E_2 + \rho X_1 = 0, \quad \text{etc}\ldots, \\[2ex] \dfrac{dF_0}{dx} + \dfrac{dB_0}{dy} + D_1 + \rho Y_0 = 0, \quad \dfrac{dF_1}{dx} + \dfrac{dB_1}{dy} + D_2 + \rho Y_1 = 0, \quad \text{etc}\ldots, \\[2ex] \dfrac{dE_0}{dx} + \dfrac{dD_0}{dy} + C_1 + \rho Z_0 = 0, \dfrac{dE_1}{dx} + \dfrac{dD_1}{dy} + C_2 + \rho Z_1 = 0, \dfrac{dE_2}{dx} + \dfrac{dD_2}{dy} + C_3 + \rho Z_2 = 0, \text{etc.}; \end{array} \right.$$

mais les formules (9), qui doivent être vérifiées seulement pour $s = -i$ et pour $s = i$, donneront

$$(16) \begin{cases} E_0 + E_2 \dfrac{i^2}{2} + \text{etc.} = 0, & E_1 + E_3 \dfrac{i^2}{6} + \text{etc.} = 0, \\[2ex] D_0 + D_2 \dfrac{i^2}{2} + \text{etc.} = 0, & D_1 + D_3 \dfrac{i^2}{6} + \text{etc.} = 0, \\[2ex] C_0 + C_2 \dfrac{i^2}{2} + \text{etc.} = -P, & C_1 + C_3 \dfrac{i^2}{6} + \text{etc.} = 0, \end{cases}$$

Il est important d'observer que, dans les formules précédentes, les quantités

$$(17) \begin{cases} A_0, & F_0, & E_0, \\ F_0, & B_0, & D_0, \\ E_0, & D_0, & C_0, \end{cases}$$

et

$$(18) \qquad X_0, \quad Y_0, \quad Z_0$$

représentent 1.° les projections algébriques des pressions ou tensions exercées contre des plans perpendiculaires aux axes coordonnés en un point de la ligne moyenne, 2.° les projections algébriques de la force accélératrice appliquée au même point.

Il reste à montrer ce que deviennent les formules (15) et (16) dans le cas où la quantité i est très-petite. Or, si l'on néglige dans une première approximation tous les termes qui ont pour facteur i^2, comme on devra le faire effectivement si, la quantité i étant du même ordre que les déplacements ξ, η, ζ, on attribue au temps t une valeur peu considérable, on tirera des formules (16)

$$(19) \qquad E_0 = 0, \quad D_0 = 0, \quad C_0 = -P; \qquad E_1 = 0, \quad D_1 = 0, \quad C_1 = 0,$$

puis des formules (15)

$$(20) \qquad \frac{dA_0}{dx} + \frac{dF_0}{dy} + \rho X_0 = 0, \qquad \frac{dF_0}{dx} + \frac{dB_0}{dy} + \rho Y_0 = 0,$$

$$(21) \qquad\qquad\qquad Z_0 = 0.$$

Les formules (20) expriment les relations qui, dans le cas d'équilibre, subsistent en chaque point de la surface moyenne entre les projections algébriques de la force accélératrice appliquée à ce point et des pressions exercées contre des plans perpendiculaires aux axes

III.° ANNÉE. 43

des x et y. Quant à la formule (21), elle indique qu'une plaque, naturellement plane, et d'une épaisseur constante mais très-petite, ne peut rester en équilibre, après un changement de forme presque insensible, à moins que les forces accélératrices ne soient dirigées à très-peu près suivant des droites parallèles aux plans qui terminent la plaque. C'est ce qu'il était facile de prévoir.

Supposons à présent que la quantité i, quoique fort petite, devienne très-supérieure aux valeurs numériques des déplacements ξ, η, ζ. Pour obtenir une approximation nouvelle, il suffira de conserver dans les formules (15) et (16) les termes proportionnels au carré de i, en continuant de négliger les puissances de i d'un degré supérieur au second. Or, en opérant ainsi, on tirera des formules (16)

$$(22) \quad \begin{cases} E_0 = -\dfrac{i^2}{2}\,E_2, & D_0 = -\dfrac{i^2}{2}\,D_2, & C_0 = -P-\dfrac{i^2}{2}\,C_2, \\[2mm] E_1 = -\dfrac{i^2}{6}\,E_3, & F_1 = -\dfrac{i^2}{6}\,F_3, & C_1 = -\dfrac{i^2}{6}\,C_3, \end{cases}$$

On conclura d'ailleurs des formules (15), en supprimant dans la valeur de C_2 les termes proportionnels au carré de i,

$$(23) \quad E_2 = -\left(\frac{dA_1}{dx}+\frac{dF_1}{dy}+\rho X_1\right), \quad D_2 = -\left(\frac{dF_1}{dx}+\frac{dB_1}{dy}+\rho Y_1\right), \quad C_2 = -\rho Z_1,$$

$$(24) \quad C_3 = -\left(\frac{dE_2}{dx}+\frac{dD_2}{dy}+\rho Z_2\right) = \frac{d^2A_1}{dx^2}+2\frac{d^2F_1}{dxdy}+\frac{d^2B_1}{dy^2}+\rho\left(\frac{dX_1}{dx}+\frac{dY_1}{dy}-Z_2\right).$$

Par suite on aura, en conservant dans le calcul les quantités de l'ordre de i^2,

$$(25) \quad E_0 = \frac{i^2}{2}\left(\frac{dA_1}{dx}+\frac{dF_1}{dy}+\rho X_1\right), \quad D_0 = \frac{i^2}{2}\left(\frac{dF_1}{dx}+\frac{dB_1}{dy}+\rho Y_1\right), \quad C_0 = -P+\frac{i^2}{2}\rho Z_1,$$

$$(26) \quad C_1 = -\frac{i^2}{6}\left\{\frac{d^2A}{dx^2}+2\frac{d^2F_1}{dxdy}+\rho\left(\frac{dX_1}{dx}+\frac{dY_1}{dx}-Z_2\right)\right\};$$

et celle des formules (15) qui contient Z_0 donnera

$$(27) \quad \frac{i^2}{3}\left(\frac{d^2A_1}{dx^2}+2\frac{d^2F_1}{dxdy}+\frac{d^2B_1}{dy^2}\right)+\rho\left\{Z_0+\frac{i^2}{6}\left(Z_2+2\frac{dX_1}{dx}+2\frac{dY_1}{dy}\right)\right\}=0.$$

Il est important d'observer que les six quantités

$$A_0, \quad F_0, \quad B_0; \qquad A_1, \quad F_1, \quad B_1,$$

renfermées dans les premiers membres des équations (20) et (27), sont les seules qui entrent avec la variable s et la constante i dans les valeurs approchées des pressions ou tensions

$$A, \quad B, \quad C; \qquad D, \quad E, \quad F$$

quand on pousse l'approximation à l'égard de A, F, B jusqu'aux termes qui sont du même ordre que i, et à l'égard de E, D, C jusqu'aux termes qui sont de l'ordre de i^2. En effet, les valeurs approchées dont il s'agit sont respectivement

$$(28) \qquad A = A_0 + A_1 s, \qquad F = F_0 + F_1 s, \qquad B = B_0 + B_1 s,$$

et

$$(29) \qquad E = E_0 + E_2 \frac{s^2}{2} = E_0\left(1 - \frac{s^2}{i^2}\right), \qquad D = D_0 + D_2 \frac{s^2}{2} = D_0\left(1 - \frac{s^2}{i^2}\right),$$

$$(30) \qquad C = C_0 + C_2 \frac{s^2}{2},$$

ou, ce qui revient au même,

$$(31) \quad E = \frac{1}{2}\left(\frac{dA_1}{dx} + \frac{dF_1}{dy} + \rho X_1\right)(i^2 - s^2), \quad D = \frac{1}{2}\left(\frac{dF_1}{dx} + \frac{dB_1}{dy} + \rho Y_1\right)(i^2 - s^2),$$

$$(32) \qquad C = - P + \frac{1}{2}\rho Z_1(i^2 - s^2).$$

Les équations (20) et (27) sont les seules qui, dans le cas d'équilibre de la plaque solide, subsistent pour tous les points de la surface moyenne. Supposons maintenant la plaque terminée latéralement, dans son état naturel, par des plans perpendiculaires au plan des x, y, ou par une surface cylindrique dont les génératrices soient parallèles à l'axe des z. Si cette surface cylindrique est soumise à une pression normale $\mathcal{P}$ différente de P, alors, en désignant par

$$\alpha, \quad \beta \quad \text{et} \quad \gamma = \frac{\pi}{2}$$

les angles que forme avec les demi-axes des x, y et z positives la normale à la surface cylindrique prolongée en dehors de la plaque, et remplaçant, dans les équations (4), P par $\mathcal{P}$, $\cos\gamma$ par zéro, on trouvera, pour tous les points situés sur le contour de la plaque,

$$(33) \quad A\cos\alpha + F\cos\beta = -\,\Omega\cos\alpha, \quad F\cos\alpha + B\cos\beta = -\,\Omega\cos\beta, \quad E\cos\alpha + D\cos\beta = 0\,;$$

puis, en combinant les équations (33) avec les formules (28) et (29), on en conclura

$$(34) \quad (A_0 + \Omega)\cos\alpha + F_0\cos\beta = 0\,, \qquad F_0\cos\alpha + (B_0 + \Omega)\cos\beta = 0\,,$$

$$(35) \quad A_1\cos\alpha + F_1\cos\beta = 0\,, \qquad F_1\cos\alpha + B_1\cos\beta = 0\,,$$

et

$$(36) \quad E_0\cos\alpha + D_0\cos\beta = 0\,,$$

ou, ce qui revient au même,

$$(37) \quad \left(\frac{dA_1}{dx} + \frac{dF_1}{dy} + \rho X_1\right)\cos\alpha + \left(\frac{dF_1}{dx} + \frac{dB_1}{dy} + \rho Y_1\right)\cos\beta = 0.$$

Les cinq conditions exprimées par les formules (34), (35) et (37) devront être remplies pour tous les points situés sur des portions libres de la surface cylindrique qui terminent latéralement la plaque donnée. Quant aux points situés sur des portions fixes de cette même surface, ils devront satisfaire à d'autres conditions que nous allons faire connaître.

Soient

$$(38) \quad \xi = \xi_0 + \xi_1 s + \xi_2\,\frac{s^2}{2} + \ldots, \quad \eta = \eta_0 + \eta_1 s + \eta_2\,\frac{s^2}{2} + \ldots, \quad \zeta = \zeta_0 + \zeta_1 s + \zeta_2\,\frac{s^2}{2} + \ldots$$

les développements de ξ, η, ζ considérés comme fonctions de x, y et s suivant les puissances ascendantes de la variable s. ξ_0, η_0, ζ_0 représenteront les déplacements du point (x,y) de la surface moyenne mesurés parallèlement aux axes coordonnés; et, en négligeant dans les valeurs de ξ, η, ζ les termes proportionnels au carré de i, on aura simplement

$$(39) \quad \xi = \xi_0 + \xi_1 s\,, \qquad \eta = \eta_0 + \eta_1 s\,, \qquad \zeta = \zeta_0 + \zeta_1 s.$$

Cela posé, admettons qu'une portion de la surface cylindrique, qui terminait latéralement la plaque prise dans l'état naturel, devienne fixe, ou plutôt que, parmi les points situés sur une portion de cette surface, ceux qui appartiennent au contour de la surface moyenne deviennent fixes, les autres étant assujétis de manière que chacun d'eux se trouve toujours placé sur une même génératrice de la surface cylindrique. On aura, pour les points situés sur la portion fixe de cette dernière surface, non-seulement

$$(40) \quad \xi_0 = 0\,, \qquad \eta_0 = 0\,, \qquad \zeta_0 = 0\,,$$

mais encore $\xi = 0$ et $\eta = 0$, quel que soit r. Par suite on tirera des formules (39)

$$(41) \qquad\qquad \xi_1 = 0, \qquad\qquad \eta_1 = 0.$$

Dans le cas particulier où la plaque solide est rectangulaire et terminée latéralement par des plans perpendiculaires aux axes des x et y, les formules (34), (35) et (57) donnent 1.° pour les points situés sur la surface supposée libre de l'un des plans perpendiculaires à l'axe des x,

$$(42) \qquad\qquad A_0 + \mathcal{P} = 0, \qquad\qquad F_0 = 0,$$

$$(43) \qquad\qquad A_1 = 0, \qquad\qquad F_1 = 0,$$

$$(44) \qquad\qquad \frac{dA_1}{dx} + \frac{dF_1}{dy} + \rho X_1 = 0,$$

2.° pour les points situés sur la surface supposée libre de l'un des plans perpendiculaires à l'axe des y,

$$(45) \qquad\qquad B_0 + \mathcal{P} = 0, \qquad\qquad F_0 = 0,$$

$$(46) \qquad\qquad B_1 = 0, \qquad\qquad F_1 = 0,$$

$$(47) \qquad\qquad \frac{dF_1}{dx} + \frac{dB_1}{dy} + \rho Y_1 = 0.$$

Si l'on veut considérer la plaque solide, non plus dans l'état d'équilibre, mais dans l'état de mouvement; il faudra, dans les équations (20), (27) et dans la formule (37), remplacer les quantités

$$(48) \qquad X_0, \ X_1; \qquad Y_0; \ Y_1, \qquad Z_0, \ Z_1, \ Z_2$$

par les différences

$$(49) \quad X_0 - \frac{d^2\xi_0}{dt^2}, \ X_1 - \frac{d^2\xi_1}{dt^2}; \ Y_0 - \frac{d^2\eta_0}{dt^2}, \ Y_1 - \frac{d^2\eta_1}{dt^2}; \ Z_0 - \frac{d^2\zeta_0}{dt^2}, \ Z_1 - \frac{d^2\zeta_1}{dt^2}, \ Z_2 - \frac{d^2\zeta_2}{dt^2}.$$

Cela posé, on tirera 1.° des équations (20)

$$(50) \quad \frac{dA_0}{dx} + \frac{dF_0}{dy} + \rho X_0 = \rho\frac{d^2\xi_0}{dt^2}, \qquad \frac{dF_0}{dx} + \frac{dB_0}{dy} + \rho Y_0 = \rho\frac{d^2\eta_0}{dt^2}.$$

2.° de l'équation (27), en réduisant le polynome

$$\zeta_0 + \frac{i^2}{6}\left(\zeta_2 + 2\frac{d\xi_1}{dx} + 2\frac{d\eta_1}{dy}\right),$$

au seul terme ζ_0.

$$(51)\quad \frac{i^2}{3}\left(\frac{d^2A_1}{dx^2} + 2\frac{d^2F_1}{dxdy} + \frac{d^2B_1}{dy^2}\right) + \rho\left\{Z_1 + \frac{i^2}{6}\left(Z_2 + 2\frac{dX_1}{dx} + 2\frac{dY_1}{dy}\right)\right\} = \rho\frac{d^2\zeta_0}{dt^2},$$

3.° de la formule (37)

$$(52)\quad \left(\frac{dA_1}{dx} + \frac{dF_1}{dy} + \rho X_1\right)\cos\alpha + \left(\frac{dF_1}{dx} + \frac{dB_1}{dy} + \rho Y_1\right)\cos\beta = \rho\left(\frac{d^2\xi_1}{dt^2}\cos\alpha + \frac{d^2\eta_1}{dt^2}\cos\beta\right).$$

Ajoutons que, dans le cas du mouvement, les valeurs de E, D, C fournies par les équations (51) et (52) deviendront

$$(53)\quad E = \frac{1}{2}\left(\frac{dA_1}{dx} + \frac{dF_1}{dy} + \rho X_1 - \rho\frac{d^2\xi_1}{dt^2}\right)(i^2-s^2),\quad D = \frac{1}{2}\left(\frac{dF_1}{dx} + \frac{dB_1}{dy} + \rho Y_1 - \rho\frac{d^2\eta_1}{dt^2}\right)(i^2-s^2),$$

$$(54)\quad C = -P + \frac{1}{2}\rho\left(Z_1 - \frac{d^2\zeta_1}{dt^2}\right)(i^2-s^2).$$

Supposons maintenant que la plaque donnée devienne élastique, et que son élasticité soit la même dans tous les sens. Alors, en adoptant les principes énoncés dans l'un des précédents articles [pages 177 et 178], et prenant x, y, z pour variables indépendantes, on trouvera

$$(55)\quad \begin{cases} A = k\dfrac{d\xi}{dx} + K\upsilon, & B = k\dfrac{d\eta}{dy} + K\upsilon, & C = k\dfrac{d\zeta}{dz} + K\upsilon, \\[2mm] D = \dfrac{1}{2}k\left(\dfrac{d\eta}{dz} + \dfrac{d\zeta}{dy}\right), & E = \dfrac{1}{2}k\left(\dfrac{d\zeta}{dx} + \dfrac{d\xi}{dz}\right), & F = \dfrac{1}{2}k\left(\dfrac{d\xi}{dy} + \dfrac{d\eta}{dx}\right), \end{cases}$$

k, K désignant deux quantités constantes, et υ la dilatation du volume donnée par l'équation

$$(56)\quad \upsilon = \frac{d\xi}{dx} + \frac{d\eta}{dy} + \frac{d\zeta}{dz}.$$

Par suite, si l'on fait pour plus de commodité

$$(57)\quad k + K = 0K,$$

et, si l'on prend pour variables indépendantes x, y, s au lieu de x, y, z, on aura

$$(58)\quad\begin{cases}\dfrac{A}{K}=\theta\dfrac{d\xi}{dx}+\dfrac{d\eta}{dy}+\dfrac{d\zeta}{ds}\,,\quad \dfrac{B}{K}=\dfrac{d\xi}{dx}+\theta\dfrac{d\eta}{dy}+\dfrac{d\zeta}{ds}\,,\quad \dfrac{C}{K}=\dfrac{d\xi}{dx}+\dfrac{d\eta}{dy}+\theta\dfrac{d\zeta}{ds}\,,\\[3mm] \dfrac{D}{K}=\dfrac{\theta-1}{2}\left(\dfrac{d\eta}{ds}+\dfrac{d\zeta}{dy}\right)\,,\quad \dfrac{E}{K}=\dfrac{\theta-1}{2}\left(\dfrac{d\zeta}{dx}+\dfrac{d\xi}{ds}\right)\,,\quad \dfrac{F}{K}=\dfrac{\theta-1}{2}\left(\dfrac{d\xi}{dy}+\dfrac{d\eta}{dx}\right).\end{cases}$$

Lorsque, dans les formules (58), on substitue aux fonctions A, B, C, D, E, F ξ, η, ζ leurs développements ordonnés suivant les puissances ascendantes de la variable s, alors, en égalant entre eux les coefficients des puissances semblables de s, on trouve

$$(59)\quad\begin{cases}\dfrac{A_0}{K}=\theta\dfrac{d\xi_0}{dx}+\dfrac{d\eta_0}{dx}+\zeta_1\,,\quad \dfrac{B_0}{K}=\dfrac{d\xi_0}{dx}+\theta\dfrac{d\eta_0}{dy}+\zeta_1\,,\quad \dfrac{C_0}{K}=\dfrac{d\xi_0}{dx}+\dfrac{d\eta_0}{dy}+\theta\zeta_1\,,\\[3mm] \dfrac{D_0}{K}=\dfrac{\theta-1}{2}\left(\eta_1+\dfrac{d\zeta_0}{dy}\right)\,,\quad \dfrac{E_0}{K}=\dfrac{\theta-1}{2}\left(\xi_1+\dfrac{d\zeta_0}{dx}\right)\,,\quad \dfrac{F_0}{K}=\dfrac{\theta-1}{2}\left(\dfrac{d\xi_0}{dy}+\dfrac{d\eta_0}{dx}\right),\end{cases}$$

$$(60)\quad\begin{cases}\dfrac{A_1}{K}=\theta\dfrac{d\xi_1}{dx}+\dfrac{d\eta_1}{dy}+\zeta_2\,,\quad \dfrac{B_1}{K}=\dfrac{d\xi_1}{dx}+\theta\dfrac{d\eta_1}{dy}+\zeta_2\,,\quad \dfrac{C_1}{K}=\dfrac{d\xi_1}{dx}+\dfrac{d\eta_1}{dy}+\theta\zeta_2\,,\\[3mm] \dfrac{D_1}{K}=\dfrac{\theta-1}{2}\left(\eta_2+\dfrac{d\zeta_1}{dy}\right)\,,\quad \dfrac{E_1}{K}=\dfrac{\theta-1}{2}\left(\xi_2+\dfrac{d\zeta_1}{dx}\right)\,,\quad \dfrac{F_1}{K}=\dfrac{\theta-1}{2}\left(\dfrac{d\xi_1}{dy}+\dfrac{d\eta_1}{dx}\right),\end{cases}$$

puis, en combinant les formules (59), (60) avec les équations (19), on en conclut

$$(61)\qquad \xi_1=-\dfrac{d\zeta_0}{dx}\,,\qquad \eta_1=-\dfrac{d\zeta_0}{dy}\,,\qquad \zeta_1=-\dfrac{1}{\theta}\left(\dfrac{d\xi_0}{dx}+\dfrac{d\eta_0}{dy}+\dfrac{P}{K}\right),$$

$$(62)\qquad \xi_2=-\dfrac{d\zeta_1}{dx}\,,\qquad \eta_2=-\dfrac{d\zeta_1}{dy}\,,\qquad \zeta_2=-\dfrac{1}{\theta}\left(\dfrac{d\xi_1}{dx}+\dfrac{d\eta_1}{dy}\right),$$

$$(63)\quad\begin{cases}A_0=\left(\theta-\dfrac{1}{\theta}\right)K\dfrac{d\xi_0}{dx}+\left(1-\dfrac{1}{\theta}\right)K\dfrac{d\eta_0}{dy}-\dfrac{P}{\theta}\,,\quad B_0=\left(1-\dfrac{1}{\theta}\right)K\dfrac{d\xi_0}{dx}+\left(\theta-\dfrac{1}{\theta}\right)K\dfrac{d\eta_0}{dy}-\dfrac{P}{\theta}\,,\\[3mm] \qquad\qquad F_0=\dfrac{\theta-1}{2}K\left(\dfrac{d\xi_0}{dy}+\dfrac{d\eta_0}{dx}\right),\end{cases}$$

$$(64) \quad \begin{cases} A_1 = \left(\theta - \dfrac{1}{\theta}\right) K \dfrac{d\xi_1}{dx} + \left(1 - \dfrac{1}{\theta}\right) K \dfrac{d\eta_1}{dy}, \qquad B_1 = \left(1 - \dfrac{1}{\theta}\right) K \dfrac{d\xi_1}{dx} + \left(\theta - \dfrac{1}{\theta}\right) K \dfrac{d\eta_1}{dy}. \\[2em] F_1 = \dfrac{\theta-1}{2} K \left(\dfrac{d\xi_1}{dy} + \dfrac{d\eta_1}{dx}\right). \end{cases}$$

Donc, si l'on fait pour abréger

$$(65) \qquad \left(\theta - \frac{1}{\theta}\right) K = \rho\, \Omega^2,$$

on aura

$$(66) \quad \begin{cases} A_0 = \rho\, \Omega^2 \left(\dfrac{d\xi_0}{dx} + \dfrac{1}{\theta+1}\dfrac{d\eta_0}{dy}\right) - \dfrac{P}{\theta}, \qquad B_0 = \rho\, \Omega^2 \left(\dfrac{d\eta_0}{dy} + \dfrac{1}{\theta+1}\dfrac{d\xi_0}{dx}\right) - \dfrac{P}{\theta}, \\[2em] F_0 = \dfrac{1}{2}\,\rho\, \Omega^2\, \dfrac{\theta}{\theta+1}\left(\dfrac{d\xi_0}{dy} + \dfrac{d\eta_0}{dx}\right), \end{cases}$$

et

$$(67) \quad \begin{cases} A_1 = \rho\, \Omega^2 \left(\dfrac{d\xi_1}{dx} + \dfrac{1}{\theta+1}\dfrac{d\eta_1}{dy}\right), \qquad B_1 = \rho\, \Omega^2 \left(\dfrac{d\eta_1}{dy} + \dfrac{1}{\theta+1}\dfrac{d\xi_1}{dx}\right), \\[2em] F_1 = \dfrac{1}{2}\,\rho\, \Omega^2\, \dfrac{\theta}{\theta+1}\left(\dfrac{d\xi_1}{dy} + \dfrac{d\eta_1}{dx}\right), \end{cases}$$

ou, ce qui revient au même,

$$(68) \quad \begin{cases} A_1 = -\rho\, \Omega^2 \left(\dfrac{d^2\zeta_0}{dx^2} + \dfrac{1}{\theta+1}\dfrac{d^2\zeta_0}{dy^2}\right), \qquad B_1 = -\rho\, \Omega^2 \left(\dfrac{d^2\zeta_0}{dy^2} + \dfrac{1}{\theta+1}\dfrac{d^2\zeta_0}{dx^2}\right), \\[2em] F_1 = -\rho\, \Omega^2\, \dfrac{\theta}{\theta+1}\,\dfrac{d^2\zeta_0}{dxdy}. \end{cases}$$

Cela posé, les équations (20) et (27) qui sont relatives à l'équilibre d'une plaque solide, donneront, pour une plaque élastique,

$$(69) \quad \begin{cases} \Omega^2 \left(\dfrac{d^2\xi_0}{dx^2} + \dfrac{1}{2}\dfrac{\theta}{\theta+1}\dfrac{d^2\xi_0}{dy^2} + \dfrac{1}{2}\dfrac{\theta+2}{\theta+1}\dfrac{d^2\eta_0}{dxdy}\right) + X_0 = 0, \\[2em] \Omega^2 \left(\dfrac{d^2\eta_0}{dy^2} + \dfrac{1}{2}\dfrac{\theta}{\theta+1}\dfrac{d^2\eta_0}{dx^2} + \dfrac{1}{2}\dfrac{\theta+2}{\theta+1}\dfrac{d^2\xi_0}{dxdy}\right) + Y_0 = 0, \end{cases}$$

et

$$(70) \qquad \Omega^2\, \dfrac{i^2}{3}\left(\dfrac{d^4\zeta_0}{dx^4} + 2\dfrac{d^4\zeta_0}{dx^2dy^2} + \dfrac{d^4\zeta_0}{dy^4}\right) = Z_0 + \dfrac{i^2}{6}\left(Z_1 + 2\dfrac{dX_1}{dx} + 2\dfrac{dY_1}{dy}\right).$$

De plus, en vertu des formules (34), (35) et (37), combinées avec les équations (66) et (68), on aura, pour tous les points situés sur une portion libre du contour de la plaque élastique,

$$(71)\quad \begin{cases} \Omega^2\left\{\left(\dfrac{d\xi_0}{dx} + \dfrac{1}{\theta+1}\,\dfrac{d\eta_0}{dy}\right)\cos\alpha + \dfrac{1}{2}\,\dfrac{\theta}{\theta+1}\left(\dfrac{d\xi_0}{dy} + \dfrac{d\eta_0}{dx}\right)\cos\beta\right\} = \dfrac{1}{\rho}\left(\dfrac{P}{\theta} - \varphi\right)\cos\alpha, \\[2ex] \Omega^2\left\{\left(\dfrac{d\eta_0}{dy} + \dfrac{1}{\theta+1}\,\dfrac{d\xi_0}{dx}\right)\cos\beta + \dfrac{1}{2}\,\dfrac{\theta}{\theta+1}\left(\dfrac{d\xi_0}{dy} + \dfrac{d\eta_0}{dx}\right)\cos\alpha\right\} = \dfrac{1}{\rho}\left(\dfrac{P}{\theta} - \varphi\right)\cos\beta, \end{cases}$$

$$(72)\quad \begin{cases} \left(\dfrac{d^2\zeta_0}{dx^2} + \dfrac{1}{\theta+1}\,\dfrac{d^2\zeta_0}{dy^2}\right)\cos\alpha + \dfrac{\theta}{\theta+1}\,\dfrac{d^2\zeta_0}{dxdy}\cos\beta = 0, \\[2ex] \left(\dfrac{d^2\zeta_0}{dy^2} + \dfrac{1}{\theta+1}\,\dfrac{d^2\zeta_0}{dx^2}\right)\cos\beta + \dfrac{\theta}{\theta+1}\,\dfrac{d^2\zeta_0}{dxdy}\cos\alpha = 0, \end{cases}$$

$$(73)\quad \Omega^2\left\{\left(\dfrac{d^3\zeta_0}{dx^3} + \dfrac{d^3\zeta_0}{dxdy^2}\right)\cos\alpha + \left(\dfrac{d^3\zeta_0}{dx^2dy} + \dfrac{d^3\zeta_0}{dy^3}\right)\cos\beta\right\} = X_,\cos\alpha + Y_,\cos\beta.$$

Au contraire, pour tous les points situés sur une portion fixe du contour de la plaque, les valeurs des inconnues ξ_0, η_0, ζ_0 devront satisfaire non-seulement aux conditions (40), mais encore aux formules (41), ou, ce qui revient au même, aux deux suivantes :

$$(74)\qquad \dfrac{d\zeta_0}{dx} = 0, \qquad \dfrac{d\zeta_0}{dy} = 0.$$

Dans le cas particulier où la plaque élastique est rectangulaire et terminée latéralement par des plans perpendiculaires aux axes des x et y, les formules (71), (72), (73) donnent 1.° pour les points situés sur la surface supposée libre de l'un des plans perpendiculaires à l'axe des x,

$$(75)\qquad \Omega^2\left(\dfrac{d\xi_0}{dx} + \dfrac{1}{\theta+1}\,\dfrac{d\eta_0}{dy}\right) = \dfrac{1}{\rho}\left(\dfrac{P}{\theta} - \varphi\right), \qquad \dfrac{d\xi_0}{dy} + \dfrac{d\eta_0}{dx} = 0,$$

$$(76)\qquad \dfrac{d^2\zeta_0}{dx^2} + \dfrac{1}{\theta+1}\,\dfrac{d^2\zeta_0}{dy^2} = 0, \qquad \dfrac{d^2\zeta_0}{dxdy} = 0.$$

$$(77)\qquad \Omega^2\left(\dfrac{d^3\zeta_0}{dx^3} + \dfrac{d^3\zeta_0}{dxdy^2}\right) = X_,.$$

2.° pour les points situés sur la surface supposée libre de l'un des plans perpendiculaires à l'axe des y,

IIIe ANNÉE.

$$(78) \qquad \Omega^2 \left(\frac{d\eta_0}{dy} + \frac{1}{\theta+1} \frac{d\xi_0}{dx} \right) = \frac{1}{\rho} \left(\frac{P}{\theta} - \mathfrak{P} \right) , \qquad \frac{d\xi_0}{dy} + \frac{d\eta_0}{dx} = 0 ,$$

$$(79) \qquad \frac{d^2\zeta_0}{dy^2} + \frac{1}{\theta+1} \frac{d^2\zeta_0}{dx^2} = 0 , \qquad \frac{d^2\zeta_0}{dx\,dy} = 0 ,$$

$$(80) \qquad \Omega^2 \left(\frac{d^3\zeta_0}{dx^2\,dy} + \frac{d^3\zeta_0}{dy^3} \right) = Y_1 .$$

Si l'on désigne par $\varkappa$ la somme des deux premiers termes compris dans la valeur de υ [voyez la formule (56)], et si l'on pose en conséquence

$$(81) \qquad \varkappa = \frac{d\xi}{dx} + \frac{d\eta}{dy} ,$$

$\varkappa$ exprimera évidemment la dilatation superficielle qu'éprouve, en vertu du changement de forme de la plaque, le plan mené par le point $(x - \xi , y - \eta)$ parallèlement au plan des x , y. Si d'ailleurs on représente par

$$(82) \qquad \varkappa = \varkappa_0 + \varkappa_1 s + \varkappa_2 \frac{s^2}{2} + \text{etc}\ldots,$$

le développement de $\varkappa$ considéré comme fonction des variables x , y , s, suivant les puissances ascendantes de s, on aura

$$(83) \qquad \varkappa_0 = \frac{d\xi_0}{dx} + \frac{d\eta_0}{dy} ,$$

$$(84) \qquad \varkappa_1 = \frac{d\xi_1}{dx} + \frac{d\eta_1}{dy} = - \left(\frac{d^2\zeta_0}{dx^2} + \frac{d^2\zeta_0}{dy^2} \right) ,$$

et les formules (66), (67) donneront

$$(85) \quad \left\{ \begin{aligned} & A_0 = \frac{\rho\,\Omega^2}{\theta+1} \left(\theta \frac{d\xi_0}{dx} + \varkappa_0 \right) - \frac{P}{\theta} , \qquad B_0 = \frac{\rho\,\Omega^2}{\theta+1} \left(\theta \frac{d\eta_0}{dy} + \varkappa_0 \right) - \frac{P}{\theta} , \\[2mm] & \qquad\qquad F_0 = \frac{1}{2} \rho\,\Omega^2 \frac{\theta}{\theta+1} \left(\frac{d\xi_0}{dy} + \frac{d\eta_0}{dx} \right) , \end{aligned} \right.$$

$$(86) \quad \left\{ \begin{aligned} & A_1 = \frac{\rho\,\Omega^2}{\theta+1} \left(\theta \frac{d\xi_1}{dx} + \varkappa_1 \right) , \qquad\qquad B_1 = \frac{\rho\,\Omega^2}{\theta+1} \left(\theta \frac{d\eta_1}{dx} + \varkappa_1 \right) , \\[2mm] & \qquad\qquad F_1 = \frac{1}{2} \rho\,\Omega^2 \frac{\theta}{\theta+1} \left(\frac{d\xi_1}{dy} + \frac{d\eta_1}{dx} \right) . \end{aligned} \right.$$

De plus, les équations (69) deviendront

$$(87) \quad \begin{cases} \dfrac{\Omega^2}{2(\theta+1)} \left\{ \theta \left(\dfrac{d^2\xi_0}{dx^2} + \dfrac{d^2\xi_0}{dy^2} \right) + (\theta+2) \dfrac{d\mathfrak{v}_0}{dx} \right\} + X_0 = 0 , \\[3mm] \dfrac{\Omega^2}{2(\theta+1)} \left\{ \theta \left(\dfrac{d^2\eta_0}{dx^2} + \dfrac{d^2\eta_0}{dy^2} \right) + (\theta+2) \dfrac{d\mathfrak{v}_0}{dy} \right\} + Y_0 = 0 ; \end{cases}$$

et l'on conclura de ces dernières, en les combinant par voie d'addition, après avoir différencié la première par rapport à x, et la seconde par rapport à y,

$$(88) \quad \Omega^2 \left(\frac{d^2\mathfrak{v}_0}{dx^2} + \frac{d^2\mathfrak{v}_0}{dy^2} \right) + \frac{dX_0}{dx} + \frac{dY_0}{dy} = 0 .$$

Enfin l'équation (27) donnera

$$(89) \quad \Omega^2 \frac{i^2}{3} \left(\frac{d^2\mathfrak{v}_1}{dx^2} + \frac{d^2\mathfrak{v}_1}{dy^2} \right) + Z_0 + \frac{i^2}{6} \left(Z_2 + 2 \frac{dX_1}{dx} + 2 \frac{dY_1}{dy} \right) = 0 .$$

Lorsque, dans la formule (89), on remet pour $\mathfrak{v}_1$ sa valeur tirée de l'équation (84), on se trouve immédiatement ramené à la formule (70).

Si l'on veut considérer la plaque élastique, non plus dans l'état d'équilibre, mais dans l'état de mouvement, il faudra, dans les équations (69), (70), (87), (88), et dans les formules (75), (78), (81), remplacer les expressions (48) par les expressions (49). Cela posé, on tirera 1.° des équations (87) et (88)

$$(90) \quad \begin{cases} \dfrac{\Omega^2}{2(\theta+1)} \left\{ \theta \left(\dfrac{d^2\xi_0}{dx^2} + \dfrac{d^2\xi_0}{dy^2} \right) + (\theta+2) \dfrac{d\mathfrak{v}_0}{dx} \right\} + X_0 = \dfrac{d^2\xi_0}{dt^2} , \\[3mm] \dfrac{\Omega^2}{2(\theta+1)} \left\{ \theta \left(\dfrac{d^2\eta_0}{dy^2} + \dfrac{d^2\eta_0}{dy^2} \right) + (\theta+2) \dfrac{d\mathfrak{v}_0}{dy} \right\} + Y_0 = \dfrac{d^2\eta_0}{dt^2} , \end{cases}$$

$$(91) \quad \Omega^2 \left(\frac{d^2\mathfrak{v}_0}{dx^2} + \frac{d^2\mathfrak{v}_0}{dy^2} \right) + \frac{dX_0}{dx} + \frac{dY_0}{dy} = \frac{d^2\mathfrak{v}_0}{dt^2} ,$$

2.° de l'équation (70), en réduisant le polynome

$$\zeta_0 + \frac{i^2}{6} \left(\zeta_2 + 2 \frac{d\xi_1}{dx} + 2 \frac{d\eta_1}{dy} \right) = \zeta_0 - \frac{i^2}{3} \left(1 - \frac{1}{2\theta} \right) \left(\frac{d^2\zeta_0}{dx^2} + \frac{d^2\zeta_0}{dy^2} \right)$$

au seul terme ζ_0,

$$(92) \quad \Omega^2 \frac{i^2}{3}\left(\frac{d^4\zeta_0}{dx^4} + 2\frac{d^4\zeta_0}{dx^2 dy^2} + \frac{d^4\zeta_0}{dy^4}\right) + \frac{d^2\zeta_0}{dt^2} = Z_0 + \frac{i^2}{6}\left(Z_2 + 2\frac{dX_1}{dx} + 2\frac{dY_1}{dy}\right).$$

De plus, en substituant aux quantités X_1, Y_1, dans les formules (73), (78), (81), les binomes

$$X_1 - \frac{d^2\xi_1}{dt^2} = X_1 + \frac{d^3\zeta_0}{dx\,dt^2}, \qquad Y_1 - \frac{d^2\eta_1}{dt^2} = Y_1 + \frac{d^3\zeta_0}{dy\,dt^2},$$

ou plutôt les valeurs approchées de ces binomes obtenues à l'aide de l'équation (92), savoir,

$$X_1 + \frac{dZ_0}{dx}, \qquad Y_1 + \frac{dZ_0}{dy},$$

on trouvera

$$(93) \quad \Omega^2\left\{\left(\frac{d^3\zeta_0}{dx^3} + \frac{d^3\zeta_0}{dx\,dy^2}\right)\cos\alpha + \left(\frac{d^3\zeta_0}{dx^2\,dy} + \frac{d^3\zeta_0}{dy^3}\right)\cos\beta\right\} = \left(X_1 + \frac{dZ_0}{dx}\right)\cos\alpha + \left(Y_1 + \frac{dZ_0}{dy}\right)\cos\beta,$$

$$(94) \quad \Omega^2\left(\frac{d^3\zeta_0}{dx^3} + \frac{d^3\zeta_0}{dx\,dy^2}\right) = X_1 + \frac{dZ_0}{dx},$$

$$(95) \quad \Omega^2\left(\frac{d^3\zeta_0}{dx^2\,dy} + \frac{d^3\zeta_0}{dy^3}\right) = Y_1 + \frac{dZ_0}{dy}.$$

Dans le cas particulier où la force accélératrice φ devient constante, les formules (91) et (92) se réduisent à

$$(96) \quad \Omega^2\left(\frac{d^2s_0}{dx^2} + \frac{d^2s_0}{dy^2}\right) = \frac{d^2s_0}{dt^2},$$

$$(97) \quad \Omega^2\frac{i^2}{3}\left(\frac{d^4\zeta_0}{dx^4} + 2\frac{d^4\zeta_0}{dx^2\,dy^2} + \frac{d^4\zeta_0}{dy^4}\right) + \frac{d^2\zeta_0}{dt^2} = Z.$$

Si cette même force accélératrice s'évanouit, la formule (97) donnera simplement

$$(98) \quad \Omega^2\frac{i^2}{3}\left(\frac{d^4\zeta_0}{dx^4} + 2\frac{d^4\zeta_0}{dx^2\,dy^2} + \frac{d^4\zeta_0}{dy^4}\right) + \frac{d^2\zeta_0}{dt^2} = 0,$$

Si d'ailleurs on considère un corps élastique comme un système de molécules qui agissent l'une sur l'autre à de très-petites distances, alors, en supposant que l'élasticité reste la même dans tous les sens, et que les pressions supportées par la surface libre du corps dans l'état naturel se réduisent à zéro, on obtiendra, entre les constantes désignées par k et par K dans la formule (57), la relation

(99)
$$k = 2K.$$

On aura donc par suite $o = 3$, et l'on tirera des équations (90), en attribuant des valeurs nulles aux forces X_o, Y_o,

(100)
$$
\left\{
\begin{aligned}
\Omega^2 \left\{ \frac{3}{8}\left(\frac{d^2\xi_o}{dx^2} + \frac{d^2\xi_o}{dy^2} \right) + \frac{5}{8}\,\frac{dv_o}{dx} \right\} &= \frac{d^2\xi_o}{dt^2}, \\[2ex]
\Omega^2 \left\{ \frac{3}{8}\left(\frac{d^2\eta_o}{dx^2} + \frac{d^2\eta_o}{dy^2} \right) + \frac{5}{8}\,\frac{dv_o}{dy} \right\} &= \frac{d^2\eta_o}{dt^2}.
\end{aligned}
\right.
$$

Dans la même hypothèse, si les pressions P, $\mathcal{P}$ s'évanouissent avec la force φ, les formules (71), (72), (93) donneront, pour les points situés sur des portions libres de la surface qui termine latéralement la plaque élastique,

(101)
$$
\left\{
\begin{aligned}
\left(\frac{d\xi_o}{dx} + \frac{1}{4}\,\frac{d\eta_o}{dy} \right)\cos\alpha + \frac{3}{8}\left(\frac{d\xi_o}{dy} + \frac{d\eta_o}{dx} \right)\cos\beta &= 0, \\[2ex]
\left(\frac{d\eta_o}{dy} + \frac{1}{4}\,\frac{d\xi_o}{dx} \right)\cos\beta + \frac{3}{8}\left(\frac{d\xi_o}{dy} + \frac{d\eta_o}{dx} \right)\cos\alpha &= 0,
\end{aligned}
\right.
$$

(102)
$$
\left\{
\begin{aligned}
\left(\frac{d^2\zeta_o}{dx^2} + \frac{1}{4}\,\frac{d^2\zeta_o}{dy^2} \right)\cos\alpha + \frac{3}{4}\,\frac{d^2\zeta_o}{dx\,dy}\cos\beta &= 0, \\[2ex]
\left(\frac{d^2\zeta_o}{dy^2} + \frac{1}{4}\,\frac{d^2\zeta_o}{dx^2} \right)\cos\beta + \frac{3}{4}\,\frac{d^2\zeta_o}{dx\,dy}\cos\alpha &= 0,
\end{aligned}
\right.
$$

(103)
$$
\left(\frac{d^3\zeta_o}{dx^3} + \frac{d^3\zeta_o}{dx\,dy^2} \right)\cos\alpha + \left(\frac{d^3\zeta_o}{dx^2\,dy} + \frac{d^3\zeta_o}{dy^3} \right)\cos\beta = 0.
$$

Si la plaque élastique était rectangulaire et terminée latéralement par des plans perpendiculaires aux axes des x et y, les formules (101), (102), (103) donneraient 1.° pour la surface supposée libre de l'un des plans perpendiculaires à l'axe des x,

(104)
$$
\frac{d\xi_o}{dx} + \frac{1}{4}\,\frac{d\eta_o}{dy} = 0, \qquad \frac{d\xi_o}{dy} + \frac{d\eta_o}{dx} = 0,
$$

(105)
$$
\frac{d^2\zeta_o}{dx^2} + \frac{1}{4}\,\frac{d^2\zeta_o}{dy^2} = 0, \qquad \frac{d^2\zeta_o}{dx\,dy} = 0,
$$

(106)
$$
\frac{d^3\zeta_o}{dx^3} + \frac{d^3\zeta_o}{dx\,dy^2} = 0;
$$

2.° pour la surface supposée libre de l'un des plans perpendiculaires à l'axe des y,

$$(107) \qquad \frac{d\eta_0}{dy} + \frac{1}{4} \frac{d\xi_0}{dx} = 0 , \qquad \frac{d\xi_0}{dy} + \frac{d\eta_0}{dx} = 0 ,$$

$$(108) \qquad \frac{d^2\zeta_0}{dy^2} + \frac{1}{4} \frac{d^2\zeta_0}{dx^2} = 0 , \qquad \frac{d^2\zeta_0}{dx\,dy} = 0 ,$$

$$(109) \qquad \frac{d^3\zeta_0}{dx^3\,dy} + \frac{d^3\zeta_0}{dy^3} = 0 ,$$

Il est bon d'observer qu'en vertu de la seconde des équations (105) ou (108), la condition (106) pourra être réduite à

$$(110) \qquad \frac{d^3\zeta_0}{dx^3} = 0 ,$$

et la condition (109) à

$$(111) \qquad \frac{d^3\zeta_0}{dy^3} = 0 .$$

La plupart des équations établies dans ce paragraphe, et particulièrement les formules (20), (27), (34), (35), (36), (50), (51), (90), (91), (92) sont extraites d'un Mémoire que j'ai présenté à l'Académie des Sciences le 6 octobre 1828. Ces mêmes formules, ou du moins celles que l'on en tire en posant $\theta = 3$, se sont trouvées d'accord avec les formules contenues dans le Mémoire de M. Poisson, qui était sous presse à cette époque, et qui vient de paraître. Toutefois aux conditions (74), dont la première entraîne la seconde, lorsqu'on a égard à la dernière des formules (40), M. Poisson a joint une troisième condition qui disparaît d'elle-même dans le cas où la plaque élastique devient circulaire, et dont l'admission, dans les autres cas, nous paraît sujette à quelques difficultés.

On peut aisément conclure de l'équation (96) que la vitesse de son dans une plaque élastique d'une étendue indéfinie est précisément la valeur de Ω déterminée par la formule (65). Si d'ailleurs on suppose $\theta = 3$, on prouvera, comme dans l'article précédent [page 269], que la vitesse dont il s'agit est à la vitesse du son, dans un corps solide élastique dont les trois dimensions sont indéfinies, dans le rapport de $\sqrt{8}$ à $\sqrt{9} = 3$. Si l'on attribuait au nombre θ une valeur différente de 3, le rapport entre les deux vitesses serait celui de $\sqrt{\theta^2 - 1}$ à $\sqrt{\theta^2} = \theta$.

L'équation (98) a la même forme que celle qui a été trouvée sans démonstration dans les papiers de M. Lagrange, et qui a servi de base aux recherches publiées par M.lle Sophie Germain dans un Mémoire sur les plaques élastiques couronné par l'institut en 1815.

Concevons maintenant que l'on considère non plus une plaque élastique, mais une plaque solide entièrement dénuée d'élasticité. Alors, en adoptant les principes énoncés dans l'un des précédents articles [pages 185 et 186], et faisant pour abréger

$$(112) \qquad k + K = \theta K, \qquad \Omega^2 = \left(\theta - \frac{1}{\theta}\right)\frac{K}{\rho},$$

on reconnaîtra que les formules (90), (92) doivent être remplacées par celles qu'on en déduit, quand on substitue, dans les premiers membres, aux inconnues ξ_0, η_0, ζ_0, leurs dérivées relatives à t, savoir,

$$\frac{d\xi_0}{dt}, \qquad \frac{d\eta_0}{dt}, \qquad \frac{d\zeta_0}{dt},$$

et à la quantité

$$s_0 = \frac{d\xi_0}{dx} + \frac{d\eta_0}{dy}$$

l'expression

$$\frac{d\left(\dfrac{d\xi_0}{dx} + \dfrac{d\eta_0}{dy}\right)}{dt} = \frac{ds_0}{dt}.$$

Donc, si l'on pose

$$(113) \qquad \frac{d\xi_0}{dt} = u_0, \qquad \frac{d\eta_0}{dt} = v_0, \qquad \frac{d\zeta_0}{dt} = w_0,$$

les inconnues u_0, v_0, w_0, qui représenteront, au bout du temps t, les projections algébriques de la vitesse d'un point situé sur la surface moyenne, devront satisfaire, quels que soient x et y, aux équations

$$(114) \quad \begin{cases} \dfrac{\Omega^2}{2(\theta+1)}\left\{\theta\left(\dfrac{d^2 u_0}{dx^2} + \dfrac{d^2 u_0}{dy^2}\right) + (\theta+2)\dfrac{d\left(\dfrac{du_0}{dx} + \dfrac{dv_0}{dy}\right)}{dx}\right\} + X_0 = \dfrac{du_0}{dt}, \\[3em] \dfrac{\Omega^2}{2(\theta+1)}\left\{\theta\left(\dfrac{d^2 v_0}{dx^2} + \dfrac{d^2 v_0}{dy^2}\right) + (\theta+2)\dfrac{d\left(\dfrac{du_0}{dx} + \dfrac{dv_0}{dy}\right)}{dy}\right\} + Y_2 = \dfrac{dv_0}{dt}, \end{cases}$$

$$(115) \quad \Omega^2\frac{i^2}{3}\left(\frac{d^4 w_0}{dx^4} + 2\frac{d^4 w_0}{dx^2 dy^2} + \frac{d^4 w_0}{dy^4}\right) + \frac{dw_0}{dt} = Z_0 + \frac{i^2}{6}\left(Z_2 + 2\frac{dX_1}{dx} + 2\frac{dY_1}{dy}\right).$$

On tirera d'ailleurs des formules (114), combinées avec les formules (83) et (113),

$$(116) \qquad \Omega^3 \left\{ \frac{d^2\left(\frac{du_0}{dt}\right)}{dx^2} + \frac{d^2\left(\frac{du_0}{dt}\right)}{dy^2} \right\} + \frac{dX_1}{dx} + \frac{dY_1}{dy} = \frac{d\left(\frac{du_0}{dt}\right)}{dt}.$$

Enfin, si la force accélératrice s'évanouit, les équations (115) et (116) deviendront respectivement

$$(117) \qquad \Omega^3 \frac{i^2}{3} \left\{ \frac{d^4 w_0}{dx^4} + 2\frac{d^4 w_0}{dx^2 dy^2} + \frac{d^4 w_0}{dy^4} \right\} + \frac{dw_0}{dt} = 0 ,$$

$$(118) \qquad \Omega^3 \left\{ \frac{d^2\left(\frac{du_0}{dt}\right)}{dx^2} + \frac{d^2\left(\frac{du_0}{dt}\right)}{dy^2} \right\} = \frac{d\left(\frac{du_0}{dt}\right)}{dt}.$$

Il sera également facile de trouver les conditions qui, dans le cas que nous considérons, devront être remplies pour les points situés sur le contour de la plaque solide.

Nous renverrons à un autre article l'intégration des équations différentielles obtenues dans ce paragraphe.

---

§ 3. *Sur les équations d'équilibre ou de mouvement d'une plaque solide naturellement plane, mais d'une épaisseur variable.*

Dans le paragraphe précédent, nous avons regardé comme constante l'épaisseur $2i$ de la plaque solide. Supposons maintenant que cette épaisseur varie; mais admettons, pour plus de simplicité, qu'étant toujours très-petite, elle se trouve primitivement divisée en deux parties égales pour le plan des x, y. i deviendra une fonction des coordonnées x, y, et la plaque solide sera renfermée, dans l'état naturel, entre deux surfaces courbes représentées par les équations (10). D'ailleurs, si l'on nomme α, β, γ les angles formés par la normale à l'une de ces surfaces avec les demi-axes des coordonnées positives, on aura

$$(119) \qquad \frac{\cos\alpha}{\left(\frac{di}{dx}\right)} = \frac{\cos\beta}{\left(\frac{di}{dy}\right)} = \cos\gamma , \qquad \text{ou} \qquad \frac{\cos\alpha}{\left(\frac{di}{dx}\right)} = \frac{\cos\beta}{\left(\frac{di}{dy}\right)} = -\cos\gamma.$$

De plus, si l'on continue de regarder comme infiniment petits les déplacements des molécules, et, si l'on détermine toujours la variable s par l'équation (5), les formules (119) subsisteront encore après les déplacements dont il s'agit, la première pour $s = -i$, la seconde pour $s = i$. Par conséquent on tirera des formules (4) 1.° pour $s = -i$

$$(120) \begin{cases} (A + P) \dfrac{di}{dx} + F \dfrac{di}{dy} + E = 0, \qquad F \dfrac{di}{dx} + (B + P) \dfrac{di}{dy} + D = 0, \\[2em] E \dfrac{di}{dx} + D \dfrac{di}{dy} + C + P = 0, \end{cases}$$

2.° pour $s = i$

$$(121) \begin{cases} (A + P) \dfrac{di}{dx} + F \dfrac{di}{dy} - E = 0, \qquad F \dfrac{di}{dx} + (B + P) \dfrac{di}{dy} - D = 0. \\[2em] E \dfrac{di}{dx} + D \dfrac{di}{dy} - C - P = 0, \end{cases}$$

Enfin, si l'on développe les quantités A, B, C, D, E, F, X, Y, Z suivant les puissances ascendantes de s à l'aide des équations (12), (13), (14), on trouvera, au lieu des formules (16),

$$(122) \begin{cases} E_0 + E_2 \dfrac{i^2}{2} + \dots + (A_1 + \dots)i \dfrac{di}{dx} + (F_1 + \dots)i \dfrac{di}{dy} = 0, \\[1.5em] D_0 + D_2 \dfrac{i^2}{2} + \dots + (F_1 + \dots)i \dfrac{di}{dx} + (B_1 + \dots)i \dfrac{di}{dy} = 0, \\[1.5em] C_0 + C_2 \dfrac{i^2}{2} + \dots + (E_1 + \dots)i \dfrac{di}{dx} + (D_1 + \dots)i \dfrac{di}{dy} = -P, \end{cases}$$

et

$$(123) \begin{cases} E_1 + E_3 \dfrac{i^2}{6} + \dots + \left(A + A_2 \dfrac{i^2}{2} + \dots\right)\dfrac{1}{i}\dfrac{di}{dx} + \left(F_0 + F_2 \dfrac{i^2}{2} + \dots\right)\dfrac{1}{i}\dfrac{di}{dy} = -\dfrac{P}{i}\dfrac{di}{dx}, \\[1.5em] D_1 + D_3 \dfrac{i^2}{6} + \dots + \left(F_0 + F_2 \dfrac{i^2}{2} + \dots\right)\dfrac{1}{i}\dfrac{di}{dx} + \left(B_0 + B_2 \dfrac{i^2}{2} + \dots\right)\dfrac{1}{i}\dfrac{di}{dy} = -\dfrac{P}{i}\dfrac{di}{dy}, \\[1.5em] C_1 + C_3 \dfrac{i^2}{6} + \dots + \left(E_0 + E_2 \dfrac{i^2}{2} + \dots\right)\dfrac{1}{i}\dfrac{di}{dx} + \left(D_0 + D_2 \dfrac{i^2}{2} + \dots\right)\dfrac{1}{i}\dfrac{di}{dy} = 0; \end{cases}$$

puis on en conclura, en négligeant dans une première approximation les termes du même ordre que la fonction i et ses dérivées $\dfrac{di}{dx}$, $\dfrac{di}{dy}$,

$$(124) \qquad E_0 = 0, \qquad D_0 = 0, \qquad C_0 = 0.$$

$$(125) \quad E_1 = -\frac{1}{i}\left\{(A_0 + P)\frac{di}{dx} + F_0\frac{di}{dy}\right\}, \quad D_1 = -\frac{1}{i}\left\{F_0\frac{di}{dx} + (B_0 + P)\frac{di}{dy}\right\}, \quad C_1 = 0.$$

Cela posé, les formules (20) devront être remplacées par les suivantes

$$(126) \quad \begin{cases} \dfrac{dA_0}{dx} + \dfrac{dF_0}{dy} - \dfrac{1}{i}\left\{(A_0+P)\dfrac{di}{dx} + F_0\dfrac{di}{dy}\right\} + \rho X_0 = 0, \\[3mm] \dfrac{dF_0}{dx} + \dfrac{dB_0}{dy} - \dfrac{1}{i}\left\{F_0\dfrac{di}{dx} + (B_0+P)\dfrac{di}{dy}\right\} + \rho Y_0 = 0. \end{cases}$$

Quant à la formule (21), elle continuera d'être fournie par la première approximation. Mais elle acquerra de nouveaux termes, si l'on a recours à une approximation nouvelle. Concevons en effet que, dans les formules (122), (123), on conserve les termes proportionnels au carré de i. On tirera de ces formules

$$(127) \quad \begin{cases} E_0 = -\dfrac{i^2}{2} E_2 - A_1 i \dfrac{di}{dx} - F_1 i \dfrac{di}{dy}, \qquad D_0 = -\dfrac{i^2}{2} D_2 - F_1 i \dfrac{di}{dx} - B_1 i \dfrac{di}{dy}. \\[3mm] C_0 = -P - \dfrac{i^2}{2} C_2 - E_1 i \dfrac{di}{dx} - D_1 i \dfrac{di}{dy}, \end{cases}$$

$$(128) \quad C_1 = A_1 \frac{di^2}{dx^2} + 2F_1 \frac{di}{dx}\frac{di}{dy} + B_1 \frac{di^2}{dy^2} - \frac{i^2}{6} C_3,$$

puis on conclura de celles-ci, combinées avec les équations (15) les deux premières des équations (125) et les équations (126),

$$(129) \quad \begin{cases} E_0 = \dfrac{i^2}{2}\left(\dfrac{dA_1}{dx} + \dfrac{dF_1}{dy} + \rho X_1\right) - i\left(A_1 \dfrac{di}{dx} + F_1 \dfrac{di}{dy}\right), \\[3mm] D_0 = \dfrac{i^2}{2}\left(\dfrac{dF_1}{dx} + \dfrac{dB_1}{dy} + \rho Y_1\right) - i\left(F_1 \dfrac{di}{dx} + B_1 \dfrac{di}{dy}\right), \\[3mm] C_0 = -P + \dfrac{i^2}{2}\rho\left\{Z_1 + \dfrac{1}{i}\left(X_0 \dfrac{di}{dx} + Y_0 \dfrac{di}{dy}\right)\right\} \\[3mm] + (A_0+P)\left(\dfrac{di^2}{dx^2} - \dfrac{i}{2}\dfrac{d^2i}{dx^2}\right) + 2F_0\left(\dfrac{di}{dx}\dfrac{di}{dy} - \dfrac{i}{2}\dfrac{d^2i}{dxdy}\right) + (B_0+P)\left(\dfrac{di^2}{dy^2} - \dfrac{i}{2}\dfrac{d^2i}{dy^2}\right), \end{cases}$$

$$(130) \quad \begin{cases} C_1 = \frac{i^2}{6}\rho\left(Z_2 - \frac{dX_1}{dx} - \frac{dY_1}{dy}\right) - \frac{i^2}{6}\left(\frac{d^2A_1}{dx^2} + 2\frac{d^2F_1}{dx\,dy} + \frac{d^2B_1}{dy^2}\right) \\[2mm] \qquad\quad + A_1\frac{di^2}{dx^2} + 2F_1\frac{di}{dx}\frac{di}{dy} + B_1\frac{di^2}{dy^2}. \end{cases}$$

Par suite celle des équations (15) qui renferme la quantité C_1 donnera

$$(131) \quad \begin{cases} \dfrac{i^2}{3}\left(\dfrac{d^2A_1}{dx^2} + 2\dfrac{d^2F_1}{dx\,dy} + \dfrac{d^2B_1}{dy^2}\right) - i\left(A_1\dfrac{d^2i}{dx^2} + 2F_1\dfrac{d^2i}{dx\,dy} + B_1\dfrac{d^2i}{dy^2}\right) \\[2mm] + \rho\left\{Z_0 + i\left(X_1\dfrac{di}{dx} + Y_1\dfrac{di}{dy}\right) + \dfrac{i^2}{6}\left(Z_2 + 2\dfrac{dX_1}{dx} + 2\dfrac{dY_1}{dy}\right)\right\} = 0. \end{cases}$$

De plus, comme la variable s comprise dans les équations (12), (13), (14) est une quantité du même ordre que i, on tirera de ces équations combinées avec les deux premières des formules (125), et avec les équations (127), (129), (130), 1.° en négligeant dans les développements de A, F, B, les puissances de i supérieures à la première

$$(28) \qquad A = A_0 + A_1 s, \qquad F = F_0 + F_1 s, \qquad B = B_0 + B_1 s,$$

2.° en négligeant, dans les développements de E, D, C, les puissances de i supérieures à la seconde

$$(132) \quad \begin{cases} E = E_0 + E_1 s + E_2\frac{s^2}{2} = E_0\left(1 - \frac{s^2}{i^2}\right) + E_1 s - \frac{s^2}{i}\left(A_1\frac{di}{dx} + F_1\frac{di}{dy}\right) \\[2mm] \quad = \frac{i^2-s^2}{2}\left(\frac{dA_1}{dx} + \frac{dF_1}{dy} + \rho X_1\right) - i\left(A_1\frac{di}{dx} + F_1\frac{di}{dy}\right) - \frac{s}{i}\left\{(A_0+P)\frac{di}{dx} + F_0\frac{di}{dy}\right\}, \\[2mm] D = D_0 + D_1 s + D_2\frac{s^2}{2} = D_0\left(1 - \frac{s^2}{i^2}\right) + D_1 s - \frac{s^2}{i}\left(F_1\frac{di}{dx} + B_1\frac{di}{dy}\right) \\[2mm] \quad = \frac{i^2-s^2}{2}\left(\frac{dF_1}{dx} + \frac{dB_1}{dy} + \rho Y_1\right) - i\left(F_1\frac{di}{dx} + B_1\frac{di}{dy}\right) - \frac{s}{i}\left\{F_0\frac{di}{dx} + (B_0+P)\frac{di}{dy}\right\}, \end{cases}$$

$$(133) \quad \begin{cases} C = C_0 + C_2\frac{s^2}{2} = -P + (C_0+P)\left(1 - \frac{s^2}{i^2}\right) - \frac{s^2}{i}\left(E_1\frac{di}{dx} + D_1\frac{di}{dy}\right) \\[2mm] = -P + \frac{i^2-s^2}{2}\rho\left\{Z_1 + \frac{1}{i}\left(X_0\frac{di}{dx} + Y_0\frac{di}{dy}\right)\right\} - \frac{i^2-s^2}{2i}\left\{(A_0+P)\frac{d^2i}{dx^2} + 2F_0\frac{d^2i}{dx\,dy} + (B_0+P)\frac{d^2i}{dy^2}\right\} \\[2mm] \qquad\quad + (A_0+P)\frac{di^2}{dx^2} + 2F_0\frac{di}{dx}\frac{di}{dy} + (B_0+P)\frac{di}{dx}. \end{cases}$$

Outre les équations (126) et (131) qui, dans le cas d'équilibre d'une plaque solide, subsistent pour tous les points de la surface moyenne, il en est d'autres qui sont relatives au contour de cette plaque, et que nous allons faire connaître. Supposons toujours la plaque terminée latéralement par une surface cylindrique dont les génératrices restent perpendiculaires au plan des x, y. Soient

$$\alpha, \qquad \beta, \qquad \text{et} \qquad \gamma = \frac{\pi}{2}$$

les angles formés par la normale à cette surface avec les demi-axes des coordonnées positives; et concevons que l'on développe ξ, η, ζ suivant les puissances ascendantes de la variable s à l'aide des formules (38). En raisonnant comme dans le § 2, on prouvera que les conditions (40), (41) doivent être vérifiées pour tous les points de la surface moyenne situés sur des portions fixes du contour de la plaque, et les formules (35) pour tous les points de la surface moyenne situés sur des portions libres du même contour. D'ailleurs, en substituant dans les formules (35) les valeurs de A, F, B, D, E fournies par les équations (28), (132), et supposant, pour plus de simplicité, $Q = P$, on retrouvera encore les conditions (34), (35) et (37).

Si l'on veut considérer la plaque solide, non plus dans l'état d'équilibre, mais dans l'état de mouvement, il faudra, dans les équations (126), (131) et (37), remplacer les quantités (48) par les expressions (49). Cela posé, on tirera des équations (126)

$$(134) \begin{cases} \dfrac{dA_0}{dx} + \dfrac{dF_0}{dy} - \dfrac{1}{i}\left\{ (A_0 + P)\dfrac{di}{dx} + F_0\dfrac{di}{dy} \right\} + \rho X_0 = \rho \dfrac{d^2\xi_0}{dt^2}, \\[2ex] \dfrac{dF_0}{dx} + \dfrac{dB_0}{dy} - \dfrac{1}{i}\left\{ F_0\dfrac{di}{dx} + (B_0 + P)\dfrac{di}{dy} \right\} + \rho Y_0 = \rho \dfrac{d^2\eta_0}{dt^2}, \end{cases}$$

et de l'équation (131), en réduisant le polynome

$$\zeta_0 + \frac{i^2}{6}\left(\zeta_2 + 2\frac{d\xi_1}{dx} + 2\frac{d\eta_1}{dy} \right)$$

au seul terme ζ_0,

$$(135) \begin{cases} \dfrac{i^2}{3}\left(\dfrac{d^2A_1}{dx^2} + 2\dfrac{d^2F_1}{dxdy} + \dfrac{d^2B_1}{dy^2} \right) - i\left(A_1\dfrac{d^2i}{dx^2} + 2F_1\dfrac{d^2i}{dxdy} + B_1\dfrac{d^2i}{dy^2} \right) \\[2ex] + \rho\left\{ Z_0 + i\left(X_1\dfrac{di}{dx} + Y_1\dfrac{di}{dy} \right) + \dfrac{i^2}{6}\left(Z_2 + 2\dfrac{dX_1}{dx} + 2\dfrac{dY_1}{dy} \right) \right\} = \rho\dfrac{d^2\zeta_0}{dt^2}. \end{cases}$$

Quant à l'équation (37), elle devra être remplacée par la formule (52).

Supposons maintenant que la lame proposée devienne élastique, et que son élasticité soit la même dans tous les sens. Alors, en adoptant les mêmes notations que dans le second paragraphe, et combinant les formules (59), (60) avec les équations (124), (125), on retrouvera les valeurs de ξ_1, η_1, ζ_1 et ζ_2 déterminées par les formules (61), (62), et les valeurs de A_0, F_0, B_0, A_1, F_1, B_1 déterminées par les formules (66), (68), tandis que les quantités ξ_2, η_2 acquerront des valeurs nouvelles. Cela posé, s'il y a équilibre, les équations (126) et (131) donneront

$$(156)\;\begin{cases}\Omega^2\left\{\dfrac{d^2\xi_0}{dx^2}+\dfrac{\theta}{2\theta+2}\dfrac{d^2\xi_0}{dy^2}+\dfrac{\theta+2}{2\theta+2}\dfrac{d^2\eta_0}{dxdy}-\dfrac{1}{i}\left[\left(\dfrac{d\xi_0}{dx}+\dfrac{1}{\theta+1}\dfrac{d\eta_0}{dy}\right)\dfrac{di}{dx}+\dfrac{\theta}{2\theta+2}\left(\dfrac{d\xi_0}{dy}+\dfrac{d\eta_0}{dx}\right)\dfrac{di}{dy}\right]\right\}\\[2ex]
\qquad\qquad+X_0=\dfrac{\theta-1}{\theta}\dfrac{P}{\rho}\dfrac{1}{i}\dfrac{di}{dx}\,,\\[3ex]
\Omega^2\left\{\dfrac{d^2\eta_0}{dy^2}+\dfrac{\theta}{2\theta+2}\dfrac{d^2\eta_0}{dx^2}+\dfrac{\theta+2}{2\theta+2}\dfrac{d^2\xi_0}{dxdy}-\dfrac{1}{i}\left[\left(\dfrac{d\eta_0}{dy}+\dfrac{1}{\theta+1}\dfrac{d\xi_0}{dx}\right)\dfrac{di}{dy}+\dfrac{\theta}{2\theta+2}\left(\dfrac{d\xi_0}{dy}+\dfrac{d\eta_0}{dx}\right)\dfrac{di}{dx}\right]\right\}\\[2ex]
\qquad\qquad+Y_0=\dfrac{\theta-1}{\theta}\dfrac{P}{\rho}\dfrac{1}{i}\dfrac{di}{dy}\,;\end{cases}$$

$$(157)\;\begin{cases}\Omega^2\dfrac{i^2}{3}\left(\dfrac{d^4\zeta_0}{dx^4}+2\dfrac{d^4\zeta_0}{dx^2dy^2}+\dfrac{d^4\zeta_0}{dy^4}\right)\\[2ex]
-\Omega^2 i\left\{\left(\dfrac{d^2\zeta_0}{dx^2}+\dfrac{1}{\theta+1}\dfrac{d^2\zeta_0}{dy^2}\right)\dfrac{d^2i}{dx^2}+\dfrac{2\theta}{\theta+1}\dfrac{d^2\zeta_0}{dxdy}\dfrac{d^2i}{dxdy}+\left(\dfrac{d^2\zeta_0}{dy^2}+\dfrac{1}{\theta+1}\dfrac{d^2\zeta_0}{dx^2}\right)\dfrac{d^2i}{dy^2}\right\}\\[2ex]
\qquad=Z_0+i\left(X_1\dfrac{di}{dx}+Y_1\dfrac{di}{dy}\right)+\dfrac{i^2}{6}\left(Z_2+2\dfrac{dX_1}{dx}+2\dfrac{dY_1}{dy}\right).\end{cases}$$

Si, au contraire, la lame élastique se meut, on tirera des équations (134) et (135)

$$(158)\;\begin{cases}\Omega^2\left\{\dfrac{d^2\xi_0}{dx^2}+\dfrac{\theta}{2\theta+2}\dfrac{d^2\xi_0}{dy^2}+\dfrac{\theta+2}{2\theta+2}\dfrac{d^2\eta_0}{dxdy}-\dfrac{1}{i}\left[\left(\dfrac{d\xi_0}{dx}+\dfrac{1}{\theta+1}\dfrac{d\eta_0}{dy}\right)\dfrac{di}{dx}+\dfrac{\theta}{2\theta+2}\left(\dfrac{d\xi_0}{dy}+\dfrac{d\eta_0}{dx}\right)\dfrac{di}{dy}\right]\right\}\\[2ex]
\qquad\qquad+X_0=\dfrac{d^2\xi_0}{dt^2}+\dfrac{\theta-1}{\theta}\dfrac{P}{\rho}\dfrac{1}{i}\dfrac{di}{dx}\,,\\[3ex]
\Omega^2\left\{\dfrac{d^2\eta_0}{dx^2}+\dfrac{\theta}{2\theta+2}\dfrac{d^2\eta_0}{dy^2}+\dfrac{\theta+2}{2\theta+2}\dfrac{d^2\xi_0}{dxdy}-\dfrac{1}{i}\left[\left(\dfrac{d\eta_0}{dy}+\dfrac{1}{\theta+1}\dfrac{d\xi_0}{dx}\right)\dfrac{di}{dy}+\dfrac{\theta}{2\theta+2}\left(\dfrac{d\xi_0}{dy}+\dfrac{d\eta_0}{dx}\right)\dfrac{di}{dx}\right]\right\}\\[2ex]
\qquad\qquad+Y_0=\dfrac{d^2\eta_0}{dt^2}+\dfrac{\theta-1}{\theta}\dfrac{P}{\rho}\dfrac{1}{i}\dfrac{di}{dx}\,,\end{cases}$$

$$(159)\quad
\begin{aligned}
&\Omega^2 \frac{i^2}{3}\left(\frac{d^4\zeta_0}{dx^4} + 2\,\frac{d^4\zeta_0}{dx^2 dy^2} + \frac{d^4\zeta_0}{dy^4}\right) \\
&-\Omega^2 i\left\{\left(\frac{d^2\zeta_0}{dx^2} + \frac{1}{\theta+1}\,\frac{d^2\zeta_0}{dy^2}\right)\frac{d^2 i}{dx^2} + \frac{2\theta}{\theta+1}\,\frac{d^2\zeta_0}{dxdy}\,\frac{d^2 i}{dxdy} + \left(\frac{d^2\zeta_0}{dy^2} + \frac{1}{\theta+1}\,\frac{d^2\zeta_0}{dx^2}\right)\frac{d^2 i}{dy^2}\right\} \\
&+\frac{d^2\zeta_0}{dt^2} = Z_0 + i\left(X_1\frac{di}{dx} + Y_1\frac{di}{dy}\right) + \frac{i^2}{6}\left(Z_2 + 2\,\frac{dX_1}{dx} + 2\,\frac{dY_1}{dy}\right).
\end{aligned}$$

Si l'on admet la relation établie par la formule (99) entre les quantités k et K, on aura $\theta = 3$. Alors, en supposant constantes la direction et l'intensité de la force accélératrice φ, on conclura des formules (158), (159)

$$(140)\quad
\begin{aligned}
&\Omega^2\left\{\frac{d^2\xi_0}{dx^2} + \frac{3}{8}\,\frac{d^2\xi_0}{dy^2} + \frac{5}{8}\,\frac{d^2\eta_0}{dxdy} - \left(\frac{d\xi_0}{dx} + \frac{1}{4}\,\frac{d\eta_0}{dy}\right)\frac{dl(i)}{dx} - \frac{3}{8}\left(\frac{d\xi_0}{dy} + \frac{d\eta_0}{dx}\right)\frac{dl(i)}{dy}\right\} \\
&+ X = \frac{d^2\xi_0}{dt^2} + \frac{\theta-1}{\theta}\,\frac{P}{\rho}\,\frac{dl(i)}{dx}\,, \\[1em]
&\Omega^2\left\{\frac{d^2\eta_0}{dy^2} + \frac{3}{8}\,\frac{d^2\eta_0}{dx^2} + \frac{5}{8}\,\frac{d^2\xi_0}{dxdy} - \left(\frac{d\eta_0}{dy} + \frac{1}{4}\,\frac{d\xi_0}{dx}\right)\frac{dl(i)}{dy} - \frac{3}{8}\left(\frac{d\xi_0}{dy} + \frac{d\eta_0}{dx}\right)\frac{dl(i)}{dx}\right\} \\
&+ Y = \frac{d^2\eta_0}{dt^2} + \frac{\theta-1}{\theta}\,\frac{P}{\rho}\,\frac{dl(i)}{dy}\,,
\end{aligned}$$

$$(141)\quad
\begin{aligned}
&\Omega^2\frac{i^2}{3}\left(\frac{d^4\zeta_0}{dx^4} + 2\,\frac{d^4\zeta_0}{dx^2 dy^2} + \frac{d^4\zeta_0}{dy^4}\right) - \Omega^2 i\left\{\left(\frac{d^2\zeta_0}{dx^2} + \frac{1}{4}\,\frac{d^2\zeta_0}{dy^2}\right)\frac{d^2 i}{dx^2} + \frac{3}{2}\,\frac{d^2\zeta_0}{dxdy}\,\frac{d^2 i}{dxdy} + \left(\frac{d^2\zeta_0}{dy^2} + \frac{1}{4}\,\frac{d^2\zeta_0}{dx^2}\right)\frac{d^2 i}{dy^2}\right\} \\
&+ \frac{d^2\zeta_0}{dt^2} = Z\,.
\end{aligned}$$

Enfin, si l'on suppose $\varphi = 0$, $P = 0$, et

$$(142)\qquad i = c(1 + ax + by),$$

a, b, c désignant trois quantités constantes, les équations (140), (141) donneront respectivement

$$(143)\quad
\begin{aligned}
&\Omega^2\left(\frac{d^2\xi_0}{dx^2} + \frac{3}{8}\,\frac{d^2\xi_0}{dy^2} + \frac{5}{8}\,\frac{d^2\eta_0}{dxdy}\right) - \frac{\Omega^2}{1+ax+by}\left\{a\left(\frac{d\xi_0}{dx} + \frac{1}{4}\,\frac{d\eta_0}{dy}\right) + \frac{3}{8}b\left(\frac{d\xi_0}{dy} + \frac{d\eta_0}{dx}\right)\right\} = \frac{d^2\xi_0}{dt^2}\,, \\[1em]
&\Omega^2\left(\frac{d^2\eta_0}{dy^2} + \frac{3}{8}\,\frac{d^2\eta_0}{dx^2} + \frac{5}{8}\,\frac{d^2\eta_0}{dxdy}\right) - \frac{\Omega^2}{1+ax+by}\left\{b\left(\frac{d\eta_0}{dy} + \frac{1}{4}\,\frac{d\xi_0}{dx}\right) + \frac{3}{8}a\left(\frac{d\xi_0}{dy} + \frac{d\eta_0}{dx}\right)\right\} = \frac{d^2\eta_0}{dt^2}\,,
\end{aligned}$$

$$(144) \qquad \frac{u^2 c^2}{3} (1 + ax + by)^2 \left(\frac{d^4 \zeta_0}{dx^4} + 2 \frac{d^4 \zeta_0}{dx^2 dy^2} + \frac{d^4 \zeta_0}{dy^4} \right) + \frac{d^2 \zeta_0}{dt^2} = 0.$$

Les équations (136), (137), ou (138), (139), et les suivantes sont celles qui, dans l'état d'équilibre ou de mouvement, subsistent pour tous les points d'une plaque élastique dont l'épaisseur est variable. Quant aux formules qui doivent être vérifiées pour les points situés sur le contour de la plaque, elles ne diffèrent pas de celles que nous avons obtenues, dans le § 2, en supposant l'épaisseur constante.

SUR L'ÉQUILIBRE ET LE MOUVEMENT

D'UNE VERGE RECTANGULAIRE.

Considérons une verge solide qui, dans l'état naturel, ait pour axe une ligne droite ou une courbe plane. Supposons d'ailleurs que la section faite dans la verge par un plan perpendiculaire à l'axe soit un rectangle dont les deux côtés restent constamment parallèles à l'un des plans menés par cet axe, ou au seul plan qui le renferme. La verge dont il s'agit deviendra ce que nous appellerons une verge rectangulaire, et son épaisseur $2h$ ou $2i$ mesurée parallèlement ou perpendiculairement au plan qui renferme l'axe ne sera autre chose que l'un des côtés du rectangle ci-dessus mentionné. Au reste, les épaisseurs $2h$, $2i$, que nous regarderons comme très-petites, pourront demeurer constantes, ou varier d'un point de l'axe à un autre, suivant une loi quelconque.

D'après ce qu'on vient de dire, une verge rectangulaire ne diffère pas d'une plaque solide qui serait naturellement plane et terminée latéralement par deux surfaces cylindriques très-rapprochées l'une de l'autre. Si d'ailleurs on suppose que cette plaque solide devienne élastique, et offre la même élasticité dans tous les sens; si de plus, en adoptant les notations et les principes exposés dans l'article précédent, on continue de prendre pour plan des x, y celui qui divisait primitivement l'épaisseur $2i$ de la plaque élastique en deux parties égales; les déplacements ξ_0, η_0 d'un point de la surface moyenne, mesurés parallèlement aux axes des x et y, devront, dans le cas d'équilibre, acquérir des valeurs telles que les formules (20) de la page 352, savoir,

$$(1) \qquad \frac{dA_0}{dx} + \frac{dF_0}{dy} + \rho X_0 = 0, \qquad \frac{dF_0}{dx} + \frac{dB_0}{dy} + \rho Y_0 = 0,$$

et les formules (34) de la page (356), savoir,

$$(2) \qquad (A_0 + \mathfrak{P}) \cos \alpha + F_0 \cos \beta = 0, \qquad F_0 \cos \alpha + (B_0 + \mathfrak{P}) \cos \beta = 0$$

soient vérifiées, les deux premières, pour tous les points situés sur la surface moyenne de la plaque, et les deux dernières pour tous les points situés sur le contour de cette surface, A_0, F_0, B_0 étant des fonctions de x, y déterminées par les équations (65) de la page 359, ou, ce qui revient au même, par les suivantes

(357)

$$(3)\quad\left\{\begin{aligned}
&A_0 = \frac{\theta-1}{\theta} K \left\{ (\theta+1)\frac{d\xi_0}{dx} + \frac{d\eta_0}{dy} \right\} - \frac{P}{\theta}, \quad
B_0 = \frac{\theta-1}{\theta} K \left\{ \frac{d\xi_0}{dx} + (\theta+1)\frac{d\eta_0}{dy} \right\} - \frac{P}{\theta}, \\
&F_0 = \frac{\theta}{2}\,\frac{\theta-1}{\theta} K \left(\frac{d\xi_0}{dy} + \frac{d\eta_0}{dx} \right).
\end{aligned}\right.$$

Il est essentiel de rappeler que, dans ces équations, ρ désigne la densité de la plaque regardée comme constante, X_0, Y_0 les projections algébriques, sur les axes des x et y, de la force accélératrice appliquée à un point quelconque de la surface moyenne, et α, β les angles formés, avec les demi-axes des x et y positives, par la normale élevée dans le plan des x, y sur le contour de cette surface.

Supposons maintenant la plaque élastique renfermée entre deux surfaces cylindriques très-voisines, et réduite par ce moyen à une verge rectangulaire dont l'épaisseur, mesurée parallèlement au plan des x, y, soit égale à $2h$. Désignons, comme dans l'article précédent, par ξ, η, ζ les déplacements parallèles aux axes d'une molécule quelconque m qui correspond, dans l'état d'équilibre, aux coordonnées x, y, z; par X, Y, Z les projections algébriques de la force accélératrice appliquée à cette molécule; et par A, F, E; F, B, D; E, D, C les projections algébriques des pressions ou tensions exercées au point (x, y, z) contre trois plans parallèles aux plans coordonnés. Soient de plus r, r' les distances comprises, dans l'état d'équilibre, 1.° entre l'axe de la verge et la droite menée par la molécule m parallèlement à l'axe des z, 2.° entre la molécule m et le point de la même droite qui se trouvait primitivement renfermé dans le plan des x, y. Enfin concevons que l'on développe les quantités ξ, η, ζ, X, Y, Z, A, B, C, D, E, F, considérées comme fonctions de x, r et r', suivant les puissances ascendantes de r, r'; et joignons en conséquence à la formule

$$(4)\qquad \xi = \xi_{0,0} + \xi_{1,0} r + \xi_{0,1} r' + \frac{1}{2}\left(\xi_{2,0} r^2 + 2\xi_{1,1} r r' + \xi_{0,2} r'^2 \right) + \text{etc....}$$

toutes celles qu'on en déduit quand on y remplace la lettre ξ par l'une des lettres η, ζ, X, Y, Z, A, B, C, D, E, F. Les fonctions de x et de y, désignées, dans les formules (1), (2), (3), par ξ_0, η_0, X_0, Y_0, A_0, F_0, B_0, se confondront avec les valeurs de ξ, η, X, Y, A, F, B correspondantes à $r' = 0$. Donc elles seront données par des équations de la forme

$$(5)\qquad \xi_0 = \xi_{0,0} + \xi_{1,0} r + \xi_{2,0}\frac{r^2}{2} + \text{etc...}, \quad \eta_0 = \eta_{0,0} + \eta_{1,0} r + \eta_{2,0}\frac{r^2}{2} + \text{etc.....}$$

Remarquons d'ailleurs que les deux quantités désignées par $\xi_{0,0}$, $\eta_{0,0}$ dans les équations (4) et (5) sont précisément les valeurs de ξ et de η correspondantes à un point situé sur l'axe de la verge.

En résumé, l'on voit que, dans le cas d'équilibre de la verge rectangulaire, les déplacements ξ_0, η_0 d'une molécule primitivement renfermée dans le plan des x, y, et les déplacements $\xi_{0,0}$, $\eta_{0,0}$ d'un point primitivement situé sur l'axe se déduiront des formules (1), (2), (3), (5), dont la première et les deux dernières devront être vérifiées pour tous les points de la section faite dans la verge par le plan des x, y, tandis que la seconde devra être vérifiée pour tous les points situés sur le contour de cette même section. Or les formules (1), (2), (3), (5) sont entièrement semblables aux formules (1), (4), (381), (22) de l'avant-dernier article; et, pour tirer les unes des autres, il suffit de remplacer A, F, B, X, Y, ξ, η par A_0, F_0, B_0, X_0, Y_0, ξ_0, η_0, P par $\mathcal{P}$, Π par $-\dfrac{P}{\theta}$, K par $\dfrac{\theta-1}{\theta}K$, θ par $\theta+1$, enfin ξ_0, ξ_1, $\xi_2 \ldots$, η_0, η_1, $\eta_2 \ldots$ par $\xi_{0,0}$, $\xi_{1,0}$, $\xi_{2,0}$, $\ldots$ $\eta_{0,0}$, $\eta_{1,0}$, $\eta_{2,0} \ldots$ Cela posé, en tenant compte des observations faites à la page 327, on pourra immédiatement transformer celles des équations de l'avant-dernier article qui déterminent les valeurs de ξ_0, η_0, relatives à l'équilibre d'une lame élastique droite ou courbe d'épaisseur constante ou variable, de manière à obtenir les équations qui fourniraient les valeurs de $\xi_{0,0}$, $\eta_{0,0}$ relatives à l'équilibre d'une verge élastique et rectangulaire, pourvu que cette lame et cette verge, prises dans l'état naturel et coupées par le plan des x, y, offrent toutes deux la même section. Si, pour plus de simplicité, on suppose les différentes faces de la verge élastique soumises dans tous leurs points à une seule pression extérieure, on devra réduire $\mathcal{P}$ à P, et alors, pour effectuer la transformation dont il s'agit, il suffira de remplacer dans les formules (60), (61), (62), (67), (68), (69), (71), (72), (99), (100), etc.... de l'avant-dernier article, ξ_0, η_0, X_0, X_1, Y_0, Y_1, Y_2 par $\xi_{0,0}$, $\eta_{0,0}$, $X_{0,0}$, $X_{1,0}$, $Y_{0,0}$, $Y_{1,0}$, $Y_{2,0}$, K par $\dfrac{\theta-1}{\theta}K$, θ par $\theta+1$, enfin P par $P+\Pi=\dfrac{\theta-1}{\theta}P$, la valeur de Π étant $-\dfrac{P}{\theta}$. Donc, si l'on considère l'équilibre d'une verge rectangulaire, qui, dans l'état naturel, étant droite et d'une épaisseur constante, aurait pour axe l'axe des x, les déplacements d'un point de l'axe, mesurés parallèlement aux coordonnées x et y, seront déterminés par les équations

$$(6) \qquad \Omega^2 \frac{d^2 \xi_{0,0}}{dx^2} + X_{0,0} = 0 \, ,$$

$$(7) \qquad \Omega^2 \frac{h^2}{3} \frac{d^4 \eta_{0,0}}{dx^4} = Y_{0,0} + \frac{h^2}{6}\left(Y_{2,0} + 2\frac{dX_{1,0}}{dx}\right) ,$$

dans lesquelles

$$X_{0,0}, \quad X_{1,0}, \quad Y_{0,0}, \quad Y_{2,0}.$$

désigneront les valeurs de

$$X, \quad \frac{dX}{dy}, \quad Y, \quad \frac{d^2 Y}{dy^2},$$

correspondantes au point dont il s'agit, et Ω une quantité propre à vérifier, non plus la formule (62) de la page 258, mais la suivante

$$\Omega^2 = \left(\theta + 1 - \frac{1}{\theta + 1} \right) \frac{\theta - 1}{\theta} \frac{K}{\rho},$$

en sorte qu'on trouvera

$$(8) \qquad \Omega^2 = \frac{(\theta - 1)(\theta + 2)}{\theta + 1} \frac{K}{\rho}.$$

Ajoutons que les conditions relatives aux extrémités de la verge se déduiront des formules (67), (68), (69), (71), (72) [pages 259 et 260], et seront respectivement 1.° pour une extrémité fixe

$$(9) \qquad \xi_{0,0} = 0,$$

$$(10) \qquad \eta_{0,0} = 0, \qquad \frac{d\eta_{0,0}}{dx} = 0,$$

2.° pour une extrémité mobile

$$(11) \qquad \Omega^2 \frac{d\xi_{0,0}}{dx} = - \frac{\theta - 1}{\theta + 1} \frac{P}{\rho},$$

$$(12) \qquad \frac{d^2 \eta_{0,0}}{dx^2} = 0, \qquad \Omega^2 \frac{d^3 \eta_{0,0}}{dx^3} = X_{1,0}.$$

Si, dans l'état naturel, la verge élastique, ayant toujours pour axe l'axe des x, offrait une épaisseur $2h$ variable d'un point de l'axe à un autre, il faudrait aux équations (6) et (7) substituer celles que l'on tire des équations (151), (152) de la page 281 en remplaçant ξ_0, η_0 par $\xi_{0,0}$, $\eta_{0,0}$, θ par $\theta + 1$, et P par $\frac{\theta - 1}{\theta} P$. On aurait donc alors, pour un point quelconque de l'axe,

$$(13) \qquad \Omega^2 \left(\frac{d^2 \xi_{0,0}}{dx^2} - \frac{1}{h} \frac{dh}{dx} \frac{d\xi_{0,0}}{dx} \right) + X_{0,0} - \frac{\theta - 1}{\theta + 1} \frac{P}{\rho h} \frac{dh}{dx} = 0,$$

$$(14) \quad \Omega^2 h \left(\frac{h}{3} \frac{d^4 \eta_{0,0}}{dx^4} - \frac{d^2 h}{dx^2} \frac{d^2 \eta_{0,0}}{dx^2} \right) = Y_{0,0} + \frac{h^2}{6} \left(X_{2,0} + 2 \frac{dX_{1,0}}{dx} \right) + h \frac{dh}{dx} X_{1,0}.$$

Concevons enfin que, dans l'état naturel, la verge élastique, douée d'une épaisseur constante, offre pour axe une courbe plane, et que le plan de la courbe coïncide avec celui des x. y. Si l'on nomme s l'arc de cette courbe, ι son rayon de courbure, τ son inclinaison par rapport à l'axe des x, si d'ailleurs on pose

$$(15) \qquad \gamma = \xi \cos\tau + \eta \sin\tau, \qquad \delta = \eta \cos\tau - \xi \sin\tau,$$

$$(16) \qquad \mathcal{S} = X \cos\tau + Y \sin\tau, \qquad \mathcal{R} = Y \cos\tau - X \sin\tau,$$

et si l'on désigne par $\gamma_{0,0}$, $\delta_{0,0}$, $\mathcal{R}_{0,0}$, $\mathcal{S}_{0,0}$ les valeurs de γ, δ, $\mathcal{R}$, $\mathcal{S}$, correspondantes à des valeurs nulles de r, r', les quantités $\gamma_{0,0}$, $\delta_{0,0}$ représenteront les déplacements d'un point de la courbe, mesurés dans le sens de la tangente et de la normale; puis, en faisant pour abréger,

$$(17) \qquad \Theta^2 = \Omega^2 \frac{h^2}{3},$$

$$(18) \qquad I = \frac{d\gamma_{0,0}}{ds} - \frac{\delta_{0,0}}{\iota}, \qquad J = \frac{d\delta_{0,0}}{ds} + \frac{\gamma_{0,0}}{\iota},$$

et remplaçant 1.° $\dfrac{\theta-1}{\theta} P$ par $\dfrac{\theta-1}{\theta+1} P$, 2.° $\mathcal{R}_0$ par $\mathcal{R}_{0,0}$, on tirera des formules (280) et (283) de la page 308

$$(19) \qquad \Omega^2 I + \iota \mathcal{R}_{0,0} + \frac{\theta-1}{\theta+1} \frac{P}{\rho} = 0,$$

$$(20) \qquad \Theta^2 \left(\iota \frac{d^4 J}{ds^4} + \frac{d\iota}{ds} \frac{d^3 J}{ds^3} + \frac{1}{\iota} \frac{d^2 J}{ds^2} \right) = \mathcal{Q},$$

la valeur de $\mathcal{Q}$ étant fixée, non plus à l'aide de l'équation (282) [page 308], mais à l'aide de celle qu'on en déduit en substituant aux quantités

$$(21) \qquad \mathcal{R}_0, \quad \mathcal{R}_1, \quad \mathcal{R}_2; \quad \mathcal{S}_0, \quad \mathcal{S}_1, \quad \mathcal{S}_2$$

les quantités

$$(22) \qquad \mathcal{R}_{0,0}, \quad \mathcal{R}_{1,0}, \quad \mathcal{R}_{2,0}; \quad \mathcal{S}_{0,0}, \quad \mathcal{S}_{1,0}, \quad \mathcal{S}_{2,0},$$

fournies par les développements de $\mathcal{R}$ et de $\mathcal{S}$ suivant les puissances ascendantes de

r et de r'. Il sera également facile de trouver les conditions qui devront être remplies pour une extrémité libre ou pour une extrémité fixe de la verge élastique en équilibre. En effet, s'il s'agit d'une extrémité fixe, les formules (250), (251) et (284) des pages (302) et (309) donneront

$$(23) \qquad \gamma_{0,0} = 0 ,$$

$$(24) \qquad \delta_{0,0} = 0 , \qquad \frac{d\delta_{0,0}}{ds} = 0 .$$

Quant aux conditions relatives à une extrémité libre, on les obtiendra en remplaçant, dans les formules (285), (286), (288) de la page 309, 0 par $0 + 1$, et les quantités (21) par les quantités (22).

Si l'on voulait considérer une verge élastique et rectangulaire, non plus dans l'état d'équilibre, mais dans l'état de mouvement, il faudrait, en regardant cette verge comme une plaque solide dont la largeur serait très-petite, substituer aux formules (1) les formules (50) de la page 337, savoir,

$$(25) \qquad \frac{dA_0}{dx} + \frac{dF_0}{dy} + \rho X_0 = \rho \frac{d^2\xi_0}{dt^2} , \qquad \frac{dF_0}{dx} + \frac{dB_0}{dy} + \rho Y_0 = \rho \frac{d^2\eta_0}{dt^2} .$$

Or, ces dernières étant semblables aux formules (15) de l'avant-dernier article, il est clair que, dans l'état de mouvement, les équations propres à fournir les valeurs de $\xi_{0,0}$ et $\eta_{0,0}$, ou de $\gamma_{0,0}$ et $\delta_{0,0}$, pour une verge élastique rectangulaire, se déduiront des équations propres à fournir les valeurs de ξ_0 et η_0 ou de γ_0 et δ_0, pour une lame élastique, à l'aide des mêmes transformations que nous avons opérées dans le cas de l'équilibre. Ainsi, par exemple, en remplaçant, dans les formules (82) et (89) des pages 263 et 264, ξ_0, η_0, X_0, X_1, Y_0, Y_1, Y_2 par $\xi_{0,0}$, $\eta_{0,0}$, $X_{0,0}$, $X_{1,0}$, $Y_{0,0}$, $Y_{1,0}$, $Y_{2,0}$, on trouvera, pour tous les points situés sur l'axe d'une verge rectangulaire naturellement droite et d'une épaisseur constante,

$$(26) \qquad \Omega^2 \frac{d\xi_{0,0}}{dx^2} + X_{0,0} = \frac{d^2\xi_{0,0}}{dt^2} ,$$

$$(27) \qquad \Theta^2 \frac{d^4\eta_{0,0}}{dx^4} + \frac{d^2\eta_{0,0}}{dt^2} = Y_{0,0} + \frac{h^2}{6} \left(Y_{2,0} + 2 \frac{dX_{1,0}}{dx} \right) .$$

Ajoutons que les conditions (9) et (10) ou (11) et (12), établies dans le cas d'équilibre, et relatives à une extrémité fixe ou à une extrémité libre de la verge, continueront de substituer dans l'état de mouvement, excepté la dernière des conditions (12), qui devra être remplacée par une autre déduite de la formule (91) [page 264], savoir,

$$(28) \qquad \Omega^2 \frac{d^3 n_{0,0}}{dx^3} = X_{1,0} + \frac{dY_{0,0}}{dx},$$

Lorsque la force $\;?\;$ est constante et constamment parallèle à elle-même, on a

$$X_{0,0} = X, \quad X_{1,0} = 0, \quad X_{2,0} = 0; \qquad Y_{0,0} = Y, \quad Y_{1,0} = 0, \quad Y_{2,0} = 0;$$

et les équations (26), (27) deviennent

$$(29) \qquad \Omega^2 \frac{d^2 \xi_{0,0}}{dx^2} + X = \frac{d^2 \xi_{0,0}}{dt^2},$$

$$(30) \qquad \Theta^2 \frac{d^4 n_{0,0}}{dx^4} + \frac{d^2 n_{0,0}}{dt^2} = Y.$$

Alors aussi, en réunissant la première des conditions (12) à la condition (28), on trouve pour une extrémité libre de la verge élastique en mouvement

$$(31) \qquad \frac{d^2 n_{0,0}}{dx^2} = 0, \qquad \frac{d^3 n_{0,0}}{dx^3} = 0.$$

Dans le cas particulier où la force accélératrice s'évanouit, les formules (29) et (30) donnent simplement

$$(32) \qquad \Omega^2 \frac{d^2 \xi_{0,0}}{dx^2} = \frac{d^2 \xi_{0,0}}{dt^2},$$

$$(33) \qquad \Theta^2 \frac{d^4 n_{0,0}}{dx^4} + \frac{d^2 n_{0,0}}{dt^2} = 0.$$

Si la verge élastique en mouvement était supposée naturellement droite, mais d'une épaisseur variable, alors, en remplaçant dans les formules (153) et (157) des pages 281 et 282 ξ_0 par $\xi_{0,0}$, n_0 par $n_{0,0}$, $\frac{\theta-1}{\theta} P$ par $\frac{\theta-1}{\theta+1} P$, on trouverait, au bout d'un temps quelconque t, et pour tous les points de l'axe,

$$(34) \qquad \Omega^2 \left(\frac{d^2 \xi_{0,0}}{dx^2} - \frac{1}{h} \frac{dh}{dx} \frac{d\xi_{0,0}}{dx} \right) + X_{0,0} - \frac{\theta-1}{\theta+1} \frac{P}{\rho h} \frac{dh}{dx} = \frac{d^2 \xi_{0,0}}{dt^2},$$

$$(35) \quad \Omega^2 h \left(\frac{h}{3} \frac{d^4 n_{0,0}}{dx^4} - \frac{d^2 h}{dx^2} \frac{d^2 n_{0,0}}{dx^2} \right) + \frac{d^2 n_{0,0}}{dt^2} = Y_{0,0} + \frac{h^2}{6} \left(Y_{2,0} + 2 \frac{dX_{1,0}}{dx} \right) + h \frac{dh}{dx} X_{1,0}.$$

Lorsque dans ces dernières formules on réduit à zéro la pression P en même temps que la force accélératrice φ, on en conclut

$$(36) \qquad \Omega^2\left(\frac{d^2\xi_{0,0}}{dx^2} - \frac{1}{h}\frac{dh}{dx}\frac{d\xi_{0,0}}{dx}\right) = \frac{d^2\xi_{0,0}}{dt^2},$$

$$(37) \qquad \Omega^2 h\left(\frac{h}{3}\frac{d^4\eta_{0,0}}{dx^4} - \frac{d^2h}{dx^2}\frac{d^2\eta_{0,0}}{dx^2}\right) + \frac{d^2\eta_{0,0}}{dt^2} = 0.$$

Si de plus on supposait la verge terminée du côté des y positives et du côté des y négatives par deux surfaces planes, la demi-épaisseur h, mesurée parallèlement à l'axe des y, serait donnée par une équation de la forme

$$(38) \qquad h = b(1 + cx),$$

b, c désignant deux quantités constantes, et les équations (36), (37) deviendraient

$$(39) \qquad \Omega^2\left(\frac{d^2\xi_{0,0}}{dx^2} - \frac{c}{1+cx}\frac{d\xi_{0,0}}{dx}\right) = \frac{d^2\xi_{0,0}}{dt^2},$$

$$(40) \qquad \frac{\Omega^2 b^2}{3}(1 + cx)^2 \frac{d^4\eta_{0,0}}{dx^4} + \frac{d^2\eta_{0,0}}{dt^2} = 0.$$

Enfin, si la verge élastique en mouvement est une verge rectangulaire, naturellement courbe et d'une épaisseur constante, on tirera des formules (299), (300), (301), (304) de l'avant-dernier article, convenablement modifiées,

$$(41) \qquad \Omega^2\frac{dI}{ds} + \frac{d(\iota\mathcal{R}_{0,0})}{ds} = \frac{d^2\gamma_{0,0}}{dt^2},$$

$$(42) \qquad \Omega^2 I + \iota\mathcal{R}_{0,0} + \frac{\theta-1}{\theta+1}\frac{P}{\rho} = v\frac{d^2\delta_{0,0}}{dt^2},$$

$$(43) \qquad \Omega^2\left(\frac{d^2I}{ds^2} - \frac{1}{\iota^2}I\right) + \frac{d^2(\iota\mathcal{R}_{0,0})}{ds^2} - \frac{1}{\iota}\left(\mathcal{R}_{0,0} + \frac{\theta-1}{\theta+1}\frac{P}{\rho\iota}\right) = \frac{d^2I}{dt^2},$$

$$(44) \qquad \Theta^2\left(\iota\frac{d^4J}{ds^4} + \frac{d\iota}{ds}\frac{d^3J}{ds^3} + \frac{1}{\iota}\frac{d^2J}{ds^2}\right) - \frac{d^2\left(\gamma_{0,0} - \dfrac{d(\iota\delta_{0,0})}{ds}\right)}{dt^2} = \mathcal{R};$$

puis, en supposant la force accélératrice et la pression P réduites à zéro, on trouvera

$$(45) \qquad \Omega^2 \frac{dI}{ds} = \frac{d^2 \gamma_{0,0}}{dt^2} , \qquad\qquad (46) \qquad \Omega^2 I = \iota \frac{d^2 \delta_{0,0}}{dt^2} ,$$

$$(47) \qquad \Omega^2 \left(\frac{d^2 I}{ds^2} - \frac{1}{\iota^2} I \right) = \frac{d^2 I}{dt^2} ,$$

$$(48) \qquad \Theta^2 \left(\iota \frac{d^4 J}{ds^4} + \frac{d\iota}{ds} \frac{d^3 J}{ds^3} + \frac{1}{\iota} \frac{d^2 J}{ds^2} \right) = \frac{d^2 \left\{ \gamma_{0,0} - \dfrac{d(\iota \delta_{0,0})}{ds} \right\}}{dt^2} .$$

Ces dernières équations subsistent, dans l'hypothèse admise, pour tous les points situés sur l'axe de la verge élastique. Quant aux conditions relatives à ses deux extrémités, elles coïncideront, pour une extrémité fixe, avec les formules (23), (24), et pour une extrémité libre avec les formules (344), (345), (355) de l'avant-dernier article, savoir,

$$(49) \qquad\qquad I = 0 ,$$

$$(50) \qquad \frac{dJ}{ds} = 0 , \qquad\qquad \frac{d^2 J}{ds^2} = 0 .$$

Ajoutons que, si le rayon de courbure ι devient constant, la formule (356) de la page 321 donnera

$$(51) \qquad \Theta^2 \left(\iota^2 \frac{d^6 \gamma_{0,0}}{ds^6} + 2 \frac{d^4 \gamma_{0,0}}{ds^4} + \frac{1}{\iota^2} \frac{d^2 \gamma_{0,0}}{ds^2} \right) = \frac{d^2 \left(\gamma_{0,0} - v^2 \dfrac{d^2 \gamma_{0,0}}{ds^2} \right)}{dt^2}$$

Les diverses équations ci-dessus établies déterminent, dans l'état d'équilibre ou de mouvement d'une verge élastique et rectangulaire, d'une épaisseur constante ou d'une épaisseur variable, et dont l'axe droit ou courbe est renfermé dans le plan des x, y, les déplacements $\xi_{0,0}$, $\eta_{0,0}$ ou $\gamma_{0,0}$, $\delta_{0,0}$ d'un point de l'axe mesurés parallèlement à ce plan. Si l'on voulait déterminer en outre le déplacement $\zeta_{0,0}$ d'un point de l'axe dans le sens de la coordonnée z, ou même les déplacements ξ, η, ζ d'un point quelconque, on y parviendrait sans peine en remplaçant r par r' dans les formules de l'article précédent, puis en développant les quantités A, B, C, D, E, F, ξ, η, ζ suivant les puissances ascendantes de r, r', et par conséquent les quantités A_0, A_1, A_2, ... B_0, B_1, B_2, ... C_0, C_1, C_2, ... D_0, D_1, D_2, ... E_0, E_1, E_2, ... F_0, F_1, F_2, ... ξ_0, ξ_1, ξ_2, ... η_0, η_1, η_2, ... suivant les puissances ascendantes de r. Parmi les formules ainsi obtenues, celles qui détermineront la valeur de $\zeta_{0,0}$, dans l'état d'équilibre ou de mouvement d'une verge droite, d'une épaisseur constante ou variable, coïncideront évidemment avec celles que l'on déduirait des équations (7), (10), (12), (14), (27), (30), (31), (33), en substituant aux lettres h, x et Y les lettres i, ζ et Z.

Je terminerai cet article en indiquant quelques applications des formules qu'il renferme.

Observons d'abord que, dans le cas où l'on suppose nulle la pression P et la force accélératrice φ, les formules propres à déterminer les valeurs de $\xi_{0,0}$, $n_{0,0}$ ou de $\gamma_{0,0}$, $\delta_{0,0}$, pendant le mouvement d'une verge élastique rectangulaire, sont entièrement semblables aux formules de l'avant-dernier article qui déterminaient les valeurs de ξ_0, n_0 ou γ_0, δ_0 pendant le mouvement d'une lame élastique. Par conséquent, dans cette hypothèse, les valeurs de $\xi_{0,0}$ et de $n_{0,0}$, relatives à une verge droite, qui, étant douée d'une épaisseur constante, présenterait deux extrémités fixes ou une extrémité fixe et une autre libre, coïncideront avec les valeurs de ξ_0, n_0 relatives à une lame élastique droite, et fournies par les équations (114) et (115) ou (118) et (119) de la page 268. De même, étant donnée une verge courbe dont l'axe se trouve compris dans le plan des x, y, les valeurs de $\gamma_{0,0}$, $\delta_{0,0}$ relatives à celles des vibrations de la verge qui seront indépendantes de l'épaisseur mesurée parallèlement au plan dont il s'agit, coïncideront avec les valeurs de γ_0, δ_0 relatives à une lame élastique courbe, et fournies par les équations (360), (361) de la page 322. Seulement la quantité Ω, qui mesurera la vitesse du son dans une lame ou dans une verge élastique d'une longueur indéfinie sera déterminée, pour une lame élastique, par la formule (62) de la page 258, et pour la verge élastique, par la formule (8). Si l'on pose pour abréger

$$(52) \qquad \frac{K}{\rho} = R ,$$

et si l'on réduit d'ailleurs le nombre G au nombre 3, comme on doit le faire quand on veut exprimer que les pressions supportées par la surface libre d'un corps élastique dans l'état naturel s'évanouissent, les deux formules en question coïncideront, la première avec l'équation (110) de la page 267, et la seconde avec la suivante

$$(55) \qquad \Omega = \frac{\sqrt{5R}}{\sqrt{2}} .$$

En comparant la valeur précédente de Ω, c'est-à-dire, la vitesse du son dans une verge élastique à la quantité $\sqrt{3R}$, qui représente la vitesse du son dans un corps élastique [voyez la page 269], on reconnaîtra que ces deux vitesses sont entre elles dans le rapport de $\sqrt{5}$ à $\sqrt{6}$. M. Poisson avait déjà énoncé cette proposition, qui subsiste comme il l'a fait voir, quelle que soit la forme de la surface qui termine latéralement une verge élastique droite.

IIIe Année.   47

Quant aux rapports qui existeront entre les divers sons produits par les vibrations longitudinales ou transversales de la verge élastique rectangulaire, ils seront évidemment les mêmes que les rapports entre les sons produits par les vibrations longitudinales ou transversales de la lame élastique, pourvu que cette lame et cette verge, étant prises dans l'état naturel et coupées par le plan des x, y, offrent précisément la même section. Par conséquent, si, la longueur d'une verge droite étant représentée par a, on pose

$$(54) \qquad N = \frac{\Omega}{2a},$$

c'est-à-dire, si l'on désigne par N le plus petit nombre de vibrations longitudinales que cette verge, supposée libre, puisse exécuter pendant l'unité de temps, le nombre N' des vibrations transversales correspondantes à l'un des sons produits par la même verge sera [voy. la page 271]

$$(55) \qquad N' = (2,055858\ldots)\,\frac{2h}{a}\,N.$$

Cette dernière formule s'accorde parfaitement avec les expériences de M. Savart rapportées dans le Bulletin des Sciences de janvier 1828, et diffère très-peu d'une formule que M. Poisson a présentée sans démonstration dans ce même Bulletin, mais que l'on ne retrouve pas dans le Mémoire publié par ce géomètre sur l'équilibre et le mouvement des corps élastiques.

Concevons maintenant que l'on compare le son le plus grave, produit par les vibrations longitudinales d'une verge droite, aux divers sons produits par celles des vibrations d'une verge circulaire, et de même longueur, qui sont indépendantes de l'épaisseur mesurée suivant le rayon de l'arc de cercle avec lequel l'axe de la verge coïncide dans l'état naturel. En nommant a la longueur de l'arc en question, et Ω la vitesse du son dans la verge redressée, on pourra déterminer immédiatement le nombre des vibrations exécutées pendant l'unité de temps et correspondantes aux divers sons de la verge circulaire, à l'aide des formules (371), (372), etc. de la page 324. Comme les expériences que M. Savart a bien voulu entreprendre sur ma demande, et que j'ai déjà mentionnées dans l'avant-dernier article [page 516], peuvent servir à la vérification des formules dont il s'agit, je vais rapporter ici ces expériences qui ne peuvent manquer d'intéresser les physiciens, et auxquelles l'habileté bien connue de l'observateur ajoute un nouveau prix.

Deux verges parallélipipédiques en cuivre jaune, dont les longueurs respectives étaient $0^m,8225$ et $1^m,657$, ont été successivement courbées de manière à offrir chacune 1.° un demi-quart de cercle, 2.° un quart de cercle; et, après avoir produit dans ces mêmes verges des vibrations analogues aux vibrations longitudinales d'une verge droite, on a déterminé le nombre N des vibrations correspondantes à chacun des sons que l'on pouvait obtenir. Or les valeurs approchées de N, ainsi déduites de l'expérience et relatives au son le plus grave, ont été 1.° pour la verge de $1^{m},657$ courbée de manière à offrir successivement un demi-quart de cercle et un quart de cercle,

$$(56) \qquad N = 2211,84\ldots \qquad\qquad \text{et} \qquad\qquad (57) \qquad N = 2400,$$

2.° pour la verge de $0^{m},8225$, courbée de la même manière,

$$(58) \qquad N = 4423,68\ldots \qquad\qquad \text{et} \qquad\qquad (59) \qquad N = 4800.$$

D'autre part, le nombre représenté dans les formules de la page 324 par $\dfrac{\Omega}{2a}$, c'est-à-dire, le nombre des vibrations longitudinales correspondantes au son le plus grave que peut produire une verge droite, avait été déterminé pour la grande verge par une expérience directe qui donnait

$$(60) \qquad\qquad \frac{\Omega}{2a} = 2133,33\ldots,$$

et par conséquent ce même nombre devrait être pour la petite verge

$$(61) \qquad\qquad \frac{\Omega}{2a} = (2133,33\ldots)\frac{2,657}{0,8225} = 4297,79\ldots$$

Or, en comparant les valeurs de N fournies par les équations (56) et (57) à la valeur de $\dfrac{\Omega}{2a}$ tirée de l'équation (60), ou les valeurs de N fournies par les équations (58) et (59) à la valeur de $\dfrac{\Omega}{2a}$ tirée de l'équation (61), on trouve 1.°

$$(62) \qquad N = (1,036\ldots)\frac{\Omega}{2a}, \qquad\qquad (63) \qquad N = (1,125\ldots)\frac{\Omega}{2a},$$

2.°

$$(64) \qquad N = (1,029\ldots)\frac{\Omega}{2a}, \qquad\qquad (65) \qquad N = (1,168\ldots)\frac{\Omega}{2a}.$$

Les coefficients numériques qui entrent dans les formules (62) ou (64) et (63) ou (65) diffèrent très-peu des nombres

$$\frac{\sqrt{17}}{4} = 1,0307\ldots \qquad \text{et} \qquad \frac{\sqrt{5}}{2} = 1,1180\ldots,$$

qui tiennent la place de ces mêmes coefficients dans les formules (371) et (372) de la page 524 , et l'on peut même remarquer que le nombre indiqué par la théorie est toujours compris entre les deux nombres fournis par les expériences faites sur les deux verges proposées.

Après avoir fait connaître la valeur de N correspondante au son le plus grave que pouvait produire la grande verge courbée de manière à offrir un demi-quart de cercle, l'observation a encore permis de fixer les valeurs de N correspondantes à un deuxième et à un troisième son , et par suite les rapports de ces valeurs à $\frac{\Omega}{2a}$. Or ces rapports, qui , en vertu des formules (571) de la page 524 , devaient être

$$\frac{\sqrt{65}}{4} = 2,015\ldots \qquad \text{et} \qquad \frac{\sqrt{145}}{4} = 3,010\ldots ,$$

ont été trouvés sensiblement égaux, le premier au nombre 2 , le second au nombre 3 , ensorte que sur ce point l'expérience s'est encore accordée avec la théorie.

TABLE DES MATIÈRES.

ERRATA.

PAGES.	LIGNES.	FAUTES.	CORRECTIONS.
7	19	$(E+F\sqrt{-1})^2\left(D+\dfrac{B-C}{2}\sqrt{-1}\right)$	$(F+E\sqrt{-1})^2\left(\dfrac{B-C}{2}-D\sqrt{-1}\right)$
ibid.	20	$(E-F\sqrt{-1})^2\left(E-\dfrac{B-C}{2}\sqrt{-1}\right)$	$(F-E\sqrt{-1})^2\left(\dfrac{B-C}{2}+D\sqrt{-1}\right)$
19	4	$H=\dfrac{L}{D}$	$H=\dfrac{L}{E}$
49	dernière	$\dfrac{\xi\cos\alpha}{a}$	$\dfrac{\xi\cos\alpha}{a^2}$
55	5	$Az_0+\text{etc.}$	$Ax_0+\text{etc.}$
92	4	$\left(\dfrac{K-k}{s}\right)$	$\left(\dfrac{K-k}{s}\right)^2$
93	22	$2Dxy$	$2Exy$
95	8	$D\eta^2$	$B\eta^2$
108	17	$Ax+Ey+Fz+G$	$Ax+Fy+Ez+G$
122	12	$\dfrac{d\beta}{dy}$	$\dfrac{d\rho}{dy}$
129	27	$f(x,y,z,s)$	$f(x,y,z,t)$
195	2	$\dfrac{d^2\xi}{dc\,db}$	$\dfrac{d^2\xi}{da\,db}$
195	10	$\dfrac{d\zeta}{dz}$	$\dfrac{d\zeta}{dc}$
203	12	$\displaystyle\int_0^\infty\int_0^{2\pi}\int_0^{2\pi}$	$\displaystyle\int_0^\infty\int_0^{2\pi}\int_0^{\pi}$
ibid.	19	$\dfrac{2\pi}{3}$	$\dfrac{2\pi\lambda}{3}$
ibid.	20	$\dfrac{2\pi}{15}$	$\dfrac{2\pi\lambda}{15}$

PAGES.	LIGNES.	FAUTES.	CORRECTIONS.
204	5	$X \ldots Y \ldots Z$	$X \ldots \mathit{)} \ldots 3$
215	8	Bs , Cs	Fs , Es
216	5 et 7	$Bs \ldots Cs$	$Fs \ldots Es$
217	51 et 52	$B \ldots C$	$F \ldots E$
219	4	$\dfrac{d\xi}{db} + \dfrac{d\zeta}{dc}$	$\dfrac{d\alpha}{db} + \dfrac{d\zeta}{dc}$
225	10	$+ \dfrac{mr}{2} \cos^2 \alpha \cos^2 \eta f'(r)\Big)$	$+ \dfrac{d\xi}{dc} S\Big(\dfrac{mr}{2} \cos^2 \alpha \cos^2 \eta f'(r)\Big)$
224 avant-dernière		$\dfrac{4}{3}$	$\dfrac{4\pi}{3}$
226	7	la formule (31)	la formule (55)
ibid.	25	$\Big(\dfrac{mr}{r} \cos^2 \alpha \cos^2 \eta f'(r)\Big) ,$	$S\Big(\dfrac{mr}{2} \cos^2 \alpha \cos^2 \eta f'(r)\Big) ,$
227	2	$\cos^3 \eta$	$\cos^2 \eta$
ibid.	19	$R \dfrac{d\zeta}{dc}$	$N \dfrac{d\zeta}{dc}$
234	6	$\dfrac{d\zeta}{dz}$	$\dfrac{d\zeta}{dy}$
256	23	$\dfrac{1}{2} \alpha$	$\dfrac{1}{2} \varsigma$
261	27	F	P
267	14	Ω^3	Ω^2
268	9	$f'(x)$	$f'(x)$
271	15	des vibrations	des vibrations transversales
276	9	(128)	*effacez ce numéro.*
520	9	$\dfrac{d^2 \delta_{\shortmid}}{ds^2}$	$\dfrac{d^2 \delta_{\shortmid}}{dt^2}$